Physica-Lehrbuch

Physica-Lehrbuch

Basler, Herbert
**Aufgabensammlung
zur statistischen Methodenlehre
und Wahrscheinlichkeitsrechnung**
4. Aufl. 1991, 190 S.

Basler, Herbert
**Grundbegriffe der
Wahrscheinlichkeitsrechnung
und Statistischen Methodenlehre**
11. Aufl. 1994, X, 292 S.

Bossert, Rainer · Manz, Ulrich L.
Externe Unternehmensrechnung
Grundlagen der Einzelrechnungslegung, Konzernrechnungslegung
und internationalen Rechnungslegung.
1997, XVIII, 407 S.

Dillmann, Roland
Statistik II
1990, XIII, 253 S.

Endres, Alfred
**Ökonomische Grundlagen
des Haftungsrechts**
1991, XIX, 216 S.

Farmer, Karl · Wendner, Ronald
Wachstum und Außenhandel
Eine Einführung
in die Gleichgewichtstheorie
der Wachstums-
und Außenhandelsdynamik
2. Aufl. 1999, XVIII, 423 S.

Ferschl, Franz
Deskriptive Statistik
3. Aufl. 1985, 308 S.

Fink, Andreas
Schneidereit, Gabriele · Voß, Stefan
**Grundlagen
der Wirtschaftsinformatik**
2001, XIV, 279 S.

Gaube, Thomas u. a.
Arbeitsbuch Finanzwissenschaft
1996, X, 282 S.

Gemper, Bodo B.
Wirtschaftspolitik
1994, XVIII, 196 S.

Göcke, Matthias · Köhler, Thomas
Außenwirtschaft
Ein Lern- und Übungsbuch
2002, XIII, 359 S.

Graf, Gerhard
**Grundlagen
der Volkswirtschaftslehre**
2. Aufl. 2002, XIV, 335 S.

Graf, Gerhard
Grundlagen der Finanzwissenschaft
1999, X, 319 S.

Hax, Herbert
Investitionstheorie
5. Aufl., korrigierter Nachdruck
1993, 208 S.

Heno, Rudolf
**Jahresabschluss nach Handelsrecht,
Steuerrecht und internationalen
Standards (IAS/IFRS)**
3. Aufl. 2003, XX, 524 S.

Hofmann, Ulrich
Netzwerk-Ökonomie
2001, X, 242 S.

Huch, Burkhard u. a.
**Rechnungswesen-orientiertes
Controlling**
Ein Leitfaden für Studium
und Praxis
4. Aufl. 2004, XX, 510 S.

Kistner, Klaus-Peter
Produktions- und Kostentheorie
2. Aufl. 1993, XII, 293 S.

Kistner, Klaus-Peter
Optimierungsmethoden
Einführung
in die Unternehmensforschung
für Wirtschaftswissenschaftler
3. Aufl. 2003, XII, 293 S.

Kistner, Klaus-Peter
Steven, Marion
Produktionsplanung
3. Aufl. 2001, XIII, 372 S.

Kistner, Klaus-Peter
Steven, Marion
**Betriebswirtschaftslehre
im Grundstudium**
Band 1: Produktion, Absatz,
Finanzierung
4. Aufl. 2002, XIV, 510 S.
Band 2: Buchführung,
Kostenrechnung, Bilanzen
1997, XVI, 451 S.

Kortmann, Walter
Mikroökonomik
Anwendungsbezogene Grundlagen
3. Aufl. 2002, XVIII, 674 S.

Kraft, Manfred · Landes, Thomas
Statistische Methoden
3. Aufl. 1996, X, 236 S.

Marti, Kurt · Gröger, Detlef
**Einführung in die lineare
und nichtlineare Optimierung**
2000, VII, 206 S.

Marti, Kurt · Gröger, Detlef
**Grundkurs Mathematik
für Ingenieure, Natur-
und Wirtschaftswissenschaftler**
2. Aufl. 2003, X, 267 S.

Michaelis, Peter
**Ökonomische Instrumente
in der Umweltpolitik**
Eine anwendungsorientierte
Einführung
1996, XII, 190 S.

Nissen, Hans-Peter
**Einführung
in die makroökonomische Theorie**
1999, XVI, 341 S.

Nissen, Hans-Peter
**Das Europäische System
Volkswirtschaftlicher
Gesamtrechnungen**
5. Aufl. 2004, XVI, 362 S.

Risse, Joachim
**Buchführung und Bilanz
für Einsteiger**
2. Aufl. 2004, VIII, 296 S.

Schäfer, Henry
Unternehmensfinanzen
Grundzüge in Theorie
und Management
2. Aufl. 2002, XVIII, 522 S.

Schäfer, Henry
Unternehmensinvestitionen
Grundzüge in Theorie
und Management
1999, XVI, 434 S.

Sesselmeier, Werner
Blauermel, Gregor
Arbeitsmarkttheorien
2. Aufl. 1998, XIV, 308 S.

Steven, Marion
Hierarchische Produktionsplanung
2. Aufl. 1994, X, 262 S.

Steven, Marion
Kistner, Klaus-Peter
**Übungsbuch
zur Betriebswirtschaftslehre
im Grundstudium**
2000, XVIII, 423 S.

Swoboda, Peter
Betriebliche Finanzierung
3. Aufl. 1994, 305 S.

Weise, Peter u. a.
Neue Mikroökonomie
4. Aufl. 2002, X, 639 S.

Zweifel, Peter
Heller, Robert H.
Internationaler Handel
Theorie und Empirie
3. Aufl. 1997, XXII, 418 S.

Joachim Risse

Buchführung und Bilanz für Einsteiger

Zweite, überarbeitete Auflage
mit 56 Abbildungen

Physica-Verlag
Ein Unternehmen
des Springer-Verlags

Joachim Risse
Dipl.-Finanzwirt und Steuerberater

Untere Wülle 26
58239 Schwerte
joachim.risse@zannetin-risse.de

ISBN-13: 978-3-7908-0133-0   e-ISBN-13: 978-3-642-59318-5
DOI: 10.1007/978-3-642-59318-5

Bibliografische Information Der Deutschen Bibliothek

Die Deutsche Bibliothek verzeichnet diese Publikation in der Deutschen Nationalbibliografie; detaillierte bibliografische Daten sind im Internet über http://dnb.ddb.de abrufbar.

Dieses Werk ist urheberrechtlich geschützt. Die dadurch begründeten Rechte, insbesondere die der Übersetzung, des Nachdrucks, des Vortrags, der Entnahme von Abbildungen und Tabellen, der Funksendung, der Mikroverfilmung oder der Vervielfältigung auf anderen Wegen und der Speicherung in Datenverarbeitungsanlagen, bleiben, auch bei nur auszugsweiser Verwertung, vorbehalten. Eine Vervielfältigung dieses Werkes oder von Teilen dieses Werkes ist auch im Einzelfall nur in den Grenzen der gesetzlichen Bestimmungen des Urheberrechtsgesetzes der Bundesrepublik Deutschland vom 9. September 1965 in der jeweils geltenden Fassung zulässig. Sie ist grundsätzlich vergütungspflichtig. Zuwiderhandlungen unterliegen den Strafbestimmungen des Urheberrechtsgesetzes.

Physica-Verlag Heidelberg
ein Unternehmen der BertelsmannSpringer Science + Business Media GmbH

http://www.springer.de

© Physica-Verlag Heidelberg 2001, 2004

Die Wiedergabe von Gebrauchsnamen, Handelsnamen, Warenbezeichnungen usw. in diesem Werk berechtigt auch ohne besondere Kennzeichnung nicht zu der Annahme, dass solche Namen im Sinne der Warenzeichen- und Markenschutz-Gesetzgebung als frei zu betrachten wären und daher von jedermann benutzt werden dürften.

Umschlaggestaltung: Erich Kirchner, Heidelberg

SPIN 10963333   88/3130 – 5 4 3 2 1 0 – Gedruckt auf säurefreiem Papier

Inhaltsverzeichnis

I. Allgemeiner Überblick 1

    I.1. Inhalt und Aufgabe der Buchführung 1

    I.2. Gesetzliche Grundlagen der Buchführungspflicht 3
        I.2.1. Aufbau des HGB 3
        I.2.2. Buchführungspflicht nach dem HGB 4
        I.2.3. Buchführungspflicht nach der Abgabenordnung 5

    I.3. Gewinnermittlungsmethoden 6
        I.3.1. Einnahme-Überschuss-Rechnung 6
        I.3.2. Doppelte Buchführung 6

II. Grundsätze ordnungsmäßiger Buchführung 10

III. Das Ergebnis der Buchführung 13

IV. Die Bilanz 16

    IV.1. Allgemeines 16

    IV.2. Die Inventur 18

    IV.3. Inventurzeitpunkte 20
        IV.3.1. Grundsatz Stichtagsinventur 20
        IV.3.2. Verlegte Inventur 20
        IV.3.3. Permanente Inventur 22

    IV.4. Das Inventar 22

    IV.5. Die Privatvorgänge 25

V. Das Konto und der Kontenrahmen 28

    V.1. Allgemeines 28

    V.2. Der Kontenrahmen 31

    V.3. Die Kontenbewegung auf den Bestandskonten 33

VI. Von der Eröffnungsbilanz zur Schlussbilanz 34

    VI.1. Die Kontoeröffnung 34

VI.2.	Die Buchungsregeln	35
VI.3.	Das Bestandskonto	43
VI.4.	Das Eröffnungsbilanzkonto	46
VI.5.	Das Erfolgskonto	48
VI.6.	Das gemischte Konto	51
VI.6.1.	Allgemeines	51
VI.6.2.	Das einheitliche Warenkonto	51
VI.6.3.	Verbuchung von Handelsware	55
VI.6.4.	Ermittlung der Kennzahlen aus dem Warenverkehr	58
VI.6.5.	Verbuchung von unfertigen und fertigen Erzeugnissen	58
VI.6.6.	Verbuchung von Roh-, Hilfs- und Betriebsstoffen (RHB)	61
VI.7.	Das Kapitalkonto	62
VI.7.1.	Allgemeines	62
VI.7.2.	Privatentnahmen	63
VI.7.3.	Neueinlagen	64
VI.7.4.	Kontenmäßige Darstellung	64

VII. Steuern und ihre Behandlung ... 66

VII.1.	Allgemeines	66
VII.2.	Aktivierungspflichtige Steuern	67
VII.3.	Aufwandssteuern	68
VII.4.	Personensteuern	70
VII.5.	Durchlaufende Steuern	70
VII.6.	Die Umsatzsteuer	71
VII.6.1.	Steuersubjekt	71
VII.6.2.	Steuerobjekt	71
VII.6.3.	Umsatzsteuerpflicht	74
VII.6.4.	Der Umsatzsteuersatz	74
VII.6.5.	Die Bemessungsgrundlage (Bmg)	74
VII.6.6.	Die Vorsteuer	74
VII.6.7.	Besonderheit Pkw-Erwerb bei teilw. außerbetrieblicher Nutzung	75
VII.6.8.	Umsatzsteuervoranmeldungen, -vorauszahlungen	76
VII.6.9.	Die kontenmässige Darstellung der Umsatzsteuer	76

VIII. Ausgewählte Buchungsthemen ... 80

VIII.1.	Verbuchungen im Geldverkehr	80
VIII.1.1.	Allgemeines	80
VIII.1.2.	Barzahlungen	80
VIII.1.3.	Scheckzahlungen	80

VIII.1.4.	Überweisung	82
VIII.1.5.	Geldtransit	82
VIII.1.6.	Wechselzahlung	86
VIII.1.7.	Anzahlungen	88
VIII.2.	Verbuchung von Lohnaufwendungen	90
VIII.2.1.	Allgemeines	90
VIII.2.2.	Löhne und Gehälter	91
VIII.2.3.	Verbuchung der Lohnaufwendungen	92

IX. Jahresabschlussarbeiten 99

IX.1.	Rückstellungen	99
IX.1.1.	Allgemeines	99
IX.1.2.	Rückstellungen für ungewisse Verbindlichkeiten	101
IX.1.3.	Rückstellung für drohende Verluste aus schwebenden Geschäften	103
IX.1.4.	Die Gewerbesteuerrückstellung	104
IX.1.4.1.	Das Berechnungsschema	104
IX.1.4.2.	Der Staffeltarif	106
IX.1.4.3.	Der Divisor	106
IX.2.	Rechnungsabgrenzungsposten	109
IX.3.	Abschreibungen auf Anlagevermögen	114
IX.3.1.	Allgemeines	114
IX.3.2.	Die planmäßige Abschreibung	117
IX.3.2.1.	Allgemeines	117
IX.3.2.2.	Die lineare Abschreibung	117
IX.3.2.3.	Die degressive Abschreibung	119
IX.3.2.4.	Die leistungsorientierte Abschreibung	122
IX.3.2.5.	Die außerplanmäßige Abschreibung	122
IX.3.3.	Das Bewertungswahlrecht "Geringwertiges Wirtschaftsgut"	124
IX.3.4.	Verkauf von Anlagegütern	127
IX.4.	Bewertung von Forderungen	129
IX.4.1.	Allgemeines	129
IX.4.2.	Einzelbewertung von Forderungen	130
IX.4.3.	Die Pauschalwertberichtigung	135
IX.4.4.	Einzel- und Pauschalwertberichtigungen	140
IX.4.5.	Forderungsausfall bei fehlender Wertberichtigung	141
IX.5.	Die Bewertung von Vorräten	142
IX.5.1.	Allgemeines	142
IX.5.2.	Das Niederstwertprinzip	142
IX.5.3.	Besonderheiten der Steuerbilanz	144
IX.6.	Bewertungsvereinfachungen	146
IX.6.1.	Allgemeines	146
IX.6.2.	Der Festwert	146

	IX.6.2.1.	Allgemeines	146
	IX.6.2.2.	Abgrenzungen im Einzelnen	147
	IX.6.2.3.	Wertermittlung	148
	IX.6.3.	Die Gruppenbewertung	148
	IX.6.3.1.	Allgemeines	148
	IX.6.3.2.	Die jährliche Durchschnittsbewertung	148
	IX.6.3.3.	Die permanente Durchschnittsbewertung	149
	IX.6.4.	Die Verbrauchsfolgebewertung	150
	IX.6.4.1.	Allgemeines	150
	IX.6.4.2.	Das Lifo - Verfahren	152
	IX.6.4.3.	Das Fifo - Verfahren	153
IX.7.	Die Hauptabschlussübersicht (Der Probeabschluss)		155
	IX.7.1.	Allgemeines	155
	IX.7.2.	Die Summenbilanz	156
	IX.7.3.	Die Saldenbilanz I	156
	IX.7.4.	Die Umbuchungsspalte	156
	IX.7.5.	Die Saldenbilanz II	157
	IX.7.6.	Die G + V - Spalte	157
	IX.7.7.	Die Schlussbilanzspalte	157
	IX.7.8.	Die Wirkung der HAÜ	158

X. Übungen 161

X.1.	Übungen zu Kapitel I bis IV	161
X.2.	Übungen zu Kapitel V und VI	163
X.3.	Übungen zu Kapitel VII und VIII	167
X.4.	Übungen zu Kapitel IX	172

XI. Lösungen 177

XI.1.	Lösungen zu Kapitel I bis IV	177
XI.2.	Lösungen zu Kapitel V und VI	184
XI.3.	Lösungen zu Kapitel VII und VIII	198
XI.4.	Lösungen zu Kapitel IX	209

A Anhang 226

A.1.	Auszug aus dem Handelsgesetzbuch (HGB)	226
A.2.	Auszug aus der Abgabenordnung	238
A.3.	Auszug aus dem Einkommensteuergesetz	239
A.4.	Auszug aus den Einkommensteuerrichtlinien	249

A.5.	Auszug aus dem Umsatzsteuergesetz	257
A.6.	Auszug aus dem Gewerbesteuergesetz	272
A.7.	Der Industriekontenrahmen	280

Abbildungsverzeichnis **288**

Sachverzeichnis **290**

I. Allgemeiner Überblick

I.1. Inhalt und Aufgabe der Buchführung

Die Buchführung ist für den Kaufmann die Gedankenstütze des Betriebes. Sie ermöglicht es ihm, in zeitlichem Abstand, alle Vorgänge seines Betriebes zu rekonstruieren und durch die Auswertung eines umfangreichen Zahlenwerkes den Erfolg seiner geschäftlichen Tätigkeit zu bestimmen. Dabei dient ihm die zeitnahe Auswertung von betriebswirtschaftlichen Kennzahlen als Planungs- und Kontrollbasis seines wirtschaftlichen Handelns.

Die Aufgaben der Buchführung können durch nachfolgendes Schaubild beschrieben werden:

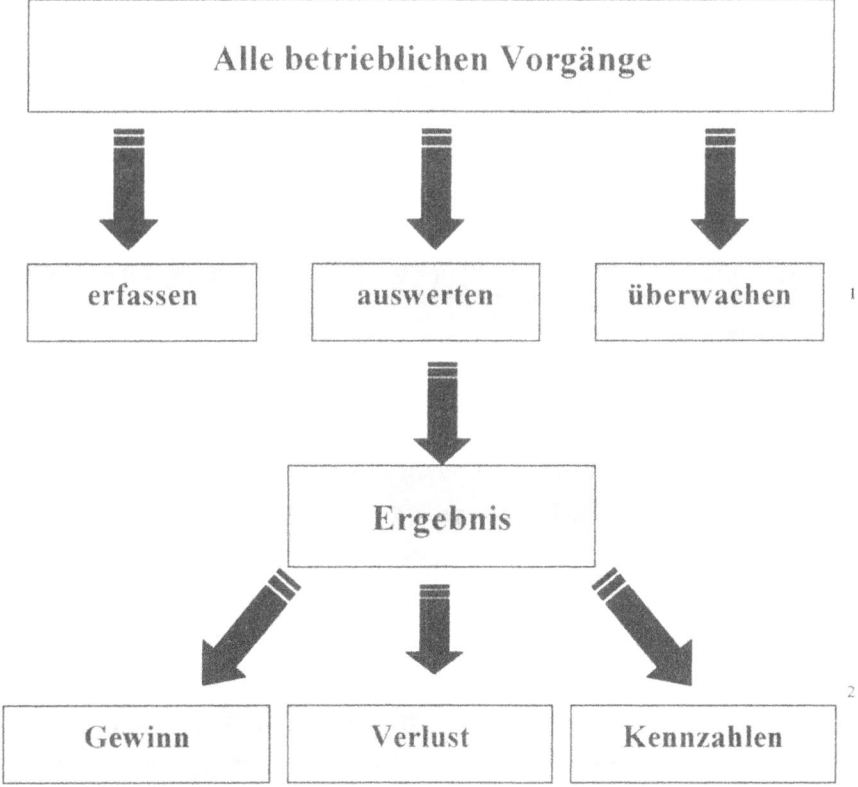

Abbildung 1: Aufgaben der Buchführung

---

[1] z.B. Bezahlung von Eingangs- und Ausgangsrechnungen, usw.
[2] z.B. Lohneinsatz, Materialeinsatz, Gewinnaufschlag, Geldbewegungen, Verschuldungsgrad, usw.

Die zentralen Aufgaben der Buchführung lassen sich, wie in nachfolgender Tabelle ersichtlich, wie folgt systematisieren:

Dokumentation	Rechnungslegung und Information	Kontrolle	Disposition
Aufzeichnung aller betrieblichen Vorgänge aufgrund von Belegen in zeitlich und sachlich geordneter Reihenfolge	Erfüllung von gesetzlichen Anforderungen Information von - Eigentümer - Fiskus - Gläubiger (Grundlage für Rating insbes. der Banken)	Kontrolle von - Rentabilität - Liquidität - Planungssoll	Grundlage für zukunftsorientierte Planung Schwachstellen-analyse Investitionsplanung Rationalisierung usw.

Eine Buchführung kann diese Aufgabe nur dann erfüllen, wenn sie fortlaufend erstellt wird und dabei alle betrieblichen Vorgänge zeitnah, lückenlos und planmäßig erfasst. Als betriebliche Vorgänge sind alle Gegebenheiten anzusehen, die in irgend einer Form den Betrieb betreffen.

Hierzu zählen

- alle Veränderungen, die den Besitz oder die Schulden des Unternehmens berühren,

- Geldeinnahmen und Geldausgaben sowie

- Wertverzehr oder Wertzuwachs.

Diese Vorgänge werden als Geschäftsvorfälle bzw. -vorgänge bezeichnet.

In der Buchführung unberücksichtigt bleiben alle Vorgänge, die ausschließlich den Privatbereich des Unternehmers betreffen. Wird sowohl der Privat-, als auch der betriebliche Bereich durch einen Geschäftsvorfall berührt, ist der Vorgang in der Buchführung auszuweisen. Es ist jedoch darauf zu achten, dass das betriebliche Ergebnis (Gewinn / Verlust) hierdurch in der Regel nicht beeinflusst werden darf.

Für einen Nachweis, dass es sich bei den in der Buchführung erfassten Beträgen um einen Geschäftsvorfall gehandelt hat, ist jeder erfasste Vorgang durch einen Urbeleg nachzuweisen.

I.2. Gesetzliche Grundlagen der Buchführungspflicht

Die Buchführung ist das zahlenmäßige Spiegelbild des gesamten Unternehmensgeschehens. Sie dient u.a. der Information von Eigentümer, Staat und Gläubiger. Die Pflicht zur Erstellung einer Buchführung ergibt sich daher sowohl aus dem Zivilrecht (Handelsgesetzbuch {HGB}), als auch aus dem öffentlichen Recht (Abgabenordnung {AO}).[3]

I.2.1. Aufbau des HGB

Das HGB besteht aus 5 Büchern mit unterschiedlichen Regelungsinhalten. Die nachfolgende Übersicht zeigt den Grundaufbau des HGB:

Bücher des HGB	
	Regelungsinhalt
1.	Handelsstand
2.	Handelsgesellschaften und stille Gesellschaft
3.	Handelsbücher
4.	Handelsgeschäfte
5.	Seehandel

Regelungsinhalt des 3. Buches des HGB		
1. Abschnitt	§§ 238 – 263	Regelungen für alle Kaufleute
2. Abschnitt	§§ 264 – 335	Ergänzend für Kapitalgesellschaften
3. Abschnitt	§§ 336 – 339	Ergänzend für Genossenschaften
4. Abschnitt	§§ 340 – 341 o	Ergänzend für bestimmte Geschäftszweige
a.	*§§ 340 - 340 o*	*Kreditinstitute und Finanzdienstleister*
b.	*§§ 341 – 341 o*	*Versicherungen*
5. Abschnitt	§§ 342 – 342 a	Errichtung eines Rechnungslegungsgremiums bzw. eines Rechnungslegungsbeirates durch das Bundesjustizministerium

Abbildung 2: Aufbau des HGB

---

[3] Das HGB regelt u.a. die Rechtsbeziehungen der Kaufleute untereinander, wogegen die AO für Rechtsbeziehungen zwischen Staat und Bürger maßgebend ist.

I.2.2. Buchführungspflicht nach dem HGB

Gem. § 238 Abs. 1 HGB ist jeder Kaufmann verpflichtet Bücher zu führen. Wer als Kaufmann anzusehen ist, regelt das erste Buch des HGB.

Der Begriff des Kaufmanns ist durch das Gesetz zur Neuregelung des Kaufmanns- und Firmenrechts und zur Änderung anderer handelsrechtlicher Vorschriften (HRefG) ab dem 01.07.1998 neu geregelt worden.

Danach sind u.a. als Kaufleute anzusehen:

a. Der **Istkaufmann** (§ 1 HGB)

Nach § 1 HGB ist ein Kaufmann, wer ein Handelsgewerbe betreibt.

Als Handelsgewerbe gilt (§ 1 Abs. 2 HGB) jeder Gewerbebetrieb, der einen nach Art und Umfang in kaufmännischer Weise eingerichteten Geschäftsbetrieb erfordert. Anknüpfungspunkte für einen in kaufmännischer Weise eingerichteten Geschäftsbetrieb sind:

- Höhe des Umsatzes
- Anzahl der Mitarbeiter
- Anzahl der Geschäftskontakte
- Vielseitigkeit des Leistungsangebotes

Für die Annahme einer Kaufmannseigenschaft ist dabei auf die Gesamtumstände des Betriebes abzustellen. Alle Kriterien müssen erfüllt sein, können aber an keinen festen Grenzen festgemacht werden.

b. Der **Kannkaufmann** (§ 2 HGB)

Gewerbetreibende, die einen in Art und Umfang in kaufmännischer Weise eingerichteten Geschäftsbetrieb nicht benötigen, unterliegen nur speziellen Schutzvorschriften des HGB. Die übrigen Vorschriften des HGB finden für diesen Personenkreis keine Anwendung. Es gelten insoweit die Regelungsinhalte des Bürgerlichen Gesetzbuches (BGB).

Diese gewerblichen Unternehmen können die Kaufmannseigenschaft aber durch eine freiwillige Eintragung des Gewerbes im Handelsregister erreichen (§ 2 Satz 2 HGB). Dann gilt auch für sie der gesamte Regelungsinhalt des HGB.

c. Der **Formkaufmann** (§ 6 HGB)

Als Kaufmann kraft Rechtsform werden die Handelsgesellschaften angesehen. Hierzu können auch Vereine zählen.
Ist die Kaufmannseigenschaft gegeben, bildet die Bezeichnung (der Name), unter der das Gewerbe betrieben wird, die Firma (§ 17 HGB). Hierbei steht dem Kaufmann die freie Namenswahl zu, er darf jedoch keinen Namen wählen, der bzgl. der getätigten Geschäfte in die Irre führt (§ 18 Abs. 2 HGB). Die Firma des Kaufmanns erhält gem. § 19 HGB einen Zusatz, der auf das Rechtskleid des Unternehmens hinweist ("e.K."; "e.Kfm." u.ä. für Einzelunternehmer, "oHG" oder "KG" für offene Handelsgesellschaften oder Kommanditgesellschaften, usw.).

I.2.3. Buchführungspflicht nach der Abgabenordnung

Die AO hängt sich den Buchführungspflichten anderer Vorschriften an, indem sie gem. § 140 AO die Buchführungspflicht auf das Besteuerungsverfahren überträgt, soweit bereits eine Aufzeichnungspflicht nach anderen Vorschriften besteht. Die Buchführungspflicht wird jedoch durch den § 141 AO erweitert auf alle gewerblichen Unternehmen, die bestimmte Grenzwerte nachhaltig überschreiten. Danach sind gem. § 141 AO Unternehmen buchführungspflichtig, wenn

- ihr Umsatz   350.000,00 € (§ 141 Abs. 1 Nr. 1 AO), oder.
- ihr Gewinn   30.000,00 € (§ 141 Abs. 1 Nr. 4 AO) übersteigt.[4]

Die AO bezieht sich insoweit jedoch ausschließlich auf gewerbliche Unternehmen, so dass Personen mit anderen steuerlichen Gewinneinkunftsarten (z.B. Freiberufler gem. § 18 EStG {Ärzte, Rechtsanwälte, etc.}) über den § 141 AO nicht buchführungspflichtig werden.
Diese Personengruppen ermitteln ihr Jahresergebnis durch den Vergleich der Betriebseinnahmen mit den Betriebsausgaben und fallen unabhängig vom Umfang ihrer Betätigung nicht unter den Regelungsinhalt des HGB. Damit ist nicht nur ein anderer Zeitpunkt der Erfassung von Betriebseinnahmen und Betriebsausgaben verbunden, sondern die Aufzeichnungspflichten sind erheblich vereinfacht. Besteht bei buchführungspflichtigen Unternehmen z.B. die Pflicht Bargeschäfte in einem sog. Kassenbuch in der Weise aufzuzeichnen, dass die Kasse jederzeit sturzfähig ist [5], reicht in den anderen Fällen eine Aufzeichnung der betrieblichen Einnahmen und Ausgaben aus. Die Einrichtung einer Barkasse ist nicht zwangsläufig erforderlich. Siehe hierzu auch Kapitel I.3.

---

[4] Geändert mit Wirkung ab 01.01.2004 durch das Kleinunternehmerförderungsgesetz vom 14.07.2003 (Zustimmung des Bundesrates).
[5] Eine Kasse ist sturzfähig, wenn zu jedem beliebigen Zeitpunkt eine Prüfung des tatsächlichen Bargeldbestandes mit dem buchmäßigen Bestand identisch ist.

I.3. Gewinnermittlungsmethoden

I.3.1. Einnahme-Überschuss-Rechnung

Ob ein Unternehmen die Aufzeichnungspflichten des HGB vernachlässigen kann oder nicht, kann nicht positiv aus gesetzlichen Bestimmungen abgeleitet werden, sondern ist durch eine Negativabgrenzung zu entscheiden. Es besteht immer dann die Möglichkeit der Einnahme - Überschuss - Rechnung, wenn keine Buchführungspflicht besteht bzw. kein gewerbliches Unternehmen betrieben wird. Sind diese Merkmale erfüllt, reicht dem Unternehmen eine Gegenüberstellung der Betriebseinnahmen mit den Betriebsausgaben. Das Jahresergebnis wird dann durch einen Vergleich der Betriebseinnahmen mit den Betriebsausgaben ermittelt. Der Zeitpunkt der Erfassung der Betriebseinnahmen bzw. -ausgaben ist dabei abhängig vom tatsächlichen Mittelfluss. Durch den Zeitpunkt der Ausgangsrechnungslegung bzw. Bezahlung der Eingangsrechnungen kann das betriebliche Ergebnis gesteuert werden.

Beispiel:
Der erfolgreiche Unternehmer E ermittelt sein Jahresergebnis bisher durch eine Einnahme-Überschuss-Rechnung. Da der Gewinn 01 bereits recht hoch ausgefallen ist, berechnet er eine am 01.11.01 beendete Arbeit erst am 03.01.02 mit 20.000,00 € an den Kunden K. Da K erst in 02 bezahlt (nach Anforderung durch die Rechnung), entsteht der Gewinn insoweit erst in 02.

I.3.2. Doppelte Buchführung

Liegt eine Buchführungspflicht vor, ist eine doppelte Buchführung einzurichten. Bei der doppelten Buchführung wird jeder Vorgang an zwei Stellen gleichzeitig (doppelt) erfasst. Hieraus ergibt sich in der Folge die Möglichkeit, das Jahresergebnis eines Unternehmens auf zwei verschiedene Methoden zu ermitteln. So kann es einerseits an der Änderung der Vermögenslage (Betriebsvermögensvergleich {BVV}) festgemacht und andererseits durch den Vergleich der Betriebs-innahmen mit den Betriebsausgaben (sog. Gewinn- und Verlust- Rechnung {G & V}) ermittelt werden.
Ein wesentlicher Unterschied der Gewinnermittlungsmethoden ist der Zeitpunkt der Erfassung der betrieblichen Vorgänge. Während bei der Einnahme - Überschuss - Rechnung die Vorgänge erst bei dem tatsächlichen Geldfluss (Zahlungszeitpunkt) erfasst werden, geschieht dieses bei der doppelten Buchführung bereits im Verpflichtungszeitpunkt. Entscheidend ist der Zeitpunkt, wann der Anspruch auf Bezahlung bzw. die Verpflichtung zur Zahlung entsteht.
Der Gesamt- oder Totalgewinn, welcher den Ertrag des Unternehmens von der Gründung bis zur Einstellung des Unternehmens wiederspiegelt, wird durch die Gewinnermittlungsmethoden grundsätzlich nicht verändert. Es ist also nur die Frage, wann welches Ergebnis ausgewiesen wird.

Da die unternehmerischen Gewinne jedoch einer Steuerbelastung unterliegen, kann es über unterschiedliche Steuersätze zu effektiven Mehr- oder Minderbelastungen kommen.

Beispiel 1:
Am 06.10.01 mietet der Kaufmann Clever für seinen neu eröffneten Handelsbetrieb ein Ladenlokal an. Die Miete beträgt 5.000,00 € je Monat, wobei die erste Zahlung für den Zeitraum Okt. bis Dezember 01 am 05.01.02 erfolgt.

Hieraus ergeben sich für die beiden Gewinnermittlungsmethoden folgende Abläufe:

Jahr	Einnahme-Überschuss-Rechnung	Doppelte Buchführung
01	**Darstellung:** Nein Da kein Mittelabfluss erfolgt, wird der Vorgang nicht dargestellt. Jahresergebnis = 0,00 €	**Darstellung:** Ja Da bereits das Verpflichtungsgeschäft erfasst werden muss, ist der Vorgang aufzuzeigen. Es ergibt sich eine Mietschuld (Vermögenswert) und eine Betriebsausgabe (Vermögensminderung) iHv. 15.000,00 €. Jahresergebnis = - 15.000,00 €
02	**Darstellung:** Ja Da in 02 der Mitteabfluss erfolgt, ist der Vorgang darzustellen. Es erfolgt die Aufzeichnung als Betriebsausgabe iHv. 15.000,00 €. Jahresergebnis = - 15.000,00 €	**Darstellung:** Ja In der doppelten Buchführung sind auch Vermögensveränderungen bzw. -verschiebungen aufzuzeigen. Daher erfolgt ein Ausweis der Schuldminderung und eine Minderung des Geldkontos. Da hier nur das vorhandene Vermögen des Kaufmanns anders verteilt wird, ergibt sich keine Auswirkung auf das Jahresergebnis. Jahresergebnis = 0,00 €
Ges.	**Jahresergebnis = - 15.000,00 €**	**Jahresergebnis = - 15.000,00 €**

Beispiel 2:
Am 15.12.01 führt die Firma "Immer in Takt" eine Reparatur an einer Maschine des Kunden "Walter" durch. Die sofort ausgestellte Rechnung i.H.v. 1.000,00 € bezahlt Walter aber erst am 10.01.02.

Einnahme - Überschuss - Rechnung:

Der gesamte Vorgang wird erst am 10.01.02, also bei Bezahlung der Rechnung erfasst. Der Zahlungsanspruch, der durch die Reparatur am 15.12.01 entstanden ist, erscheint nicht.
Die Auswirkung auf das Jahresergebnis wird erst bei Bezahlung und tatsächlichem Geldfluss (Mittelzufluss) in Höhe von 1.000,00 € sichtbar.

Doppelte Buchführung:

Der Vorgang wird bei der doppelten Buchführung zweifach dargestellt, da jede Änderung oder Verschiebung betrieblicher Vermögensteile aufgeführt werden muss.

1. Vorgang: Reparatur
Es erfolgt eine Erfassung des Zahlungsanspruchs (Forderung) und der Vermögenserhöhung (Ertrag, Gewinnerhöhung).

2. Vorgang: Bezahlung
Der Geldzufluss bewirkt einen Untergang des Zahlungsanspruchs und eine Erhöhung der Geldbestände (z.B. auf dem Bankkonto). Beide Vermögensveränderung müssen in der Buchführung sichtbar werden. Es liegt insoweit ein Austausch der Vermögenspositionen vor.

Die Gewinnwirkung zeigt sich bereits im 1. Vorgang. Am 15.12.01, mit der Durchführung der Reparatur, entsteht der Zahlungsanspruch (Forderung). Zu diesem Zeitpunkt ergibt sich eine Vermögenserhöhung. Am 10.01.02 (Zahlungsvorgang) findet nur noch eine Vermögensverschiebung statt. Das Bankguthaben wächst und der Zahlungsanspruch nimmt ab.

Betrachtet man die Summe der Jahre 01 und 02, so ergibt sich auch hier nach beiden Methoden ein identischer Gesamtgewinn. Bei gleichen Steuersätzen für die gewinnabhängigen Steuern ergeben sich also keine Unterschiede zwischen dem Ergebnis einer Einnahme - Überschuss - Rechnung und einer doppelten Buchführung.
Durch sich ständig ändernde Steuergesetze und Steuerbelastungen wird sich in der Praxis eine Auswirkung ergeben. Tendenziell ist zur Zeit eine ständige Reduzierung der betrieblichen Steuerlasten zu erkennen, so dass unternehmerische Entscheidungsspielräume, neben der immer aktuellen Liquiditätslage, auch aus Gründen der sinkenden Abgabelasten eher zu einer Verlagerung der Gewinne in spätere Zeiträume genutzt werden.

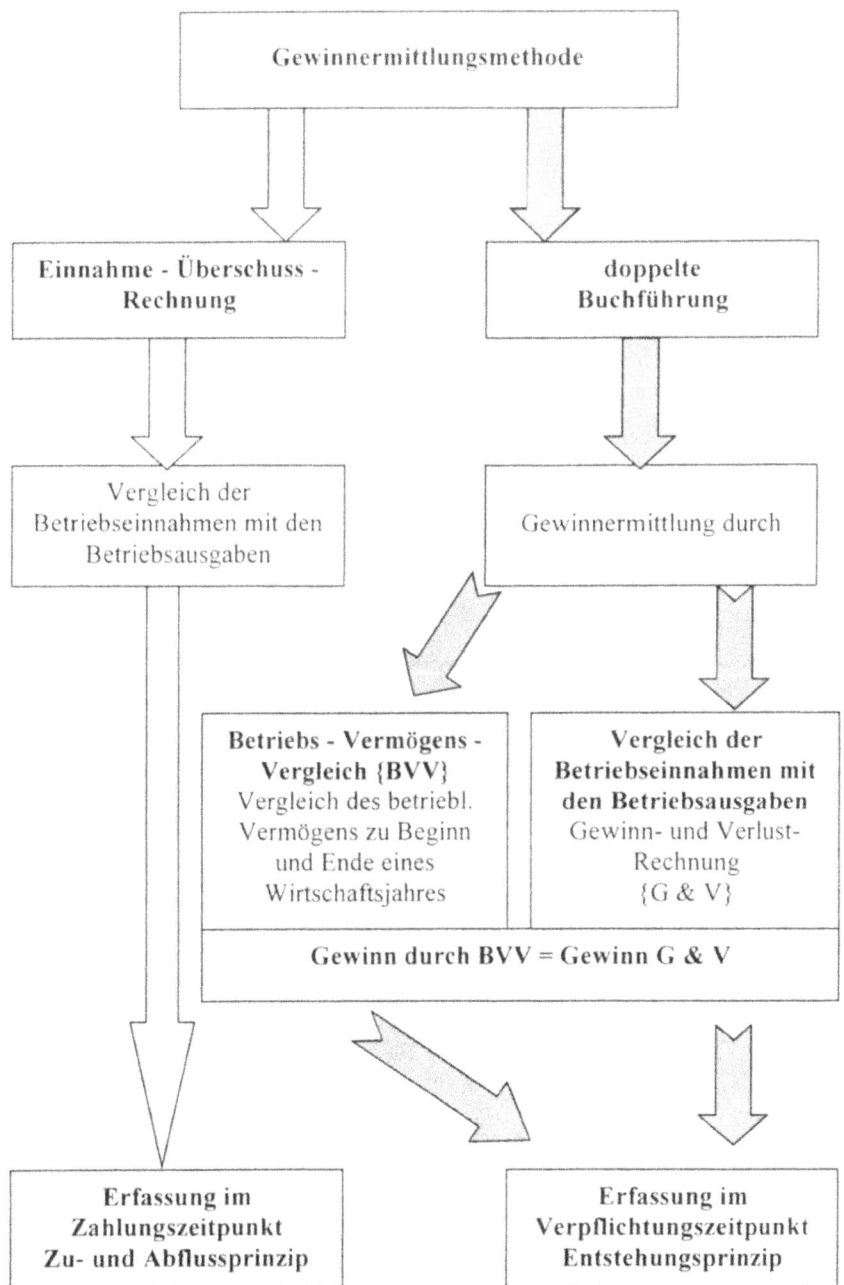

Abbildung 3: Gewinnermittlungsmethoden

II. Grundsätze ordnungsmäßiger Buchführung

Damit die Buchführung eine allgemeine Aussagekraft erhält, muss sie neben den oben angegebenen gesetzlichen Bestimmungen auch allgemeinen Anforderungen entsprechen. Diese Anforderungen sollen gewährleisten, dass jeder, der sich mit der entsprechenden Buchführung befasst, auch zu den selben Ergebnissen kommt.

Dieses ist nur möglich, wenn alle Buchführungen nach den selben allgemeinen Regeln erstellt werden. Diese Regeln sind zusammengefasst worden zu den

"Grundsätzen ordnungsmäßiger Buchführung" (GOB).

Die Legaldefinition der GOB ist in § 238 Abs. 1 Satz 2 und 3 HGB festgelegt. Der Regelungsinhalt wird nach § 145 AO auch auf das öffentliche Recht (Steuerrecht) übertragen.

Definition:
Die Buchführung muss so beschaffen sein, dass sie einem sachverständigen Dritten innerhalb angemessener Zeit einen Überblick über die Geschäftsvorfälle und über die Lage des Unternehmens vermitteln kann. Die Geschäftsvorfälle müssen sich in ihrer Entstehung und Abwicklung verfolgen lassen.

Wie die Aufzeichnungen zu führen sind, beschreibt der § 239 HGB. So ist z.B. erforderlich, dass die Buchführung klar und übersichtlich ist und alle Geschäftsvorfälle ordnungsgemäß erfasst werden. Das bedeutet unter anderem, dass keine Buchung ohne einen Beleg erfolgen darf.

Sowohl Buchführung als auch Belege müssen ordnungsgemäß aufbewahrt werden. Hierdurch soll gewährleistet werden, dass auch nach längerer Zeit die betrieblichen Vorgänge eines Unternehmens noch nachvollzogen werden können. Das Buchführungswerk des Unternehmers kann Gegenstand besonderer Prüfungen, zum Beispiel durch die Finanzverwaltung sein. Bei diesen Prüfungen muss die Möglichkeit bestehen, das Buchführungswerk sowohl progressiv (vom Beleg zur Buchführung), als auch retrograd (von der Buchführung zum Beleg) zu prüfen. Neben der treffenden Zuordnung der Vorgänge zu den richtigen Positionen der Buchführung erfordert es somit auch einer präzisen und sachgerechten Konzeption des Ablagesystems, so dass evtl. anlässlich einer Überprüfung angeforderte Belege auch wiedergefunden werden.

Die nachfolgende Auflistung zeigt die wesentlichen Anforderungen an eine ordnungsmäßige Buchführung. So versteht man unter

klar und übersichtlich

* sachgerechte und überschaubare Organisation der Buchführung

* übersichtliche Organisation des Jahresabschlusses
  (§§ 243 Absatz 2, 247, 266 und 275 HGB)

* keine Verrechnung zwischen Vermögenswerten und Schulden, sowie keine Verrechnung zwischen Aufwendungen und Erträgen
  (§ 246 Abs. 2 HGB)

* Buchungen (z.B. Fehlbuchungen) dürfen nicht unleserlich gemacht werden, sondern sind sauber durchzustreichen und zu ersetzen. Die ursprüngliche Buchung muss jederzeit erkennbar bleiben.
  (§ 239 Abs. 3 HGB)[6]

* Es ist eine lebende Sprache zu verwenden; Abkürzungen aller Art sind in ihrer Bedeutung eindeutig festzulegen (§ 239 Abs. 1 HGB).

ordnungsgemäße Erfassung der Geschäftsvorfälle

* fortlaufende

* vollständige

* richtige

* zeitgerechte[7]

* sachlich geordnet

* leicht nachprüfbare Erfassung (vgl. 239 Abs. 2 HGB)

---

[6] Im Zeitalter der EDV – Buchführungen ist es daher erforderlich, dass durch die EDV alle tatsächlich ausgeführten Buchungen sichtbar bleiben. Stornierte (aufgehobene) Buchungen dürfen daher im Ausdruck nicht unterdrückt werden.
Für maschinell erstellte Buchführungen sind die Grundsätze der ordnungsmäßigen Speicherbuchführung (GoS) zu beachten, die das Anforderungsprofil der GOB auf EDV - Buchführungen überträgt.

[7] Die Bareinnahmen und -ausgaben sind täglich in einem Kassenbuch festzuhalten (§ 146 Abs. 1 AO). Eine Barkasse muss jederzeit „sturzfähig" sein, d.h., es muss sich jederzeit der tatsächliche Bargeldbestand mit dem buchmäßigen Bargeldbestand vergleichen lassen. Hierbei dürfen keine Differenzen auftreten.

keine Buchung ohne Beleg

Die Belege müssen

* jederzeit nachprüfbar

* fortlaufend nummeriert

* geordnet aufbewahrt sein (vgl. § 257 Abs. 1 HGB).

* Jede Buchung muss zu dem dazugehörigen Beleg und jeder Beleg zu der zugehörigen Buchung führen.

ordnungsgemäße Aufbewahrung (§ 257 Abs. 4 HGB)

* Aufbewahrungsfrist von **6 Jahren**
  für alle empfangenen und abgesandten Handelsbriefe

* Aufbewahrungsfrist von **10 Jahren**
  für alle übrigen Buchführungsunterlagen
  wie z.B. Handelsbücher, Bilanzen, Lageberichte und andere Aufzeichnungen, die zu den Darstellungen in den zu führenden Büchern angefertigt wurden (Buchungsbelege).

Alle Aufzeichnungen, die zur Erstellung der Buchführung benötigt wurden, sind so aufzubewahren, dass sie jederzeit verfügbar sind. Werden Originalbelege aus Platzgründen auf Medien (Datenträger, Mikrofilm) abgelegt, muss gewährleistet werden, dass innerhalb der gesetzlichen Aufbewahrungsfristen die Urbelege sichtbar gemacht werden können; d.h., entsprechende Lesegeräte müssen bevorratet werden. In der Praxis hat sich eine Mikroverfilmung der Belege bewährt, das bei größeren Betrieben vorhandene Platzproblem zu lösen. Firmen wie Karstadt, Telekom, VW und ähnliche Firmen wären ohne diese Möglichkeit sicherlich überfordert, genügend Lagerkapazität für die Unterlagen über 10 und mehr Jahre bereitzuhalten.

III. Das Ergebnis der Buchführung

Die Buchführung ist von der Betriebseröffnung (ggfls. Beginn der Buchführungspflicht gem. § 238 Abs. 1 HGB oder § 141 AO) bis zur Betriebseinstellung (ggfls. dauerhaftes Unterschreiten der Grenzen gem. § 238 HGB bzw. 141 AO) zu fertigen.
Bei einer Buchführungspflicht von der Betriebseröffnung bis zur -einstellung steht am Ende der Buchführung das wirtschaftliche Ergebnis der gesamten Tätigkeit des Unternehmens, der Gesamt- bzw. Totalgewinn oder -verlust.

Ein Gewinn ergibt sich, wenn das erwirtschaftete Vermögen am Ende der Tätigkeit größer ist, als zu Beginn. Ein Verlust ergibt sich dementsprechend, wenn das Vermögen am Ende niedriger ist als am Anfang.

Der Gesamtgewinn (-verlust) stellt also das wirtschaftliche Ergebnis über die gesamte Lebensdauer des Unternehmens dar.

Nach den Vorschriften des HGB (§ 242 HGB) und des Steuerrechts (§ 4a Einkommensteuergesetz (EStG)) sind Zwischenergebnisse festzustellen. Diese Zwischenergebnisse werden als Jahresergebnisse bezeichnet, da sie nach 12 Monaten zu erstellen sind. Um ein Jahresergebnis ermitteln zu können, muss die Buchführung "abgeschlossen" werden. Die hierfür zu erstellenden Jahresabschlüsse umfassen jeweils die Dauer eines Wirtschaftsjahres.

Das Wirtschaftsjahr umfasst somit regelmäßig 12 Monate (§ 240 Abs. 2 HGB). Ausnahmen hiervon gelten nur für das Jahr der Unternehmensgründung und das Jahr der Beendigung der geschäftlichen Tätigkeit. In diesen Jahren kann der Zeitraum des Geschäftsabschlusses weniger als 12 Monate betragen. Man spricht dann von einem Rumpfwirtschaftsjahr.

An einem Zeitstrahl lassen sich die Jahresabschlüsse und die Wirtschaftsjahre verdeutlichen:

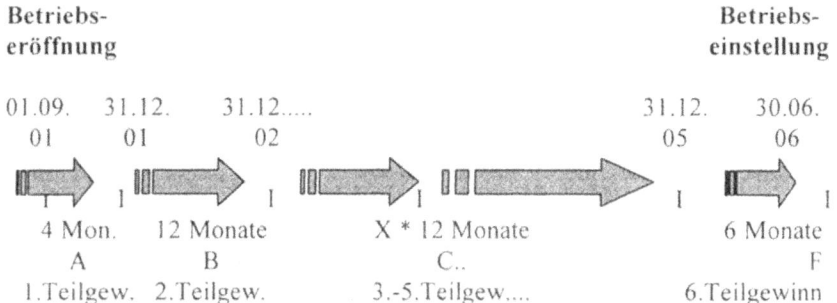

Abbildung 4: Dauer der Buchführung

Bei den Wirtschaftsjahren A und F handelt es sich jeweils um Rumpfwirtschaftsjahre, bei den übrigen Wirtschaftsjahren um volle Wirtschaftsjahre.
Die Teilgewinne 1 bis 6 ergeben den (Gesamt-) Totalgewinn bzw. –verlust

Aus dieser Darstellung lässt sich bereits erkennen, dass es unternehmerische Entscheidungen geben wird, die zwar das Teilergebnis X beeinflussen, aber keine Auswirkung auf den Gesamtgewinn haben. Es könnte sich daher die Frage stellen, warum überhaupt die Teilgewinne festgestellt werden.

Dazu sind mehrere Gründe anzuführen.

Die Teilgewinne geben frühzeitig einen Aufschluss über die wirtschaftliche Situation des Unternehmens und ermöglichen somit dem Unternehmer, wichtige Entscheidungen zu treffen. Der Unternehmer ist in der Lage, durch eine entsprechende Analyse, mögliche Fehlerquellen in der Betriebsführung aufzudecken und zu beheben. Größere Betriebe werten ihre Kennzahlen monatlich oder sogar 14-täglich aus.

Außerdem richten sich einige Abgaben nach den festzustellende Teilergebnissen. Die bekanntesten Abgaben sind die Steuerabgaben. Stellt man sich vor, der Betrieb würde über mehrere Generationen bestehen, so wird jedem sofort deutlich, dass es nicht möglich sein wird, den Gesamtgewinn eines Unternehmens erst bei Betriebseinstellung zu besteuern. Der letzte Betriebsinhaber wäre mit der entstehenden Abgabenlast überfordert und der Fiskus könnte keine Steuerplanungen vornehmen, da er nicht weiß, wann der Betrieb eingestellt wird. Wirtschaftsförderung über steuerliche Anreize wäre nicht umsetzbar.
Von einigen Gesellschaften würde der Staat voraussichtlich keine Steuereinnahmen erhalten, da Kapitalgesellschaften häufig erst eingestellt werden, wenn sie nicht mehr liquide sind.

Des weiteren verlangen Kreditgeber Zwischenergebnisse, um die Sicherheit der gegebenen Darlehn zu prüfen. Die Banken verlangen teilweise bei einigen Unternehmen bereits monatliche Zwischenergebnisse.

Der Zeitraum, für den die Zwischenergebnisse festgestellt werden, wird im Regelfall mit dem Kalenderjahr übereinstimmen. Dieses ist zwar nicht zwingend erforderlich, ist aber oftmals zu empfehlen, da die Buchführung Ergebnisse bzw. Aussagen liefern muss, die sich auf das Kalenderjahr beziehen.

Wählt ein Unternehmer ein vom Kalenderjahr abweichendes Wirtschaftsjahr, so muss er sicherstellen, dass seine Buchführung kalenderjahrbezogene Daten liefern kann. Ein "abweichendes Wirtschaftsjahr" wird aus bilanzpolitischen Gründen und organisatorischen Gründen gewählt, um eine Zeitverschiebung der Jahresergebnisse oder eine Verlagerung von zeitaufwendigen Arbeiten zu günstigeren Zeiten durchführen zu können (z.B. bei Saisonbetrieben).

Inhaltlich ist der Jahresabschluss zweigeteilt:

1. **Vermögensaufstellung (§ 242 Abs. 1 HGB)**

Aufstellung des Vermögens und der Schulden des Unternehmens zu Beginn und zum Ende des Wirtschaftsjahres. Dieses erfolgt durch die Erstellung von Bilanzen. {Bilanz = Vermögensstatus}. Durch die Feststellung der betrieblichen Vermögensteile zum Beginn und zum Ende des Wirtschaftsjahres wird die Möglichkeit geschaffen, Vermögensveränderungen festzustellen.
Durch einen sog. Betriebs-Vermögens-Vergleich (BVV) kann also auch ein Jahresergebnis festgestellt werden. Hierbei führt eine Vermögenssteigerung zu einem Gewinn, eine Vermögensminderung zu einem Verlust.

2. **Gewinn- und Verlustrechnung (§ 242 Abs. 2 HGB)**

Bei einer Gewinn- und Verlustrechnung (G & V - Rechnung) werden Betriebseinnahmen und Betriebsausgaben miteinander verglichen. Hierbei stellen Betriebseinnahmen echte Vermögensmehrungen und Betriebsausgaben echte Vermögensminderungen dar. Die Vermögensänderung tritt bereits mit dem Verpflichtungsgeschäft ein (siehe I.3).

Beispiel Betriebs - Vermögens - Vergleich (BVV):

Besitzpositionen gesamt zum 01.01.03	150.000,00 €
Schuldposten gesamt zum 01.01.03	100.000,00 €
Saldo 01.01.	50.000,00 €
Besitzpositionen gesamt zum 31.12.03	200.000,00 €
Schuldposten gesamt zum 31.12.03	80.000,00 €
Saldo 31.12.	120.000,00 €

BVV:

Saldo 31.12.03	120.000,00 €
abzgl. Saldo 01.01.03	50.000,00 €
Vermögenserhöhung = Gewinn	70.000,00 €

Beispiel G & V - Rechnung:

Betriebseinnahmen 03	500.000,00 €
abzgl. Betriebsausgaben 03	430.000,00 €
Gewinn	70.000,00 €

Innerhalb eines Wirtschaftsjahres müssen die Jahresergebnisse nach dem BVV und der G & V - Rechnung übereinstimmen. Im obigen Beispiel ist das mit 70.000,00 € gegeben.

IV. Die Bilanz

IV.1. Allgemeines

Durch den Vergleich der Bilanz zu Beginn des Wirtschaftsjahres mit der Bilanz am Ende des Wirtschaftsjahres kann das wirtschaftliche Ergebnis (Gewinn oder Verlust) über diesen Zeitraum festgestellt werden. Voraussetzung für die Feststellung der Leistungsfähigkeit des Betriebes ist, dass der Vergleich auf Vorgänge beschränkt wird, die das Unternehmen betreffen. Vorgänge, die ausschließlich den Privatbereich des Unternehmers betreffen, dürfen keinen Einfluss auf das Jahresergebnis haben.

Maßgebend ist also die Vermögenslage des Betriebes. Es ist daher das sog. Betriebsvermögen festzustellen, welches sich aus dem Saldo von Vermögen (Besitz) und Schulden ergibt. Eine andere Bezeichnung für Betriebsvermögen ist auch Kapital bzw. Eigenkapital.

Beachte: Besitz   **Alternativ:**   Besitz
              abzgl. Schulden   abzgl. Fremdkapital
              = Kapital   = Eigenkapital

In der "Bilanzanalyse" erfolgt eine Unterteilung in Mittelverwendung (Besitz) und Mittelherkunft (Eigenkapital und Fremdkapital).

Sind die Schulden größer als der Besitz, spricht man von einem negativen Kapital. Dieses **kann** ein Hinweis darauf sein, dass ein Unternehmen überschuldet ist.
Das Vermögen wird zum Jahresende in einer besonderen Form, der Bilanz, dargestellt. Die Bilanz ist eine kurzgefasste Gegenüberstellung des Vermögens und der Schulden, bei der mehrere gleichartige Positionen zusammengenommen werden. Zu beachten ist jedoch, dass keine Vermögenswerte miteinander verrechnet werden dürfen (§ 246 Abs. 2 HGB).

Die Bilanz ist mit Angabe des Datums (Unterschriftsdatum) zu unterzeichnen.

Jeder Kaufmann ist gem. § 242 Abs. 1 HGB verpflichtet, jährlich eine Eröffnungsbilanz (Werte zum Beginn des Wirtschaftsjahres) und eine Schlussbilanz (Werte zum Ende eines Wirtschaftsjahres) aufzustellen. Die Bilanz darf die Werte dabei nicht wahllos auflisten, sondern ist an eine äußere Form gebunden (§ 247 HGB). Die Besitzposten werden dabei auf der "Aktivseite" und die Schuldposten aus der "Passivseite" der Bilanz ausgewiesen.

In Anlehnung an die vorgeschriebene Gliederung einer Bilanz bei Kapitalgesellschaften nach § 266 HGB ergibt sich auch für den Einzelkaufmann nachfolgendes Gliederungsschema:

Aktiva	Bilanz zum 31.12.XXXX	Passiva
A. Anlagevermögen[8] 1. Immaterielle Wirtschaftsgüter 2. Sachanlagen 3. Finanzanlagen **B. Umlaufvermögen**[9] 1. Vorräte 2. Forderungen aus Lieferungen und Leistungen (L+L) und sonst. Vermögensgegenstände 3. Wertpapiere 4. Flüssige Mittel (Bank, Kasse) **C. Rechnungsabgrenzungen**		**A Eigenkapital** **B. Rückstellungen** 1. Pensionsrückstellungen 2. Steuerrückstellungen 3. sonst. Rückstellungen **C. Verbindlichkeiten** 1. Verbindlichkeiten gegen Kreditinstitute (Darlehn) 2. Verbindlichkeiten aus Lief. und Leist. (L+L) 3. sonstige Verbindlichkeiten **D. Rechnungsabgrenzungen**
Bilanzsumme		**Bilanzsumme**

Abbildung 5: Bilanzaufbau

Je nach Rechtsform und Unternehmensgröße sind zu den aktuellen Werten auch die Vorjahreswerte anzugeben. Sollten Vermögenspositionen nicht vorhanden sein, muss der Gliederungspunkt nicht angeführt werden.

In der Buchführung gilt der Grundsatz des Gleichgewichts. Dieser Grundsatz führt u.a. auch zu einem Gleichgewicht der Bilanz. Eine Addition der Aktivseite der Bilanz muss also zur gleichen Summe führen wie eine Addition auf der Passivseite. Da in der Bilanz keine Subtraktion erlaubt ist, findet ein Ausgleich über das Eigenkapital statt. Das Eigenkapital (Saldo Besitz abzgl. Schulden) erscheint daher entweder als erste Position auf der Passivseite (Besitzüberhang), oder als letzte Position auf der Aktivseite (Negativkapital; Schuldüberhang).

---

[8] Anlagevermögen (AV) liegt immer dann vor, wenn die Wirtschaftsgüter dem Betrieb auf Dauer bzw. langfristig dienen sollen. Es ist regelmäßig eine lange Betriebszugehörigkeit vorhanden (§ 247 Abs. 2 HGB). Mit dem Anlagevermögen wird der Kaufmann erst in die Lage versetzt, sein Unternehmen zu betreiben.

[9] Umlaufvermögen dient dem Betrieb immer nur kurzfristig. Es ist zum innerbetrieblichen Ge- bzw. Verbrauch oder zur Weiterveräußerung bestimmt. Handelswaren sind also immer dem Umlaufvermögen zuzurechnen, da sie zur Weiterveräußerung bestimmt sind. Dieses ändert sich auch nicht, wenn die Ware aufgrund von Absatzschwierigkeiten länger im Unternehmen verbleibt, als zunächst geplant (Ladenhüter).

IV.2. Die Inventur

Um das Vermögen eines Unternehmens darstellen und das wirtschaftliche Ergebnis eines Betriebes durch einen Vergleich des Vermögens feststellen zu können (Betriebs - Vermögens - Vergleich {BVV}), ist es zunächst erforderlich, das Vermögen auf den jeweiligen Vergleichszeitpunkt aufzunehmen.

Die Feststellung des Vermögens erfolgt dabei durch die Inventur.
Inventur stammt vom lat. invenire und bedeutet vorfinden.

Unter dem Begriff Inventur versteht man somit:

Feststellen des Vorhandenen

Die Inventur ist allgemein auch unter den Begriffen Bestandsaufnahme oder Kassensturz bekannt.

Die Inventur wird zu einem bestimmten Stichtag (i.d.R. zum 31.12.) durchgeführt.

Kaufmännisch versteht man unter Inventur die mengen- und wertmäßige Bestandsaufnahme aller Vermögensteile und Schulden eines Unternehmens zu einem bestimmten Zeitpunkt.

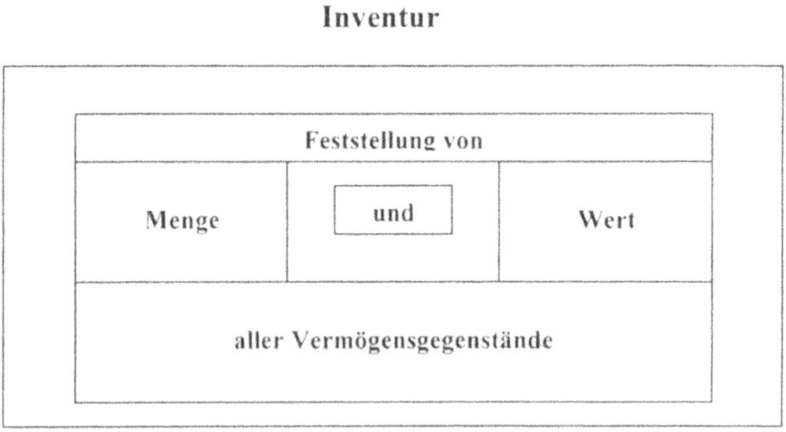

Inventur

Feststellung von		
Menge	und	Wert
aller Vermögensgegenstände		

Abbildung 6: Inventur

Bei der Inventur ist zwischen der körperlichen und der nicht körperlichen (buchmäßigen) Inventur zu unterscheiden. Die körperliche Inventur erfasst alle Gegenstände (Körper), die buchmäßige Inventur erfasst alle Rechte und sonstigen Vermögensgegenstände.

Die körperliche Inventur ist nur bei Besitzposten anzutreffen.

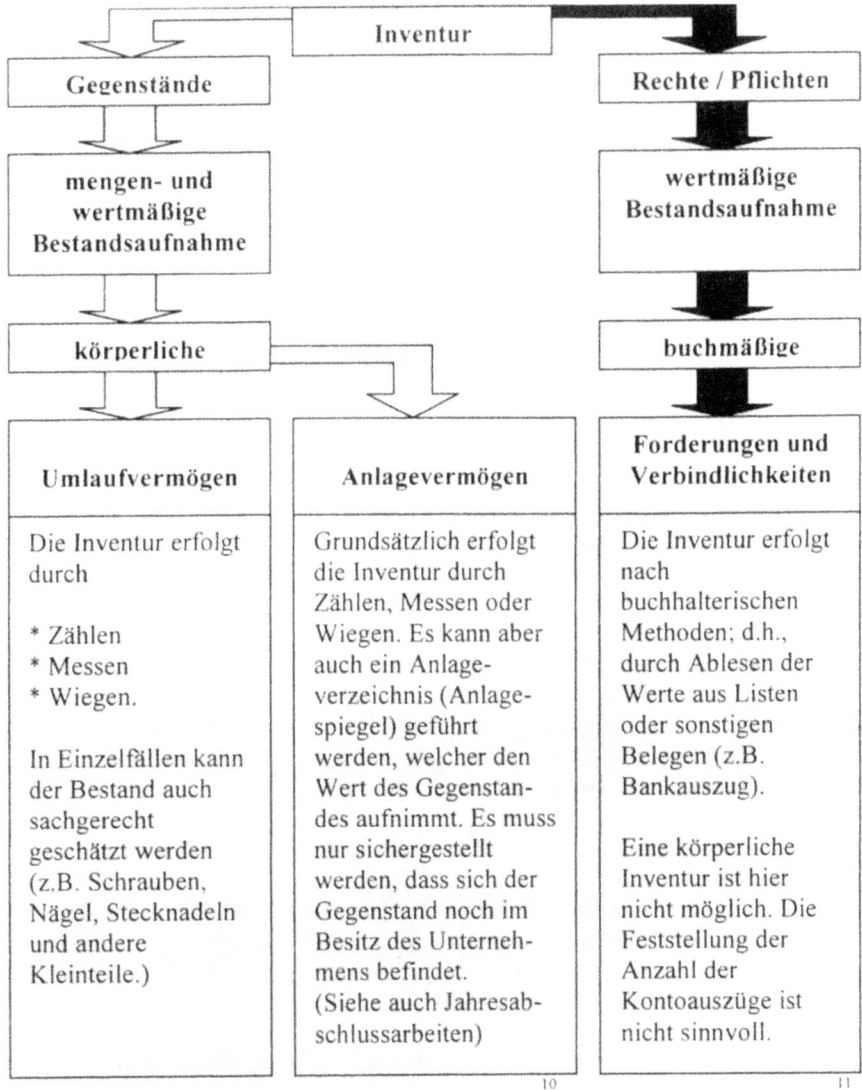

Abbildung 7: Inventurverfahren

---

[10] Das Anlageverzeichnis muss enthalten:
- Bezeichnung des Gegenstandes
- Anschaffungskosten
- jährliche Abschreibung
- Abgang von Wirtschaftsgütern
- Datum der Anschaffung
- Nutzungsdauer
- aufgelaufene Abschreibung
- Wert des Wirtschaftsgutes zum Stichtag

[11] Eine Besonderheit gilt für das Bargeld (Kassenbestand). Bargeld muss zwar gezählt werden, doch gehört das Geld zu den Rechten und nicht zu den Gegenständen. Das Recht besteht in dem Anspruch auf eine Leistung im gleichen Wert.

IV.3. Inventurzeitpunkte

IV.3.1. Grundsatz Stichtagsinventur

Die Inventur unterliegt dem Stichtagsprinzip. Daher ist auch grundsätzlich eine Bestandsaufnahme auf diesen Stichtag gem. § 240 Abs.1 und 2 HGB durchzuführen (Stichtagsinventur). Unter Stichtagsinventur versteht man eine zeitnahe Ermittlung der Bestände im Rahmen der körperlichen Inventur.
Zeitnah heißt in diesem Zusammenhang

10 Tage vor oder nach dem Abschlusszeitpunkt.

Die Wertbeimessung der Vermögensgegenstände kann zu einem späteren Zeitpunkt erfolgen. Gleiches gilt für die Inventur der Rechte, da sich der Wert der Belege (Kontoauszüge) zum Stichtag (31.12.) nachträglich nicht mehr verändert. Wird die Inventur nicht genau auf dem Abschlusszeitpunkt durchgeführt (Regelfall), so sind mengen- und wertmäßige Korrekturen zum Abschlusszeitpunkt hin vorzunehmen. Der Nachteil der Stichtagsinventur besteht in einem sehr hohen Zeitaufwand, der in der Regel zu einer Betriebsunterbrechung und einem Arbeitsausfall führt.

IV.3.2. Verlegte Inventur

§ 241 Abs. 3 Nr. 1HGB ermöglicht es, die Inventur zu verlegen. Die verlegte Inventur ist mit der Stichtagsinventur gleichzusetzen mit dem Unterschied, dass der Inventurzeitpunkt entweder innerhalb von

3 Monaten vor oder 2 Monate nach dem Abschlusszeitpunkt

liegen kann. Dadurch wird es ermöglicht, die Inventur in eine produktions- oder verkaufsschwache Zeit zu verlegen. Es entsteht jedoch ein zusätzlicher Arbeitsaufwand, weil eine Wertkorrektur über einen längeren Zeitraum erfolgen muss. Eine Mengenkorrektur ist nicht erforderlich.

Eine Inventur vor dem Abschlusszeitpunkt erfordert Wertzurechnungen.

Stichtag 31.12., Inventur z.B. 01.11.

> Wert lt. Inventur (01.11.)
> + Wert der Zugänge 01.11. - 31.12.
> <u>- Wert der Abgänge 01.11. - 31.12.</u>
> = Wert am Abschlusszeitpunkt 31.12.

Eine Inventur nach dem Abschlusszeitpunkt erfordert Wertrückrechnungen.

Stichtag 31.12., Inventur z.B. 25.02.

Wert lt. Inventur (25.02.)
- Wert der Zugänge 01.01. - 25.02.
+ Wert der Abgänge 01.01. - 25.02.
= Wert am Abschlusszeitpunkt 31.12.

Beispiel:
Der Spielwarenhändler Lieblich hat für sein Unternehmen als Wirtschaftsjahr das Kalenderjahr gewählt. Da er in der Weihnachtszeit keine Möglichkeit sieht eine Inventur durchzuführen, entscheidet er sich für eine verlegte Inventur gem. § 241 Abs. 3 Nr. 1 HGB. Als Inventurzeitpunkt wählt er den 15.02. des Folgejahres.

Inventur 31.12.01:
In der Zeit vom 01.01.02 bis zum Aufnahmezeitpunkt 15.02.02 wurden noch folgende Geschäftsvorfälle abgewickelt:

Warenverkäufe	50.000,00 €
(Einkaufswert	25.000,00 €)
Warenlieferungen	30.000,00 €
(Einkauf)	
Warenbestand 15.02.02	80.000,00 €
(Inventurwert zum Einkaufspreis)	

Zum 31.12.01 ergibt sich ein Warenbestandswert iHv.

Inventurwert	80.000,00 €
zzgl. Warenverkauf bis 15.02.	25.000,00 €[12] (zum 31.12.01 noch vorhanden)
abzgl. Lieferungen bis 15.02.	30.000,00 € (am 31.12.01 noch nicht vorhanden)
Bestand zum 31.12.01	75.000,00 €

Eine Korrektur für die ggfls. am 15.02.02 noch nicht bezahlte Eingangsrechnung aus dem Wareneinkauf ist nicht erforderlich, da der Rechnungsbetrag in der Liste der offenen Rechnungen zum 31.12.01 noch nicht enthalten ist.

> **Beachte:**
> Wertangleichungen auf den Abschlusszeitpunkt erfolgen nur für körperlich erfasste Bestände.

---

[12] Der Wertansatz für Warenbestände erfolgt grundsätzlich mit den Anschaffungskosten. Näheres siehe Kapitel Jahresabschlussarbeiten, Bewertung von Vorräten

IV.3.3. Permanente Inventur

Gem. § 241 Abs. 3 Nr. 2 HGB ist es auch zulässig, eine permanente Inventur durchzuführen. Das bedeutet, dass die Bestände der einzelnen Warengruppen fortlaufend (wie beim Anlagevermögen) buchungsmäßig nachvollzogen werden müssen. Zu einem beliebigen Zeitpunkt innerhalb des Geschäftsjahres wird dann der tatsächliche Bestand mit dem buchmäßigen Bestand abgeglichen und ggf. korrigiert. Maßgebend ist dabei immer der tatsächliche Bestand, da u.U. nicht alle Bestandsminderungen bekannt werden (z.B. Diebstahl).
Die permanente Inventur hat den Vorteil, dass die Bestandsaufnahme in einer produktionsschwachen Zeit erfolgen kann. Sie erfordert aber eine moderne und leistungsfähige Datenverarbeitung, weil alle Bewegungen im Bestand nachvollzogen werden müssen. Jeder Artikel ist fortlaufend bestandsmäßig zu aktualisieren. Sowohl Warenlieferungen (Zugang), als auch Warenverbrauch bzw. -verkauf (Abgang) sind festzuhalten. Da hierdurch nicht nur die entsprechende EDV eingesetzt werden muss, sondern auch zusätzliches Personal dauerhaft gebunden wird, ist eine permanente Inventur nur im Zusammenhang mit weiteren Nutzungen, wie z.B. einem gekoppelten Beschaffungs- und Lagerverwaltungsprogramm sinnvoll. Dabei werden bei Unterschreiten bestimmter Mindestbestände, die je Artikel festgelegt werden können, automatisch Neubestellungen veranlasst oder Nachbestellungshinweise ausgegeben.

IV.4. Das Inventar

Das Ergebnis der Inventur wird in einem Bestandsverzeichnis, dem Inventar festgehalten. Dieses unterteilt sich wie folgt:

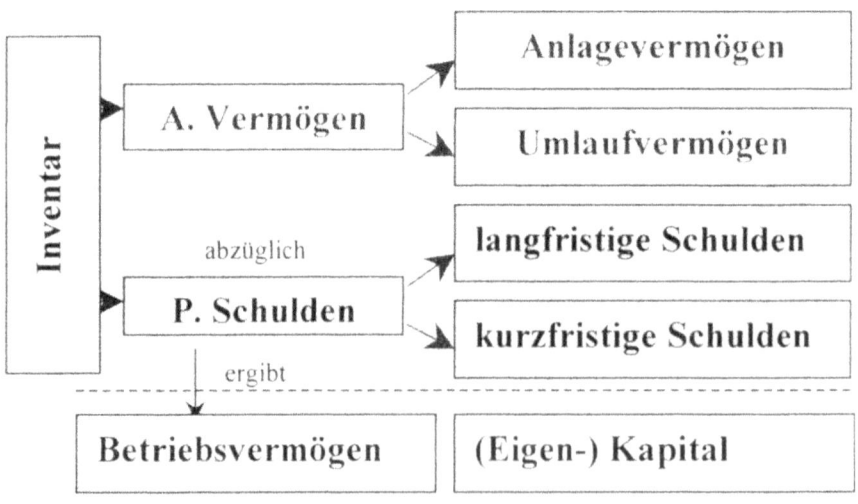

Abbildung 8: Inventarstruktur

Das Vermögen (A wie Aktiva) wird in **Anlage- und Umlaufvermögen** unterteilt, wobei die einzelnen Vermögensgegenstände nach steigender Flüssigkeit **(Liquidität)** geordnet werden. Die Grundstruktur sieht vor, dass die schlecht veräußerbaren Wirtschaftsgüter zuerst angeführt werden. Je schneller die Wirtschaftsgüter in Bargeld verwandelt werden können, um so tiefer erscheinen sie in der Auflistung der Besitzpositionen.

Die **Schulden** (Fremdkapital) werden nach ihrer **Fälligkeit** gegliedert. Zuerst werden die langfristigen Schulden genannt, dann die kurzfristigen Schulden.

Um die Inventurwerte nun in eine Bilanz zu übertragen, muss im Grunde nur noch das Inventar in einer anderen Form dargestellt werden.

Inventar zum 31.12.01		Aktiva	Bilanz 31.12.01		Passiva
Besitz					
Grundstück	100.000,00 €	Grundstück	100.000,00	*Kapital*	60.000,00
Fuhrpark	50.000,00 €	Fuhrpark	50.000,00		
Waren	20.000,00 €	Waren	20.000,00	Darl.	100.000,00
Bank	80.000,00 €	Bank	80.000,00	Lieferant	90.000,00
Summe	250.000,00 €	Bilanzsumme	250.000,00		250.000,00
Schulden					
Bankdarl.	100.000,00 €				
Lieferanten	90.000,00 €				
Summe	190.000,00 €				
Betriebs-vermögen *(Kapital)*	60.000,00 €				

Abbildung 9: Inventar / Bilanz

Verdeutlicht man sich nochmals die Entstehung einer Bilanz, so ergibt sich folgende Grundstruktur:

Inventur = Bestandsaufnahme

Inventar = Bestandsverzeichnis
= Grundlage für den Jahresabschluss
= Eine Voraussetzung für eine ordnungsmäßige Buchführung

Bilanz = Kurzform des Inventars in besonderer Darstellung

Nachfolgendes Beispiel zeigt das Inventar der Fa. Karl Muster aus Glückstadt.

INVENTAR

A. Vermögen

I.	Anlagevermögen		
1.	Grundstücke		
	a. Grund und Boden	250.000,00	
	b. Werkhalle	380.000,00	630.000,00
2.	Maschinen lt. Anlageverzeichnis (AV) 1		328.500,00
3.	Fuhrpark lt. AV 2		55.375,00
4.	Betriebs- und Geschäftsausst. lt. AV 3		2.300,00
II	Umlaufvermögen:		
1.	Betriebsstoffe lt. Inventurliste (IV) 4		28.320,00
2.	Hilfsstoffe lt. IV 5		5.300,00
3.	unfertige Arbeiten lt. IV 7		55.000,00
4.	Fertige Erzeugnisse lt. IV 8		123.500,00
5.	Forderungen gegenüber Kunden		
	a. Meier, Dortmund	27.000,00	
	b. Schultze, Münster	2.250,00	29.250,00
6.	Bankguthaben		
	a. Sparkasse	653.264,00	
	c. Volksbank	500.000,00	1.153.264,00
7.	Kasse		1.253,00
Summe des Vermögens:			**2.412.062,00**

B. Schulden

I.	Langfristige Schulden		
1.	Hypothek Lagerhalle	780.000,00	
2.	Darlehn Maschinenkauf 01	530.000,00	1.310.000,00
II.	Kurzfristige Schulden		
1.	Schulden an Lieferanten		
	a. Schmitz, Köln	250.000,00	
	b. Bosch, Düsseldorf	130.000,00	380.000,00
Summe Schulden:			**1.690.000,00**

C. Eigenkapital

Summe des Vermögens	2.412.062,00
Summe der Schulden	1.690.000,00
= Eigenkapital (Reinvermögen, Betriebsvermögen)	722.062,00

Abbildung 10: Inventarbeispiel

IV.5. Die Privatvorgänge

Das Jahresergebnis des Geschäftsbetriebes ermittelt sich aus dem Vergleich des Eigenkapitals zum Ende des Wirtschaftsjahres (z.B. des Jahres 05) mit dem Eigenkapital zu Beginn des Wirtschaftsjahres. Die Ertragskraft des Betriebes wird aber nur dann zutreffend ermittelt, wenn sich der Vergleich auf betriebliche Vorgänge beschränkt. Rein private Vorgänge sind erst gar nicht in der Buchführung berücksichtigt worden, da es sich nicht um Geschäftsvorfälle gehandelt hat. Sie haben das betriebliche Vermögen nie berührt.

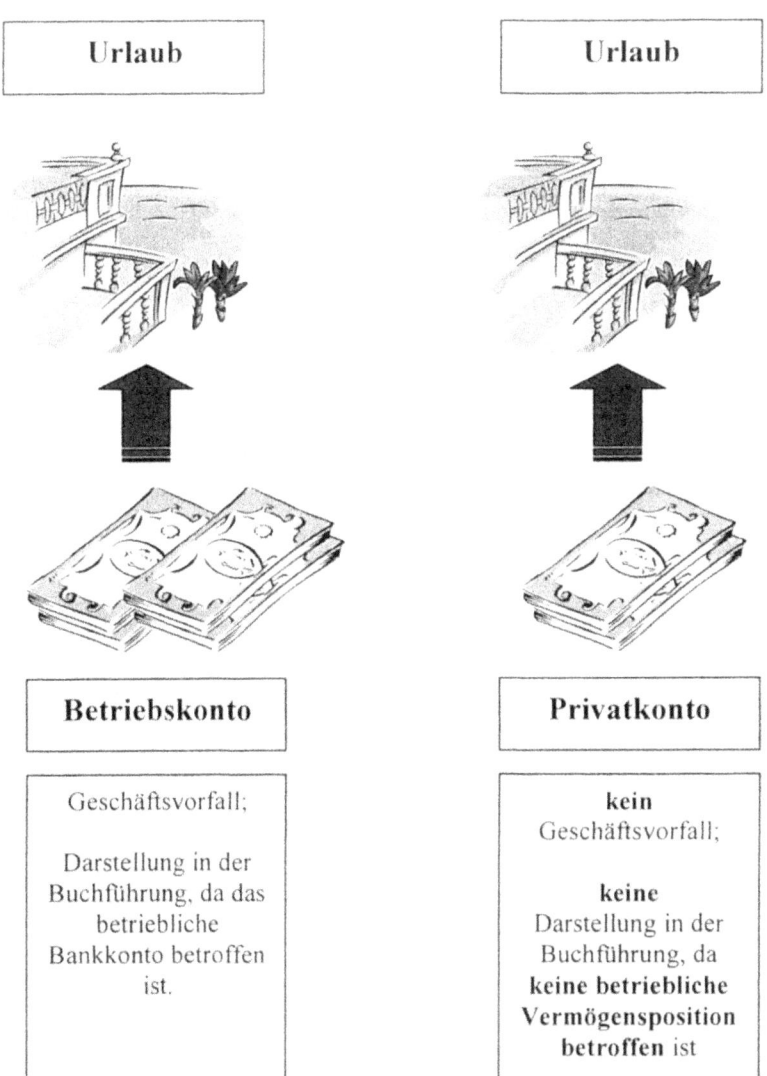

Abbildung 11: Abgrenzung Geschäftsvorfall

Vorgänge, die sowohl den betrieblichen, als auch den privaten Bereich betreffen, gehen als Geschäftsvorfälle in die Buchführung ein. Da diese Vorgänge keinen Einfluss auf das betriebliche Ergebnis haben dürfen, ist für die Ermittlung des betrieblichen Teilergebnisses eine Korrektur hinsichtlich der Privatvorgänge vorzunehmen.

Beispiel 1: Privat veranlasste Vermögensminderungen
Der Unternehmer A verfügt zum 01.01.01 nur über ein betriebliches Bankkonto von 100.000,00 € Guthaben. Einziger Vorgang des Wirtschaftsjahres 01 ist die Bezahlung einer privaten Urlaubsreise vom betrieblichen Bankkonto iHv. 5.000,00 €

Ergebnis:
Der Unternehmer A hat in 01 weder Betriebseinnahmen erzielt, noch Betriebsausgaben getätigt. Das Jahresergebnis müsste also 0,00 € betragen. Es wurde keine Vermögensmehrung oder -minderung erwirtschaftet.
Das Bankkonto des Unternehmers hat sich wie folgt entwickelt:

Stand 01.01.	100.000,00 €
Auszahlung privat	- 5.000,00 €
Stand 31.12.	95.000,00 €

Da das Bankkonto die einzige betriebliche Vermögensposition ist, ergibt sich
zum 01.01.01 ein Betriebsvermögen von 100.000,00 € und
 zum 31.12.01 ein Betriebsvermögen von 95.000,00 €.
Das Betriebsvermögen hat sich also um 5.000,00 € gemindert.

Dieses bedeutet normal einen Verlust von 5.000,00 €, der aber offensichtlich nicht betrieblich, sondern privat verursacht ist. Es reicht also nicht aus, nur die Vermögensveränderung zwischen den Stichtagen zu ermitteln, sondern es muss auch noch überprüft werden, ob die Vermögensänderung betrieblich oder privat entstanden ist. Bei einer privaten Veranlassung ist ein entsprechende Korrektur anzubringen, die als Ergebnis zu reinen betrieblichen Vermögensveränderung führt. Wurde dem Betrieb Vermögen aus privaten Gründen entzogen, muss eine entsprechende Hinzurechnung erfolgen.

Betriebsvermögen	31.12.01	95.000,00 €
- Betriebsvermögen	01.01.01	100.000,00 €
Zwischensumme		*-5.000,00 €*
+ Privatentnahmen (PE)	01	5.000,00 €
= Jahresergebnis	**01**	**0,00 €**

Beispiel 2: Privat veranlasste Vermögensmehrungen
Der Unternehmer A verfügt zum 01.01.01 nur über ein betriebliches Bankkonto von 100.000,00 € Guthaben. Einziger Vorgang des Wirtschaftsjahres 01 ist die Einzahlung eines Lottogewinns iHv. 500.000,00 € auf das betriebliche Bankkonto.

Ergebnis:
Der Unternehmer A hat in 01 weder Betriebseinnahmen erzielt, noch Betriebsausgaben getätigt. Das Jahresergebnis müsste also 0,00 € betragen. Es wurde keine Vermögensmehrung oder -minderung erwirtschaftet.
Das Bankkonto des Unternehmers hat sich wie folgt entwickelt:

Stand 01.01.	100.000,00 €
Einzahlung privat	+ 500.000,00 €
Stand 31.12.	600.000,00 €

Da das Bankkonto die einzige betriebliche Vermögensposition ist, ergibt sich
zum 01.01.01 ein Betriebsvermögen von   100.000,00 € und
zum 31.12.01 ein Betriebsvermögen von   600.000,00 €.
Das Betriebsvermögen hat sich also um   500.000,00 € erhöht.

Diese Vermögenserhöhung würde nun eigentlich für einen erwirtschafteten Gewinn stehen. Die Ursache des Vermögenszuwachses liegt aber auch hier nicht in der Wirtschaftskraft des Unternehmens, sondern im privaten Glück des Unternehmers. Diese Vermögenserhöhung darf das betriebliche Jahresergebnis 01 ebenfalls nicht beeinflussen, so dass die private Vermögenszufuhren als mindernde Korrekturen berücksichtigt werden müssen.
Aus dem Privatbereich des Unternehmers in den betrieblichen Bereich eingebrachte Vermögenswerte bezeichnet man als Neueinlagen.

Betriebsvermögen	31.12.01	600.000,00 €
- Betriebsvermögen	01.01.01	100.000,00 €
Zwischensumme		*+ 500.000,00 €*
- Neueinlagen (NE)	01	- 500.000,00 €
= Jahresergebnis	**01**	**0,00 €**

Beachte:
Ein vollständiger Betriebs-Vermögens-Vergleich berücksichtigt alle Privatentnahmen und Neueinlagen eines Wirtschaftsjahres.
Er zeigt sich in nachfolgender Form:

Betriebsvermögen	31.12.01
- Betriebsvermögen	01.01.01
+ Privatentnahmen	01
- Neueinlagen (NE)	01
= Jahresergebnis	**01**

V. Das Konto und der Kontenrahmen

V.1. Allgemeines

Da ein Vergleich der Inventurposten am Ende eines Geschäftsjahres nur unzureichende Aussagen über die betrieblichen Vorgänge zulässt und die Grundsätze ordnungsmäßiger Buchführung eine fortlaufende und vollständige Erfassung aller Geschäftsvorfälle verlangt, muss jeder Geschäftsvorfall zeitnah dokumentiert (gebucht) werden. Dieses erfolgt auf „T – Konten".
Der Name T Konto erklärt sich aus der äußeren Form des Kontos, die dem Buchstaben "T" gleicht. Der Name Konto stammt aus dem italienischen und bedeutet Rechnung.

Das T - Konto ist daher eine **zweiseitig geführte Rechnung**, die auf jeder Seite die sachlich zusammengehörenden Vorfälle darstellt, ohne + und - Zeichen zu verwenden.
Die linke Seite des Kontos wird dabei als "Soll", die rechte Seite als "Haben" bezeichnet.

Ein T - Konto hat also folgenden Aufbau:

Soll	„Bezeichnung"	Haben
Kontensumme		Kontensumme

Abbildung 12: Das "T - Konto"

Jede Eintragung eines Betrages in einem Konto ist eine Buchung. Sie löst bei einer bestehenden Buchführungspflicht sofort eine betragsmäßig entsprechende Gegenbuchung aus [13]. Diese doppelte Erfassung führt u.a. auch zu der Bezeichnung „doppelte Buchführung".

Jedes Konto ist am Ende des Wirtschaftsjahres abzuschließen, d.h., es ist der Endbestand festzustellen. Dieses erfolgt durch die Summenbildung auf der Soll- und der Habenseite. (Siehe auch Kapitel VI)

Achtung: *Keine Verrechnungen der Soll- mit der Habenseite.*

---

[13] Erfassung auf einem anderen Buchungskonto auf der anderen Kontenseite, so dass „Soll" und „Haben" betragsmäßig immer gleich verändert werden.

Bei den Konten unterscheidet man mehrere Kontenarten:

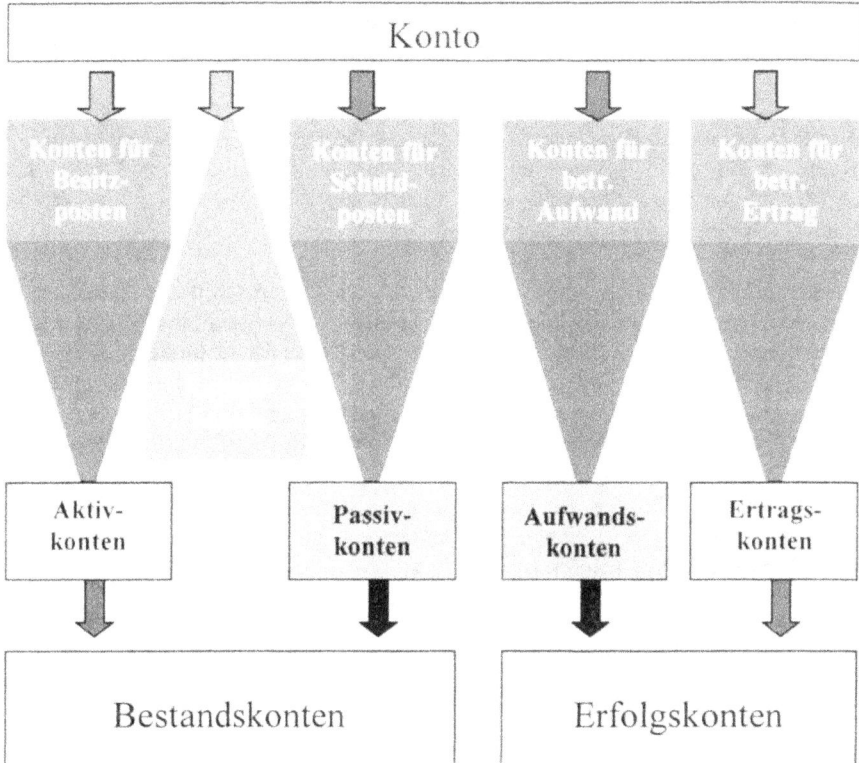

Abbildung 13: Kontenarten

Die Bestandskonten sind Konten, die Vermögensteile des Unternehmens darstellen. Die Bestandskonten sind inventurfähig. Die Aktivkonten weisen Besitzpositionen aus, die Passivkonten dagegen Schuldpositionen. Eine Sonderstellung nimmt das Kapitalkonto ein, welches am Jahresende den Saldo aus der Summe aller Besitzposten zur Summe aller Schuldposten aufnimmt.

Buchungen, die ausschließlich auf diesen Konten erfolgen, haben noch keine Gewinnauswirkung; es handelt sich insoweit nur um Vermögensverschiebungen. Betrachtet man nun die einzelnen Inventarposten (Positionen, die einen Bestand darstellen), so kann man sie entweder den Aktivkonten (Besitz) oder den Passivkonten (Schulden) zuweisen.

Buchungen, die ein Erfolgskonto ansprechen, haben immer eine Auswirkung auf das Vermögen des Betriebes, und somit Einfluss auf den Gewinn bzw. Verlust des Geschäftsjahres. Sie führen also immer zu Vermögensveränderungen.

Auf den Ertragskonten werden dabei die Vermögensmehrungen ausgewiesen, die Aufwandskonten zeigen Vermögensminderungen.

Eine Besonderheit sind die "Gemischten Konten". Gemischte Konten sind Bestandskonten mit Gewinnauswirkung. Als gemischte Konten werden z.B. das Warenkonto, Konten für halbfertige Erzeugnisse usw. geführt.
Ursache für die "Mischung" sind unterschiedliche Basiswerte für Zugänge und Abgänge auf diesen Positionen. Während sich bei den reinen Bestandskonten die Werte bei Zu- und Abgängen entsprechen, liegt bei den gemischten Konten z.B. ein Zugang zu Einkaufspreisen vor, wogegen der Abgang mit Gewinnaufschlag erfolgt. (Näheres siehe "Das gemischte Konto")

Dieses Ordnungsschema findet sich auch bei der Organisation der Buchführung wieder. Hierbei ist zu berücksichtigen, dass sich aus der Buchführung alle Zahlen schnell und zutreffend ableiten lassen müssen. Daher ist es unumgänglich, dass ein einheitliches Grundmuster vorhanden ist, damit die Ergebnisse und die Einzelpositionen überhaupt miteinander vergleichbar sind.

Des weiteren sollen die Grundsätze ordnungsmäßiger Buchführung gewährleisten, dass die Zahlen der Buchführung sowohl intern (zwischen mehreren Wirtschaftsjahren des gleichen Unternehmens), als auch extern (mit anderen Betrieben) verglichen werden können.

Das Grundmuster der Buchführungsorganisation wird durch den Kontenrahmen festgelegt. Dieser ist nicht starr, sondern kann an die Besonderheiten des Unternehmens angepasst werden.

Für die Bilanz (Jahresabschluss) ist zu beachten, dass je nach Größe und Rechtsform des Betriebes unterschiedliche Bilanzierungsnormen (Ansatznormen) maßgebend sind, um ggfls. auch eine internationale Vergleichbarkeit der Werte zu erreichen. So unterwerfen sich auch mehrere Deutsche Firmen z.B. den Vorschriften des US - GAAP (US Generally Accepted Accounting Principles) oder den IAS (International Accounting Standard). Dieses ist insbesondere dann erforderlich, wenn die Firmen an internationalen Börsen vertreten sein wollen. Diese Bilanzierungsnormen haben aber grds. keinen Einfluss auf die laufende Erfassung der Geschäftsvorfälle. Es werden in den US-GAAP oder IAS nur Regelungen zur Bewertung einzelner Vermögenspositionen vorgenommen bzw. bestimmt, an welcher Stelle der Bilanz die Position auszuweisen ist. Diese Normen sind also erst zum Jahresabschluss umzusetzen. Es ist jedoch zu empfehlen, die laufenden Aufzeichnungen gleich so zu organisieren, dass eine problemlose Umsetzung am Jahresende möglich ist.

V.2. Der Kontenrahmen

Um ein überschaubares Bild zu erhalten, werden die Konten mit Nummern belegt. Diese Belegung erfolgt nicht willkürlich, sondern richtet sich nach einem einheitlichen Kontenrahmen der, wie bereits beschrieben, das Grundmuster der Buchführungsorganisation vorgibt.

Die Kontenrahmen sind je nach Branche auf die Belange der Betriebe abgestellt. Zu erwähnen sind hier beispielhaft

- der Industriekontenrahmen, speziell für Industrieunternehmen,
- der Groß- und Einzelhandelskontenrahmen, für Handelsbetriebe und
- die DATEV - Kontenrahmen, die überwiegend von Steuerberatern eingesetzt werden.

Ein Kontenrahmen hat eine Baum- bzw. Wurzelstruktur und gibt über Kontenklassen die jeweilige "Kontengruppe" vor[14]. Des weiteren führt der Kontenrahmen noch einige Unterteilungen auf, die jedoch nicht abschließend sind.
Jeder Unternehmer kann seine Buchführung in unzählige, sachlich in Kontengruppen zusammengehörende Unterkonten, aufteilen. Der für die Buchführung gültige Kontenplan ist also sehr betriebsbezogen, orientiert sich aber an dem jeweils ausgewählten Kontenrahmen.

Beispiel:
Der Unternehmer Flexi verfügt über 4 verschiedene Bankkonten. Der Kontenrahmen für Flexi könnte sich wie folgt darstellen:

Kontenklasse	2	=	Aktives Bestandskonto; Umlaufvermögen
Kontengruppe	8	=	Flüssige Mittel
Konto	0	=	Bank
Unterkonto	1	=	Sparkasse Konto 1234
Unterkonto	2	=	Sparkasse Konto 7890
Unterkonto	3	=	Volksbank usw.

Die Volksbank hätte in diesem Beispiel also die Buchungskontonummer 2803.
Das nachfolgende Schaubild verdeutlicht die Unterteilungen des Industriekontenrahmens, welcher sich als ein 2 - Kreissystem darstellt.
Der Rechnungskreis I gilt dabei für die Geschäftsbuchführung, der Rechnungskreis II für die Kosten- und Leistungsrechnung.
Die Kontenklassen 0 bis 7 des IKR werden fortlaufend benötigt, wogegen die Konten der Kontenklasse 8 nur zu Beginn und zum Ende des Wirtschaftsjahres benötigt werden (Eröffnung- und Abschlusskonten). Zur weiteren Veranschaulichung wird auf den Industriekontenrahmen (IKR) hingewiesen.

---

[14] Die erste Ziffer der Kontenbezeichnung.

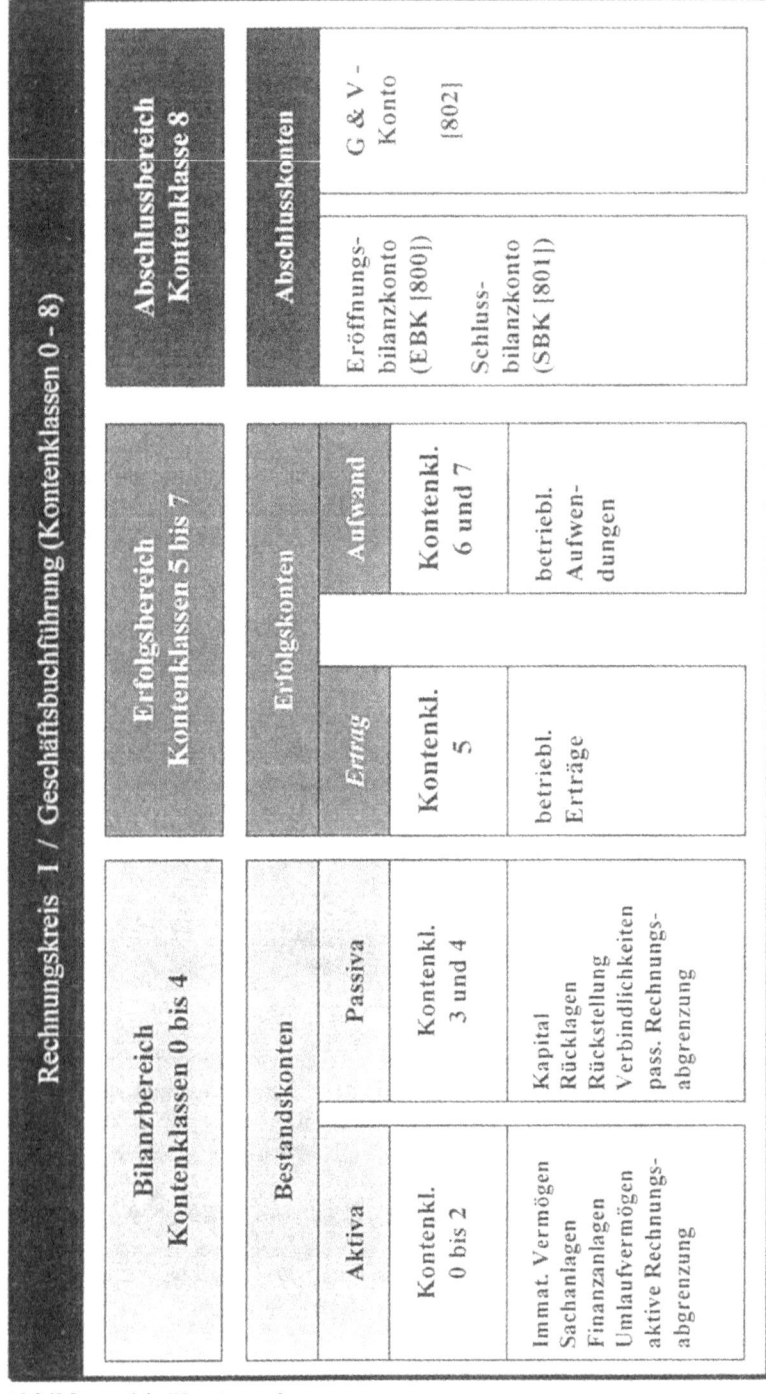

Abbildung 14: Kontenrahmen

V.3. Die Kontenbewegung auf den Bestandskonten

Um die Anforderungen der Grundsätze ordnungsmäßiger Buchführung erfüllen zu können, z.B. zeitnahe und vollständige Erfassung (Buchung) aller Geschäftsvorfälle, reicht eine Vermögensdarstellung (Bilanz) zum 31.12. eines jeden Jahres nicht aus. Es ist vielmehr erforderlich, zu Beginn eines Wirtschaftsjahres jeden Inventarposten in ein Buchungskonto zu überführen. Die Anfangsbestände (Inventurwerte des Vorjahres) der Aktivposten werden dazu auf der Sollseite des Buchungskontos erfasst, die Anfangsbestände der Passivposten erscheinen auf der Habenseite.

Die Behandlung der Zu- bzw. Abgänge bei Bestandskonten werden im nachfolgenden Schaubild dargestellt.

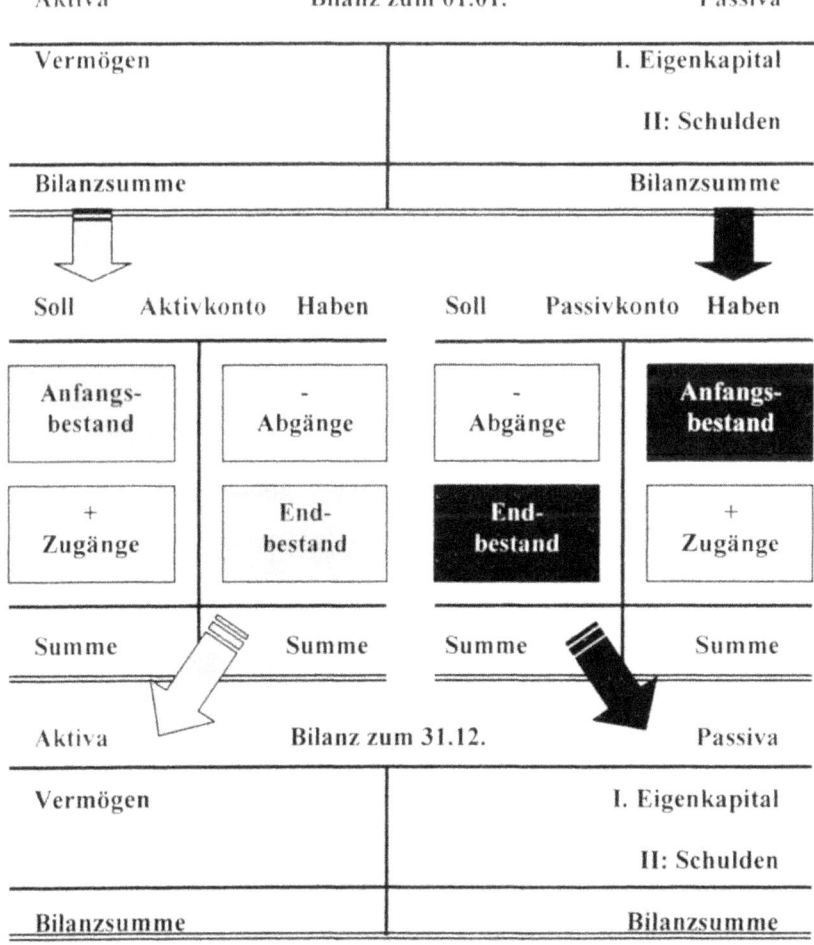

Abbildung 15: Kontenbewegungen

VI. Von der Eröffnungsbilanz zur Schlussbilanz

VI.1. Die Konteneröffnung

Zu Beginn eines jeden Geschäftsjahres wird eine Eröffnungsbilanz erstellt. Aus den Grundsätzen ordnungsmäßiger Buchführung und aus § 252 Abs.1 Nr. 1 HGB ergibt sich die zwingende Notwendigkeit, dass die Eröffnungsbilanz mit der Schlussbilanz des vorherigen Wirtschaftsjahres übereinstimmen muss. Die Schlussbilanz des Jahres 01 ist also mit der Eröffnungsbilanz des Jahres 02 deckungsgleich.

Diese Abhängigkeit wird als Bilanzenzusammenhang oder Zweischneidigkeit der Bilanz bezeichnet.

Da die Bilanz eine Kurzform der Inventarliste ist, müssen die Ansätze in der Bilanz mit den Werten lt. Inventur übereinstimmen.

Die Grundsätze ordnungsmäßiger Buchführung fordern, dass die einzelnen Geschäftsvorfälle nachvollziehbar sein müssen.

Daher wird die Bilanz in mehrere Einzelkonten aufgegliedert.

Diese Aufgliederung kann z.B. folgendes Bild ergeben (die Einzelkonten weisen die Anfangsbestände der Buchungskonten für das Geschäftsjahr aus):

Aktiva	Eröffnungsbilanz zum 01.01.01		Passiva
Maschinen	50.000,00	Eigenkapital	20.000,00
Waren	100.000,00	erhaltene Darlehn	150.000,00
Bank	20.000,00	Lieferantenschulden	15.000,00
Kasse	15.000,00		
Bilanzsumme	**185.000,00**	**Bilanzsumme**	**185.000,00**

Soll	Maschinen	Haben		Soll	Eigenkapital	Haben
50.000,00						20.000,00

Soll	Waren	Haben		Soll	Darlehn	Haben
100.000,00						150.000,00

Soll	Bank	Haben		Soll	Liefer.-schulden	Haben
20.000,00						15.000,00

Soll	Kasse	Haben
15.000,00		

Abbildung 16: Konteneröffnung

VI.2. Die Buchungsregeln

Jeder Geschäftsvorfall wird auf den Einzelkonten verbucht. Diese Buchungen werden durch einen Buchungssatz beschrieben.
In einem Buchungssatz werden die Konten genannt, die von dem Geschäftsvorfall betroffen sind. Dabei wird unterschieden, ob sich der Wert (Bestand) des Kontos erhöht oder mindert. Es ist also zwingend notwendig, sich vor der Buchung zu überlegen, um welches Konto es sich handelt und welchen Einfluss der Geschäftsvorfall auf dieses Konto hat. Hieraus ergibt sich, ob das Konto auf der „Soll" - Seite oder der „Haben"- Seite gebucht werden muss.
Mit einem Buchungssatz wird der Buchungsvorgang verbal beschrieben. Er nennt zuerst die Konten, die durch den Geschäftsvorfall auf der Sollseite angesprochen werden, dann werden die Konten genannt, die eine Veränderung auf der Habenseite erfahren. Die Angabe der entsprechenden Konten ist stets mit der Wiedergabe des Wertes verbunden, um den sich das Konto verändert. Da in vielen Fällen mehrere Positionen angesprochen werden müssen, lässt eine reine Auflistung der Konten nicht erkennen, wann die "Sollkonten" enden und die "Habenkonten" beginnen. Daher wird zwischen diesen Konten das Wörtchen „**an**" eingefügt.
Hieraus ergibt sich der Merksatz

> **„Buche Soll an Haben".**

Da die Kontenseiten für die Erfassung von Zu- und Abgängen durch die Kontenarten vorgegeben sind, ergeben sich nachfolgende Buchungsregeln:

Aufwandskonto	an	Bestandskonto
Bestandskonto	an	Ertragskonto
Aktivkonto	an	Aktivkonto (Aktivtausch) s.u.
Passivkonto	an	Passivkonto (Passivtausch) s.u.
Aktivkonto	an	Passivkonto (Aktiv-Passiv-Mehrung) s.u.
Passivkonto	an	Aktivkonto (Aktiv-Passiv-Minderung) s.u.

Je nach Geschäftsvorfall wird aber nicht nur ein "Soll-" und ein "Habenkonto" angesprochen, sondern es werden mehrere Konten berührt. Daher ist zwischen den einfachen und den zusammengefassten Buchungssätzen zu unterscheiden. Bei den einfachen Buchungssätzen liegen nur zwei Buchungskonten vor, ein Soll- und ein Habenkonto. Bei den zusammengefassten Buchungssätzen liegen mehrere Soll- und/oder Habenkonten vor.

Buchungen mit	
einfachem Buchungssatz	zusammengefasstem Buchungssatz

Abbildung 17: Buchungssätze

Zu Übungszwecken empfiehlt sich in der Anfangsphase die Frage nach den 4 "W".

Wer	"Wer" wird angesprochen (Buchungskonto) ?
Was	"Was" für ein Konto liegt vor (Kontenart) ?
Wie	"Wie" verändert sich das Konto ?
Wo	"Wo" ist die Veränderung darzustellen ?

Folglich lautet der Buchungssatz:

Beispiel 1: Einfacher Buchungssatz
Es wird ein Firmen-Pkw für 50.000,00 € auf Rechnung erworben. Es ergibt sich folgender Ablauf:

Wer wird angesprochen (Buchungskonto) ?

Es werden die Konten
a. Fuhrpark
b. Verbindlichkeiten aus Lieferungen und Leistungen (L+L) angesprochen.

Was für ein Konto liegt vor (Kontenart) ?

a. Fuhrpark = aktives Bestandskonto
b. Verbindlichkeiten L+L = passives Bestandskonto

Wie verändern sich die Konten ?

a. Das aktive Bestandskonto Fuhrpark erhöht sich.
b. Das passive Bestandskonto Verbindlichkeiten L+L erhöht sich.

Wo werden die Veränderungen gebucht ?

a. Erhöhungen (Zugänge) auf aktiven Bestandskonten werden im **"Soll"** gebucht.
b. Erhöhungen (Zugänge) auf passiven Bestandskonten werden im **"Haben"** gebucht.

Folglich lautet der Buchungssatz:

(Sollkonto an Habenkonto)
Fuhrpark 50.000,00 € an Verbindlichkeiten L+L 50.000,00 €

Beispiel 2: Zusammengefasster Buchungssatz
Der Pkw wird zu 20.000,00 € bar bezahlt und nur zu 30.000,00 € auf Ziel (Rechnung) erworben.
Es sind nun insgesamt mehr als 2 Konten betroffen.

Der Geschäftsvorfall lässt sich gedanklich in 2 Vorfälle zerlegen:

1. Erwerb gegen Bar   20.000,00 € und
2. Erwerb gegen Rechnung   30.000,00 €

Hieraus würde sich folgender Ablauf ergeben:

Barzahlung:

Wer wird angesprochen (Buchungskonto)?

   Es werden die Konten
   a. Fuhrpark
   b. Kasse angesprochen.

Was für ein Konto liegt vor (Kontenart)?

   a. Fuhrpark   =   aktives Bestandskonto
   b. Kasse   =   aktives Bestandskonto

Wie verändern sich die Konten?

   a. Das aktive Bestandskonto Fuhrpark erhöht sich.
   b. Das aktive Bestandskonto Kasse mindert sich.

Wo werden die Veränderungen gebucht?

   a. Erhöhungen (Zugänge) auf aktiven Bestandskonten werden im **"Soll"** gebucht.
   b. Minderungen (Abgänge) auf aktiven Bestandskonten werden im **"Haben"** gebucht.

Folglich würde der Buchungssatz für die Barzahlung lauten:

   Fuhrpark   20.000,00 €   an   Kasse   20.000,00 €

Rechnungskauf:

Wer wird angesprochen (Buchungskonto) ?

Es werden die Konten
a. Fuhrpark
b. Verbindlichkeiten aus Lieferungen und Leistungen (L+L) angesprochen.

Was für ein Konto liegt vor (Kontenart) ?

a. Fuhrpark = aktives Bestandskonto
b. Verbindlichkeiten L+L = passives Bestandskonto

Wie verändern sich die Konten ?

a. Das aktive Bestandskonto Fuhrpark erhöht sich.
b. Das passive Bestandskonto Verbindlichkeiten L+L erhöht sich.

Wo werden die Veränderungen gebucht ?

a. Erhöhungen (Zugänge) auf aktiven Bestandskonten werden im "**Soll**" gebucht.
b. Erhöhungen (Zugänge) auf passiven Bestandskonten werden im "**Haben**" gebucht.

Folglich lautet der Buchungssatz für den Rechnungskauf:

Fuhrpark   30.000,00 €   an   Verbindlichkeiten L+L   30.000,00 €

Zusammengenommen bedeutet es, dass sich der Bestand im Fuhrpark um 20.000,00 € + 30.000,00 € = 50.000,00 € erhöht hat und dass sich auf der Gegenseite der Bestand der Barkasse um 20.000,00 € gemindert und die Verbindlichkeiten aus L+L um 30.000,00 € erhöht haben.

Da die Grundsätze ordnungsmäßiger Buchführung verlangen, dass über die Buchung zum entsprechenden Beleg der Vorgang nachvollziehbar sein muss, ist eine Erfassung mit der oben genannte Zerlegung des Vorganges nicht möglich. Auf dem Konto Fuhrpark würde ein Zugang von 20.000,00 € und ein Zugang von 30.000,00 € erscheinen, die jedoch beide nicht vorliegen. Es wurde nur ein Pkw mit 50.000,00 € angeschafft. Dieser Erwerb wäre aber auf dem Buchungskonto nicht erkennbar.

Der Buchungsvorgang muss daher durch einen zusammengefassten Buchungssatz dargestellt werden.

Die Beantwortung der Einstiegsfragen führt zu folgenden Antworten:

Wer wird angesprochen (Buchungskonto) ?
Fuhrpark, Kasse und Verbindlichkeiten.

Was für ein Konto liegt vor (Kontenart) ?
Bei den Konten Fuhrpark und Kasse handelt es sich um aktive Bestandskonten, bei dem Konto Verbindlichkeiten aus L+L um ein Passivkonto.

Wie verändern sich die Konten ?
Die Konten Fuhrpark und Verbindlichkeiten aus L+L erhöhen sich, das Konto Kasse mindert sich.

Wo werden die Veränderungen gebucht ?
Die Buchung verändert das Konto Fuhrpark im Soll
und die Konten Kasse und Verbindlichkeiten aus L+L im Haben

Zusammenfassung:
Es ergibt sich der "zusammengefasste" Buchungssatz

    Fuhrpark   50.000,00 €   an   Kasse   20.000,00 €
                                                            Verbindlichkeiten   30.000,00 €

Da bei den o.g. Geschäftsvorfällen nur reine Bestandskonten angesprochen wurden, ist keine Auswirkung auf den Gewinn oder Verlust des Unternehmens eingetreten. Es hat lediglich eine Umschichtung zwischen Aktivbeständen (Besitz) und Passivbeständen (Schulden) stattgefunden.

Aus den genannten Beispielen ist erkennbar, dass sich die Buchungen auf der Soll- und der Habenseite wertmäßig entsprechen müssen.
Daher kann man sich die Buchungssätze auch an einer Waage veranschaulichen.

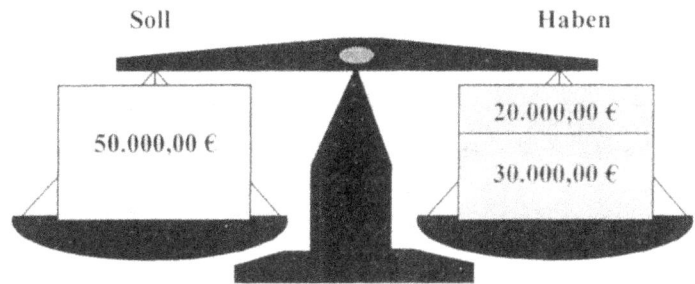

Abbildung 18: Buchungswaage

Die Buchungssätze lassen sich auch nach der Buchungswirkung unterschieden.

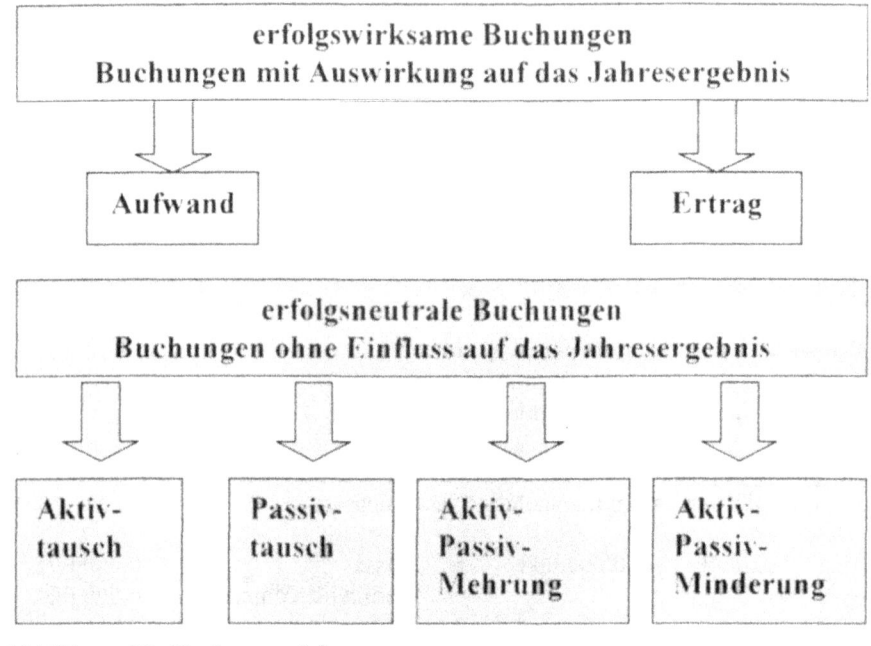

Abbildung 19: Buchungswirkung

Erläuterungen:

Aktivtausch	Es werden nur Aktivkonten angesprochen, die ihren Bestand erhöhen oder mindern
Passivtausch	Es werden nur Passivkonten angesprochen, die ihren Bestand erhöhen oder mindern
Aktiv – Passiv - Mehrung	Es werden Aktiv- und Passivkonten angesprochen, und alle Konten erhöhen ihren Bestand
Aktiv – Passiv - Minderung	Es werden Aktiv- und Passivkonten angesprochen, und alle Konten mindern ihren Bestand

Die Buchung eines Geschäftsvorfalls auf mindestens zwei Konten ist ein Ausfluss der doppelten Buchführung und führt zu dem

> **Merksatz:**
> **Keine Buchung ohne Gegenbuchung**

Wichtiger Bestandteil der doppelten Buchführung sind die erfolgswirksamen Buchungen. Bei den erfolgswirksamen Buchungen wird der Geschäftsvorfall nicht nur auf zwei Konten gebucht, sondern das wirtschaftliche Jahresergebnis wird auch durch zwei verschiedene Methoden nachprüfbar, denn auch bei den erfolgswirksamen Buchungen wird mindestens ein Bestandskonto angesprochen. So kann der Gewinn/Verlust durch den Vergleich des Vermögens (Vermögen zum 31.12. abzgl. Vermögen 01.01.) und durch den Vergleich der Aufwendungen mit den Erträgen ermittelt werden.

Eine Anforderung an die doppelte Buchführung ist u.a. die Darstellung aller Geschäftsvorfälle in zeitlicher und in sachlicher Ordnung. Dieses geschieht durch die Buchung der Geschäftsvorfälle in verschiedenen Büchern, z.B. dem Grundbuch[15], Hauptbuch[16], Geschäftsfreundebuch[17], Kassenbuch[18] und sonst. Nebenbüchern.

Da die Buchungen auch klar und eindeutig durchgeführt werden müssen, darf keine Buchung ohne einen entsprechenden Beleg erfolgen. Ggfls. sind Eigen- bzw. Ersatzbelege zu erstellen. Dabei sollte es sich aber um Ausnahmefälle handeln.

Die Nachvollziehbarkeit der Buchung wird durch einen Vermerk der Buchungssätze auf den Belegen erreicht. Hierbei ist zu berücksichtigen, dass jeder Beleg zur Buchung und jede Buchung zu dem zugehörigen Beleg führen muss. Dieses kann z.B. durch den Aufdruck eines Stempels erreicht werden, der den Buchungssatz wiedergibt. Formvorschriften sind hierbei nicht zu beachten. So ist es hier durchaus denkbar, den Buchungsvermerk um Eintragungen aus der Kostenrechnung zu ergänzen.

Die Buchungsvermerke könnten folgende Formen haben:

---

[15] Das Grundbuch erfasst alle Vorgänge in zeitlich geordneter Reihenfolge (Journal, Primanota).
[16] Das Hauptbuch erfasst alle Vorgänge in sachlicher Ordnung (Sachkonten).
[17] Im Geschäftsfreundebuch erscheinen alle Vorgänge die Kunde oder Lieferant betreffen (Debitoren = Forderungen; Kreditoren = Verbindlichkeiten). Für jeden Geschäftsfreund wird ein eigenes Buchungskonto geführt.
[18] Im Kassenbuch werden alle Barvorgänge niedergeschrieben.

Beispiel 1:

Konto	Soll	Haben
Fuhrpark	50.000,00	
Verbindlichkeiten		50.000,00
Gebucht am:	Gebucht von:	
Kostenstelle:		

Beispiel 2:

Soll	Haben	Betrag
Fuhrpark		50.000,00
	Verbindlichkeiten	50.000,00
Gebucht am:	Gebucht von:	
Kostenstelle		

Abbildung 20: Buchungshinweise

Darstellung der Beispiele 1 + 2 in der Buchführung:

Soll	Fuhrpark	Haben		Soll	Verbindlichkeiten	Haben
50.000,00						50.000,00

VI.3. Das Bestandskonto

Bestandskonten werden für alle Bereiche geführt, bei denen eine körperliche oder buchmäßige Inventur durchgeführt werden kann. Nach der Einbuchung des Anfangsbestandes werden alle Vorgänge auf den Konten erfasst, die sich im Laufe des Jahres ergeben und dem entsprechenden Konto sachlich zugeordnet werden können.

Zum Ende des Geschäftsjahres werden die Konten abgeschlossen und wieder in einer Bilanz zusammengefasst. Der Schlüssel zum Abschließen ist der Schlussstrich unter der letzten Buchung auf dem Konto. Wie der Buchungssatz, muss sich auch jedes Konto der Buchführung zum Jahresende im Gleichgewicht befinden. Die Addition der Soll- und der Habenseite führt jedoch regelmäßig zu unterschiedlichen Ergebnissen, so dass eine "Schieflage" des Kontos ausgeglichen werden muss. Der Ausgleichsposten ist der rechnerisch ermittelte Endbestand, der mit dem tatsächlichen Endbestand lt. Inventur übereinstimmen muss. Er ermittelt sich durch den Saldo der Soll- und der Habenseite des Buchungskontos. Der so ermittelte Endbestand erscheint nun im Konto auf der niedrigeren Seite. Die erneute Addition der Kontenseiten führt nun auf der Soll- und auf der Habenseite zu identischen Beträgen. Die sich ergebende Summe wird als Kontensumme bezeichnet.
Jede Eintragung auf einem Buchungskonto, also auch die der Endbestände, eine Buchung darstellt, fehlt es bisher noch an der entsprechenden Gegenbuchung. Weil die Endbestände auch in der Schlussbilanz erscheinen, würde es nahe liegen, die Schlussbilanz als Gegenkonto zu wählen. Bilanzen sind jedoch nur Momentaufnahmen, die zu einem bestimmten Stichtag die Vermögenssituation des Unternehmens widerspiegeln. Dieses hat zur Folge, dass in der Bilanz nicht gebucht werden kann. Abhilfe schafft das Schlussbilanzkonto (SBK).
Aus der Bezeichnung lässt sich bereits ableiten, dass es sich hierbei um ein Buchungskonto handelt, welches zum Schluss des Geschäftsjahres alle Endbestände aufnimmt[19]. Sind am Ende des Geschäftsjahres alle Bestandskonten abgeschlossen worden, stellt sich das SBK als Abbild der Schlussbilanz dar. Die Einbuchung der Endbestände lässt sich durch folgende Buchungssätze darstellen:

Schlussbilanzkonto	an	aktives Bestandskonto
	oder	
passives Bestandskonto	an	Schlussbilanzkonto

---

[19] Konto der Kontenklasse 8

Die technische Abwicklung des Kontenabschlusses eines Kassekontos könnte folgendes Bild haben:

Kasse Datum	Text	Soll Betrag	Haben Betrag
01.01.01	Anfangsbestand	1.540,00	
05.01.01	Einzahlung auf Bankkonto		300,00
05.01.01	Zahlung an Lieferant Müller		850,00
16.01.01	Zahlung von Kunde Abel	260,00	
:	:	:	:
:	:	:	:
Diverse	Diverse	5.500,00	2.350,00
:	:	:	:
		7.300,00	3.500,00
Endbestand[20]			3.800,00
Kontensumme		7.300,00	7.300,00

Ermittlung des Endbestandes:
Betragsmäßig höhere Kontenseite (Soll)	7.300,00
abzgl. niedrigere Kontenseite (Haben)	- 3.500,00
= rechnerischer Endbestand	3.800,00

Abbildung 21: Kontenabschluss aktives Bestandskonto (Einzelkonto)

Der Buchungssatz zur Einbuchung des Kassenendbestandes lautet:

Schlussbilanzkonto (SBK)   an   Kasse   3.800,00 €

---

[20] Der rechnerische Endbestand muss mit dem tatsächlichen Endbestand lt. Inventur verglichen werden.
Bei Abweichungen ist der tatsächliche Inventurwert zu übernehmen. Die Differenz ist so zu buchen, dass der rechnerische Endbestand lt. Kontenabschluss mit dem Inventurwert übereinstimmt.

Beispiel:

Soll	Fuhrpark	Haben		Soll	Verbindlichkeiten	Haben
AB[21] 30.000,00					AB	100.000,00
Zug[22] 50.000,00				Abg[23] 30.000,00	Zug	50.000,00
Zs[24] 80.000,00	Zs	0,00		Zs 30.000,00	Zs	150.000,00
	EB[25] 80.000,00			EB 120.000,00		
Sum. 80.000,00	Sum. 80.000,00			Sum. 150.000,00	Sum.	150.000,00

Soll	Bank	Haben		Soll	Eigenkapital	Haben
AB 120.000,00					AB	50.000,00
Zug	Abg	30.000,00				
Zs 120.000,00	Zs	30.000,00		Zs 0,00	Zs	50.000,00
	EB 90.000,00			EB 50.000,00		
Sum. 120.000,00	Sum. 120.000,00			Sum. 50.000,00	Sum.	50.000,00

Soll	Schlussbilanzkonto		Haben
Fuhrpark	80.000,00	Eigenkapital	50.000,00
Bank	90.000,00	Verbindlichkeiten	120.000,00
Kontensumme	**170.000,00**	**Kontensumme**	**170.000,00**

Abbildung 22: Kontenabschluss Bestandskonten gesamt

Als Buchungssätze für den Kontenabschluss würden sich ergeben

Schlussbilanzkonto	80.000,00	an	Fuhrpark	80.000,00
Schlussbilanzkonto	90.000,00	an	Bank	90.000,00
Verbindlichkeiten	120.000,00	an	Schlussbilanzkonto	120.000,00
Eigenkapital	50.000,00	an	Schlussbilanzkonto	50.000,00

---

[21] Anfangsbestand
[22] Zugang
[23] Abgang
[24] Zwischensumme
[25] Endbestand

VI.4. Das Eröffnungsbilanzkonto

Das geschlossene System von Buchung und Gegenbuchung mit dem Gleichgewicht der Kontenseiten wurde bisher einmal durchbrochen.
Bei der Aufteilung der Bilanz in Konten wurden die Anfangsbestände der Bilanz einfach auf die Konten übertragen. Dabei wurden die Aktiva auf der Sollseite der Konten und die Passiva auf der Habenseite der Konten eingetragen. Da jede Eintragung in einem Buchungskonto eine Buchung ist, fehlt somit die entsprechende Gegenbuchung.
Die Eröffnungsbilanz kann diese Gegenbuchung nicht aufnehmen, da eine Bilanz nur eine Momentaufnahme des Vermögensstandes ist. In Bilanzen darf somit niemals gebucht werden.

Damit das geschlossene System von Buchung und Gegenbuchung erhalten bleibt, bedarf es eines Hilfskontos, dem Eröffnungsbilanzkonto.
Dieses Konto hat nur die Aufgabe, einen geschlossenen Buchungsgang von der Eröffnungsbilanz zum Buchungskonto zu ermöglichen.[26]
Nach erfolgreicher Konteneröffnung ist das Eröffnungsbilanzkonto ein Spiegelbild der Eröffnungsbilanz.

Der Buchungssatz lautet entweder

Eröffnungsbilanzkonto	an	passives Bestandskonto
	oder	
aktives Bestandskonto	an	Eröffnungsbilanzkonto

Nachfolgende Übersicht zeigt eine mögliche Konteneröffnung, bei dem die Buchungen aber nur zwischen dem Eröffnungsbilanzkonto (EBK) und den Einzelkonten stattfinden. Die Eröffnungsbilanz liefert nur die Jahresanfangswerte, die mit den Jahresendwerten des vorherigen Wirtschaftsjahres übereinstimmen müssen.

---

[26] Für Erfolgskonten gibt es keine entsprechendes Eröffnungskonto, da der Gewinn/Verlust immer jahresweise ermittelt wird. Es bestehen somit keine Anfangswerte.
Die Konten beginnen zu jedem Geschäftsjahr mit 0,00 €.

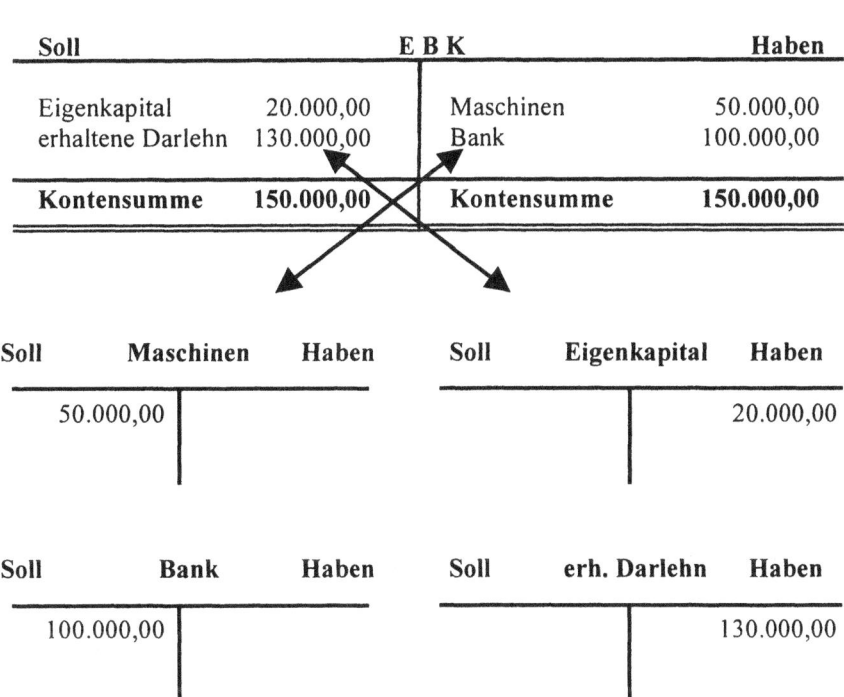

Abbildung 23: Ordnungsmäßige Konteneröffnung

Als Buchungssätze für die Konteneröffnung würden sich ergeben:
Maschinen	50.000,00	an	Eröffnungsbilanzkonto	50.000,00
Bank	100.000,00	an	Eröffnungsbilanzkonto	100.000,00
Eröffnungsbilanzkonto	20.000,00	an	Eigenkapital	20.000,00
Eröffnungsbilanzkonto	130.000,00	an	erh. Darlehn	130.000,00

VI.5. Das Erfolgskonto

Ziel eines jeden Geschäftsbetriebes ist es jedoch, Gewinne zu erzielen. Da auf den Bestandskonten nur Vermögen oder Vermögensverschiebungen dargestellt werden können, wird eine weitere Kontenart benötigt, um die Vermögensänderungen auszuweisen. Diese Funktion übernehmen die Erfolgskonten.
Unter Erfolgskonten sind die Konten zu verstehen, die direkte Auswirkungen auf das Jahresergebnis haben. Sie unterteilen sich in Aufwands- und Ertragskonten.

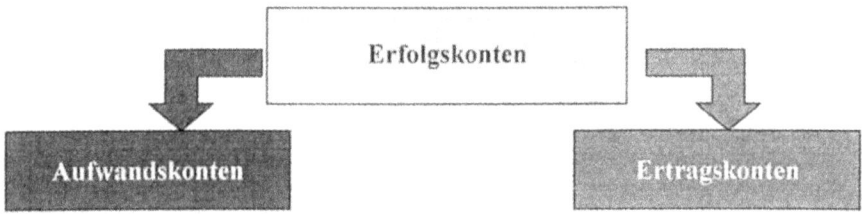

Aufwand ist der gesamte Wertverzehr eines Unternehmens innerhalb eines Abrechnungszeitraumes. Jeder Aufwand mindert das Kapitalkonto, er ist also Eigenkapital belastend.

Ertrag ist der gesamte Wertzuwachs eines Unternehmens innerhalb eines Abrechnungszeitraumes. Jeder Ertrag erhöht das Kapitalkonto, ist also Eigenkapital stärkend.

> **BEACHTE:**
> § 252 Abs.1 Nr. 4 HGB verlangt, dass nur Gewinne zu berücksichtigen sind, die zum Abschlusszeitpunkt bereits realisiert wurden.
> Imparitätsprinzip {Vorsichtsprinzip}

Hieraus leitet sich der Grundsatz ab, dass sich kein Kaufmann reicher machen darf, als er tatsächlich ist. Dies hat zur Folge, dass zum Beispiel Kursgewinne von Aktien, die sich noch im Betriebsvermögen befinden, nicht ausgewiesen werden dürfen. Diese Erträge dürfen folglich nicht auf einem Erfolgskonto erscheinen.
Da die Erfolgskonten direkten Einfluss auf die Höhe des Kapitalkontos haben, werden sie auch als Unterkonten des Kapitalkontos bezeichnet. Sie bewegen sich daher wie ein Kapitalkonto.
Weil das Kapitalkonto im Regelfall auf der Passivseite der Bilanz erscheint, wird es auch wie ein Passivkonto behandelt. D.h., Kapitalerhöhungen (Vermögenszuwächse, Zugänge) erfolgen auf der Habenseite, Kapitalminderungen (Vermögensminderungen, Abgänge) auf der Sollseite. Wenn die Erfolgskonten nun Unterkonten des Kapitalkontos sind, ist es folgerichtig, dass ein Ertrag (Vermögenszuwachs) auf der Habenseite und ein Aufwand (Vermögensminderung) auf der Sollseite gebucht wird.

Den Zusammenhang zwischen dem Kapitalkonto und den Erfolgskonten verdeutlicht nachfolgendes Schaubild:

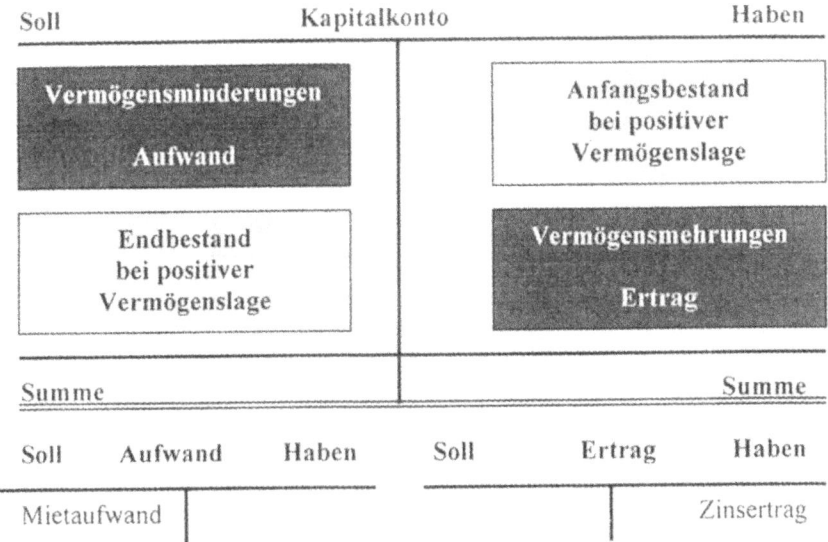

Abbildung 24: Kontenbewegungen auf Erfolgskonten

Am Ende eines jeden Wirtschaftsjahres müssen alle Konten der Buchführung abgeschlossen werden. Dieses gilt auch für die Erfolgskonten. Durch den Abschluss der Erfolgskonten wird das Jahresergebnis festgestellt. Dieses Jahresergebnis (Gewinn oder Verlust) wird in einer Summe auf dem Kapitalkonto verbucht, um die Übersichtlichkeit des Kapitalkontos zu wahren.

Aus diesem Grund werden die Erfolgskonten über das "Gewinn- und Verlustkonto" (G & V – Konto) abgeschlossen.

Das G & V - Konto sammelt die „**Endwerte**" der Erfolgskonten und ist daher mit dem Schlussbilanzkonto der Bestandskonten vergleichbar. Die Differenz der Aufwendungen und Erträge ergibt den Gewinn bzw. Verlust des Geschäftsjahres. Er ermittelt sich durch den Kontenabschluss des G & V - Kontos.
Das G & V - Konto wird dabei über das Kapitalkonto abgeschlossen.

Der Buchungssatz lautet dabei:
bei positiver Ertragslage (Gewinn) G & V - Konto   an   Kapitalkonto
bei negativer Ertragslage (Verlust) Kapitalkonto   an   G & V – Konto

Da das Kapitalkonto den Bestandskonten zugerechnet wird, werden somit die Vermögensveränderungen in die Bilanz übernommen.
Nachfolgend wird der technische Ablauf dieses Vorgangs aufgezeigt, wobei vor den Beträgen immer das Gegenkonto angegeben ist:

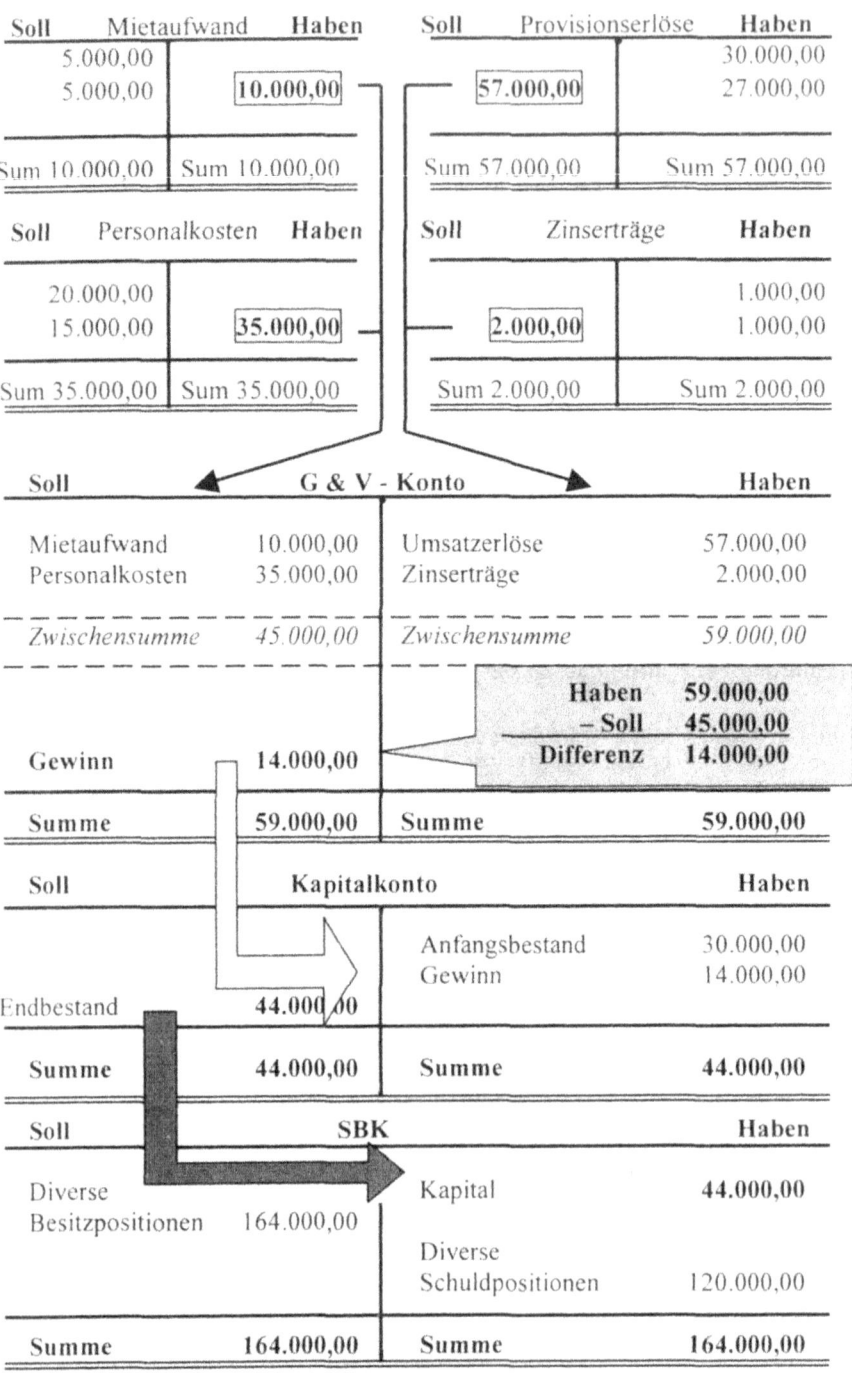

Abbildung 25: Kontenabschluss der Erfolgskonten

VI.6. Das gemischte Konto

VI.6.1. Allgemeines

Neben den reinen Bestandskonten und den reinen Erfolgskonten gibt es noch die gemischten Konten. Wie die Bezeichnung bereits erahnen lässt, sind die gemischten Konten eine Kombination aus Bestands- und Erfolgskonten. Die gemischten Konten werden den Bestandskonten zugeordnet und als Bestandskonto mit Gewinnauswirkung definiert.

Als gemischte Konten werden regelmäßig alle Konten dargestellt, in denen die Produktions- bzw. Handelsgüter des Betriebes erscheinen. Dieses ist insbesondere das Warenkonto, aber auch Konten wie z.B. halbfertige Erzeugnisse oder Roh-, Hilfs- und Betriebsstoffe gehören hierzu.

Die Wirkung und Besonderheit des gemischten Kontos verdeutlicht am anschaulichsten das einheitliche Warenkonto, welches in der Praxis jedoch nur sehr selten eingesetzt wird.

VI.6.2. Das einheitliche Warenkonto

Die Waren eines Betriebes werden zum Bilanzstichtag durch Inventur festgestellt und der Warenbestand erscheint in der Jahresabschlussbilanz als Aktivposten. Bei dem Warenkonto handelt es sich somit unstreitig um ein Besitz- und Bestandskonto (aktives Bestandskonto).

Der Warenbestand erscheint zu Beginn des Geschäftsjahres also auf der Sollseite des Kontos. Die Warenzugänge werden ebenfalls auf der Sollseite dargestellt, wogegen die Warenabgänge (der Verbrauch) auf der Habenseite erscheinen.

Würde der Warenverkauf nur mit den Anschaffungskosten gebucht werden, läge ein reines Bestandskonto vor. Dazu müsste aber jeder einzelne Warenverkauf in die Bestandteile Anschaffungskosten und Gewinnaufschlag getrennt werden. Beide Preisbestandteile wären dann noch getrennt zu verbuchen. Der Warenabgang zu Einkaufspreisen wäre dem Warenkonto zuzuordnen, der Gewinnaufschlag wäre gesondert auf einem Erfolgskonto zu erfassen. Da die Produkte i.d.R. keinen einheitlichen Gewinnaufschlag besitzen, sind vereinfachte Trennungsverfahren nicht anwendbar (z.B. 80 % vom Verkaufspreis entsprechen dem Gewinnaufschlag). Eine zutreffende Trennung der Bestände von den Gewinnanteilen wäre also mit einem sehr hohen Zeitaufwand verbunden oder stellte hohe Ansprüche an eine ggfls. eingesetzte EDV (Scannerkassen und präzise Warenkennzeichnung mit zuverlässiger Datenbank). Dieses führt regelmäßig zu einer Erfassung des Warenverkaufs zum Verkaufspreis.
Wird nun das Warenkonto als reines Bestandskonto behandelt, stimmt der Warenbestand lt. Buchführung nicht mehr mit dem tatsächlichen Warenbestand

überein. Rechnerisch könnte sich sogar eine Warenschuld ergeben (negativer Warenbestand), die tatsächlich nicht eintreten kann.

Durch die Buchung des Warenverkaufs mit den tatsächlich erzielten Verkaufspreisen (also mit Gewinnaufschlag) ergibt sich eine Gewinnauswirkung. Beim Abschluss des Warenkontos muss daher die Bestandsveränderung gesondert berücksichtigt werden.
Während der laufenden Buchführung werden Wareneinkauf und Warenverkauf ohne Unterscheidung der Preiszusammensetzung als Zugang bzw. Abgang auf dem Warenkonto erfasst. Der in den Warenverkäufen enthaltene Gewinnanteil (Rohgewinn) ergibt sich erst mit dem Abschluss des Warenkontos am Ende des Geschäftsjahres.
Zu diesem Zeitpunkt wird der Warenbestand durch Inventur ermittelt und durch den Buchungssatz

Schlussbilanzkonto an Warenkonto

in das Warenkonto eingebucht.

Wird das Warenkonto nun in bekannter Form abgeschlossen, ergibt sich eine Differenz, die auf der Sollseite des Kontos auszugleichen ist. Diese Differenz entspricht der Summe aller Gewinnanteile aus den Warenverkäufen. Der „Ausgleichswert" ist der Rohgewinn. Er gibt den Gewinn aus dem reinen Warengeschäft an und wird über das G & V - Konto in das Warenkonto eingebucht. Als Buchungssatz ergibt sich hier:

Warenkonto an G & V - Konto

Die in der Praxis vorkommenden Rückgaben aufgrund einer Reklamationen etc. sind auf dem Konto entsprechend der Zu- bzw. Abgänge zu erfassen. Der Wertansatz entspricht dem ursprünglichen Buchungsbetrag. D.h.,

Rückgaben an Lieferanten werden zum Einkaufspreis,

Rückgaben von Kunden zum Verkaufspreis gebucht.

Die außerplanmäßigen Abgänge z.B. durch Diebstahl oder bei Lebensmitteln durch Verderb sind nicht bzw. können nicht gesondert erfasst werden.
Eine Berücksichtigung dieser Vermögensabgänge erfolgt dabei über den geminderten Inventurbestand. Es erfolgt insoweit eine automatische Berücksichtigung dieser Abgänge.
Dem nachfolgenden Beispiel liegen folgende Abläufe zu Grunde:
Der Warenbestand betrug zum 01.01. 20.000,00 €, zum 31.12. 120.000,00 €. Im Laufe des Jahres wurde für 250.000,00 € Ware erworben und für 500.000,00 € Ware incl. Gewinnaufschlag veräußert.

Beispiel:

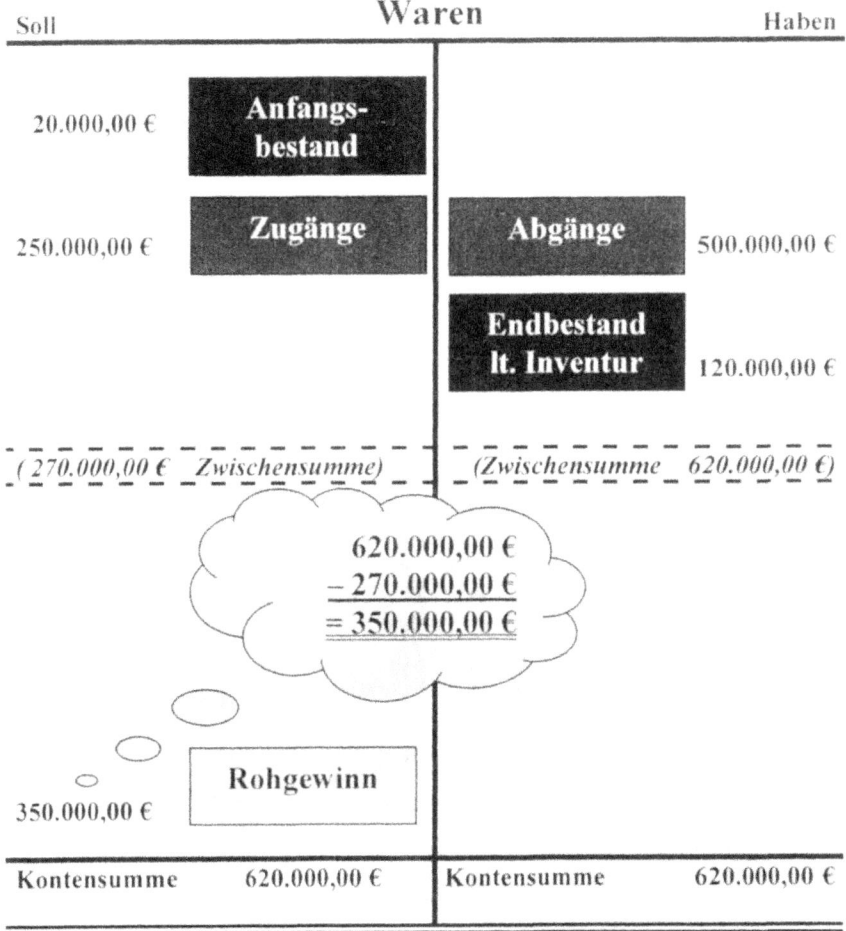

Abbildung 26: Prinzip des gemischten Kontos

Reihenfolge der Arbeitsschritte
1. **Einbuchung des Anfangsbestandes zum 01.01.**
   Waren   an   Eröffnungsbilanzkonto   20.000,00 €
2. **Verbuchung der Zu- bzw. Abgänge z.B.**
   Waren   an   Verbindlichkeiten L + L[27]   250.000,00 € (Einkauf)
   Forderungen L+L   an   Waren   500.000,00 €
3. **Inventur und Einbuchung des Endbestandes**
   SBK   an   Warenkonto   120.000,00 €
4. **Kontenabschluss**
   Warenkonto   an   G+V – Konto   350.000,00 € (Rohgewinn)

---

[27] Lieferungen und Leistungen

Die nachfolgende Übersicht zeigt die Erfassung der einzelnen Vorgänge bei einem einheitlichen Warenkonto.

Waren

Soll	Haben
Anfangsbestand	
Wareneinkauf zum Einkaufspreis	Warenverkäufe zum Verkaufspreis
Rücksendungen Kunden zum Verkaufspreis	Rücksendungen an Lieferanten zum Einkaufspreis
	Warenentnahmen zum Teilwert
	Innerbetrieblicher Verbrauch zum Einkaufspreis
	Warendiebstahl oder –verderb zum Einkaufspreis[28]
Preisnachlässe an Kunden[29]	Preisnachlässe von Lieferanten[30]
	Endbestand
Rohgewinn	
Summe	Summe

Abbildung 27: Bewegungen auf dem einheitlichen Warenkonto

---

[28] Der „kleine" Diebstahl wird i.d.R. nicht entdeckt und kann daher auch nicht verbucht werden. Die Erfolgswirkung (Aufwand) ergibt sich dann über den geringeren Warenendbestand lt. Inventur, der zu einem höheren Warenverbrauch führt.

[29] Eine Erfassung auf dem Warenkonto erfolgt nur, wenn keine eigenständigen Erfolgskonten für Boni- bzw. Rabattaufwendungen eingerichtet sind.

[30] Eine Erfassung auf dem Warenkonto erfolgt nur, wenn keine eigenständigen Erfolgskonten für Boni- bzw. Rabatterträge eingerichtet sind.

VI.6.3. Verbuchung von Handelsware

Handelswaren sind Wirtschaftsgüter, die ohne weitere Be- oder Verarbeitung wieder veräußert werden. In der Regel wird in den Handelsunternehmen ein getrenntes Wareneinkaufs- und Warenverkaufskonto geführt.

Das **Wareneinkaufskonto** erfasst dabei den Anfangsbestand und alle Warenbewegungen zwischen dem Unternehmen und seinen Lieferanten zu Einkaufspreisen (Warenlieferungen, Retouren, usw.)

Das **Warenverkaufskonto** hingegen erfasst alle Warenbewegungen zwischen dem Unternehmen und seinen Kunden zu Verkaufspreisen. Das Warenverkaufskonto wird auch als "Umsatzerlöse" bezeichnet.

Das Wareneinkaufskonto wird als gemischtes Konto geführt. Es nimmt die Anfangs- bzw. Endbestände auf und stellt über den Kontenabschluss den Warenverbrauch (Aufwand) dar. Das Konto Umsatzerlöse hingegen wird als reines Erfolgskonto behandelt. Je nach Kontenabschluss werden nur die Verkaufserlöse (Ertrag) oder die Verkaufserlöse und der Warenverbrauch ausgewiesen.

Bei dieser Buchungsmethode sind zwei verschiedene Möglichkeiten für die Durchführung des Kontenabschlusses denkbar:

1. Der Nettoabschluss

Beim Nettoabschluss wird zuerst der Warenendbestand lt. Inventur durch die Buchung

Schlussbilanzkonto an Wareneinkaufskonto

in das Wareneinkaufskonto eingebucht. Dann wird das Wareneinkaufskonto über das Konto Umsatzerlöse abgeschlossen. Der Differenzbetrag zwischen der Soll- und der Habenseite des Wareneinkaufskontos stellt dabei den Warenverbrauch dar, der durch die Veräußerungsvorgänge entstanden ist. Dieser Warenverbrauch wird als Wareneinsatz (WES) bezeichnet und ist Aufwand. Der Kontenabschluss des Wareneinkaufskontos erfolgt mit dem Buchungssatz:

Umsatzerlöse an Wareneinkaufskonto (Wert = Wareneinsatz)

Anschließend wird das Warenverkaufskonto über das G+V-Konto abgeschlossen. Der Kontenabschluss wird durch die Buchung

Umsatzerlöse an G+V - Konto (Wert = Rohgewinn)

ausgeführt. Im G+V – Konto erscheint somit der „Nettogewinn" (Rohgewinn).

Beispiel:

Wareneinkaufskonto

Soll	Haben
Anfangsbestand	
Wareneinkauf zum Einkaufspreis	Rücksendungen an Lieferanten zum Einkaufspreis
	Innerbetrieblicher Verbrauch zum Einkaufspreis
	Warendiebstahl oder –verderb zum Einkaufspreis
	Preisnachlässe von Lieferanten
	Endbestand lt. Inventur *(Einbuchung über SBK)*
	Wareneinsatz *(Zum Konto Umsatzerlöse)*
Kontensumme	Kontensumme

Umsatzerlöse

Soll	Haben
Rücksendungen Kunden zum Verkaufspreis	Warenverkäufe zum Verkaufspreis
Preisnachlässe an Kunden	
Wareneinsatz *(Vom Wareneinkaufskonto)*	
Rohgewinn *(Einbuchung über G+V – Konto)*	
Kontensumme	Kontensumme

Abbildung 28: Nettoabschluss Warenkonto

2. Der Bruttoabschluss

Auch beim Bruttoabschluss wird der Warenendbestand lt. Inventur in das Wareneinkaufskonto eingebucht. Der weitere Kontenabschluss des Wareneinkaufskontos erfolgt dann jedoch direkt über das G+V – Konto. Das Konto Umsatzerlöse wird wie beschrieben ebenfalls über das G+V - Konto abgeschlossen. Eine Ermittlung des Rohgewinns im Rahmen des Kontenabschlusses erfolgt nicht. Der Warenaufwand und der Warenerlös erscheinen „Brutto" (ungekürzt) im G+V – Konto.

Wareneinkaufskonto

Soll	Haben
Anfangsbestand	Rücksendungen an Lieferanten zum Einkaufspreis
Wareneinkauf zum Einkaufspreis	Innerbetrieblicher Verbrauch zum Einkaufspreis
	Warendiebstahl oder –verderb zum Einkaufspreis
	Preisnachlässe von Lieferanten
	Endbestand lt. Inventur *(Einbuchung über SBK)*
	Wareneinsatz *(Einbuchung über G+V - Konto)*
Kontensumme	Kontensumme

Umsatzerlöse

Soll	Haben
Rücksendungen Kunden zum Verkaufspreis	Warenverkäufe zum Verkaufspreis
Preisnachlässe an Kunden	
Warenumsatz *(Einbuchung über G+V – Konto)*	
Kontensumme	Kontensumme

G+V - Konto

Soll	Haben
Wareneinsatz *(Vom Wareneinkaufskonto)*	**Warenumsatz** *(Vom Konto Umsatzerlöse)*

Abbildung 29: Bruttoabschluss Warenkonto

VI.6.4. Ermittlung der Kennzahlen aus dem Warenverkehr

Insbesondere bei Handelsunternehmen bilden die Kennzahlen des Warenverkehrs die Grundlage zahlreicher betriebswirtschaftlicher Auswertungen. Die Bezugsgrößen dieser Auswertungen lassen sich wie folgt beschreiben:

	Warenanfangsbestand	(AB)
+	Wareneinkauf	(WEK)
-	Warenendbestand	(EB)
=	Wareneinsatz	(WES)
	Warenumsatz	(WUS)
-	Wareneinsatz	(WES)
=	Rohgewinn / -verlust	

VI.6.5. Verbuchung von unfertigen und fertigen Erzeugnissen

Unter der Position unfertige und fertige Erzeugnisse werden die selbst produzierten Wirtschaftsgüter erfasst. Wirtschaftsgüter, die noch nicht vollständig hergestellt sind erscheinen bei den unfertigen Erzeugnissen, die übrigen Wirtschaftsgüter bei den fertigen Erzeugnissen. Die Wertermittlung erfolgt dabei zu Selbstkosten. Der Wertansatz in der Inventur / Bilanz zum Jahresende neutralisiert die im Laufe des Jahres gebuchten Aufwendungen wie z.B. Materialkosten, Lohnkosten, usw. Der Wert der teilfertigen Erzeugnisse ermittelt sich daher mit den Kosten, die zur Herstellung des Wirtschaftsgutes bis zum Fertigstellungsgrad angefallen sind. Da sich der Wert der selbst produzierten Wirtschaftsgüter nicht aus einem Anschaffungspreis sondern aus vielen Kostenpositionen ergibt, verzichtet man regelmäßig im Laufe des Wirtschaftsjahres auf eine Weiterentwicklung des Kontos für jedes produzierte Gut. Es werden vielmehr die laufenden Kosten als solche in der Buchhaltung erfasst und die Verkaufspreise werden zu 100 % als Ertrag ausgewiesen. Zum Ende des Wirtschaftsjahres werden dann die Vermögensveränderungen zum 01.01. für die teilfertigen bzw. fertigen Erzeugnisse festgestellt und als Gewinnkorrektur über das Konto Bestandsveränderungen gebucht. Das Konto Bestandsveränderungen ist dabei ein reines Erfolgskonto und nimmt sowohl Erträge (wenn sich die Bestände erhöht haben), als auch Aufwendungen (wenn sich die Bestände gemindert haben) auf.

Die Konten unfertige und fertige Erzeugnisse zeigen somit nur den Anfangs- und den Endbestand, sowie einen Wert, der die Wertentwicklung zum Endbestand 31.12. aufnimmt. Sie verhalten sich buchungstechnisch wie aktive Bestandskonten.

Der Anfangsbestand wird also auf der Sollseite des Buchungskontos ausgewiesen und der Inventurwert wird als Endbestand durch die Buchung

    SBK   an   fertige Erzeugnisse   bzw.
    SBK   an   unfertige Erzeugnisse   eingebucht.

Hat sich der Endbestand erhöht (Vermögensmehrung = Ertrag), erfolgt ein Ausgleich des Buchungskontos über die Buchung

    (un-) fertige Erzeugnisse   an   Bestandsveränderungen,

hat sich der Endbestand verringert (Vermögensminderung = Aufwand), erfolgt die Buchung

    Bestandsveränderungen   an   (un-) fertige Erzeugnisse

Das Konto Bestandsveränderungen wird schließlich als reines Erfolgskonto über das G+V - Konto abgeschlossen. In Abhängigkeit der zu erfassenden Veränderungen ergibt sich beim Kontenabschluss die Buchung

Bestandsveränderung an G+V - Konto (Saldo = Bestandserhöhungen = Ertrag)
oder
G+V - Konto an Bestandsveränd. (Saldo = Bestandsminderungen = Aufwand)

Beispiel:

Die Inventuren der Fahrradfabrik "Pedale" ergeben nachfolgende Werte:

	01.01.	**31.12.**
a. unfertige Erzeugnisse	100.000,00 €	80.000,00 €
b. fertige Erzeugnisse	30.000,00 €	90.000,00 €

Der Bestand hat sich also

a. bei den unfertigen Erzeugnissen um 20.000,00 € verringert (Aufwand) und
b. bei den fertigen Erzeugnissen um 60.000,00 € erhöht (Ertrag).

Im Ergebnis muss sich durch den Kontenabschluss des Buchungskontos Bestandsveränderungen ein "Ertrag" von 40.000,00 € ergeben, so dass im G+V - Konto eine Haben - Buchung ausgeführt wird.

Der Kontenabschluss des Kontos Bestandsveränderungen muss zu einem Ertrag von 40.000,00 € führen.

unfertige Erzeugnisse

Soll		Haben	
Anfangsbestand (Einbuchung über EBK)	100.000,00 €	Bestandsveränderung	20.000,00 €
		Endbestand (Einbuchung über SBK)	80.000,00 €
Kontensumme	100.000,00 €	Kontensumme	100.000,00 €

fertige Erzeugnisse

Soll		Haben	
Anfangsbestand (Einbuchung über EBK)	30.000,00 €		
Bestandsveränd.	60.000,00 €	Endbestand (Einbuchung über SBK)	90.000,00 €
Kontensumme	90.000,00 €	Kontensumme	90.000,00 €

Bestandsveränderungen

Soll		Haben	
Bestandsveränderung unfertige Erzeugnisse	20.000,00 €	Bestandsveränderung fertige Erzeugnisse	60.000,00 €
Bestandsveränderung (Einbuchung über G+V - Konto)	40.000,00 €		
Kontensumme	60.000,00 €	Kontensumme	60.000,00 €

SBK

Soll		Haben
unfertige Erzeugnisse	80.000,00 €	
fertige Erzeugnisse	90.000,00 €	

G+V - Konto

Soll	Haben	
	Bestandsveränd.	40.000,00 €

Abbildung 30: Unfertige / fertige Erzeugnisse

VI.6.6. Verbuchung von Roh-, Hilfs- und Betriebsstoffen (RHB)

Die RHB sind Wirtschaftsgüter, die als Aktivwerte in der Bilanz erscheinen. Bei ihnen liegt also ein aktives Bestandskonto vor. Da die Wirtschaftsgüter im Betrieb verbraucht werden, erfolgen die Zu- und Abgänge mit identischen Beträgen. Ein Gewinnaufschlag beim Abgang kommt nicht in Betracht.

Da Betriebe ständig über ihre Produktionskosten informiert sein müssen, werden bei größeren Unternehmen die RHB nur gegen Materialentnahmebeleg ausgegeben. Der Wertabgang wird dann vom Bestandskonto RHB umgebucht zum Konto „Aufwendungen für RHB". Kommt es im Wirtschaftsjahr zu keinen unkontrollierten Abgängen, stimmt der buchmäßige Endbestand mit dem tatsächlichen Endbestand lt. Inventur überein.

Evtl. auftretende Differenzen werden über das Konto Aufwendungen für RHB ausgeglichen. Im Bereich der RHB sind folgende Buchungsvorgänge möglich:

1. Konteneröffnung: RHB an EBK
2. Zugänge: RHB an Verbindlichkeiten L+L
3. Abgänge: Aufwendungen RHB an RHB
4. Inventurdifferenz:
   a. Mehrbestand: RHB an Aufwendungen für RHB
   b. Minderbestand: Aufwendungen RHB an RHB
5. Kontenabschluss 1: G+V –Konto an Aufwendungen RHB
6. Kontenabschluss 2: SBK an RHB.

Wird aus Kostengründen kein Lagerverwalter beschäftigt und ist es daher jedem zugänglich, wird in der Regel das Konto Roh-, Hilfs- und Betriebsstoffe als reines Bestandskonto geführt. Der Zugang (Einkauf) wird dann direkt über das Konto Aufwendungen für Roh-, Hilfs- und Betriebsstoffe gebucht. Die Bestandsveränderung lt. Inventur zum 31.12. werden wie oben beschrieben über das Konto Aufwendungen für Roh-, Hilfs- und Betriebsstoffe ausgeglichen. Als Buchungsvorgänge können daher in Betracht kommen:

1. Konteneröffnung: RHB an EBK
2. Zugänge: Aufwendungen RHB an Verbindlichkeiten L+L
3. Inventurdifferenz:
   a. Mehrbestand: RHB an Aufwendungen für RHB
   b. Minderbestand: Aufwendungen RHB an RHB
4. Kontenabschluss 1: G+V –Konto an Aufwendungen RHB
5. Kontenabschluss 2: SBK an RHB.

VI.7. Das Kapitalkonto

VI.7.1. Allgemeines

Das Kapital ist die Differenz der Besitzposten zu den Schuldposten eines Unternehmens. Es dient zur Herstellung der Summengleichheit der Aktiv- und der Passivseite einer Bilanz. Der Ausweis des Kapitals ist also zur Darstellung einer Bilanz unumgänglich. Da das Kapital eine Bilanzposition ist (bei einem gesunden Unternehmen i.d.R. auf der Passivseite {mehr Vermögen als Schulden}), liegt es nahe, dass es auch ein Buchungskonto Kapital geben muss. Die Notwendigkeit des Buchungskontos Kapital ergibt sich auch aus dem Wesen der doppelten Buchführung. Ein Grundsatz der doppelten Buchführung ist, dass keine Buchung ohne eine entsprechende Gegenbuchung erfolgen darf. So nimmt das Kapitalkonto z.B. den Gewinn / Verlust des Geschäftsjahres über den Kontenabschluss des G & V - Kontos auf. Hieraus leitete sich bereits der Hinweis ab, dass die Erfolgskonten als Unterkonten des Kapitalkontos bezeichnet werden.

Bei den bisherigen Buchungsvorgängen wurde noch nicht berücksichtigt, dass der Gewinn des Geschäftsjahres durch Privatvorgänge nicht beeinflusst werden darf.

Beispiel:
Der Unternehmer entnimmt dem betr. Bankkonto 5.000,00 € für private Zwecke.

Ein Vergleich des betrieblichen Vermögens führt offensichtlich zu einem Mindervermögen (Verlust) von 5.0000,00 € (Minderung Bankbestand). Da diese Vermögensminderung jedoch nicht betrieblich verursacht ist, muss zur Ermittlung des Unternehmensertrages eine Korrektur erfolgen.

Die Verbuchung des obigen Beispiels darf mangels betrieblicher Veranlassung also nicht über ein Erfolgskonto vorgenommen werden. Der tatsächliche Geldabgang auf dem Bankkonto muss aber gebucht werden. Da durch den Geldabfluss aber keine andere Vermögensposition berührt wird, wird der Vorgang bereits als laufender Geschäftsvorgang über das Kapitalkonto erfasst.

Der Buchungssatz würde also lauten:

       Kapitalkonto   an   Bank   5.000,00 €

Da die Verbuchung ausschließlich auf Bestandskonten erfolgt, ergibt sich keine Gewinnauswirkung. Wenn alle Privatvorgänge so erfasst werden, wird das Kapitalkonto sehr unübersichtlich. Zur besseren Darstellung der einzelnen Vorgänge erfolgen daher die Buchungen nicht direkt auf dem Kapitalkonto, sondern auf den unmittelbaren Unterkonten "Privatentnahmen" (PE) und "Neueinlagen" (NE). Die Konten PE und NE sind direkte Unterkonten des Kapitalkontos und werden zum Jahresende über das Kapitalkonto abgeschlossen.

VI.7.2. Privatentnahmen

Das Konto Privatentnahmen nimmt alle Vorgänge auf, bei denen der Unternehmer betriebliches Vermögen für private Zwecke verwendet. Hierzu zählen sowohl die Sachentnahmen, als auch die Nutzungsentnahmen.[31]

Sachentnahmen liegen vor, wenn der Unternehmer Gegenstände oder Rechte des Betriebsvermögens für private Zwecke entnimmt. Die häufigste Form der Sachentnahme ist die Entnahme von Geld, welches der Unternehmer zur Bestreitung seinen Lebensunterhaltes benötigt.

Nutzungsentnahmen liegen vor, wenn der Unternehmer betriebliche Gegenstände privat mitbenutzt, und durch diese Nutzung Kosten entstehen, die als Betriebsausgabe und damit als Aufwand erfasst worden sind. Der gebuchte Aufwand ist dann in Höhe der privaten Veranlassung rückgängig zu machen. Buchungstechnisch erfolgt dieses über eine Erlösbuchung auf dem Ertragskonto "Eigenverbrauch". Diese Position ist im Rahmen des Jahresabschlusses gesondert in der G & V - Rechnung auszuweisen.

Buchungsbeispiele:

a.) Sachentnahmen:
Der Unternehmer S hat eine Freundin, die er sehr gern beschenkt. Zum Geburtstag erhält sie von ihm eine neue Armbanduhr für 3.000,00 €. Als S die Uhr kauft, nimmt er zuvor 3.500,00 € aus der Geschäftskasse. Hiervon erwirbt er die Uhr und lädt seine Freundin ins Theater ein.

Buchungssatz:
Privatentnahme (PE)   3.500,00 €   an   Kasse   3.500,00 €

b.) Nutzungsentnahmen:[32]
Des weiteren hat S einen großen Bekanntenkreis. Hieraus ergibt sich zwangsläufig, dass er häufig mit ihnen aus dem Büro telefoniert und Verabredungen vereinbart. Zu den Treffen fährt er mit seinem Geschäftswagen. S hat einmal ermittelt, dass er durchschnittlich für 100,00 € je Kalendermonat vom betrieblichen Telefonanschluss privat telefoniert, und dass etwa 20% der Gesamtjahresfahrleistung seines Geschäftswagens auf Privatfahrten entfällt[33]. Die gesamten Pkw - Kosten des Geschäftswagens belaufen sich im Jahre 04 auf 50.000,00 €.
Auf die Privatnutzung entfallen somit:

---

[31] Sowohl die Sach-, als auch die Nutzungsentnahmen können der Umsatzsteuer unterliegen.
[32] In diesem Beispiel fällt noch Umsatzsteuer an, die bisher nicht behandelt wurde.
[33] Die Privatfahrten sind ggfls. mit dem steuerlichen Wert von 1% des Neuwagen - Listenpreises im Zeitpunkt der Erstzulassung des Fahrzeugs anzusetzen.

12 * 100,00 €   =   1.200,00 €
20% von 50.000,00 € =   10.000,00 €
Gesamt   11.200,00 €

Buchungssatz:
Privatentnahme 11.200,00 € an Erlöse Eigenverbrauch 11.200,00 €

VI.7.3. Neueinlagen

Das Konto Neueinlagen nimmt alle Vorgänge auf, bei denen der Unternehmer privates Vermögen in den Betrieb einbringt.
Im Gegensatz zu Privatentnahmen spielt die umsatzsteuerliche Beurteilung bei Einlagen von Wirtschaftsgütern i.d.R. keine Rolle.

Buchungsbeispiel:

S besitzt privat mehrere Grundstücke und ca. 5 Mio. € Geldanlagen. Sein Unternehmen ist jedoch in wirtschaftliche Schwierigkeiten geraten, nachdem ein Großkunde seine Rechnungen nicht mehr begleichen konnte. Da S keine Darlehn aufnehmen will, bezahlt er drei Großrechnungen von Lieferanten von seinen privaten Geldkonten.

Insgesamt zahlt S 350.000,00 € von seinen Privatkonten.

Buchungssatz:
Verbindlichkeiten L+L 350.000,00 € an Neueinlagen (NE) 350.000,00 €

VI.7.4. Kontenmäßige Darstellung

Haben sich die oben beschriebenen Vorgänge alle in einem Geschäftsjahr ereignet, ergibt sich die nachfolgende kontenmäßige Darstellung. Dabei wurde unterstellt, dass das Anfangskapital 50.000,00 € und der Gewinn des Geschäftsjahres 500.000,00 € betragen hat.

Reihenfolge der Arbeitsschritte:
1. Laufende Verbuchung der Privatvorgänge
2. Kontenabschluss des G+V Kontos (Gewinn 500.000,00 €) [hier nicht gesondert dargestellt]. Buchungssatz: G+V - Konto an Kapitalkonto 500.000,00 €
3. Abschluss der "Privatkonten"
   a. Privatentnahmen: Kapital an   PE
   b. Neueinlagen: NE   an   Kapital

Soll	Kapital		Haben
	Anfangsbestand		50.000,00 €

Soll	Privatentnahmen		Haben
Sachentnahme	3.500,00 €		
Nutzungsentnahme	11.200,00 €		
		Kontenabschluss	14.700,00 €
		(Einbuchung über Kapitalkonto)	
Kontensumme	14.700,00 €	Kontensumme	14.700,00 €

Soll	Neueinlagen		Haben
		Zahl. Verbindlichk.	350.000,00 €
Kontenabschluss	350.000,00 €		
(Einbuchung über Kapitalkonto)			
Kontensumme	14.700,00 €	Kontensumme	14.700,00 €

Soll	G+V - Konto		Haben
Diverse Aufwendungen	400.000,00 €	Diverse Erträge	900.000,00 €
Gewinn	500.000,00 €		
(Einbuchung über Kapitalkonto)			
Kontensumme	900.000,00 €	Kontensumme	900.000,00 €

Soll	Kapital		Haben
		Anfangsbestand	50.000,00 €
Privatentnahmen	14.700,00 €	Neueinlagen	350.000,00 €
Endbestand	885.300,00 €	Gewinn	500.000,00 €
(Einbuchung über SBK)			
Kontensumme	900.000,00 €	Kontensumme	900.000,00 €

Abbildung 31: Abschluss der Privatkonten

VII. Steuern und ihre Behandlung

VII.1. Allgemeines

Der Staat greift mit den unterschiedlichsten Steuern in das Wirtschafts- und Privatleben der Bürger ein. Da die anfallenden Steuern unterschiedlich zu behandeln sind, müssen sie nach folgenden Kriterien unterschieden werden:

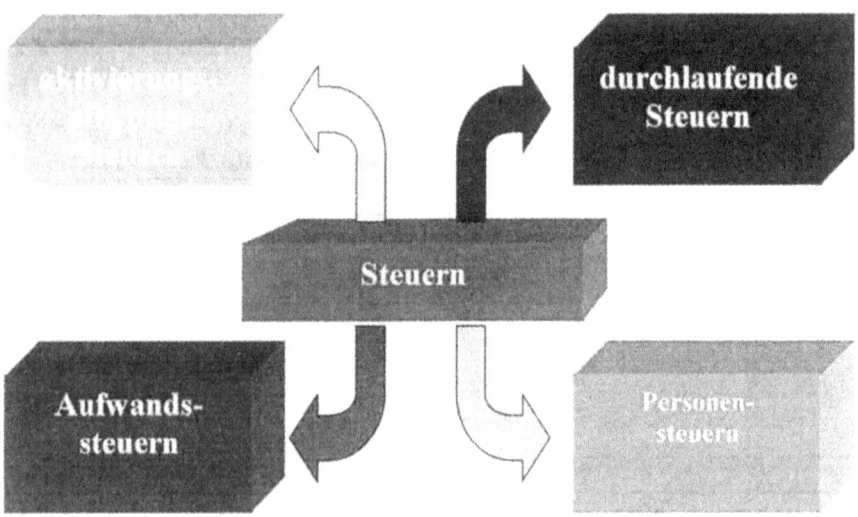

Abbildung 32: Steuerdifferenzierung

Die **aktivierungspflichtigen Steuern** gehören zu den Anschaffungskosten eines Wirtschaftsgutes und sind als Anschaffungsnebenkosten dem Kaufpreis hinzuzurechnen. Aktivierungspflichtige Steuern fallen einmalig beim Erwerb des Wirtschaftsgutes an.

Zu den **Aufwandssteuern** gehören alle Steuern, die das Unternehmen belasten und zum Betriebsausgabenabzug zugelassen sind. Aufwandssteuern fallen fortlaufend an.

Personensteuern sind grundsätzlich Privataufwendungen, die den Gewinn des Unternehmens nicht beeinflussen dürfen. Sie sind bei Personenunternehmen daher stets über das Kapitalkonto als Entnahme zu buchen.

Durchlaufende Steuern sind Steuern, die der Betrieb im Auftrag des Finanzamtes vereinnahmt und abzuführen hat. Es entsteht keine Ergebnisbelastung durch die Steuer als eigene Aufwandposition, sondern die erfolgswirksame Erfassung erfolgt (falls vorhanden) regelmäßig an anderer Stelle.

VII.2. Aktivierungspflichtige Steuern

Die aktivierungspflichtigen Steuern gehören zu den Anschaffungskosten der Wirtschaftsgüter, bei deren Erwerb sie angefallen sind. Als Anschaffungsnebenkosten erhöhen sie die Bezugskosten des Wirtschaftsgutes und somit auch dessen Bilanzansatz. Die Steuerpflicht wird durch Einzelsteuergesetze geregelt.

Ein typisches Beispiel hierfür ist die **Grunderwerbsteuer**. Nach dem Grunderwerbsteuergesetz werden Übertragungsvorgänge von Grundbesitz erfasst. Die Grunderwerbsteuer beträgt dabei 3,5 % des Kaufpreises und ist grundsätzlich je zur Hälfte vom Veräußerer und Erwerber zu tragen. Diese Aufteilung kann jedoch vertraglich abgeändert werden, so dass in der Praxis regelmäßig der Erwerber die volle Grunderwerbsteuer zu tragen hat.

Da die Grunderwerbsteuer einmalig durch den Erwerbs- bzw. Übertragungsvorgang anfällt, gehört sie mit zu den Anschaffungskosten des Grundbesitzes und ist zusammen mit diesem zu aktivieren. Da die Steuer bereits mit der Übertragung entsteht, handelt es sich bei der Verbuchung um eine Aktiv-Passiv-Mehrung.

Beispiel:
Der Unternehmer erwirbt ein Grundstück für 100.000,00 €, welches er für einen Kundenparkplatz nutzen will. An Notar- und Gerichtskosten sind 10.000,00 € angefallen. Der Erwerber trägt die Grunderwerbsteuer in voller Höhe und hat den gesamten Kaufpreis fremdfinanziert.

Behandlung:
Bei einem Kaufpreis von 100.000,00 € fällt eine Grunderwerbsteuer i.H.v. 3.500,00 € an. Somit sind insgesamt 13.500,00 € Erwerbsnebenkosten angefallen, die den Bilanzansatz erhöhen (10.000,00 € Gerichts- und Notarkosten und 3.500,00 € Grunderwerbsteuer). Das Grundstück wäre mit 113.500,00 € in der Bilanz auszuweisen. Da der Kaufpreis in voller Höhe fremdfinanziert ist, liegt buchungstechnisch eine Aktiv-Passiv-Mehrung vor.
Der Buchungssatz lautet in der Summe

  Grund und Boden an Verbindlichkeiten. 113.500,00 €

Da die Erwerbsnebenkosten im tatsächlichen Ablauf zeitlich versetzt anfallen, verteilt sich diese Buchung auf mehrere Einzelbuchungen wie z.B.:

Kaufpreis
Grund und Boden an Verbindlichkeiten. 100.000,00 €
Grunderwerbsteuer
Grund und Boden an Verbindlichkeiten. 3.500,00 €
Notarkosten
Grund und Boden an Verbindlichkeiten. 5.000,00 €
usw.

Auf den Buchungskonten ergibt sich nachfolgendes Bild:

	Grund und Boden	
Soll		Haben
	100.000,00	
	3.500,00	
	5.000,00	
	:	
Kontensumme		Kontensumme

	Verbindlichkeiten	
Soll		Haben
		100.000,00
		3.500,00
		5.000,00
		:
Kontensumme		Kontensumme

Abbildung 33: Kontendarstellung Steueraktivierung

Zum Jahresende erscheint dann der Saldo von 113.500,00 € auf dem Schlussbilanzkonto. Das Grundstück wird auch mit diesem Betrag in das Anlageverzeichnis aufgenommen.

VII.3. Aufwandssteuern

Aufwandssteuern entstehen zwangsläufig durch den Betrieb des Unternehmens.
Eine der wichtigsten Aufwandssteuern ist die **Gewerbesteuer**. Die Steuerpflicht ergibt sich aus dem Gewerbesteuergesetz (GewStG). Danach errechnet das Finanzamt einen Gewerbesteuermessbetrag und die Kommunen fordern die Gewerbesteuer durch Anwendung eines Hebesatzes (Prozentsatzes), der je nach Kommune bis zu 550 % und mehr betragen kann.
Ausgangspunkt für die Gewerbesteuerberechnung ist das erwirtschaftete Jahresergebnis. Dieses wird nach den speziellen Vorschriften des GewStG angepasst (Hinzurechnungen und Kürzungen). Nach Berücksichtigung eines Freibetrages von 24.500,00 € (nur bei Personenunternehmen) ergibt sich durch Anwendung eines Staffelsatzes von bis zu 5 % der Gewerbesteuermessbetrag.
Die Gewerbesteuer selbst ergibt sich nun durch Multiplikation des Gewerbesteuermessbetrages mit dem Hebesatz der Kommune. Die Gewerbesteuer wird durch die Kommune festgesetzt und ist auch an sie zu entrichten. Da in den einzelnen Kommunen unterschiedliche Hebesätze gelten, kann die Gewerbesteuer auch einen Einfluss auf die Standortwahl bei der Neugründung eines Betriebes haben.
Das nachfolgende Schaubild zeigt das Grundschema der Gewerbesteuerberechnung.

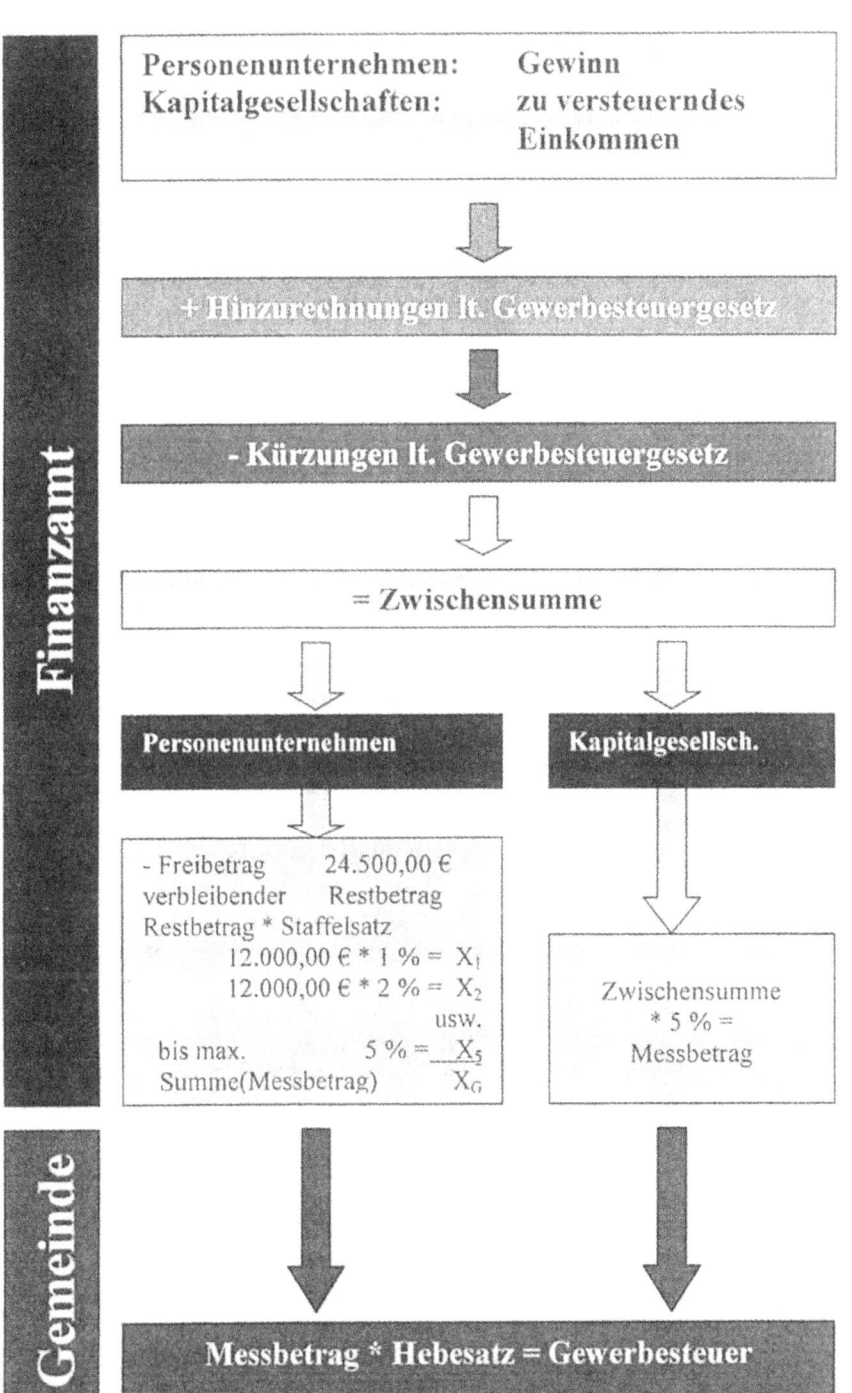

Abbildung 34: Schema der Gewerbesteuerberechnung

VII.4. Personensteuern

Das wirtschaftliche Ergebnis des Geschäftsbetriebes bestimmt auch die privaten Steuern des Unternehmers. So wird der Gewinn des Unternehmens bei der Ermittlung seiner privaten **Einkommensteuer** zugrunde gelegt.
Gem. § 12 Einkommensteuergesetz dürfen Personensteuern aber keinen Einfluss auf die Höhe des steuerlichen Gewinns / Verlusts des Unternehmens haben. Dieses hat zur Folge, dass die privaten Steuern des Unternehmers über das Kapitalkonto als Privatentnahme gebucht werden müssen. Es liegen stets Entnahmen vor, wenn private Steuern aus betrieblichen Mitteln erbracht werden. Ebenso handelt es sich um Neueinlagen, wenn private Steuererstattungen auf einem betrieblichen Konto gutgeschrieben werden. Eine Verbuchung findet jedoch erst bei tatsächlicher Mittelverwendung statt (Geldfluss).

Abweichend ist die Behandlung der Personensteuern bei Kapitalgesellschaften wie z.B. der GmbH oder der AG. Die Einkommensteuer der natürlichen Person ist die **Körperschaftsteuer** bei den Kapitalgesellschaften. Da diese jedoch über keinen Privatbereich verfügen, finden sich in diesen Buchführung keine Konten für Privatentnahmen oder Neueinlagen. Die Körperschaftsteuer ist daher zunächst erfolgswirksam über das Konto Körperschaftsteueraufwand zu erfassen und mindert somit den Handelsbilanzgewinn. Bei der Ermittlung des zu versteuernden Einkommens der GmbH wird dieser Steueraufwand gewinnerhöhend wieder hinzugerechnet. Es erfolgt somit eine Korrektur außerhalb der Buchführung.

VII.5. Durchlaufende Steuern

Durchlaufende Steuern sind Steuern, die der Unternehmer im Auftrag des Staates einbehält und dann an das Finanzamt abführen muss. Der Unternehmer wird nur Treuhänder der Beträge. Ein typisches Beispiel hierfür ist die **Lohnsteuer** (siehe VIII.2.) und die sich hieraus ergebende Lohnkirchensteuer und der Solidaritätszuschlag der Arbeitnehmer.
Steuerschuldner der Lohnsteuer ist der Arbeitnehmer. Der Arbeitgeber ist jedoch gesetzlich verpflichtet, bei einem normalen Beschäftigungsverhältnis, von dem auszuzahlenden Arbeitsentgelt die Lohnsteuer einzubehalten und an das Finanzamt abzuführen. Die Höhe der einzubehaltenden Lohnsteuer ergibt sich aus der Lohnsteuertabelle und ist abhängig von der Lohnsteuerklasse. Diese wiederum bestimmt sich nach dem Familienstand, also nach den persönlichen Verhältnissen des Arbeitnehmers.
Am Jahresende kann der Arbeitnehmer dann bei der von ihm abzugebenden Steuererklärung die vom Unternehmer (Arbeitgeber) einbehaltenen Beträge auf seine Steuerschuld anrechnen und ggf. erstatten lassen.
Dieses gilt jedoch nicht für pauschal ermittelte Lohnsteuer für bestimmte Beschäftigungsverhältnisse. In diesen Fällen ist der Arbeitgeber Schuldner der Lohnsteuer.

VII.6. Die Umsatzsteuer

Da die Umsatzsteuer die zentrale Steuer eines Unternehmens ist, soll sie an dieser Stelle kurz dargestellt werden. Auf die Besonderheiten des innergemeinschaftlichen Liefer- und Dienstleistungsverkehrs wird hier jedoch nicht eingegangen.

Vom System könnte die Umsatzsteuer ebenfalls den durchlaufenden Steuern zugeordnet werden, da sie in der Regel erfolgsneutral ist und das Jahresergebnis des Unternehmens nicht beeinflusst. Es sind jedoch auch Geschäftsvorfälle denkbar, bei denen die Umsatzsteuer sehr wohl zu einem Kostenfaktor werden kann. Dieses ist immer dann der Fall, wenn formelle Voraussetzungen nicht erfüllt sind. Außerdem ergibt sich seit dem 01.04 1999 eine 50 %-ige Kostenbelastung durch die Umsatzsteuer bei Fahrzeugerwerb bzw. Miete und den nachfolgenden Fahrzeugbetriebskosten, wenn das Fahrzeug auch für private bzw. unternehmensfremde Zwecke mitbenutzt wird. Da außerdem der Unternehmer die Umsatzsteuer selber schuldet und nicht nur Treuhänder der Beträge ist, ist eine Eingruppierung der Umsatzsteuer zu den durchlaufenden Posten ungenau.

VII.6.1. Steuersubjekt

Steuersubjekt ist gem. § 13 Abs. 2 Nr.1 Umsatzsteuergesetz (UStG) in der Regel der Unternehmer. Unternehmer ist gem. § 2 Abs. 1 UStG, "wer eine gewerbliche oder berufliche Tätigkeit selbständig ausübt". Dabei ist unter gewerblicher oder beruflicher Tätigkeit "jede nachhaltige Tätigkeit zur Erzielung von Einnahmen zu verstehen, auch wenn die Absicht, Gewinne zu erzielen fehlt". Die Umsatzsteuer umfasst dabei alle Umsätze eines Unternehmers im Rahmen seines Gesamtunternehmens. Jeder Unternehmer ist also nur einmal umsatzsteuerpflichtig, gleichgültig wie viele Betrieb er unterhält.

Beispiel:
Ein Bäcker unterhält eine Bäckerei in Münster und Filialen in Coesfeld, Kiel und München. Alle Betriebe werden in Form eines Einzelunternehmens geführt.

Der Bäcker ist nur einmal umsatzsteuerpflichtig und zwar mit allen Umsätzen seines Unternehmens, d.h., mit den Umsätzen in Münster, Coesfeld, Kiel und München.

VII.6.2. Steuerobjekt

Gem. § 1 Abs. 1 Nr. 1 UStG unterliegen alle Lieferungen und sonstigen Leistungen, die ein Unternehmer im Rahmen seines Unternehmens im Inland gegen Entgelt ausführt, der Umsatzsteuer.
Sind die o.g. Anforderungen erfüllt, liegen steuerbare Umsätze vor.

Nachfolgend werden die einzelnen Begriffe etwas näher erläutern:

a. Unternehmer
Unternehmer ist jeder, der selbständig und nachhaltig zur Erzielung von Einnahmen tätig wird (siehe auch Beschreibung Steuersubjekt). Jeder Unternehmer ist Leistender im Sinne des UStG. Unternehmer können Einzelpersonen, Personenvereinigungen und Gesellschaften sein. Hierbei ist zu beachten, dass die Personenvereinigung selbst Steuersubjekt ist, wenn sie unternehmerisch tätig geworden ist. Sind mehrere Personen mit unterschiedlichen Beteiligungsquoten an mehreren Gesellschaften beteiligt, so entsteht mit jeder Gesellschaft ein neuer Unternehmer. Besonderheiten gelten bei einer Organschaft, die immer dann anzunehmen ist, wenn ein Unternehmen finanziell, wirtschaftlich und organisatorisch in ein anderes Unternehmen eingegliedert ist. Auf die Organschaft wird im weiteren Verlauf nicht näher eingegangen.

Beispiel:
Max und Moritz beschließen in der Form einer Kommanditgesellschaft (KG) eine Comicproduktion zu beginnen. Max ist an dieser Gesellschaft mit 60% und Moritz mit 40% beteiligt. Des weiteren gründen sie, eine Vertriebs KG, an der Max und Moritz zu je 50% beteiligt sind.
Umsatzsteuerlich liegen zwei Unternehmen vor, da Max und Moritz an den beiden Gesellschaften mit unterschiedlichen Quoten beteiligt sind (Unternehmer 1=Produktions-KG, Unternehmer 2=Vertriebs-KG).

b. Rahmen des Unternehmens
Zum Rahmen des Unternehmens gehören alle Betriebe oder beruflichen Tätigkeiten eines Unternehmers.

Beispiel wie oben mit folgender Abwandlung:
Max und Moritz sind an beiden Gesellschaften zu 60 bzw. 40% beteiligt. Da Max und Moritz in beiden Gesellschaften jeweils über die gleichen Anteile verfügen, liegt umsatzsteuerlich nur ein Unternehmer vor. Sowohl die Comicproduktion als auch die Vertriebsgesellschaft gehören zum Rahmen des Unternehmens. Max und Moritz müssen daher eine Umsatzsteuererklärung am Ende des Kalenderjahres abgeben, die die Umsätze beider Gesellschaften umfasst. Lieferungen zwischen der Produktions- und der Vertriebsgesellschaft sind nicht steuerbare Innenumsätze, da kein Dritter als Leistungsempfänger beteiligt ist.

Hinweis:
Personengesellschaften sind nur hinsichtlich der betrieblichen Steuern selbst rechtsfähig. Daher ist bei gleicher Beteiligungsquote ein einheitliches umsatzsteuerliches Unternehmen gegeben. Juristische Personen (z.B. GmbH) sind selbst voll rechtsfähig. Hieraus ergibt sich, dass jede GmbH, unabhängig von den beteiligten Personen und ihrer Beteiligungsquoten, immer ein eigener Unternehmer im umsatzsteuerlichen Sinne ist.

c. Lieferungen

Lieferungen sind gem. § 3 Abs. 1. UStG Leistungen, durch die der Unternehmer einen Dritten (Leistungsempfänger) befähigt, im eigenen Namen über einen Gegenstand zu verfügen. D.h., Lieferung ist die Verschaffung von Verfügungsmacht an Gegenständen.

Den Lieferungen gegen Entgelt gleichgestellt sind gem. § 3 Abs. 1b UStG
- Entnahmen des Unternehmers für außerbetriebliche Zwecke
- unentgeltliche Zuwendungen des Unternehmers an sein Personal für dessen private Zwecke es sei denn, es handelt sich um eine Aufmerksamkeit.

d. Sonstige Leistungen

§ 3 Abs. 9 UStG definiert sonstige Leistungen als Leistungen, die keine Lieferungen sind. Sonstige Leistungen können also in den unterschiedlichsten Formen auftreten. Die häufigste Form einer sonstigen Leistung ist die Dienstleistung, sie kann aber auch im Verzicht oder Dulden einer Handlung oder eines Zustandes bestehen.

e. Inland

Der Begriff des Inlandes ist definiert im § 1 Abs. 2 UStG. Zum Inland gehört danach das gesamte Bundesgebiet, mit Ausnahme der Zollausschlüsse und der Zollfreigebiete. Zollausschüsse sind deutsches Hoheitsgebiet, welches einem ausländischen Zoll angeschlossen ist. Dieses ist z.B. bei der Gemeinde Büsingen der Fall, die deutsches Hoheitsgebiet ist, aber von der Schweiz eingeschlossen ist.

Zollfreigebiete sind deutsches Hoheitsgebiet, welches vom deutschen Zoll ausgeschlossen, aber keinem ausländischen Zoll angegliedert ist. Beispiele hierfür sind die Freihäfen und die Insel Helgoland.

f. Entgelt

Entgelt ist gleichbedeutend mit Gegenleistung. Ein Entgelt kann in Geld- oder in Sachwerten bestehen. Wertmäßig gehört alles zum Entgelt, was der Leistungsempfänger aufwenden muss, um die gewünschte Leistung zu erhalten, abzgl. der darin enthaltenen Umsatzsteuer. (§ 10 Abs. 1 UStG)

Der Begriff des Entgelts ist sehr wichtig, weil das Entgelt die Bemessungsgrundlage für die Umsatzsteuer ist. Er beinhaltet, dass die Leistung mit dem Ziel erbracht wurde, eine Gegenleistung zu erhalten. Liegen dagegen freiwillige Gegenleistungen vor, ist grds. kein steuerbarer Umsatz gem.. § 1 Abs. 1 Nr. 1 UStG gegeben. In diesen Fällen ist jedoch stets zu prüfen, ob eine Versteuerung gem. § 3 Abs. 1b UStG zu erfolgen hat (Eigenverbrauch bzw. unentgeltliche Leistung an Arbeitnehmer).[34]

---

[34] Ein Eigenverbrauch liegt vor, wenn ein Unternehmer Gegenstände des Unternehmens für private Zwecke entnimmt (Sachentnahme) oder nutzt (Nutzungsentnahmen bzw. Verwendungseigenverbrauch).

VII.6.3. Umsatzsteuerpflicht

Die Umsatzsteuerpflicht lässt sich nach dem UStG nur negativ abgrenzen, da der Begriff der Umsatzsteuerpflicht gesetzlich nicht erläutert ist. Ein Umsatz ist demnach steuerpflichtig, wenn ein Vorgang steuerbar, aber nicht nach § 4 UStG steuerbefreit ist.
Steuerbefreit sind insbesondere
- Auslandslieferungen (§ 4 Nr. 1 UStG)
- Leistungen der Banken (§ 4 Nr. 8 UStG)
- Vermietung und Verpachtung von Grundstücken zur langfristigen Nutzung
  (§ 4 Nr. 12 UStG) {keine kurzfristige Beherbergung z.B. Ferienwohnungen}
- Leistungen von Ärzten, Zahnärzten, Heilpraktikern usw. (§ 4 Nr. 14 UStG)

VII.6.4. Der Umsatzsteuersatz

Der Steuersatz für steuerpflichtige Umsätze beträgt gem. § 12 Abs. 1 UStG i.d.R. 16 %. Für bestimmte Lieferungen und sonstige Leistungen gilt ein ermäßigter Steuersatz von 7 % (§ 12 Abs. 2 UStG). Hier ist der ermäßigte Steuersatz für Lebensmittel zu erwähnen, sofern die Lebensmittel nicht für den Verzehr an Ort und Stelle bestimmt sind.

VII.6.5. Die Bemessungsgrundlage (Bmg)

Der Umsatz wird bei Lieferungen und sonstigen Leistungen nach dem Entgelt bemessen. Entgelt ist nach § 10 Abs. 1 UStG alles, was der Leistungsempfänger aufwendet, um die Leistung zu erhalten, jedoch abzüglich der darin enthaltenen Umsatzsteuer. Zum Entgelt gehört auch, was ein anderer als der Leistungsempfänger dem Unternehmer für die Leistung gewährt.
Dieses gilt jedoch nur, wenn sich Leistung und Gegenleistung angemessen gegenüberstehen, welches unterstellt werden kann, wenn sich der Leistungsaustausch zwischen fremden Dritten vollzieht.
Als Bemessungsgrundlage sind dann bei den Sachentnahmen der Einkaufspreis bzw. bei selbst geschaffenen Wirtschaftsgütern die Selbstkosten anzusetzen, wogegen die Nutzungsentnahmen mit den entstandenen Kosten berücksichtigt werden. (§ 10 Abs. 4 UStG)

VII.6.6. Die Vorsteuer

Würde auf jeden Umsatz nur die Umsatzsteuer erhoben, hätte dieses eine Preisexplosion zur Folge. Daher besteht nach § 15 UStG die Möglichkeit, dass ein Unternehmer die Umsatzsteuer, die ihm ein anderer Unternehmer in Rechnung gestellt hat, als Vorsteuer von seiner an das Finanzamt zu zahlenden Umsatzsteuer abziehen kann. Die Anrechnung der Vorsteuer führt dazu, dass nur die Mehrwerte in der Kette der Veräußerung besteuert werden. Voraussetzung ist, dass der Unternehmer die Leistung für seine unternehmerische Tätigkeit bezogen hat. Ein Vorsteuerabzug für private Ausgaben des Unternehmers kommt nicht in Betracht, da er insoweit dem privaten Endverbraucher gleichgestellt ist, der ebenfalls keinen Vorsteuerabzug geltend machen kann.

Beispiel:
Unternehmer A verkauft eine Maschine an den Großhändler G für 10.000,00 € + USt. Dieser veräußert die Maschine für 20.000,00 € + USt an den Händler H. H kann die Maschine für 30.000,00 € + USt an den Privatmann P verkaufen. Der Steuersatz beträgt je 16 %. Die Umsatzsteuer fällt nur in einer Gesamthöhe von 30.000,00 € * 16 % = 4.800,00 € an und verteilt sich auf die Unternehmer in folgender Höhe:

Unternehmer	Bemessungsgrundlage	Umsatzsteuer	Vorsteuer	Zahllast
A	10.000,00 €	1.600,00 €		1.600,00 €
G	20.000,00 €	3.200,00 €	1.600,00 €	1.600,00 €
H	30.000,00 €	4.800,00 €	3.200,00 €	1.600,00 €
Gesamt				4.800,00 €

Abbildung 35: Schemadarstellung System von Umsatzsteuer und Vorsteuer

VII.6.7. Besonderheit Pkw-Erwerb bei teilw. außerbetrieblicher Nutzung

Seit dem 01.04.1999 gilt dieses Prinzip der Nettowerte nicht mehr uneingeschränkt. Erwirbt oder mietet ein Unternehmer ein Fahrzeug, welches er auch für private oder andere außerbetriebliche Zwecke nutzt, kann er die Vorsteuer nur noch zu 50 % in Abzug bringen (§ 15 Abs. 1 b UStG). Gleiches gilt anschließend auch für alle anfallenden Kosten. Dabei erhöht die nicht abzugsfähige Vorsteuer aus dem Anschaffungsvorgang die Anschaffungskosten des Fahrzeugs. Sie wird also zusammen mit dem Fahrzeug aktiviert. Die nicht abzugsfähige Vorsteuer aus den laufenden Kostenrechnungen stellt dagegen eine sofort abzugsfähige Betriebsausgabe dar. Die Zuordnung erfolgt dabei zur entsprechenden Kostenart.

Beispiel:
Unternehmer X erwirbt ein Fahrzeug für netto 50.000,00 € zzgl. 8.000,00 € USt.. Er nutzt das Fahrzeug auch für seinen Privatbereich.

Es handelt sich um eine betriebliche Eingangsleistung , so dass die Vorsteuer grundsätzlich abzugsfähig ist. Da X das Fahrzeug aber auch für seine Privatfahrten nutzt, ist der Vorsteuerabzug gem. § 15 Abs. 1b UStG auf 50 % also

4.000,00 € beschränkt. Da X von dem Gesamtkaufpreis 58.000,00 € eine Vorsteuer i.H.v. 4.000,00 € erstattet bekommt, ist der verbleibende Kaufpreis von 54.000,00 € als Zugang beim Fuhrpark zu erfassen.

Beispiel:
Im Laufe des Jahres fallen netto 10.000,00 € Benzin- und Wartungskosten an.

Auch von diesen Kosten können nur 50 % der Vorsteuerbeträge abgezogen werden. Die restlichen 50 % (800,00 €) stellen Fahrzeugkosten dar und sind gewinnmindernd zu berücksichtigen.

VII.6.8. Umsatzsteuervoranmeldungen, -vorauszahlungen

Jeder Unternehmer ist grds. gem. § 18 Abs.1 UStG verpflichtet, monatliche Umsatzsteuervoranmeldungen abzugeben. Abweichungen hiervon ergeben sich aus § 18 Abs. 2 ff UStG und aus § 19 UStG für kleinere Unternehmer (Abgabe der Voranmeldungen je Quartal oder Kalenderjahr bzw. keine Umsatzsteuer bei "Kleinunternehmern", wenn Leistungen 17.500,00 €[35] je Kalenderjahr nicht übersteigen).
Mit der Umsatzsteuervoranmeldung sind alle Umsätze, die darauf entfallende Umsatzsteuer und die abzugsfähigen Vorsteuerbeträge des Unternehmers für den entsprechenden Monat anzumelden. Als Meldefrist gilt der 10. des Folgemonats. Die mit der Umsatzsteuervoranmeldung errechnete Zahllast ist als Vorauszahlung auf die zu erwartende Jahresschuld an das Finanzamt zu leisten. Für die Umsatzsteuervorauszahlungen wird ein eigenes Buchungskonto geführt. Die Erfassung der Vorauszahlung erfolgt erst bei tatsächlichen Vermögensab- bzw. –zufluss.
Mit der Jahressteuererklärung werden alle Umsätze, die darauf entfallende Umsatzsteuer und Vorsteuerbeträge dem Finanzamt angegeben. Die sich hieraus ergebende Zahllast wird dann um die bereits geleisteten Umsatzsteuervorauszahlungen gemindert.

VII.6.9. Die kontenmässige Darstellung der Umsatzsteuer

Die Umsatzsteuer wird in der Buchführung als Bestandskonto behandelt, da die Umsatzsteuer eine Schuld und der Vorsteueranspruch eine Forderung des Unternehmers gegenüber dem Fiskus darstellt.
In der Buchführung erscheinen die Konten Umsatzsteuer, Vorsteuer und Umsatzsteuervorauszahlungen. In der laufenden Buchführung werden die Vorsteuerbeträge auf dem Konto Vorsteuern im Soll und die Umsatzsteuerbeträge auf dem Konto Umsatzsteuer im Haben gebucht.

---

[35] Mit Wirkung ab 01.01.2003 geändert durch das Kleinunternehmerförderungsgesetz vom 14.07.2003 (Zustimmung des Bundesrates).

Die Verbuchung der Umsatzsteuervoranmeldungen richtet sich nach deren rechnerischem Ergebnis. Eine Umsatzsteuerzahlung wird auf dem Konto Umsatzsteuervorauszahlungen auf der Sollseite gebucht, da sie eine Forderung auf Anrechnung einer noch nicht entstandenen Steuerschuld darstellt[36]. Eine Umsatzsteuererstattung aus Voranmeldungen ist dann folgerichtig auf der Habenseite zu verbuchen.

Die Konten Vorsteuer und Umsatzsteuervorauszahlungen werden im Rahmen des Jahresabschlusses über das Konto Umsatzsteuer abgeschlossen. Dieses geschieht unabhängig vom Gesamtsaldo. Sollte sich beim Jahresabschluss herausstellen, dass der Vorsteuererstattungsanspruch die Umsatzsteuerzahlungsverpflichtung übersteigt, erfolgt trotzdem der Kontenabschluss über das Umsatzsteuerkonto.

Der Abschluss des Vorsteuerkontos erfolgt also immer über die Buchung

Umsatzsteuer an Vorsteuer

Die Umsatzsteuervorauszahlungen werden entweder mit dem Buchungssatz

Umsatzsteuer an Umsatzsteuervorauszahlungen (Zahlungsüberhang)
oder
Umsatzsteuervorauszahlungen an Umsatzsteuer (Erstattungsüberhang).

Durch die Anmeldung und Zahlung zum 10. des Folgemonats ergibt sich beim Jahresabschluss regelmäßig eine Differenz mindestens in Höhe der umsatzsteuerlichen Auswirkung aus den Vorgängen Dezember.

Das Konto Umsatzsteuer wird daher regelmäßig einen Saldo ausweisen. Um eine bessere Abstimmung des Buchführungswerkes mit den zu erstellenden Steuererklärungen zu erreichen, wird der Saldo des Umsatzsteuerkontos nicht direkt über das Schlussbilanzkonto abgeschlossen, sondern zunächst je nach Saldo über sonstige Forderungen (bei einem Erstattungsanspruch) oder über sonstige Verbindlichkeiten (bei einer Nachzahlungsverpflichtung) gebucht. Somit wird erreicht, dass alle Umsatzsteuerkonten in jedem Wirtschaftsjahr mit 0,00 € beginnen. Hierbei ist jedoch zu beachten, dass der Voranmeldungssaldo für den Monat Dezember im Konto sonstige Forderungen bzw. sonstige Verbindlichkeiten enthalten ist. Die Überweisung der Dezembervoranmeldung des Jahres 01, die im Januar 02 gezahlt wird, gleicht insoweit die sonstigen Forderungen bzw. Verbindlichkeiten aus und ist nicht über das Konto Umsatzsteuervorauszahlungen zu erfassen.

Beispiel:
Im Okt. kauft der Unternehmer U Handelsware zum Preis von 200.000,00 € zzgl. 32.000,00 € Umsatzsteuer. Im Nov. erwirbt er 100.000,00 € zzgl. 16.000,00 € Umsatzsteuer und veräußert sie noch im gleichen Monat für 400.000,00 € zzgl. 64.000,00 € Umsatzsteuer. Im Dez. bekommt U Ware für 150.000,00 € zzgl.

---

[36] Die Umsatzsteuer entsteht gem. § 16 Abs.1 UStG mit Ablauf des Kalenderjahres.

24.000,00 € USt, welche er für brutto (incl. USt) 580.000,00 € verkauft. Weitere Geschäftsvorfälle sind in diesem Jahr nicht angefallen.
U hat bei Fälligkeit die Umsatzsteuervoranmeldungen abgegeben und bezahlt.

Lösung:
U erhält für Oktober eine Umsatzsteuererstattung in Höhe von 32.000,00 €. Für die Monate November und Dezember ergeben sich Umsatzsteuerzahlungen.
U muss nachfolgende Umsatzsteuervoranmeldungen bis zum 10. des Folgemonats abgeben und die errechneten Nachzahlungen ausgleichen. Die Erstattung für den Monat September erfolgt nach Bearbeitung durch die Finanzverwaltung. Im Beispiel wird eine Erstattung noch im November unterstellt.

Monat	Bemessungsgrundlage	Umsatzsteuer	Vorsteuer	Zahllast
Oktober			32.000,00 €	- 32.000,00 €
November	400.000,00 €	64.000,00 €	16.000,00 €	48.000,00 €
Dezember	500.000,00 €	80.000,00 €	24.000,00 €	56.000,00 €
		Gesamt		72.000,00 €

Buchungssätze:
Oktober:
Wareneinkauf 200.000,00 €
Vorsteuer   32.000,00 €   an   Verbindlichkeiten L+L   232.000,00 €

November:
Erstattung der Vorsteuer aus Oktober
Bank   32.000,00 €   an   USt-Vorauszahl.   32.000,00 €

Wareneinkauf 100.000,00 €
Vorsteuer   16.000,00 €   an   Verbindlichkeiten L +L   116.000,00 €

Bank   464.000,00 €   an   Warenverkauf   400.000,00 €
                            Umsatzsteuer   64.000,00 €

Dezember:
Bezahlung der Voranmeldung November:
USt-Vorauszahl. 48.000,00 €   an   Bank   48.000,00 €

Wareneinkauf 150.000,00 €
Vorsteuer   24.000,00 €   an   Verbindlichkeiten   174.000,00 €

Bank   580.000,00 €   an   Warenverkauf   500.000,00 €
                            Umsatzsteuer   80.000,00 €

Werden diese Buchungssätze nun auf die Buchungskonten übertragen und werden die Konten am Jahresende abgeschlossen, ergibt sich nachfolgende Bild:

Soll	Umsatzsteuer (vor Jahresabschluss)		Haben
		November	64.000,00 €
		Dezember	80.000,00 €
Kontensumme		Kontensumme	

Soll	Vorsteuer		Haben
Oktober	32.000,00 €		
November	16.000,00 €		
Dezember	24.000,00 €		
		Umsatzsteuer	**72.000,00 €**
Kontensumme	72.000,00 €	Kontensumme	72.000,00 €

Soll	USt-Vorauszahlungen		Haben
		Nov. (aus Okt.)	32.000,00 €
Dez. (für Nov.)	48.000,00 €		
		Umsatzsteuer	**16.000,00 €**
Kontensumme	48.000,00 €	Kontensumme	48.000,00 €

Soll	Umsatzsteuer (nach Jahresabschluss)		Haben
		November	64.000,00 €
		Dezember	80.000,00 €
Vorsteuer	**72.000,00 €**		
USt-Vorausz.	**16.000,00 €**		
sonstige Verbindlichk.	56.000,00 €		
Kontensumme	144.000,00 €	Kontensumme	144.000,00 €

Konto sonstige Verbindlichkeiten / Habenbuchung

Abbildung 36: Kontenabschluss Umsatzsteuer

VIII. Ausgewählte Buchungsthemen

VIII.1. Verbuchungen im Geldverkehr

VIII.1.1. Allgemeines

Im Geschäftsleben kommen die unterschiedlichsten Zahlungsmöglichkeiten vor. Die gängigsten sind die Barzahlung, Banküberweisung und Scheckzahlung. Die Grundsätze ordnungsmäßiger Buchführung verlangen bei den verschiedenen Zahlungsarten auch abweichende buchmäßige Behandlungen.
Nachfolgend werden daher die buchungstechnischen Abwicklungen einiger Zahlungsvorgänge dargestellt.

VIII.1.2. Barzahlungen

Die Barzahlung ist die einfachste Form des Zahlungsverkehrs. Entsprechend einfach ist auch ihre Verbuchung. Bei Erwerb oder Verkauf von Wirtschaftsgütern gegen Barzahlung wird direkt gegen das Kassekonto gebucht. Grundlage der Buchungen sind das Kassenbuch, welches jeder Unternehmer täglich zu führen hat (§ 146 Abs. 1 AO) und die entsprechenden Barbelege.

Beispiele:
a.) Wareneinkauf gegen Barzahlung iHv. 580,00 € brutto.

Kasse	580,00 €	an	Warenverkaufskonto	500,00 €
			Umsatzsteuer	80,00 €

b.) Büromaterial bar eingekauft iHv. 250,00 € netto zzgl. 40,00 € USt

Bürobedarf	250,00 €	an	Kasse	290,00 €
Vorsteuer	40,00 €			

VIII.1.3. Scheckzahlungen

Entgegen der Barzahlung ist bei einer Scheckzahlung der Rechnungsbetrag nicht bei Hingabe entrichtet, sondern erst mit seiner Einlösung. Dieses bedeutet, dass bei den zugrundeliegenden Geschäften eine Verbuchung über Forderungs- bzw. Verbindlichkeitenkonten gebucht werden. Erst bei Scheckeinlösung kann dann das Bankkonto und das Konto Verbindlichkeiten bzw. Forderungen gebucht werden. Ursache hierfür ist, dass der Zahlende mit der Scheckhingabe zwar den Rechnungsbetrag begleichen will, die Einlösung aber noch nicht gesichert ist. So kann ein Scheck z.B. "platzen" (die Bank verweigert die Einlösung) oder der

Scheck wird durch den Aussteller gesperrt. Im Umkehrschluss bedeutet dieses, dass die selbstausgestellten Schecks erst bei Lastschrift gebucht werden dürfen.

Beispiel:
Warenverkauf gegen Scheckzahlung iHv. 2.500,00 € zzgl. 400,00 € USt

1. Warenverkauf:
Forderungen	2.900,00 €	an	Warenverkaufskonto	2.500,00 €
			Umsatzsteuer	400,00 €

2. Scheckeinlösung:
Bank	2.900,00 €	an	Forderungen	2.900,00 €

Kleinere Betriebe, die einen eher übersichtlichen Scheckein- bzw. -abgang besitzen, buchen die Schecks erst bei Gutschrift bzw. Belastung auf dem Bankkonto. Bei größeren Unternehmen ist es jedoch ratsam, eine Forderung bei Scheckeingang umzubuchen auf das Konto Scheckforderungen oder Kundenschecks. Diese Umbuchung erleichtert die Inventur und die Abstimmung der Bestandskonten zum Jahresende. Ein wichtiger Vorteil liegt aber auch in der Vermeidung ungerechtfertigter Mahnungen. Viele Unternehmen haben die Kundenkonten mit einer Terminüberwachung verbunden, so dass Rechnungsbeträge, die bis zu einem bestimmten Zeitpunkt nicht bezahlt wurden, automatisch angemahnt werden. Durch Umbuchung der laufenden Forderung in eine Scheckforderung kann die Mahnautomatik umgangen werden.

Auch selbst ausgestellte Schecks können zur besseren Übersicht auf dem Konto "eigene Schecks" oder "Schecks im Umlauf" ausgewiesen werden. Die entsprechenden Verbindlichkeiten werden durch die Gegenbuchung gemindert. Hierdurch lässt sich u.a. einfacher feststellen, ob Schecks ggfls. verloren gehen. Da es durchaus vorkommen kann, dass zwischen Scheckausstellung und Scheckeinlösung mehrere Wochen oder auch Monate vergehen, erleichtert es den Überblick hinsichtlich noch abfließender liquider Mittel.

Beispiel Kundenschecks:
Verkauf von Ware gegen Scheckzahlung nach 3 Wochen iHv 58.000,00 € brutto.

1. Warenverkauf:
Forderung L+L	58.000,00 €	an	Warenverkaufskonto	50.000,00 €
			Umsatzsteuer	8.000,00 €

2. Scheckeingang:
Kundenschecks	58.000,00 €	an	Forderung L+L	58.000,00 €

3. Scheckeinlösung:
Bank	58.000,00 €	an	Kundenschecks	58.000,00 €

Beispiel eigene Schecks:
Wareneinkauf gegen Scheckzahlung nach 2 Wochen iHv. 100.000,00 € netto.

1. Wareneinkauf:
Wareneinkauf	100.000,00 €	an	Verbindlichkeiten L+L	116.000,00 €
Vorsteuer	16.000,00 €			

2. Scheckausstellung:
Verbindlichk. L+L   116.000,00 €   an   eigene Schecks   116.000,00 €

3. Scheckeinlösung:
eigene Schecks   116.000,00 €   an   Bank   116.000,00 €

Sind zum Bilanzstichtag noch nicht alle Schecks eingelöst bzw. belastet, ist der Bestand und Wert der Kundenschecks in der Bilanz gesondert auszuweisen.

VIII.1.4. Überweisung

Werden Rechnungen mittels Banküberweisung beglichen, setzt dieses wie bei den Scheckzahlungen voraus, dass das Ursprungsgeschäft bereits über Forderungen bzw. Verbindlichkeiten gebucht wurde. Bei Belastung bzw. Gutschrift der Banküberweisung werden dann die Konten Bank und Forderungen bzw. Verbindlichkeiten gebucht.

Beispiel:
Ein Lieferant liefert Ware gegen Rechnung iHv. 580.000,00 € brutto.

1. Ursprungsbuchung:
Wareneinkaufskonto	500.000,00 €			
Vorsteuer	80.000,00 €	an	Verbindlichk. L + L	580.000,00€

2. Bezahlung:
Verbindlichk. L + L   580.000,00 €   an   Bank   580.000,00 €

VIII.1.5. Geldtransit

Über das Konto Geldtransit wird die Bewegung von Geldbeständen von einem Geldkonto zu einem anderen Geldkonto abgewickelt. Das Konto Geldtransit hat seinen Ursprung in der Buchungspraxis.
Laufende Buchungsvorgänge werden in der Praxis in verschiedene Buchungskreise zerlegt, die in sich abgeschlossen, einzeln verbucht werden. Dabei werden zuerst die Verpflichtungsgeschäfte erfasst, die einen „offenen Posten" (Forderungen oder Verbindlichkeiten) erzeugen.

Anschließend werden die Zahlungsvorgänge gebucht, die entweder offene Posten ausgleichen, oder Bestände auf den Geldkonten verschieben.
Werden Geschäftsvorfälle in Buchungskreisen erfasst, ist das Konto Geldtransit unumgänglich um Doppelbuchungen zu vermeiden.

Nachfolgendes Schaubild zeigt die unterschiedlichen Buchungs- und Zahlungsvorgänge:

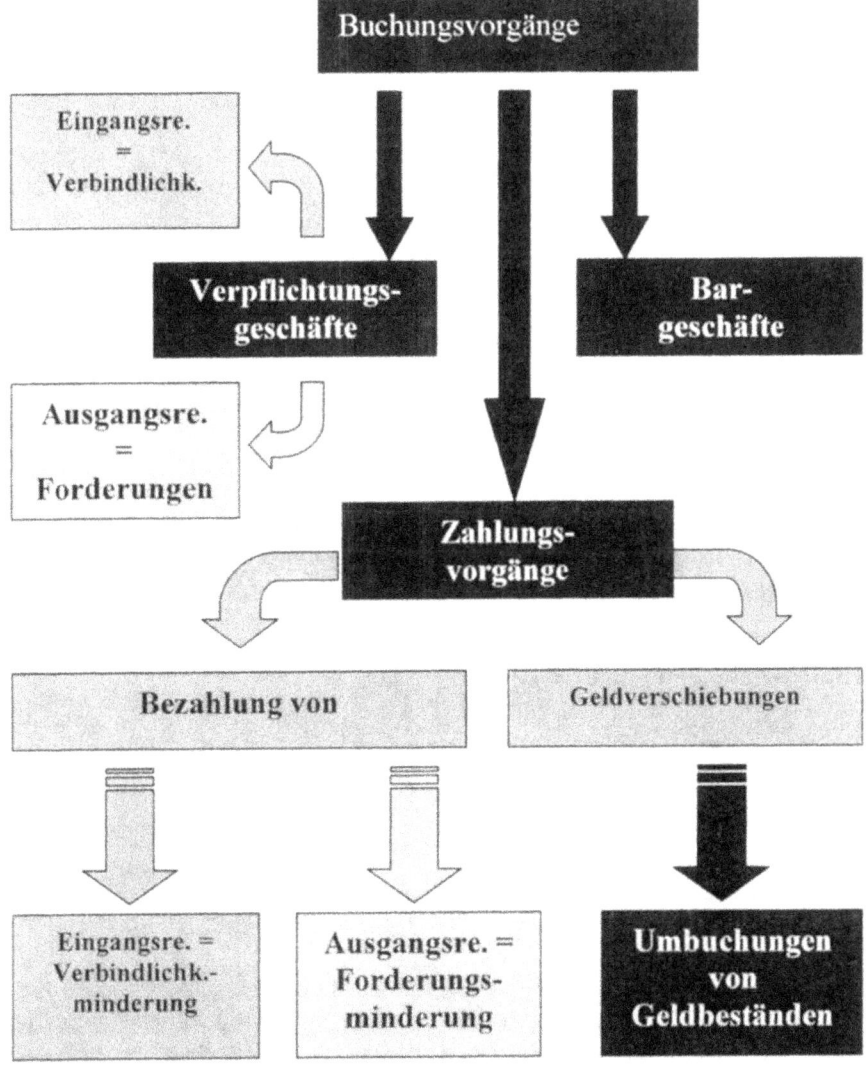

Abbildung 37: Buchungs- und Zahlungsvorgänge

Unterhält der Unternehmer z.B. verschiedene Bankverbindungen, und werden zwischen den Bankkonten Gelder umgebucht, wäre eine mehrfache Erfassung eines Vorganges wahrscheinlich. Selbst der einfache Vorgang der Bargeldeinzahlung aus der Kasse auf ein betriebliches Bankkonto verdeutlicht das Risiko.

Beispiel:
Der Unternehmer verfügt über 4 Bankverbindungen. Er bucht in Rechnungskreisen. Es werden zunächst die Verpflichtungsgeschäfte (hier nicht betroffen) gebucht, dann folgen die Bankbuchungen (Zahlungsvorgänge) und zum Schluss werden die Bargeschäfte erfasst.
Er zahlt in einer Buchungsperiode 5.000,00 € aus der Barkasse auf das Bankkonto 1 ein. Des weiteren werden 3.000,00 € von der Bank 2 auf die Bank 4 umgebucht.

In den Buchungsbelegen befinden sich also
1. ein Bankauszug (Bank 1) mit dem Geldzugang und ein Kassenbuch mit dem Geldabgang iHv. 5.000,00 € und
2. Ein Bankauszug (Bank 2) mit einem Geldabgang und ein Bankauszug (Bank 4) mit einem Geldzugang iHv. 3.000,00 €
Bei einer direkten Erfassung der Umbuchungen ergibt sich folgender Ablauf:

Bank 1:
Diverse Zu- und Abgänge (insgesamt 10 Buchungen).
u.a.   Bank 1   an   Kasse   5.000,00 €

Bank 2:
Diverse Zu- und Abgänge (insgesamt 15 Buchungen)
u.a.   Bank 4   an   Bank 2   3.000,00 €

Bank 3:
Diverse Zu- und Abgänge (insgesamt 5 Buchungen)

Bank 4:
Diverse Zu- und Abgänge (insgesamt 23 Buchungen)
u.a.   Bank 4   an   Bank 2   3.000,00 €

Kasse:
Diverse Zu- und Abgänge (insgesamt 25 Geschäftsvorfälle)
u.a.   Bank 1   an   Kasse   5.000,00 €

Die aufgezeigten Vorgänge auf der Bank 4 und in der Kasse dürfen nicht mehr gebucht werden, da sie bereits bei der Bearbeitung des Bankkontos 1 und des Bankkontos 2 erfasst wurden. Hier käme es sonst zu einer mehrfachen Erfassung eines Geschäftsvorfalls. Da sich in der Praxis hieraus eine sehr hohe Fehlerquelle ergeben würde, wird für dies Geldumschichtungen das Konto Geldtransit als reines Zwischenkonto eingesetzt.

Unter Nutzung des Kontos Geldtransit ergibt sich nunmehr:

Bank 1:
Diverse Zu- und Abgänge (insgesamt 10 Buchungen).
u.a.　　Bank 1　　an　　Geldtransit　　5.000,00 €

Bank 2:
Diverse Zu- und Abgänge (insgesamt 15 Buchungen)
u.a.　　Geldtransit　　an　　Bank 2　　3.000,00 €

Bank 3:
Diverse Zu- und Abgänge (insgesamt 5 Buchungen)

Bank 4:
Diverse Zu- und Abgänge (insgesamt 23 Buchungen)
u.a.　　Bank 4　　an　　Geldtransit　　3.000,00 €

Kasse:
Diverse Zu- und Abgänge (insgesamt 25 Geschäftsvorfälle)
u.a.　　Geldtransit　　an　　Kasse　　5.000,00 €

Durch das Konto Geldtransit kann nun jedes Geldkonto vollständig gebucht werden, ohne Kennzeichnungen für bereits gebuchte Vorgänge berücksichtigen zu müssen. Eine Mehrfacherfassung scheidet somit aus.
Das Konto Geldtransit ist nach vollständiger Erfassung der Buchungskreise in der Regel ausgeglichen, so dass mangels „Endbestand" kein Ausweis in der Bilanz erfolgt.
Das obige Beispiel zeigt sich auf dem Buchungskonto Geldtransit wie folgt:

Soll		Geldtransit		Haben
(Bank 2)	3.000,00 €	(Bank 1)		5.000,00 €
(Kasse)	5.000,00 €	(Bank 4)		3.000,00 €
Kontensumme	8.000,00 €	Kontensumme		8.000,00 €

Abbildung 38: Buchungskonto Geldtransit

Es ist ein reines durchlaufendes Konto und darf zum Jahresende grundsätzlich keinen Saldo ausweisen. In Ausnahmefällen können nur die Beträge erscheinen, die sich augenblicklich auf dem Weg zwischen den Banken bzw. aus der Kasse zur Bankgutschrift befinden.

VIII.1.6. Wechselzahlung

Ein Wechsel ist die schriftliche Verpflichtung eines Schuldners (Bezogener), gegen Vorlage des Schriftstücks (Wechsel) zu einem bestimmten Zeitpunkt den aufgeführten Geldbetrag zu bezahlen. Ein Wechsel kommt nur zustande, wenn der Gläubiger diese Zahlungsweise akzeptiert. Bei dem Akzept eines Wechsels gewährt der Gläubiger dem Zahlungsverpflichteten einen Zahlungsaufschub und damit einen Kredit, welcher in der Regel mit einer Zinsberechnung verbunden ist, die den eigentlichen Zahlbetrag erhöht. Die Zinsen werden als Diskont bezeichnet und stellen für den Gläubiger einen betrieblichen Zinsertrag, für den Schuldner einen Zinsaufwand dar. Die Erfassung der Zinsen erfolgt daher auch über die Konten Diskontertrag bzw. Diskontaufwand. Da es sich meistens um Nebenleistung zur Hauptleistung handelt, unterliegen diese Zinsen regelmäßig der Umsatzsteuer. In Ausnahmefällen kann die Verzinsung als eine eigene Hauptleistung anzusehen sein. In diesen Fällen sind die Zinsen gem. § 4 Nr. 8 UStG von der Umsatzsteuer befreit. Das nachfolgende Schaubild zeigt die verschiedenen Möglichkeiten, wie ein Wechsel von der Ausstellung bis zur Einlösung genutzt werden kann, und wie er buchungstechnisch zu behandeln ist.
Dabei ist zu berücksichtigen, dass ein Wechsel wie Zahlungsmittel genutzt werden kann.

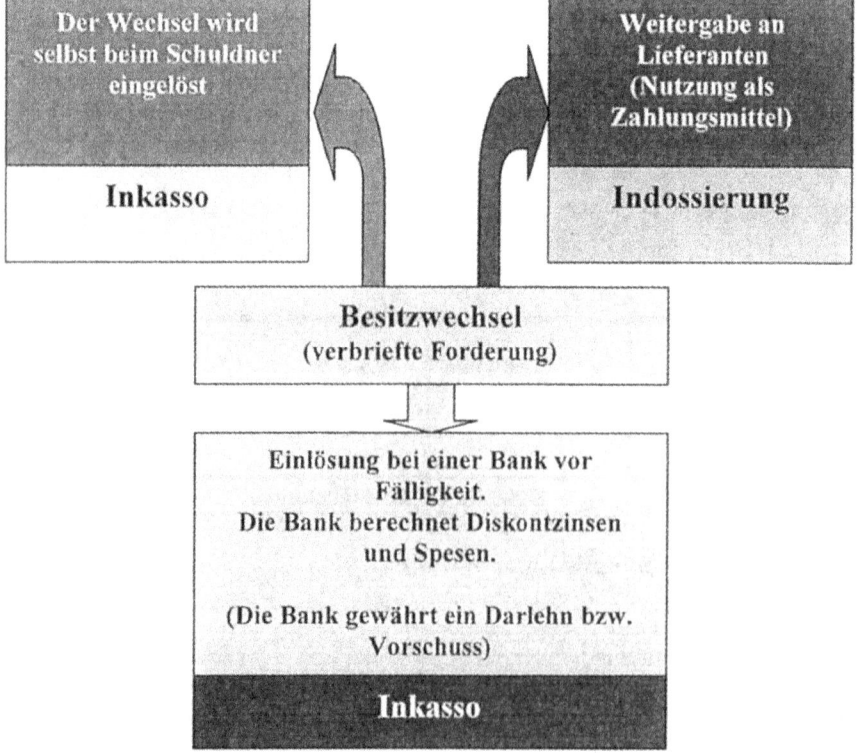

Abbildung 39: Der Besitzwechsel

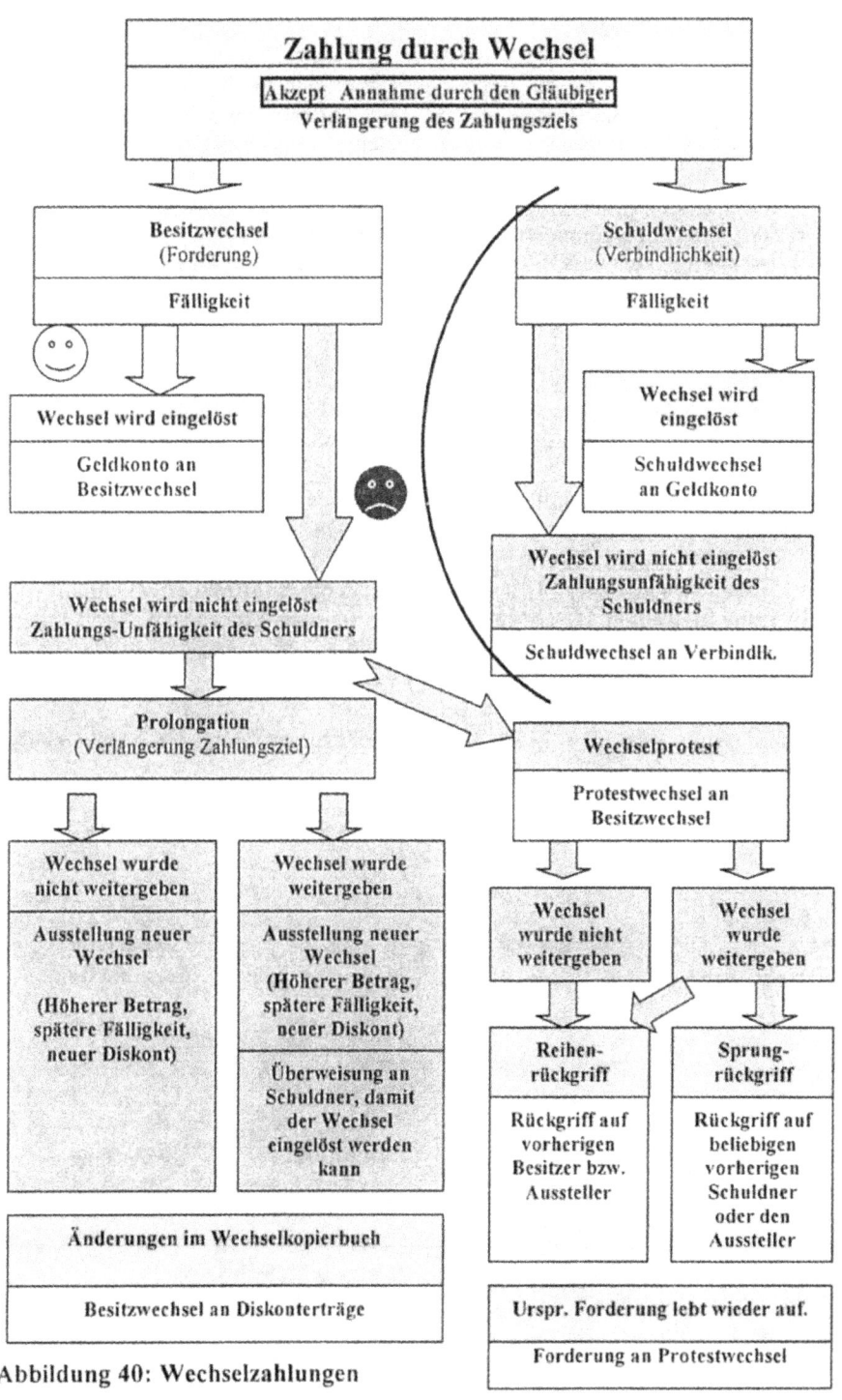

Abbildung 40: Wechselzahlungen

VIII.1.7. Anzahlungen

Im Wirtschaftsleben sind bei der zahlungsmäßigen Abwicklung von größeren Aufträgen Abschlagszahlungen üblich. Der Auftragnehmer wird auch darauf drängen, wenn er kostenmäßig in hohe Vorlagen gehen muss (z.B. Baubranche). Bei den Aufträgen handelt es sich häufig um Werklieferungen oder Werkleistungen, bei denen der Anspruch auf Bezahlung erst bei ordnungsmäßiger Übergabe, bzw. Abwicklung des fertigen Werkes besteht.
Der Anzahlung steht somit entweder eine Schuld (Zahlungsempfänger, Auftragnehmer) oder eine Forderung (Auftraggeber, Zahlender) auf Leistungsbewirkung bzw. Rückzahlung der Anzahlung bei Nichterfüllung des Auftrages gegenüber. Buchungstechnisch handelt es sich somit um eine Aktiv-Passiv-Mehrung.
Der Erlös ist erst zu erfassen, wenn die Leistung vollständig erbracht ist.
Die Anzahlung ist jedoch bereits bei Zahlung der Umsatzsteuer zu unterwerfen.

Beispiel:
Der Unternehmer A beauftragt die Firma M eine Produktionsmaschine zu entwerfen und herzustellen. Die Vertragsparteien vereinbaren einen Festpreis iHv. 250.000,00 € zzgl. USt und nachfolgenden Zahlungsplan:
1. 30 % vom Rechnungsbetrag bei Fertigstellung der Konstruktionszeichnung
2. 40 % bei Fertigstellung der Maschine,
3. 20 % bei Inbetriebnahme (Zeitpunkt der Leistungserbringung) und
4. 10 % nach 2 Monaten störungsfreien Einsatz.

Hieraus ergibt sich aus Sicht des Lieferanten nachfolgende Abwicklung:

1. Zahlung:
Bank	87.000,00 €	an	erh. Anzahlungen	87.000,00 €
USt auf Anzahl.	12.000,00 €	an	USt	12.000,00 €

2. Zahlung:
Bank	116.000,00 €	an	erh. Anzahlungen	116.000,00 €
USt auf Anzahl.	16.000,00 €	an	USt	16.000,00 €

3. Zahlungsverpflichtung:
Forderungen L+L	290.000,00 €	an	Erlöse	250.000,00 €
			Umsatzsteuer	40.000,00 €
erh. Anzahlungen	203.000,00 €	an	Forderungen	203.000,00 €
Umsatzsteuer	28.000,00 €	an	USt auf Anzahl.	28.000,00 €

Die verbleibende offene Forderung iHv. 87.000,00 € (netto 75.000,00 €) entspricht den ausstehenden Zahlungen iHv. 20 % und 10 % = 30 %.
[30 % von 250.000,00 € = 75.000,00 € zzgl. USt 12.000,00 € (16%)]

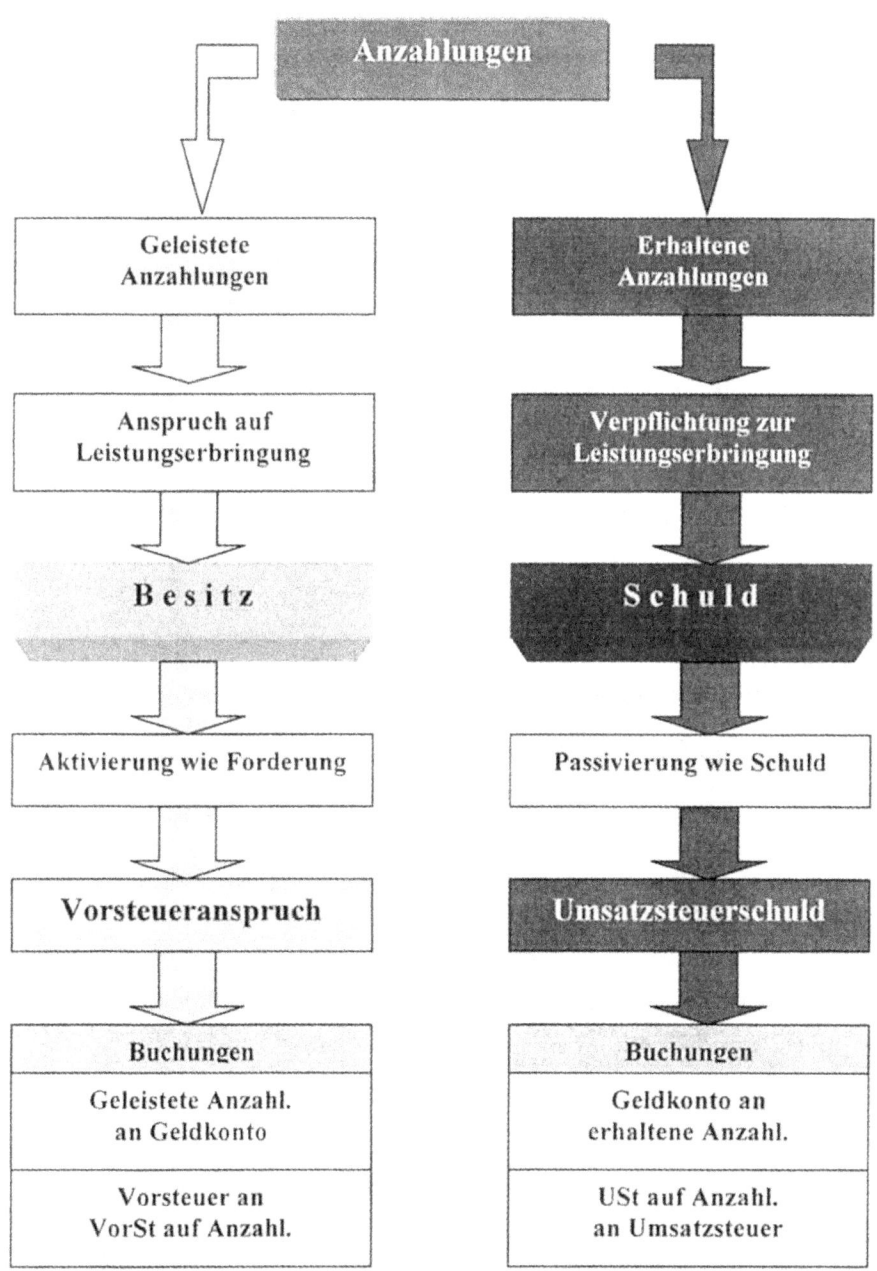

Abbildung 41: Anzahlungen

VIII.2. Verbuchung von Lohnaufwendungen

VIII.2.1. Allgemeines

Im Regelfall ist der Unternehmer nicht in der Lage, sein Unternehmen ohne Hilfen auszuüben. Zu diesem Zwecke beschäftigt der Unternehmer Arbeitnehmer für unterschiedliche Aufgabenbereiche. Diese Arbeitnehmer können Arbeiter oder Angestellte sein. Für die Verrichtung ihrer Arbeit erhalten die Arbeiter ihren Lohn, Angestellte ihr Gehalt. Lohn und Gehalt unterscheiden sich in der Buchhaltung nicht. Buchmäßig werden die den Arbeitnehmern geschuldeten Beträge auf dem Konto "Löhne und Gehälter" als Aufwandsposten erfasst.

Zu berücksichtigen ist jedoch, dass die Arbeitnehmer nicht ihren vollen Lohn bzw. volles Gehalt ausgezahlt bekommen, sondern dass diese Beträge noch bestimmten Abzügen unterliegen. Zu diesen Abzügen zählen:
1. die Lohnsteuer
2. Solidaritätszuschlag (zur Zeit 5,5 % der Lohnsteuer)
3. die Lohnkirchensteuer (in NRW = 9% der Lohnsteuer)
4. die Sozialversicherungsbeiträge
   a: Krankenversicherung
   b. Pflegeversicherung
   c. Arbeitslosenversicherung
   d. Rentenversicherung

Die Sozialversicherungsbeiträge ergeben sich nach einem bestimmten, je nach Beitragsart unterschiedlichen Prozentsatz, bezogen auf den Bruttoarbeitslohn und werden in NRW je zur Hälfte vom Arbeitnehmer und vom Arbeitgeber geschuldet (Ausnahme: Minijobs und Niedriglohn). In einigen Bundesländern teilen sich Arbeitgeber und Arbeitnehmer je zu 50 % die Beiträge zur Kranken-, Renten- und Arbeitslosenversicherung, die Beiträge zur Pflegeversicherung trägt der Arbeitgeber aber voll, doch wurde dafür ein Feiertag gestrichen, so dass ein Ausgleich über die Mehrarbeit erfolgt.

Bei der Ermittlung der Abzugsbeträge sind sogenannte Beitragsbemessungsgrenzen als Höchstwerte zu beachten.. Sowohl die Beitragssätze, als auch die Höhe der Beitragsbemessungsgrenzen sind wirtschaftspolitische Grenzen, die regelmäßig angepasst werden. Für 2003 gelten nachfolgende Beitragsbemessungsgrenzen und Beitragssätze:

Angaben für alte Bundesländer	Beitragssatz in %	Monatliche Beitragsbemessungsgrenze	Jährliche Beitragsbemessungsgrenze
Krankenvers.	12,8	3.450,00	41.400,00
Pflegevers.	1,7	3.450,00	41.400,00
Arbeitslosenvers.	6,5	5.100,00	61.200,00
Rentenvers.	19,3	5.100,00	61.200,00
Gesamt	**41,3**		

Bei dem Beitragssatz zur Krankenversicherung handelt es sich um einen Durchschnittssatz, da die einzelnen Versicherungsträger unterschiedliche Beitragssätze erheben.[37]
Die einzubehaltenden Lohnabzüge sind jeweils zum 10. des Folgemonats des Lohnzahlungszeitraums an das Finanzamt (Lohn- und Kirchensteuer) und an die Krankenversicherungsträger zu melden und zu zahlen. Die Krankenkassen leiten die Gelder an das Arbeitsamt und die Rentenversicherungsträger weiter.

Da sowohl die steuerlichen Aspekte als auch die sozialversicherungstechnischen Besonderheiten von Arbeitnehmer zu Arbeitnehmer sehr unterschiedlich sind, werden die Abzugsbeträge und die Lohn- bzw. Gehaltsangaben in einem Nebenbuch, der Lohnbuchhaltung, speziell festgehalten. Diese Lohnbuchhaltung kann auch Gegenstand von gesonderten Überprüfungen durch das Finanzamt und der Sozialversicherungsträger sein. Die Lohnbuchhaltung muss alle Kennzahlen, die für die Berechnung der Abzugsbeträge erforderlich sind, enthalten.

VIII.2.2. Löhne und Gehälter

Unter der Aufwandsposition "Löhne und Gehälter" sind alle Bruttoarbeitsentgelte zu buchen. Das bedeutet, dass auch die vom Arbeitnehmer geschuldeten Beträge (Lohnsteuer, Kirchensteuer, Solidaritätszuschlag und 50% der Sozialversicherungsbeiträge) unter dieser Position gebucht werden. Hierbei ist es gleichgültig, aufgrund welcher Verpflichtung die Arbeitsentgelte geschuldet werden. D.h., dass auch Sonderzuwendungen wie z.B. Auslösungen, Tantiemen, Urlaubsgeld, Weihnachtsgeld, Krankengeld (soweit vom Arbeitgeber gezahlt), Überstundenentlohnung, usw. direkt unter der Position Löhne und Gehälter verbucht werden. Der Industriekontenrahmen trennt die Verbuchung der Arbeitsentgelte in die Kontengruppen 62 = Löhne und 63 = Gehälter.
Die vom Arbeitgeber zu tragenden Anteile zur Sozialversicherung werden auf einem gesonderten Konto ausgewiesen. Dieses Konto trägt die Bezeichnung "soziale Abgaben und Aufwendungen für Altersversorgung und für Unterstützung" Im weiteren Verlauf wird hierfür kurz die Bezeichnung: Arbeitgeberanteil zur Sozialversicherung (SV) verwendet. Im Industriekontenrahmen werden diese Aufwendungen in der Kontengruppe 64 ausgewiesen.
Zu beachten ist, dass nicht alle Zahlungen an Arbeitnehmer auf den o.g. Konten erscheinen. Kostenersatz jeglicher Form wird den entsprechenden Aufwandskonten zugeordnet.
Lohn- bzw. Gehaltsvorschüsse dürfen zudem noch nicht als Lohnaufwand verbucht werden, da mit dem Vorschuss ein Anspruch des Arbeitgebers auf Erfüllung der Arbeitsleistung gegenüber dem Arbeitnehmer besteht. Sollte sich der Vorschuss über das Ende eines Wirtschaftsjahres erstrecken, ist der Erfüllungsanspruch gesondert in der Bilanz auszuweisen.

---

[37] Durchschnittswert aus diversen Betriebskrankenkassen 11,9 % bis AOK 14,9 % (Quelle: Stiftung Warentest „Finanztest 8/2003")

VIII.2.3. Verbuchung der Lohnaufwendungen

Durch die Besonderheit, dass der Arbeitgeber für den Arbeitnehmer Beträge an das Finanzamt und an die Sozialversicherungsträger abführen muss, stimmt der zu buchende Lohnaufwand (Bruttobeträge) nicht mit den Auszahlungsbeträgen überein. Aus den unterschiedlichen Zahlungsterminen, Monatsletzter für den Lohn und der 10. des Folgemonats für die Abzugsbeträge, und der Erfassung im Nebenbuch ergibt sich eine Erfassung über Verbindlichkeitskonten. Da der Unternehmer die vom Arbeitslohn einbehaltenen Beträge nur treuhänderisch bis zur Zahlung verwaltet, sind diese Beträge nicht über das allgemeine Konto Verbindlichkeiten zu buchen, sondern über die Konto "sonstige Verbindlichkeiten gegenüber Finanzbehörden" (Vblk. - FA) und "Verbindlichkeiten gegen Sozialversicherungsträger" (SV - Vblk.).

Beispiel:
Nachfolgendes Beispiel zeigt eine mögliche Lohnabrechnung und ihre Verbuchung:

Erläuterungen zur Lohnabrechnung:
Aus der Lohnsteuerkarte ergeben sich folgende Informationen, die Einfluss auf die Höhe der einzubehaltenden Steuerbeträge haben:
Der Arbeitnehmer ist nicht verheiratet (Steuerklasse 1) und hat keine Kinder.
Er gehört der römisch-katholischen Kirche an.

Der Beitragssatz seiner Krankenkasse soll 13,1 % betragen. Der Arbeitnehmer bezieht einen Bruttoarbeitslohn von 2.045,00 €. Mit seinen Bezügen erreicht er die Beitragsbemessungsgrenze weder bei der Kranken- und Pflegeversicherung, noch bei der Renten- und Arbeitslosenversicherung.
Alle Beiträge zur Sozialversicherung schulden Arbeitgeber und Arbeitnehmer zu je 50 %.

Die nachfolgenden Abbildungen zeigen
    die Lohnsteuerkarte des Arbeitnehmers,
    die Lohnabrechnung für den Monat Juli 2003,
    die Lohnsteueranmeldung
    den Beitragsnachweis für die Sozialversicherungsbeiträge und
    das Lohnjournal.

Die Angaben im Lohnjournal, der Lohnsteueranmeldung und im Beitragsnachweis beziehen alle Arbeitnehmer des Arbeitgebers ein. Der Beitragsnachweis zur Krankenkasse erfasst nur die Arbeitnehmer, die bei dieser Krankenkasse versichert sind.

Arbeitgeber bis 20 Angestellte nehmen an einem Umlageverfahren teil (U1 und U2) wodurch sich für den Arbeitgeber Erstattungsansprüche in Fällen der Lohnfortzahlung (z.B. bei Krankheit) ergeben. (Beitragsnachweis)

Alle Eintragungen in der Lohnsteuerkarte genau prüfen! | Ordnungsmerkmale des Arbeitgebers
Lesen Sie die Informationsschrift „Lohnsteuer 2003"

Lohnsteuerkarte 2003

Gemeinde | AGS
Stadt 48127 Münster | 05515000

Finanzamt und Nr. | Geburtsdatum
Finanzamt 48143 Münster-Innen NR.5337 | 25.10.1965

I. Allgemeine Besteuerungsmerkmale
Steuer- | Kinder unter 18 Jahren
klasse | Zahl der Kinderfreibeträge

DREI 1,0 --*

Karl Mustermann
Pfiffikusstr. 1
48143 Münster

Kirchensteuerabzug

RK

(Datum)
20.09.2002

Gemeindebehörde:

Stadt Münster

II. Änderungen der Eintragungen im Abschnitt I

Steuerklasse	Zahl der Kinderfreibeträge	Kirchensteuerabzug	Diese Eintragung gilt, wenn sie nicht widerrufen wird	Datum, Stempel und Unterschrift der Behörde
			vom 2003 an bis zum 31.12.2003	I.A.
			vom 2003 an bis zum 31.12.2003	I.A.

III. Für die Berechnung der Lohnsteuer sind vom Arbeitslohn als steuerfrei abzuziehen.

Jahresbetrag EUR	monatlich EUR	wöchentlich EUR	täglich EUR	Diese Eintragung gilt, wenn sie nicht widerrufen wird	Datum, Stempel und Unterschrift der Behörde
				vom 2003 an	
in Buchstaben	tausend		Zehner und Einer wie oben hundert	bis zum 31.12.2003	I.A.
				vom 2003 an	
in Buchstaben	tausend		Zehner und Einer wie oben hundert	bis zum 31.12.2003	I.A.

IV. Für die Berechnung der Lohnsteuer sind dem Arbeitslohn hinzuzurechnen.

Jahresbetrag EUR	monatlich EUR	wöchentlich EUR	täglich EUR	Diese Eintragung gilt, wenn sie nicht widerrufen wird	Datum, Stempel und Unterschrift der Behörde
				vom 2003 an	
in Buchstaben	tausend		Zehner und Einer wie oben hundert	bis zum 31.12.2003	I.A.

Erläuterungen zu den wichtigsten vorhandenen Eintragungen:

— Lohnjahr   Ausstellungsdatum —

— Arbeitnehmer   Geburtsdatum

— Verheiratet   1 Kind
                    Kirchenzugehörigkeit

Abbildung 42: Lohnsteuerkarte

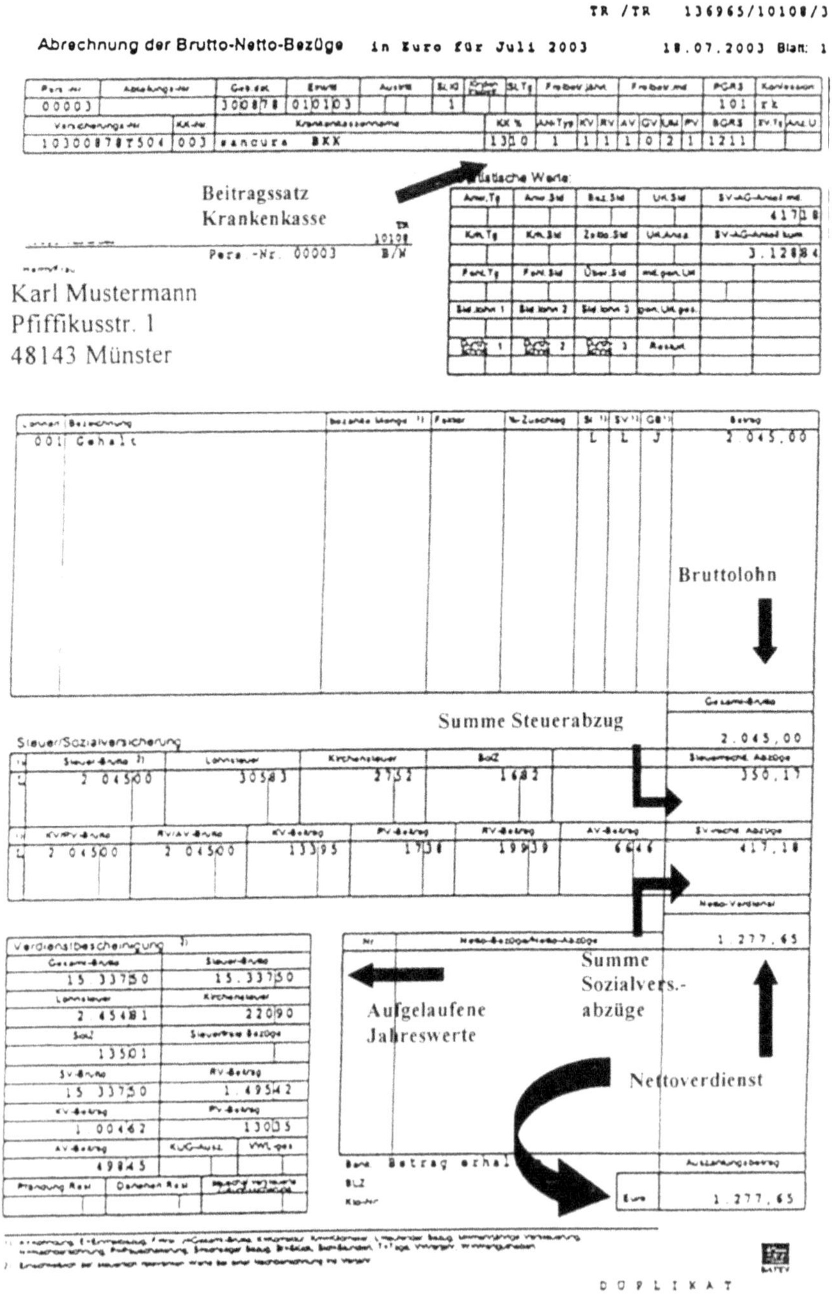

Abbildung 43: Gehaltsabrechnung

			Kontrollzahl	VKZ
			136965/10108	TR /TR
				2003

11 337 5901/0661 63 0307

| 30 |
Eingangsstempel oder -datum

Finanzamt
Munster-Innenstadt
Postfach 61 03
48136 Munster

Lohnsteuer - Anmeldung 2003

Anmeldungszeitraum
Juli 2003

Arbeitgeber - Art Anschrift Tel

Karl Müller
Fußangelweg 1
48136 Münster

Berichtigte Anmeldung | 10 |
Zahl der Arbeitnehmer (einschl. Aushilfs- und Teilzeitkräfte) | 86 | 3

		Euro	Ct
Lohnsteuer	42	1.312,59	
abzüglich an Arbeitnehmer ausgezahltes Kindergeld	43		
abzüglich an Arbeitnehmer ausgezahlte Bergmannsprämien	46		
abzüglich Kürzungsbetrag für Besatzungsmitglieder von Handelsschiffen	33		
Verbleiben	48	1.312,59	
Solidaritätszuschlag	49	63,92	
Evangelische Kirchensteuer - ev/lt/rf/fr	61	0,08	
Römisch-Katholische Kirchensteuer - rk	62	104,48	
Jüdische Kultussteuer - jd	64		
Altkatholische Kirchensteuer - ak	63		
Gesamtbetrag	83	1.481,07	

Verrechnung des Erstattungsbetrages erwünscht | 29 |

Die Einzugsermächtigung wird ausnahmsweise für diesen Anmeldungszeitraum widerrufen | 26 |

Ich versichere, in dieser Steueranmeldung die in dem amtlich vorgeschriebenen Vordruck geforderten Angaben für diesen Anmeldungszeitraum vollständig und wahrheitsgemäß nach bestem Wissen und Gewissen gemacht zu haben.

Datum Unterschrift

Bearbeitungshinweis — Vom Finanzamt auszufüllen
1 Die aufgeführten Daten sind mit Hilfe des geprüften und genehmigten Programms sowie ggf. unter Berücksichtigung der gespeicherten Daten maschinell zu verarbeiten.
2 Die weitere Bearbeitung richtet sich nach den Ergebnissen der maschinellen Verarbeitung.

| 11 | | 19 |
| | | 12 |

Kontrollzahl und / oder Datenerfassungsvermerk

Datum Nz/Unterschrift

DUPLIKAT

Abbildung 44: Lohnsteueranmeldung

```
                          Karl Müller
 Berater   Mandant        Fußangelweg 1; 48136 Münster         VKZ:TR /TR  Datum:18.07.2003
 136965    10108                                                           Seite:        3
                                                                           Auswertung:  35

 DÜ-Protokoll Beitragsnachweis  Juli 2003
 KK-Nr. 003              sancura BKK              KK-Betriebs-Nr.: 48533453
 Nr. Arbeitgeber/Beitragskonto: 39825652          Betriebs-Nr.:

 Beitragssätze      allgemein   erhöht    ermäßigt        Zeitraum  von  07 2003
                      13,10%    15,30%    12,30%                    bis  07 2003
 Kennzeichen:       Rechtskreis: West
                    Fälligkeit am 25. des lfd. Monats: Nein
                    Beitragsnachweis enthält Beiträge aus Wertguthaben,
                    das abgelaufenen Kalenderjahren zuzuordnen ist: Nein
                    Korrektur-Beitragsnachweis für abgelaufene Kalenderjahre: Nein

                                                            Beitrags-  Beitrag/Euro
                                                            gruppe
 Krankenversicherung allgemeiner Beitrag                    1000       267,90
 Krankenversicherung erhöhter Beitrag                       2000
 Krankenversicherung ermäßigter Beitrag                     3000
 Krankenversicherung für geringfügig Beschäftigte           6000
 Rentenversicherung der Arbeiter - voller Beitrag           0100
 Rentenversicherung der Angestellten - voller Beitrag       0200       398,78
 Rentenversicherung der Arbeiter - halber Beitrag           0300
 Rentenversicherung der Angestellten - halber Beitrag       0400
 Rentenversicherung der Arbeiter für geringfügig Beschäftigte  0500
 Rentenversicherung der Angestellten für geringfügig Beschäftigte 0600
 Bundesanstalt für Arbeit - voller Beitrag                  0010       132,92
 Bundesanstalt für Arbeit - halber Beitrag                  0020
 Soziale Pflegeversicherung                                 0001        34,76
 Umlage nach dem LFZG für Krankheitsaufwendungen            U1
 Umlage nach dem LFZG für Mutterschaftsaufwendungen         U2           4,09
 Einheitliche Pauschsteuer                                  ST

 G e s a m t s u m m e :                                               838,45

 Krankenversicherung freiwillige Mitglieder                 799
 Soziale Pflegeversicherung freiwillige Mitglieder          798
 Erstattung gemäß Par. 10 LFZG

 z u   z a h l e n d e r   B e t r a g / G u t h a b e n :             838,45



                                              ⇧

                          Arbeitnehmer- und Arbeitgeberanteile
```

Abbildung 45: Beitragsnachweis Sozialversicherung (Protokoll)

Berater: 136965 Mandant: 10108

VKZ:Q6 /Q6 Datum:23.06.2003
Seite: 1
Auswertung: 21

Lohnjournal in Euro

Juni 2003

Personalnummer	St Kl Ki	Kl.Frb. / Konf. AN/Ehe Freibetrag	KV RV AV PV St SV Tg Tg	Steuerbrutto Lohnsteuer	Kirchensteuer SolZ	Pauschal versteuerte Bezüge Pauschale Lohnsteuer 1)	Pausch. KiSt Pausch. SolZ	RV/AV-Brutto KV/PV-Brutto	KV-Beitr. AN KV-Beitr. AG	RV-Beitr. AN RV-Beitr. AG	AV-Beitr. AN AV-Beitr. AG	PV-Beitr. AN PV-Beitr. AG	Nettobe-/Abzüge Kindergeld	Gesamtbrutto Auszahlungsbetrag
00001	3 1	1,0rk	000 0	8.76094 2.10933	E1 17632 10775	1620 243	017 013						37714-	8.77714 6.00660
00002	5 1	rk	11110	2.01600 70600	E1 6354 3882			2.01600 2.01600	14012 14012	19656 19656	6552 6552	1714 1714		2.01600 78830
00003	1 1	rk	11110	3.06750 61983	E1 5578 3409			3.06750 3.06750	20092 20092	29908 29908	9969 9969	2607 2607		3.06750 1.73204
Gesamtsummen:				13.84444 3.43516	29564 18066	1620 243	017 013	5.08350 5.08350	34104 34104	49564 49564	16521 16521	4321 4321	37714-	13.86064 8.52694
Anzahl Arbeitnehmer:				3, davon mit Entgelt		3								
						Bezüge		LSt		KiSt		SolZ		Kirchensteuer
Gesamtsummen:								3.43516		29564		18066		ev 008 rk 29573
Aus Pauschalversteuerung: Fahrtkostenzuschüsse:						1620		243		017		013		
Summe Pauschalversteuerung:						1620		243		017		013		
Gesamtsumme Steuern:								3.43759		29581		18079		

1) bei geringfügiger Beschäftigung: Einheitliche Pauschsteuer

AFP Form.-Nr. LOA307

DATEV

Abbildung 46: Lohnjournal

Als Buchungssatz ergeben sich aus obiger Gehaltsabrechnung:

Löhne + Gehälter	2.045,00 €	an	Verb. Sozialvers. (SV)	417,18 €
			Verb. Finanzamt (FA)	350,17 €
			Verbindlichk. Lohn	1.277,65 €

Arbeitgeberanteile SV	417,18 €	an	Verbindlichk. SV	417,18 €

Bei Zahlung der Beträge entstehen nachfolgende Buchungen:

Verbindlichk. Löhne	1.277,65 €	an	Bank	1.277,65 €
Verbindlichk. SV	834,36 €	an	Bank	834,36 €
Verbindlichk. FA	350,17 €	an	Bank	350,17 €

Abwandlung:
Der Arbeitnehmer hat bereits einen Gehaltsvorschuss i.H.v. 500,00 € erhalten.

Bei Zahlung des Gehaltsvorschusses entsteht ein Leistungsanspruch des Arbeitgebers gegenüber seinem Arbeitnehmer. Dieser Leistungsanspruch ist als Vermögensposition zu erfassen und über den Buchungssatz

Forderungen an Mitarbeiter   500,00 €   an   Bank   500,00 € zu erfassen.

Ist der Lohnzahlungszeitraum, für den der Vorschuss gewährt wurde abgelaufen, ist die Leistungsforderung des Arbeitgebers mit dem Lohnanspruch des Arbeitnehmers zu verrechnen. Im obigen Beispielsfall verbleibt also nur noch eine Auszahlungsanspruch des Arbeitnehmers von 777,65 €.

Buchungsvorgang:

Verbindlichk. Lohn	1.277,65 €	an	Ford. Mitarbeiter	500,00 €
			Bank	777,65 €.

Zu beachten ist, dass die echten Vorschüsse bereits im Zeitpunkt der Bezahlung dem Lohnsteuer- und Sozialversicherungsabzug unterliegen. Hiervon zu unterscheiden sind die zinslosen Arbeitgeberdarlehen, die durch Lohnverrechnung getilgt werden. Im Falle der zinslosen Darlehen besteht die Lohnsteuer- und Sozialversicherungspflicht nur im Rahmen der normalen Lohnabrechnung. Die Verrechnung mit Gehaltsansprüchen ist nur eine Zahlungsmethode.

Gewinnauswirkungen:
Die Konten "Löhne und Gehälter" und Arbeitgeberanteile zur Sozialversicherung werden über das G+V - Konto abgeschlossen und haben somit gewinnmindernde Wirkung. Bei den restlich angesprochenen Konten handelt es sich um Bestandskonten, die über das Schlussbilanzkonto abgeschlossen werden.

IX. Jahresabschlussarbeiten

IX.1. Rückstellungen

IX.1.1. Allgemeines

Die Bilanzierungsgrundsätze des HGB verlangen, dass Einnahmen und Ausgaben in den Zeiträumen erfasst werden, in denen sie auch wirtschaftlich entstehen. In diesem Zusammenhang spricht man von dem Grundsatz der periodengerechten Gewinnzurechnung.
Ein Instrument der periodengerechten Gewinnermittlung sind die Rückstellungen. Bei den Rückstellungen handelt es sich quasi um Verbindlichkeiten, doch der Rechtsakt, an den die Leistungspflicht geknüpft wird, ist noch nicht eingetreten bzw. die tatsächliche Höhe der Zahlungsverpflichtung ist noch nicht bekannt. Zahlungen sind ebenfalls noch nicht erfolgt. Die Zahlungsverpflichtung ist jedoch wahrscheinlich und wird das Unternehmen belasten.
Die Rückstellungen können nur als Passivposten gebildet werden, da sie Geschäftsvorfälle erfassen, die tatsächlich noch nicht abgeschlossen sind. Aus dem Vorsichtsprinzip ergibt sich, dass nicht realisierte Gewinne nicht ausgewiesen werden dürfen, wodurch ein möglicher oder wahrscheinlicher Gewinn erst im Zeitpunkt der tatsächlichen Vollendung des Geschäftes ausgewiesen werden darf. Der vorsichtige Kaufmann ist jedoch verpflichtet, drohende Verluste (Aufwendungen) handelsrechtlich zwingend anzusetzen (§ 252 Abs. 1 Nr. 4 HGB).

Da steuerlich nur eine eingeschränkte Rückstellungsbildung möglich ist, gilt der **Merksatz:**
>   handelsrechtliche Passivierungspflicht = steuerliche Passivierungspflicht
>   handelsrechtliches Passivierungswahlrecht = steuerliches Passivierungsverbot.

Durch geänderte Steuergesetzgebung Ende der 90-er Jahre gelten von diesem Merksatz einige Ausnahmen. So darf eine Rückstellung für drohende Verluste steuerlich nicht mehr angesetzt werden, obwohl eine handelsrechtliche Passivierungspflicht besteht und bei den übrigen Rückstellungen gelten besondere Bewertungsregelungen, die regelmäßig zu niedrigeren Werten führen, als die handelsrechtlichen Bewertungsmassstäbe.
  Typische Beispiele für Pflichtrückstellungen sind
  - Pensionsrückstellungen
  - Steuerrückstellungen
  - Garantierückstellungen
  - Produkthaftungsrückstellungen
  - Rückstellungen für nicht restliche Urlaubstage der Arbeitnehmer u.ä.

Handelsrechtlich verpflichtet § 249 HGB zur Bildung von Rückstellungen. § 249 HGB enthält aber auch gleichzeitig eine abschließende Aufzählung, in welchen Fällen Rückstellungen überhaupt zulässig sind.

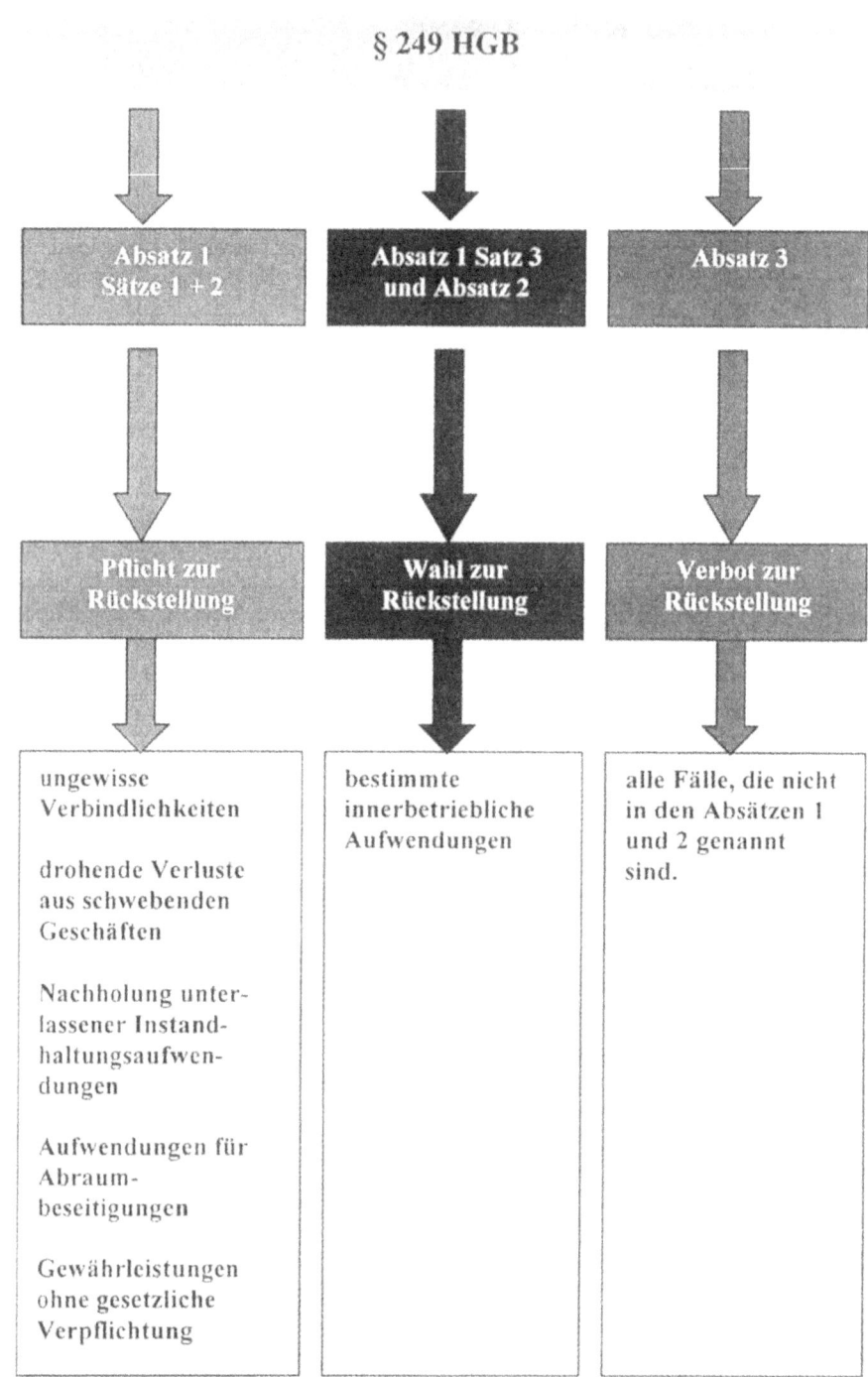

Abbildung 47: Rückstellungen

Für den Bilanzausweis sind Rückstellungen gem. § 266 HGB in

1. **Pensionsrückstellungen,**
2. **Steuerrückstellungen und**
3. **sonstige Rückstellungen**

zu unterteilen.

Die Einbuchung erfolgt direkt über ein Aufwandskonto und das Rückstellungskonto. Der Buchungssatz lautet also immer:

Aufwand an Rückstellung .

Die Bildung einer Rückstellung erfolgt stets ohne Vorsteuerabzug, da noch keine betriebliche Eingangsleistung vorliegt.
Wurden die Risiken und Aufwendungen falsch eingeschätzt und sind infolge dessen die Rückstellungen zu hoch gebildet worden, erfolgt eine erfolgswirksame Auflösung der Rückstellungen wenn,
- die Aufwendungen endgültig niedriger sind oder
- die Aufwendungen tatsächlich nicht mehr anfallen werden.

Die Auflösung der Rückstellung wird über ein gesondertes Ertragskonto mit der Buchung

Rückstellung an Erträge aus der Auflösung von Rückstellungen

vorgenommen.

Die **Rückstellungskonten** werden über das **SBK**,
die **Aufwandskonten** und das **Konto Erträge aus der Auflösung von Rückstellungen** werden über das **G & V - Konto** abgeschlossen.

Bei der Bewertung der Rückstellung ist zwischen dem handelsrechtlichen und dem steuerlichen Ansatz zu unterscheiden. Neben einer Berücksichtigung zukünftiger Vorteile ist als weiterer wesentlicher Unterschied eine zwangsweise Abzinsung des Rückstellungsbetrages zu erwähnen. Die steuerliche Bewertung findet sich in § 6 Abs. 1 Nr. 3a EStG für die Rückstellung allgemein und in § 6a EStG für die Pensionsrückstellung im Besonderen.

IX.1.2. Rückstellungen für ungewisse Verbindlichkeiten

Eine Rückstellung für ungewisse Verbindlichkeiten ist zu bilden, wenn eine Verpflichtung gegenüber einem Dritten feststeht, oder aber wahrscheinlich ist, nur die Höhe noch nicht genau beziffert werden kann und die Fälligkeit noch offen ist.
Im Einzelnen müssen folgende Voraussetzungen erfüllt sein:

a. rechtliche Zahlungsverpflichtung:

Eine rechtliche Zahlungsverpflichtung liegt vor, wenn ein Dritter seine Ansprüche gerichtlich durchsetzen könnte. Sie kann sich bürgerlich-rechtlich oder öffentlich-rechtlich ergeben.

Ist die Zahlungsverpflichtung nicht eindeutig, so reicht es aus, wenn mehr Gründe für als gegen die Inanspruchnahme aus der Verpflichtung sprechen.

Beispiele für öffentlich-rechtliche Verpflichtungen sind:
- Beiträge zu Berufsgenossenschaften
- Gewerbesteuerzahlungen
- Aufwendungen für vorgeschriebene Sicherheitsprüfungen
- usw.

Beispiele für bürgerlich-rechtliche Verpflichtungen sind:
- Gewährleistungspflichten
- Produkthaftungsverpflichtungen
- Pensionsverpflichtungen
- Drohende Inanspruchnahme aus Bürgschaften
- Prozessaufwendungen
- Ausstehende Urlaubsansprüche von Arbeitnehmern
- usw.

b. Unabdingbarkeit der Verpflichtung:

Eine Rückstellung ist immer dann unabdingbar, wenn sie tatsächlich besteht und sich der Unternehmer ihr nicht entziehen kann. Dieses ist stets gegeben, wenn im Falle einer Betriebsveräußerung die Verpflichtung entweder beim bisherigen Eigentümer verbleibt, oder auf den neuen Eigentümer übergehen würde. Bei Pensionsverpflichtungen ist dieses z.B. gewährleistet, da der Erwerber eines Unternehmens in abgeschlossene Pensionsverträge eintreten muss.

c. wirtschaftliche Belastung des Unternehmens:

Durch die Inanspruchnahme aus der Verpflichtung muss sich eine wirtschaftliche Belastung ergeben, d.h., es muss tatsächlich eine Vermögensminderung eintreten. Dies gilt z.B. nicht bei Kostenübernahmen durch Dritte (z.B. Versicherungen).

d. absehbare Höhe der Verpflichtung:

Zwar steht bei den Rückstellungen die tatsächliche Höhe der Schuld noch nicht fest, doch muss sie absehbar bzw. kalkulierbar sein. Die Höhe der Rückstellung ergibt sich dabei aus den gesetzlichen Vorgaben oder der Wahrscheinlichkeit der Inanspruchnahme. Dabei sind die betriebsbezogenen Erfahrungssätze ausschlaggebend. Um die Höhe des Risikos zutreffend abschätzen zu können, ist es somit erforderlich, für bestimmte Risiken (z.B. Garantiefälle) Aufzeichnungen zu führen, welche die Höhe der durch Garantieleistungen verursachten Kosten auflisten bzw. festhalten. Hierzu gehören sowohl die eingesetzten Ersatz- bzw. Austauschteile, als auch z.B. die Lohnkosten.

IX.1.3. Rückstellung für drohende Verluste aus schwebenden Geschäften[38]

Haben zwei Vertragsparteien eine Vereinbarung getroffen, und hat noch keine der Parteien seine Leistung erbracht, handelt es sich um ein schwebendes Geschäft. Diese Geschäftsvorfälle werden in der Bilanz grundsätzlich nicht erfasst, da sich der Vorgang tatsächlich noch nicht vollzogen hat und sich regelmäßig die Ansprüche gleichwertig gegenüberstehen. Eine unzulässige Verrechnung von Forderungen und Verbindlichkeiten liegt nicht vor, da die Geschäftsvorfälle noch nicht realisiert wurden. Es bestehen bis zum Erfüllungszeitpunkt einer Vertragsseite nur zwei Absichtserklärungen.

Gem. § 252 Abs.1 Nr. 4 HGB sind drohende Verluste die sich aus schwebenden Geschäften ergeben handelsrechtlich bereits in dem Wirtschaftsjahr, in dem sie sich abzeichnen, über die Bildung einer Rückstellungen zu berücksichtigen. Diese Verluste können sich insbesondere bei Rechtsgeschäften in Fremdwährung oder bei stark schwankenden Marktpreisen des Vertragsgegenstandes ergeben.

Beispiel:
Am 28.11.01 wird ein Kaufvertrag über 1.000 Einheiten Rohstoff zu einem Festpreis von 100,00 € je Einheit abgeschlossen. Zum Bilanzstichtag sind die Rohstoffe noch nicht geliefert worden. Die Rohstoffpreise sind jedoch auf 80,00 € je Einheit gesunken. Da die Rohstoffe im Zeitpunkt der Lieferung voraussichtlich einen niedrigeren Wert besitzen, als im Zeitpunkt des Erwerbes, droht aus diesem Geschäftsabschluss ein Verlust von 20,00 € je Einheit.

Zahlungsverpflichtung:	(1.000 E * 100,00 €)	100.000,00 €
Wert bei Lieferung	(1.000 E * 80,00 €)	80.000,00 €
Drohender Verlust		20.000,00 €

Buchungstechnisch ergibt sich nachfolgender Ablauf:

31.12.01:
sonstiger Aufwand 20.000,00 €   an   sonstige Rückstellung   20.000,00 €

Hieraus ergibt sich eine Gewinnauswirkung von - 20.000,00 € (Drohverlust).

Bei Lieferung in 02:
sonstige Rückstellung   20.000,00 €
Rohstoffe   80.000,00 €
Vorsteuer   16.000,00 €   an   Verbindlichkeiten L+L 116.000,00 €

Dieser Buchungssatz hat nun keine Gewinnauswirkung mehr, da nur Bestandskonten angesprochen werden. Der tatsächlich in 02 realisierte Verlust (Warenwert 80.000,00 € / Zahlbetrag 100.000,00 €) wurde bereits in 01 berücksichtigt.

---

[38] Rückstellungen für drohende Verluste dürfen steuerlich nicht mehr gebildet werden.

Hatten die Rohstoffe im Zeitpunkt der Lieferung einen Marktwert von 90,00 € je Einheit, so wäre die Rückstellung teilweise erfolgswirksam aufzulösen.

In diesem Fall ist bei Lieferung in 02 zu buchen:

sonstige Rückstellung	20.000,00 €			
Rohstoffe	90.000,00 €			
Vorsteuer	16.000,00 €	an	Verbindlichkeiten L+L	116.000,00 €
			Erträge aus der Auflösung von Rückstellungen	10.000,00 €

Durch diesen Vorgang wird die Gewinnauswirkung 01 i.H.v. - 20.000,00 € mit einem Ertrag von + 10.000,00 € auf den tatsächlichen Verlust zurückgenommen.

IX.1.4. Die Gewerbesteuerrückstellung

IX.1.4.1. Das Berechnungsschema

Die Gewerbesteuer basiert auf einem öffentlich rechtlichen Schuldverhältnis und entsteht mit Ablauf des Kalenderjahres. Bei der Gewerbesteuer ist eine betriebliche Aufwandssteuer gegeben, welche wirtschaftlich zu dem Zeitraum gehört, für den sie erhoben wird.
Da die genaue Höhe und die Fälligkeit noch nicht feststehen, ist sie über eine Rückstellung zu berücksichtigen.
Bei der Berechnung der Gewerbesteuerrückstellung stellt sich nun das Problem, dass die Gewerbesteuer das Jahresergebnis verändert, auf dessen Basis sie berechnet wird. Dieses hat zur Folge, dass eine weitere Berechnung zu einer anderen Gewerbesteuerbelastung gelangen wird. Über mehrere Rechenzyklen würde sich letztlich ein Annäherungswert ergeben.
Um eine zuverlässigere und einfachere Ausrechnung der voraussichtlichen Gewerbesteuerbelastung zu ermöglichen, sind zwei verschiedene Rechenmethoden zulässig. Dabei ist zwischen der genauen Divisormethode und der vereinfachten 5/6 - Methode zu unterscheiden, die sich aus den Einkommensteuerrichtlinien ergibt.

Vorüberlegung:
Regelmäßig wird der Unternehmer bereits im laufenden Wirtschaftsjahr Vorauszahlungen auf die für das Wirtschaftsjahr zu erwartende Gewerbesteuer an die Kommune zu leisten haben. Hierbei handelt es sich um "Abschläge" auf die mit Abschluss des Jahres fällige Gewerbesteuer, die demzufolge erst bei tatsächlichem Mittelabfluss zu erfassen sind. Obwohl es sich um vorläufige Forderungen gegenüber der Gemeinde handelt, werden diese Gewerbesteuervorauszahlungen direkt als Aufwand erfasst, da die gewinnmindernde Wirkung auch noch für dieses Wirtschaftsjahr eintritt.

Buchungssatz: Gewerbesteueraufwand   an   Bank

Soll jetzt zum Jahresende die voraussichtliche Gewerbesteuerbelastung errechnet werden, so ist diese Gewinnminderung nur für die Berechnung der Rückstellung zurückzunehmen. Es werden **keine** Buchungen ausgeführt. Nach dieser Korrektur ergibt sich ein vorläufiges Jahresergebnis, bei dem keine Gewerbesteuerbelastungen berücksichtigt wurden. Mit diesem vorläufigen Ergebnis wird nun ein fiktive Steuerberechnung durchgeführt.
Als Ermittlungsschema ergibt sich somit

    Buchgewinn (Gewinn lt. G + V - Rechnung vor Rückstellung)
+ Gewerbesteuervorauszahl. des lfd. Jahres (Aufwand der lfd. Buchhaltung)
= vorläufiger Gewinn ohne Gewerbesteueraufwand des lfd. Jahres
+ Hinzurechnungen gem. GewStG
- Kürzungen gem. GewStG
= Zwischensumme
   Rundung auf volle 100,00 € nach unten
- 24.500,00 € Freibetrag [39]
= maßgebender Ertrag
* v.H. - Satz (ggfls. Staffelsatz bei Personenunternehmen
  {siehe Kapitel Steuern})
= maßgebender Betrag nach dem Gewerbeertrag
* Hebesatz der Gemeinde
= vorläufige Gewerbesteuerschuld

Im nachfolgenden Schritt erfolgt nun eine Berücksichtigung der mindernden Wirkung der Gewerbesteuer für die soeben durchgeführte Berechnung.
Dabei wird die tatsächlich wirtschaftlich zuzuordnende Gewerbesteuerbelastung nach der vereinfachten 5/6 - Methode mit 5/6 der vorläufigen Gewerbesteuerschuld angenommen[40]. Die genaue Berechnungsmethode wendet einen Divisor auf die vorläufige Gewerbesteuerschuld an. Der sich hiernach ergebende Wert wird mit den bereits geleisteten Vorauszahlungen verglichen, so dass sich entweder ein Erstattungs- oder ein Nachzahlungsbetrag ergibt, welche dann über eine Gewerbesteuerrückstellung bzw. sonstige Forderung zu buchen sind. Als Gegenkonto ist jeweils das Konto Gewerbesteueraufwand anzusprechen.
Das Berechnungsschema wäre also wie folgt weiterzuentwickeln:

    vorläufige Gewerbesteuerschuld
* 5/6 oder Divisor
= ca. Gewerbesteuerschuld (Jahressteuerschuld)
- bereits geleistete Vorauszahlungen
= a. Nachzahlung
   => **Gewerbesteueraufwand** an **Gewerbesteuerrückstellung**
  b. Erstattung
   => **sonstige Forderung** an **Gewerbesteueraufwand**.

---

[39] Gilt nur für Personenunternehmen.
[40] Die Minderung um 1/6 ergibt sich aus der Aufwandswirkung der Gewerbesteuer.

IX.1.4.2. Der Staffeltarif

Seit dem Steueränderungsgesetz 1992 ist bei der Berechnung der Gewerbesteuer nach dem Gewerbeertrag zu unterscheiden, ob es sich um ein Personenunternehmen oder eine Kapitalgesellschaft handelt.
Wird der Gewerbebetrieb von einer natürlichen Person oder einer Personengesellschaft betrieben, ermittelt sich der Messbetrag nach dem Gewerbeertrag nach Abzug eines Freibetrages i.H.v. 24.500,00 € über den Staffeltarif.
Dabei sind folgende Berechnungswerte anzusetzen:

für die ersten	12.000,00 €	1 %	=	120,00 €
für weitere	12.000,00 €	2 %	=	240,00 €
für weitere	12.000,00 €	3 %	=	360,00 €
für weitere	12.000,00 €	4 %	=	480,00 €
(Für einen gewst-pflichtigen Ertrag i.H.v.48.000.- €			*errechnen sich*	*1.200,00 €)*
und für alle weiteren Beträge		5 %.		

Für die Gewerbesteuer bei Kapitalgesellschaften ist weder ein Freibetrag zu berücksichtigen, noch kommt es zur Anwendung des Staffeltarifs. Der Messbetrag ermittelt sich durchgängig mit 5 %.

IX.1.4.3. Der Divisor

Für die genaue Berechnung der Gewerbesteuer kommt die sog. Divisormethode zur Anwendung.
Der Divisor ergibt sich dabei aus der Formel:

$$\frac{1}{1 + (\text{max. \% - Satz lt. Staffelberechnung} * \text{Hebesatz} / 10.000)}$$

Beispiel:
Bei einem maximalen % - Satz lt. Staffeltarif von 5 % und einem Hebesatz der Gemeinde von 400 % ergibt sich nachfolgender Divisor:

$$\frac{1}{1 + (\text{max. \% - Satz lt. Staffelberechnung} * \text{Hebesatz} / 10.000)}$$

➡ $$\frac{1}{1 + (5 * 400 / 10.000)}$$

➡ $$\frac{1}{1 + (2.000 / 10.000)}$$

➡ $$\frac{1}{1,2}$$

vergleichendes Beispiel:
Der Unternehmer A aus B hat in 01 einen Buchgewinn i.H.v. a.) 225.500,00 €
bzw. b.) 215.500,00 € erzielt. Die Stadt B hat einen Gewerbesteuerhebesatz von
400 % festgelegt. A hat in der lfd. Buchhaltung a.) 25.000,00 € und im Falle b.)
35.000,00 € Gewerbesteuervorauszahlungen als Aufwand gebucht.
Anpassungen nach dem Gewerbesteuergesetz liegen nicht vor.

a.) Vorauszahlungen 25.000,00 € Berechnung nach der 5/6 – Methode

		€
	Buchgewinn	225.500,00
+	Gewerbesteuervorauszahlung	25.000,00
-/+	Kürzungen/Hinzurechnungen	0,00
	Zwischensumme	250.500,00
	gerundet auf voll 1000,00 € nach unten	250.500,00
-	Freibetrag	24.500,00
=	maßgebender Gewerbeertrag	226.000,00

Messbetrag nach dem Staffeltarif:

	€	€
	226.000,00	
-	12.000,00 * 1% =	120,00
=	214.000,00	
-	12.000,00 * 2% =	240,00
=	202.000,00	
-	12.000,00 * 3% =	360,00
=	190.000,00	
-	12.000,00 * 4% =	480,00
=	178.000,00 * 5% =	8.900,00
	Gesamt	**10.100,00**

	vorl. Messbetrag nach dem Gewerbeertrag	10.100,00
*	Hebesatz der Gemeinde (400 %)	
=	vorl. Gewerbesteuerschuld	40.400,00
*	davon 5/6	
=	voraussichtliche Gewerbesteuerschuld	33.666,00
-	geleistete Vorauszahlungen	25.000,00
=	Gewerbesteuerrückstellung	8.666,00

Im Rahmen der Jahresabschlussarbeiten erfolgt die Erfassung der zu erwartenden
Gewerbesteuernachzahlung durch die Buchung

Gewerbesteueraufwand an Gewerbesteuerrückstellung 8.666,00 €.

Für das Wirtschaftsjahr 01 ergibt sich somit ein Gewinn von

	225.500,00 €	Ergebnis vor Rückstellungsberechnung
abzgl.	8.666,00 €	Rückstellung = zusätzlicher Aufwand
	216.834,00 €	

b.) Vorauszahlungen 35.000,00 € Berechnung nach der Divisor – Methode

	Buchgewinn	215.500,00
+	Gewerbesteuervorauszahlung	35.000,00
-/+	Kürzungen/Hinzurechnungen	0,00
	Zwischensumme	250.500,00
	gerundet auf voll 50,00 € nach unten	250.500,00
-	Freibetrag	24.500,00
=	maßgebender Gewerbeertrag	226.000,00

Messbetrag nach dem Staffeltarif:

	€	€
	226.000,00	
-	12.000,00 * 1% =	120,00
=	214.000,00	
-	12.000,00 * 2% =	240,00
=	202.000,00	
-	12.000,00 * 3% =	360,00
=	190.000,00	
-	12.000,00 * 4% =	480,00
=	178.000,00 * 5% =	8.900,00
	Gesamt 10.100,00	

	vorl. Messbetrag nach dem Gewerbeertrag	10.100,00
*	Hebesatz der Gemeinde (400 %)	
=	vorl. Gewerbesteuerschuld	40.400,00
*	Divisor 1 / 1,2	
=	voraussichtliche Gewerbesteuerschuld	33.666,00
-	geleistete Vorauszahlungen	35.000,00
=	voraussichtliche Gewerbesteuererstattung	1.334,00

Ermittlung des Divisors:

$$\frac{1}{1 + (\text{max. \% - Satz lt. Staffelberechnung} * \text{Hebesatz} / 10.000)}$$

$$\Rightarrow \frac{1}{1 + (5 * 400 / 10.000)} \Rightarrow \frac{1}{1 + (2.000 / 10.000)} \Rightarrow \frac{1}{1,20}$$

Der Erstattungsbetrag ist im Rahmen der Jahresabschlussarbeiten als Forderung einzubuchen.

    sonstige Forderungen   an   Gewerbesteueraufwand 1.334,00 €

Das Jahresergebnis 01 beläuft sich somit auf

	215.500,00 €	Ergebnis vor Rückstellungsberechnung
zzgl.	1.334,00 €	Rückstellung = zusätzlicher Aufwand
	216.834,00 €.	

IX.2. Rechnungsabgrenzungsposten

Neben den oben beschriebenen Rückstellungen stellen die Rechnungsabgrenzungen (RA) eine weitere Methode zur periodengerechten Gewinnermittlung dar. Sie werden entweder sofort bei Vorliegen der Zahlung oder im Zuge der Jahresabschlussarbeiten gebildet und sind immer dann erforderlich, wenn ein

zeitraumbezogener Aufwand oder Ertrag

teilweise in das Wirtschaftsjahr der Zahlung **und** teilweise in nachfolgende Wirtschaftsjahre gehört. Da diese Situation sowohl bei den Einnahmen, als auch bei den Ausgaben auftreten kann, werden entweder aktive oder passive Rechnungsabgrenzungen gebildet.

Als Buchungssatz ergibt sich z.B. für eine aktive Rechnungsabgrenzung entweder
a. bei direkter Buchung als Rechnungsabgrenzung
Aufwand   100,00 €   an   Bank   600,00 €
aktive RA   500,00 €
b. bei Buchung am Jahresende:
Aufwand   600,00 €   an   Bank   600,00 €
aktive RA   500,00 €   an   Aufwand   500,00 €

Aktiv abgegrenzt werden Aufwendungen, die im lfd. Wirtschaftsjahr bezahlt werden, wirtschaftlich aber teilweise in das nachfolgende Wirtschaftsjahr gehören. (§ 250 Abs.1 HGB)
Typische Beispiele hierfür sind z.B. Versicherungsprämien und die KFZ - Steuer für betriebliche Fahrzeuge. Die Zahlungen erfolgen jeweils für einen Zeitraum von bis zu 12 Monaten. Dieser Zeitraum stimmt nicht immer mit dem Wirtschaftsjahr überein. Da am Ende des Wirtschaftsjahres ein Anspruch auf Erfüllung besteht, ist eine Vermögensposition auszuweisen. Dieses geschieht durch die Bildung einer aktive Rechnungsabgrenzung. Sie beinhaltet den Kostenanteil, der wirtschaftlich auf nachfolgende Geschäftsjahre entfällt.
Weitere Anwendungsfälle mit einem Zeitraum von mehr als 12 Monaten ergeben sich bei Auszahlungsverlusten von Darlehen (Disagio bzw. Damnum) und ggfls. bei Leasingverträgen, wenn Sonderzahlungen geleistet werden.
Die gleiche Handhabung gilt für Einnahmen, die im lfd. Wirtschaftsjahr erzielt werden, wirtschaftlich aber teilweise nachfolgenden Geschäftsjahren zuzuordnen sind. In diesen Fällen sind dann passive Rechnungsabgrenzungen zu bilden, da am Bilanzstichtag eine Verpflichtung zur Erfüllung besteht. (§ 250 Abs. 2 HGB)
In beiden Fällen ergibt sich eine Erfolgswirkung, die teilweise in spätere Wirtschaftsjahre hineinwirkt. Daher werden diese Positionen auch als transitorische Rechnungsabgrenzungen bezeichnet.

(transire = lat. hinüberführen)

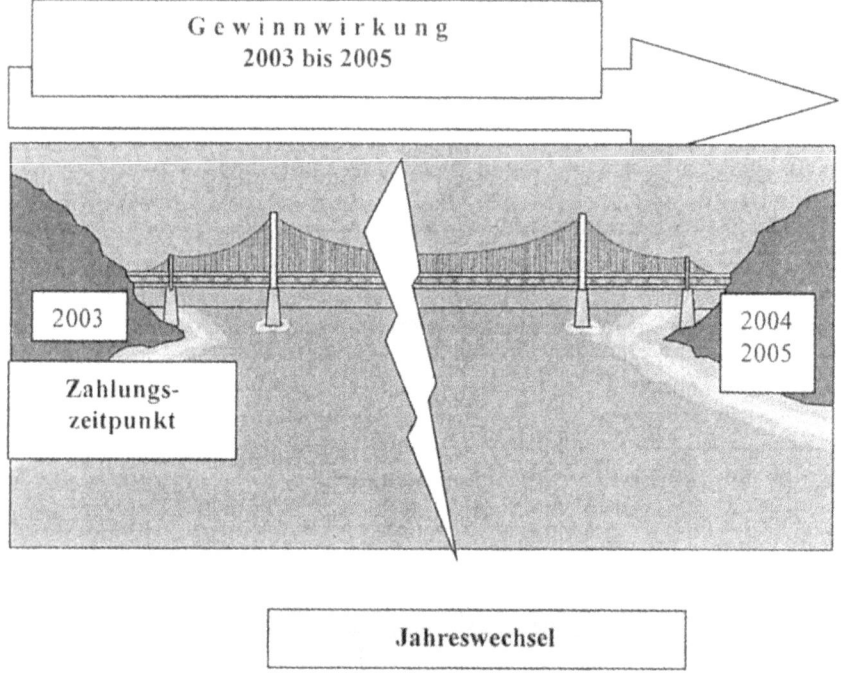

Abbildung 48: Rechnungsabgrenzung

Liegt der Aufwand oder Ertrag im lfd. Wirtschaftsjahr und erfolgt die Zahlung erst im nachfolgenden Wirtschaftsjahr, liegen antizipative Posten vor. In diesen Fällen ist eine ertragsmäßige Zuordnung von Zahlungen in ein anderes Wirtschaftsjahr nicht erforderlich, da Aufwand und Ertrag über eine Erfassung als Verbindlichkeit bzw. Forderung bereits dem zutreffenden Wirtschaftsjahr zugeordnet wurden. Handelt es sich bei den noch nicht gezahlten Beträgen um einen zeitraumübergreifenden Aufwand / Ertrag, sind die Verbindlichkeiten bzw. Forderungen nur in Höhe des Anteils auszuweisen, der auf das abgelaufene Wirtschaftsjahr entfällt. Sollte die Forderung / Verbindlichkeit zu 100 % erfasst wurden sein, ist diese Buchung teilweise zu stornieren.

Des weiteren ist darauf zu achten, dass bei den Rechnungsabgrenzungen der Aufwand bzw. Ertrag zu einem Teil im laufenden Wirtschaftsjahr und zu einem anderen Teil in folgenden Wirtschaftsjahren liegen muss. Wird ein Aufwand, der in vollem Umfang dem folgenden Wirtschaftsjahr zuzuordnen ist im lfd. Wirtschaftsjahr bezahlt, liegt keine Rechnungsabgrenzung, sondern eine Vorauszahlung vor, die in voller Höhe als Forderung zu erfassen ist und damit bei Mittelabfluss (Zahlung) keinen Einfluss auf das Jahresergebnis hat. Erst bei Eintritt der Fälligkeit ist die Vorauszahlung dann erfolgswirksam aufzulösen.

Die zeitlichen Abgrenzungskriterien veranschaulicht nachfolgende Übersicht:

Geschäftsvorfall	Vorgang im	Vorgang im	Bilanzposten
Antizipative Posten	lfd. Jahr	Folgejahr	
noch zu zahlender Aufwand	Aufwand	Ausgabe	Verbindlichkeit
vereinnahmender Ertrag	Ertrag	Einnahme	Forderung
Transitorische Posten			
im Voraus bezahlter Aufwand	Ausgabe und Aufwand	Aufwand	aktive RA
vereinnahmter Ertrag	Einnahme und Ertrag	Ertrag	passive RA

Bei den Rechnungsabgrenzungen handelt es sich um Positionen der Jahresabschlussarbeiten. Daher wird der Vorgang in der Regel nicht bereits bei Zahlung auf das Aufwandskonto und das Buchungskonto RA verteilt, sondern der bei Zahlung gebuchte Aufwand bzw. Ertrag wird bei der Erstellung des Jahresabschlusses mit einer Korrekturbuchung teilweise in das nachfolgende Wirtschaftsjahr verlagert. Dieses erfolgt dann über eine Habenbuchung auf dem Aufwandskonto bzw. eine Sollbuchung auf dem Ertragskonto.
Da die Rechnungsabgrenzungen Ansprüche oder Verpflichtungen auf Erfüllung darstellen, sind sie in der Bilanz auszuweisen. Der Abschluss der Konten erfolgt daher über das SBK.

Beachte:
Eine Korrektur über RA kommt nur in Betracht, wenn sich der Aufwand / Ertrag auf einen Zeitraum bezieht, der sich sowohl im laufenden Wirtschaftsjahr befindet, als auch in der Zukunft liegt. Anzahlungen für den Erwerb von Waren sind daher niemals als RA auszuweisen[41], sondern erhalten einen gesonderten Bilanzansatz über die Positionen geleistete bzw. erhaltene Anzahlungen.

Buchungsbeispiel Kfz - Steuer
Sie erwerben am 01.06.01 einen betrieblich genutzten Pkw. Für den Zeitraum vom 01.06.01 bis 31.05.02 zahlen sie am 01.07.01 eine Kfz-Steuer von 120,00 €. Bei der Kfz-Steuer handelt es sich um eine betriebliche Aufwandsteuer, die sich auf einen wirtschaftsjahrübergreifenden Zeitraum bezieht. Die Erfolgswirkung ist somit nach der wirtschaftlichen Zugehörigkeit auf die Jahre 01 mit 7/12 und 02 mit 5/12 zu verteilen. Aus diesem Geschäftsvorfall ergeben sich die Buchungen:
01.07.01:
Kfz - Steuern   120,00 €   an   Bank   120,00 €
31.12.01:
akt. Rechnungsabgrenzung 50,00 €   an   Kfz - Steuern   50,00 €

---
[41] Es liegt kein zeitraumbezogener Aufwand vor.

Zu Beginn des Wirtschaftsjahres 02 ist die Rechnungsabgrenzung dann entsprechend erfolgswirksam aufzulösen. Dieses erfolgt durch die Buchungen:

Kfz - Steuern   50,00 €   an   akt. Rechnungsabgrenzung   50,00 €.

Bei Kreditfinanzierungen bestehen die unterschiedlichsten Modelle. Die gängigsten sind Kredite mit voller Auszahlung des Kreditbetrages und Kredite, die nur mit einem Abschlag ausgezahlt werden. Diese Abschläge werden als Damnum bezeichnet und sind als einmaliger Zins für die gesamte Laufzeit des Darlehns anzusehen. Gegenüber einer 100 % -igen Auszahlung mindert sich der laufend zu zahlende Zins, wodurch die zukünftige Liquidität beeinflusst werden kann. Wird ein Kredit über 100.000,00 € gewährt, erfolgt z.B. nur eine Auszahlung von 94.000,00 €. Es besteht jedoch eine Rückzahlungsverpflichtung i.H.v. 100.000,00 €. Das Damnum von 6.000,00 € ist, weil zeitraumbezogener Zinsaufwand, auf die Wirtschaftsjahre bis zur Darlehensrückzahlung zu verteilen. Dabei ist der jeweilige Darlehensstand zu berücksichtigen. Dieses bedeutet, dass der Auszahlungsverlust bei einem Tilgungsdarlehen abgezinst werden muss (je mehr getilgt wurde, um so weniger Restschuld ist vorhanden und je weniger Einmalzins ist für den verbleibenden Zeitraum anzusetzen). Bei einer Darlehensrückführung in einer Summe kann der Einmalzins (Damnum) gleichmäßig auf die gesamte Laufzeit verteilt werden. Für eine zutreffende zeitliche Zuordnung erfolgt eine Aufteilung nach Kalendermonaten, wobei angefangene Monate als volle Monate berücksichtigt werden können.

Buchungsbeispiel Damnum:
Sie vereinbaren mit ihrer Bank einen Kredit mit nachfolgenden Kennzahlen:
Darlehensbetrag: 120.000,00 €   Auszahlung: 114.000,00 € (95 %)
lfd. Zinssatz: 7 %   Auszahlung: 01.05.01
Die Tilgung erfolgt in einer Summe am Ende der Laufzeit.
Hieraus ergeben sich folgende Buchungen:

Auszahlung 01.05.01:
Bank   114.000,00 €   an   Darlehn   120.000,00 €
Zinsaufwand   6.000,00 €

laufende Zinsen:
Jahreszins = 120.000,00 € * 7 % = 8.400,00 € ➔ 700,00 € je Monat
Für 01 sind somit zu buchen: 8 mal
Zinsaufwand   700,00 €   an   Verbindlichkeiten   700,00 €

31.12.01. Rechnungsabgrenzung für Damnum (6.000,00 €)
Gesamtlaufzeit Darlehn = 5 Jahre = 60 Monate ➔ Anteil je Monat = 100,00 €
Davon entfallen auf 01   8 Monate = 6.000,00 € * 8/60 =   800,00 €.
Bisher wurden gebucht   6.000,00 €
somit abzugrenzen   5.200,00 €

Buchungssatz:
akt. Rechnungsabgrenzung   5.200,00 €   an   Zinsaufwand   5.200,00 €
Hieraus ergeben sich nachfolgende Gewinnauswirkungen:
laufender Zins: - 5.600,00 €, 8 * 700,00 € über Zinsaufwand

bei Auszahlung: - 6.000,00 € über Soll-Buchung Zinsaufwand
beim Jahresabschluss   + 5.200,00 € über Haben-Buchung Zinsaufwand
somit   - 800,00 € anteiliger Aufwand aus Damnum.

Die Buchungskonten Rechnungsabgrenzung und Zinsaufwand zeigen folgendes Bild:

Zinsaufwand

Soll		Haben	
Auszahlung	6.000,00	Rechnungsabgrenzung	5.200,00
lfd. (8* 700,00)	5.600,00	G + V - Konto	6.400,00
Kontensumme	11.600,00	Kontensumme	11.600,00

Rechnungsabgrenzung

Soll		Haben	
Zinsaufwand	5.200,00	SBK	5.200,00
Kontensumme	5.200,00	Kontensumme	5.200,00

Im Wirtschaftsjahr 02 sind dann die laufenden Zinszahlungen von monatlich je 700,00 € zu erfassen.
Darüber hinaus ist das Damnum anteilig für 12 Monate aufzulösen. Der Anteil für 02 ermittelt sich mit 12 * 100,00 € = 1.200,00 €.
Buchungssatz:
Zinsaufwand   1.200,00 €   an   akt. Rechnungsabgrenzung   1.200,00 €

Hieraus ergibt sich nun eine Gewinnauswirkung von - 1.200,00 €.

Die Buchungskonten Rechnungsabgrenzung und Zinsen stellen sich in 02 wie folgt dar:

Rechnungsabgrenzung

Soll		Haben	
EBK	5.200,00	Zinsaufwand	1.200,00
		SBK	4.000,00
Kontensumme	5.200,00	Kontensumme	5.200,00

Zinsaufwand

Soll		Haben	
lfd. (12* 700,00)	8.400,00		
Aufl. Rechnungsabgr.	1.200,00	G + V - Konto	9.600,00
Kontensumme	11.600,00	Kontensumme	11.600,00

IX.3. Abschreibungen auf Anlagevermögen

IX.3.1. Allgemeines

Die Wirtschaftsgüter des Anlagevermögens sind mit den Anschaffungs- oder Herstellungskosten bzw. den fortgeführten Anschaffungs- / Herstellungskosten (AK / HK) zum Bilanzstichtag zu bewerten (§ 253 Abs. 1 + 2 HGB)[42]. Hierzu ist das Anlagevermögen in abnutzbares und nicht abnutzbares Anlagevermögen zu unterteilen. Als Unterscheidungskriterium gilt die Frage, ob die Nutzung des Wirtschaftsgutes zeitlich begrenzt oder unbegrenzt möglich ist.

Nach dieser Fragestellung ergibt sich z.B., dass
- Gebäude
- Wirtschaftsgüter der Betriebsausstattung
- Fuhrpark
- u.ä. Wirtschaftsgüter

eine zeitlich begrenzte Nutzungsfähigkeit aufweisen, wogegen

- Grund und Boden
- Wertpapiere
- Finanzanlagen
- Firmenbeteiligungen

grundsätzlich in ihrer Nutzung nicht begrenzt sind.

Die Wirtschaftsgüter des abnutzbaren Anlagevermögens werden regelmäßig wertgemindert (abgeschrieben).
Innerhalb der Abschreibungsmöglichkeiten wird dabei zwischen der planmäßigen und der außerplanmäßigen Abschreibung zu unterscheiden.

Die planmäßige Abschreibung wird über das Konto

Abschreibungen auf Sachanlage

gebucht, die außerplanmäßige Abschreibung erfolgt über das Konto

außerplanmäßige Abschreibung.

Die planmäßigen Abschreibungen erfassen die entsprechenden Wertminderungen der Wirtschaftsgüter, die vorrangig durch deren Nutzung, aber auch durch den technischen Fortschritt und die wirtschaftliche Weiterentwicklung verursacht sind. Die außerplanmäßige Abschreibung erfasst die Wertminderungen, die durch ungewöhnliche Ereignisse eingetreten sind.

---

[42] Zu den AK / HK gehören gem. § 255 HGB alle Aufwendungen, um den Gegenstand in einen betriebsbereiten Zustand zu versetzen.

Die Abschreibungen werden daher auch als "Absetzungen für Abnutzungen" (kurz AfA) bezeichnet. Handelsrechtlich ergibt sich die Notwendigkeit der AfA aus § 253 Abs. 2 HGB.

§ 254 HGB verweist auf die Möglichkeit, handelsrechtlich die Abschreibungsmethoden zu übernehmen, die steuerrechtlich zulässig sind, auch wenn § 253 HGB diese Methode nicht erwähnt. Dieses ist häufiger bei Gebäuden der Fall, für die steuerliche Sonderabschreibungen möglich sind.
Neben der Unterscheidung zwischen planmäßiger und außerplanmäßiger Abschreibung ist innerhalb der planmäßigen Abschreibung noch die Entscheidung zu treffen, nach welcher AfA - Methode die Wertminderung vorgenommen werden soll. Hierbei stehen u.a. die
1. lineare AfA
2. degressive AfA
3. Leistungs AfA

zur Verfügung.
Die unterschiedlichen Abschreibungsmöglichkeiten lassen sich an folgendem Schaubild nachvollziehen:

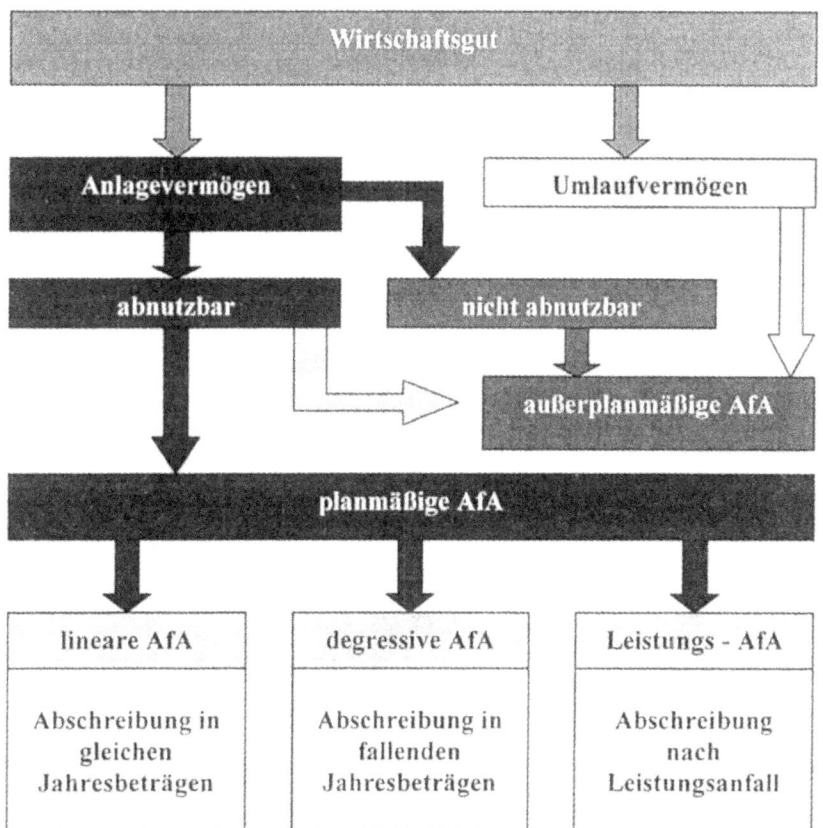

Abbildung 49: Abschreibungsarten

Eine Entscheidungshilfe bei der Wahl der Abschreibungsmethode kann die Anlagekartei sein, die für jedes Wirtschaftsgut angelegt werden sollte. Aus ihr ergeben sich alle wichtigen Informationen über das Wirtschaftsgut. Eine Anlagekartei könnte z.B. folgendes Bild aufweisen, wobei unter Nutzungsdauer die voraussichtliche betriebsgewöhnliche Nutzungsdauer zu verstehen ist. Als Grundlage gelten die amtlichen Abschreibungstabellen, die für einzelne Wirtschaftsgüter und für Branchen die üblichen Nutzungszeiträume aufgelistet haben. Soll für einzelne Wirtschaftsgüter eine hiervon abweichende (in der Regel kürzere) Nutzungsdauer zur Anwendung kommen, ist dieses gesondert zu begründen.

Nachfolgende Abbildung zeigt ein Muster einer möglichen Anlagekartei. Formvorschriften sind hierbei nicht zu berücksichtigen. Der Inhalt ist an die betriebsspezifischen Informationsbedürfnisse anzupassen. In der Regel kommen heute bei größeren Betrieben spezielle Programme (Anlagenbuchhaltung) zur Anwendung, die mit der Finanzbuchhaltung verknüpft werden können.

Inventarnummer 418		Bezeichnung der Anlage Verpackungsautomat		Baujahr 1995		
Anlagekonto 076		Kostenstelle Vertrieb		Anschaffungsdatum 08.01.1992		
Lieferant Schneider GmbH			Bestellnummer 3636457			
in München			Garantie:		2 Jahre	
Voraussichtliche Nutzungsdauer 10 Jahre			voraussichtlicher Schrottwert 5.000.- €			
Anschaffungskosten 98.000.- €			Versicherungswert 100.000.- €			
Jahr	AfA Methode: degressiv			Reparatur		
31.12.	% - Satz	Betrag	Buchwert	Tag	Art	Betrag
2002	20	19.600,00	78.400,00			
2003	20	15.680,00	62.720,00			
2004	20	12.544,00	50.176,00			
2005	20	10.035,00	40.141,00			
2006	20	8.028,00	32.113,00			
Verkauft am:			Verkaufspreis netto			
Verkauft an:						

Abbildung 50: Anlagekartei[43]

---

[43] Durch das Steuersenkungsgesetz 2000 wurde mit Wirkung ab 2001 die degressive Abschreibung auf 20 % begrenzt. Bis 2000 galt eine Grenze von 30 %

IX.3.2. Die planmäßige Abschreibung

IX.3.2.1. Allgemeines

Als planmäßige AfA kommen unter anderem die drei AfA - Methoden lineare, degressive und leistungsbezogene - AfA in Betracht. Die Abschreibung des beweglichen Anlagevermögens beginnt dabei im Zeitpunkt der Anschaffung. Dieses ist genau zu nehmen und bedeutet, dass im Jahr der Anschaffung die Jahresabschreibung auf die Monate vom Anschaffungszeitpunkt bis zum Bilanzstichtag zu berücksichtigen sind. Es besteht jedoch das steuerliche Wahlrecht, Wirtschaftsgüter, die in der ersten Jahreshälfte angeschafft wurden, mit dem gesamten Jahresbetrag und Wirtschaftsgüter, die in der zweiten Jahreshälfte angeschafft wurden, mit dem halben Jahresbetrag abzuschreiben (R 44 Abs. 2 Satz 3 EStR 1999)[44]. Im Jahr der Veräußerung darf die Abschreibung nur bis zum Veräußerungszeitpunkt in Anspruch genommen werden. Angefangene Monate gelten dabei stets als volle Monate.

Der Abschreibungsbetrag ist bei der Ermittlung des Wertes des Wirtschaftsgutes zum Bilanzstichtag von den Anschaffungskosten bzw. von dem Wert lt. Eröffnungsbilanz abzuziehen. Als Ergebnis erhält man den Buchwert (BW), der die fortgeführten Anschaffungs-/Herstellungskosten des Wirtschaftsgutes wiederspiegelt. Diese sind gem. § 253 Abs. 2 HGB und §§ 6 - 7 EStG in der Bilanz zum Ende des Wirtschaftsjahres auszuweisen. Eine Abschreibung erfolgt aber max. bis zu einem Erinnerungswert i.H.v. 1,00 €, der solange beibehalten wird, wie sich das Wirtschaftsgut noch im betrieblichen Vermögen befindet. Dieser Wert wird als "Erinnerungswert" bezeichnet.

IX.3.2.2. Die lineare Abschreibung

Die lineare Abschreibung erfolgt in gleichbleibenden Jahresbeträgen. Der **Abschreibungsbetrag** ergibt sich aus der gleichmäßigen Verteilung der Anschaffungs- bzw. Herstellungskosten (AK / HK) auf die voraussichtliche betriebsgewöhnliche Nutzungsdauer des Wirtschaftsgutes bzw. durch die Anwendung des AfA - Satzes auf die AK / HK.

$$\text{AfA - Betrag} = \frac{\text{Anschaffungs- bzw. Herstellungskosten}}{\text{betriebsgewöhnliche Nutzungsdauer}}$$

Der **Abschreibungssatz** ermittelt sich aus der Division von 100 durch die Nutzungsdauer:

$$\text{AfA - Satz} = \frac{100}{\text{betriebsgewöhnliche Nutzungsdauer}}$$

---

[44] Die Bundesregierung beabsichtigt diese Regelung abzuschaffen.

Beispiel:
Sie erwerben eine Produktionsmaschine für 120.000,00 €, die am 01.06.01 geliefert und ab diesem Zeitpunkt bei ihnen eingesetzt wird. Die Spezialmaschine hat eine Nutzungsdauer von 10 Jahren.

Ermittlung der Jahresabschreibung:

$$\text{AfA - Betrag} = \frac{\text{Anschaffungskosten}}{\text{Nutzungsdauer}} = \frac{120.000,00 \,€}{10} = \mathbf{12.000,00 \,€}$$

$$\text{AfA - Satz} = \frac{100}{\text{Nutzungsdauer}} = \frac{100}{10} = \mathbf{10\,\%}$$

*(AfA = 120.000,00 € * 10 % = 12.000,00 €)*

Für das Jahr 01 ist der Jahresabschreibungsbetrag nur anteilig für den Zeitraum vom 01.06. bis 31.12.01 = 7 Monate zu gewähren.
Dem folgend ergibt sich für 01 eine AfA i.H.v. 12.000,00 € * 7 / 12 = 7.000,00 €.
Die Maschine würde sich in 01 wie folgt wertmäßig entwickeln:

Anschaffungskosten:	120.000,00 €
abzgl. AfA	- 7.000,00 €
Buchwert 31.12.01	113.000,00 €

Buchungssatz:
AfA 7.000,00 € an Maschinen 7.000,00 €

Die Verbuchung der Abschreibung ergibt folgende Kontendarstellung:

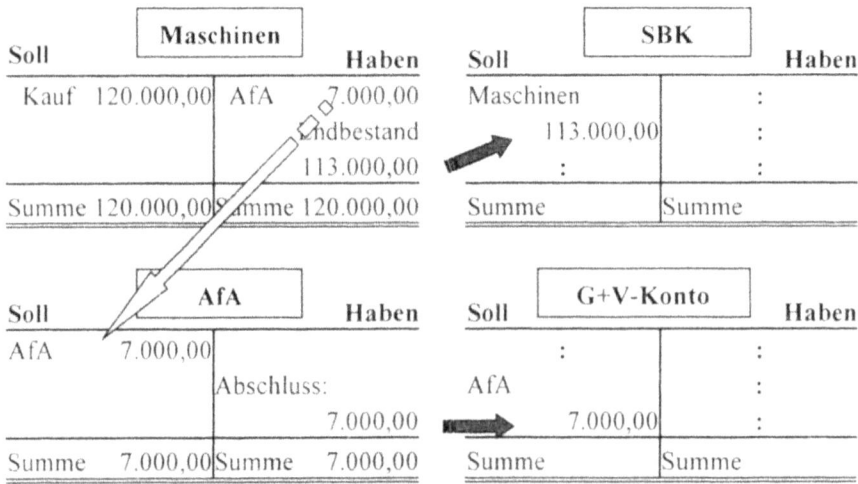

Abbildung 51: Buchungskonto AfA

Unter Berücksichtigung der steuerlichen Halbjahresregelung wäre der Ansatz des gesamten Jahresabschreibungsbetrages möglich, da Erwerb und Einsatz der Maschine in der ersten Jahreshälfte 01 erfolgte.

IX.3.2.3. Die degressive Abschreibung

Die degressive Abschreibung ist eine Abschreibung in fallenden Jahresbeträgen. Bei der degressiven Abschreibung wird der Abschreibungsbetrag im ersten Jahr von den Anschaffungs- bzw. Herstellungskosten berechnet und in den nachfolgenden Wirtschaftsjahren jeweils von den fortgeführten Anschaffungskosten des vorherigen Bilanzstichtages (Buchwert 01.01. des Wirtschaftsjahres). Hieraus ergeben sich die wertmäßig fallenden Beträge, da sich die Bemessungsgrundlage ständig mindert.

Die degressive Abschreibung ist nur bei Wirtschaftsgütern des beweglichen Anlagevermögens zulässig. Steuerlich beträgt der degressive AfA - Satz das Doppelte des linearen AfA - Satzes, darf aber eine Gesamtabschreibung von 20 % nicht übersteigen. Hierbei ist zu berücksichtigen, dass sich auch die Nutzungsdauer ständig mindert.

Die **degressive Abschreibung** berechnet sich somit nach der Formel:

$$\text{AfA - Satz} = \frac{100}{\text{Restnutzungsdauer}} * 2 \qquad (\text{max. 20 \%})$$

AfA - Betrag = AK / HK bzw. Restbuchwert (Buchwert 01.01.) * AfA - Satz

Durch die degressive Abschreibung wird daher in den ersten Wirtschaftsjahren ab dem Anschaffungszeitpunkt ein höherer AfA - Betrag als Aufwand berücksichtigt, als bei der linearen Abschreibung, was dazu führt, dass ein niedrigeres Jahresergebnis und damit z.B. eine niedrigere ertragsabhängige Steuerlast erreicht wird. Ab einem bestimmten Zeitpunkt sinkt der absolute Abschreibungsbetrag der degressiven Abschreibung jedoch unter den Betrag der linearen Abschreibung, so dass eine lineare Abschreibung ab diesem Zeitpunkt günstiger wäre. Die Wahl der Abschreibungsmethode wird somit u.a. durch die Ertragslage des Unternehmens bestimmt werden. Eine einmal bewählte Abschreibungsmethode ist anschließend grundsätzlich beizubehalten. Der Wechsel von der degressiven zur linearen Abschreibung ist zulässig, wogegen ein Wechsel von der linearen zur degressiven nicht erlaubt ist. Ab welchem Zeitpunkt ein Wechsel von der degressiven zur linearen Abschreibung unter dem Blickwinkel eines möglichst niedrigen Jahresergebnisses geboten ist, hängt von der Gesamtnutzungsdauer des Wirtschaftsgutes ab. Da sich bei einem Wechsel der Abschreibungsmethode der verbleibende lineare Abschreibungsbetrag aus dem Restbuchwert (fortgeführte Anschaffungskosten des letzten Bilanzstichtages) und der verbleibenden Restnutzungsdauer ergibt, wird im Regelfall erst ab einer Restnutzungsdauer von weniger als 5 Jahren ein Wechsel zur linearen Abschreibungsmethode sinnvoll sein.

Bei einer Restnutzungsdauer von 5 Jahren stimmt der lineare AfA-Satz mit dem Grenzsatz der degressiven AfA überein.
Bei einem Wechsel der AfA -methode ermittelt sich somit der neue AfA – Betrag nach der Formel:

$$\text{AfA - Betrag} = \frac{\text{Restbuchwert}}{\text{Restnutzungsdauer}} \quad \text{bzw.}$$

$$\text{AfA - Betrag} = \text{Restbuchwert} * \frac{100}{\text{Restnutzungsdauer}}$$

Beispiel:
Beispieldaten wie lineare AfA
Ermittlung der Jahresabschreibung:
  AfA - Satz linear = 10 % (100 / 10 Jahre)
➜ AfA - Satz degressiv = 2 * 10 % = 20 % (max. 20 %)
AfA - Betrag zeitanteilig:
120.000,00 € * 20 % = 24.000,00 € * 7 / 12 = 14.000,00 €
AfA - Betrag Halbjahresregelung:
120.000,00 € * 20 % = 24.000,00 €

Unter Berücksichtigung der Halbjahresregelung ergibt sich nachfolgende Wertentwicklung für die Maschine:

Anschaffungskosten: 120.000,00 €
abzgl. AfA   - 24.000,00 €
Buchwert 31.12.01   96.000,00 €

Dieser Buchwert dient nun als Bemessungsgrundlage für die AfA-Ermittlung des Folgejahres.

AfA Folgejahr:
  AfA - Satz linear = 11 % (100 / 9 Jahre)
➜ AfA - Satz degressiv = 2 * 11 % = 22 % aber max. 20 %
AfA - Betrag für 02:
96.000,00 € * 20 % = 19.200,00 €
Wertentwicklung 02:
Buchwert 01.01.02: 96.000,00 €
abzgl. AfA 02   - 19.200,00 €
Buchwert 31.12.02: 76.800,00 €

Die AfA für 03 würde sich nun mit 20 % von 76.800,00 € berechnen u.s.w.

Das nachfolgende Übersicht zeigt einen Vergleich der AfA – Methoden:

Graphische Darstellung der Abschreibungsmethoden

Anschaffungskosten: 100.000,00   Nutzungsdauer   10,00

Jahr	Afa linear	Restwert linear	Afa degressiv	Restwert degressiv	Restl. ND zu Beginn d. Jahres	Übergang degressiv zu linear	Restwert
1	10.000,00	90.000,00	20.000,00	80.000,00	10	10.000,00	90.000,00
2	10.000,00	80.000,00	16.000,00	64.000,00	9	8.888,89	62.222,22
3	10.000,00	70.000,00	12.800,00	51.200,00	8	8.000,00	42.875,00
4	10.000,00	60.000,00	10.240,00	40.960,00	7	7.314,29	29.400,00
5	10.000,00	50.000,00	8.192,00	32.768,00	6	6.826,67	20.008,33
6	10.000,00	40.000,00	6.553,60	26.214,40	5	6.553,60	13.445,60
7	10.000,00	30.000,00	5.242,88	20.971,52	4	6.553,60	8.823,68
8	10.000,00	20.000,00	4.194,30	16.777,22	3	6.990,51	5.490,29
9	10.000,00	10.000,00	3.355,44	13.421,77	2	8.388,61	2.745,14
10	9.999,00	1,00	2.684,35	10.737,42	1	13.420,77	1,00

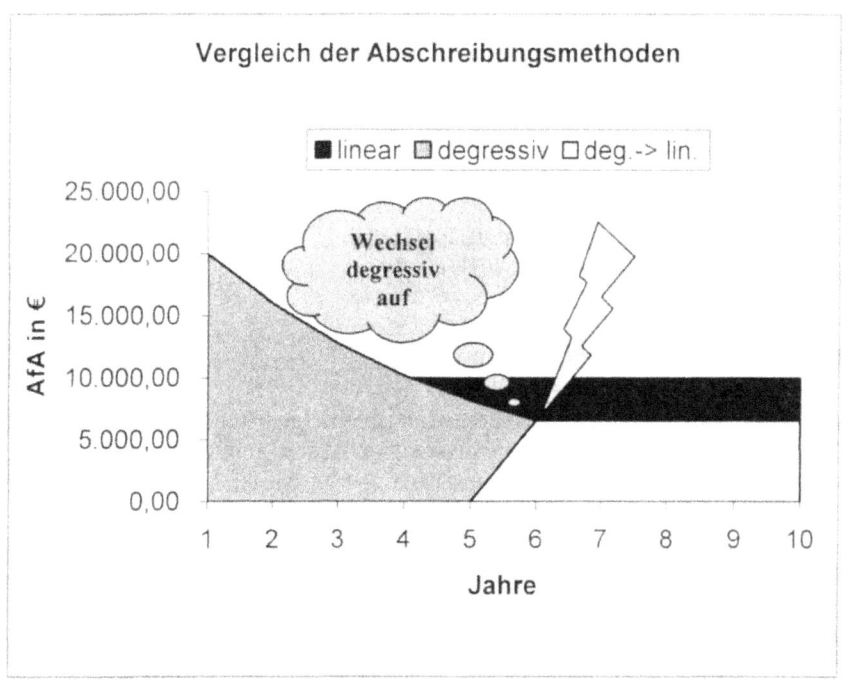

Abbildung 52: Vergleich der AfA - Methoden

IX.3.2.4. Die leistungsorientierte Abschreibung

Eine leistungsorientierte Abschreibung ist nur bei den Wirtschaftsgütern des beweglichen abnutzbaren Anlagevermögens zulässig, bei denen die Gesamtleistungsfähigkeit des Wirtschaftsgutes annähernd bekannt ist. Diese Angaben können z.B. vom Hersteller stammen oder auf betriebliche Erfahrungssätze zurückgehen. Die leistungsorientierte Abschreibung ist sinnvoll, wenn ein Wirtschaftsgut einer sehr unterschiedlichen Beanspruchung unterliegt. Zur Bemessung der Leistungsabschreibung ist es jedoch erforderlich, dass die tatsächliche Beanspruchung des Wirtschaftsgutes z.B. Maschinenbenutzungszeiten festgehalten werden, welches einen zusätzlichen Arbeitsaufwand bedeutet.

Beispiel:
Eine Maschine zu Anschaffungskosten von 100.000,00 € hat nach Herstellerangaben eine durchschnittliche Nutzungsdauer von 50.000 Betriebsstunden. Die Maschine wird in 01 an 8.000 Stunden und in 02 an 5.000 Stunden betrieben. Im Jahr 03 wurde die Maschine nicht eingesetzt.

Bei der leistungsorientierten Abschreibung sind die Anschaffungskosten i.H.v. 100.000,00 € gleichmäßig auf die durchschnittliche Maschineneinsatzdauer von 50.000 Betriebsstunden zu verteilen. Je Betriebsstunde ergibt sich somit eine Wertminderung i.H.v. 2,00 €.
Als Abschreibungsbetrag ergeben sich in den Wirtschaftsjahren 01 bis 03 somit:

AfA 01: $\dfrac{100.000,00\ €\ *\ 8.000\ \text{Betriebsstunden}}{50.000\ \text{Betriebsstunden}}$ = 16.000,00 €

AfA 02: $\dfrac{100.000,00\ €\ *\ 5.000\ \text{Betriebsstunden}}{50.000\ \text{Betriebsstunden}}$ = 10.000,00 €

AfA 03: $\dfrac{100.000,00\ €\ *\ 0\ \text{Betriebsstunden}}{50.000\ \text{Betriebsstunden}}$ = 0,00 €

IX.3.2.5. Die außerplanmäßige Abschreibung

Die Wirtschaftsgüter des abnutzbaren Anlagevermögens unterliegen einer absehbaren Wertminderung, die über die planmäßige Abschreibung berücksichtigt wird (siehe IX.3.2.1). Treten unvorhergesehene Ereignisse ein, die den Wert eines Wirtschaftsgutes außerplanmäßig mindern, muss dieser Wertverlust ebenfalls dargestellt werden. Als Wertmassstab gilt der Teilwert. Als Teilwert gilt der Wert, den ein fremder Dritter, wenn er den gesamten Betrieb erwerben würde, im Rahmen des Gesamtkaufpreises für dieses Wirtschaftsgut dann noch bezahlen würde (§ 6 Abs. 1 Nr. Satz 3 EStG).
Der Buchungsvorgang vollzieht sich dann zwischen den Buchungskonten des Wirtschaftgutes und dem Konto außerplanmäßige Abschreibungen.

Beispiel:
Sie erwerben am 03.01.01 einen ausschließlich betrieblich genutzten Pkw für 50.000,00 € zzgl. 8.000,00 € Umsatzsteuer. Die betriebsgewöhnliche Nutzungsdauer beträgt 5 Jahre. Ihr Außendienstmitarbeiter verursacht am 20.12.01 einen Unfall. Nach erfolgter Reparatur besitzt das Fahrzeug noch einen Teilwert von 25.000,00 €.

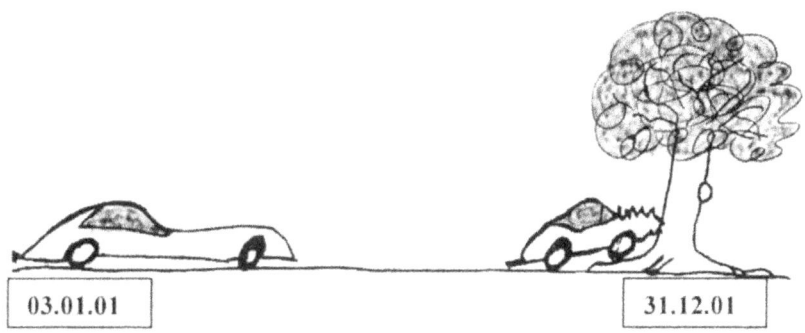

Die Wertminderung des Jahres 01 sind wie folgt zu ermitteln und buchen:
Planmäßige AfA:
Die planmäßige AfA berechnet sich aus den Nettoanschaffungskosten verteilt auf die Nutzungsdauer. Es ergibt sich eine AfA von 10.000,00 €.
Buchungssatz:
  planmäßige AfA   10.000,00 €   an   Fuhrpark   10.000,00 €

Außerplanmäßige AfA:
Nach erfolgter planmäßiger AfA ergibt sich für den Pkw :
  Anschaffungskosten: 50.000,00 €
  abzgl. planmäßige AfA: - 10.000,00 €
  "vorläufiger. Buchwert 31.12." :   40.000,00 €
Der Teilwert des Pkw ist durch den Unfall unter den planmäßigen Buchwert gesunken. Zum 31.12.01 ist noch eine außerplanmäßige AfA bis zum Teilwert 25.000,00 € vorzunehmen.
  "vorläufiger Buchwert 31.12."   40.000,00 €
  Teilwert   - 25.000,00 €
  außerplanmäßige AfA   15.000,00 €
Buchungssatz:
  außerplanmäßige AfA 15.000,00 €   an   Fuhrpark   15.000,00 €

Der Wertansatz des Pkw in 01 entwickelt sich demnach wie folgt:
  Anschaffungskosten: 50.000,00 €
  abzgl. planmäßige AfA: - 10.000,00 €
  abzgl. außerplanmäßiger AfA   -15.000,00 €
  Buchwert 31.12.01   25.000,00 €

IX.3.3. Das Bewertungswahlrecht "Geringwertiges Wirtschaftsgut"

Alle Wirtschaftsgüter des abnutzbaren Anlagevermögens sind grundsätzlich zu aktivieren und auf die Nutzungsdauer zu verteilen. Dieses gilt unabhängig von der Höhe der Anschaffungskosten. Diese Regelung würde jedoch dazu führen, dass auch Kleinanschaffung wie z.B. Taschenrechner oder Kugelschreiber mit Austauschmine auf mehrere Jahre verteilt werden müssten. Um ein unnötiges Aufblähen der Aktivierungen und des Anlageverzeichnisses durch Wirtschaftsgüter von geringem Wert zu verhindern, besteht die Möglichkeit, handelsrechtlich eine sofortige 100 % -ige Abschreibung im Jahre der Anschaffung vorzunehmen. Eine eindeutig festgeschriebene betragsmäßige Obergrenze liegt handelsrechtlich nicht vor, sie ist aber bei 750,00 € bis 800,00 € anzunehmen. Eine eindeutige Wertgrenze zieht jedoch das Steuerrecht, welches Wirtschaftsgüter nur dann als geringwertig ansieht, wenn ihre Anschaffungs- bzw. Herstellungskosten 410,00 € ohne Umsatzsteuer nicht übersteigen. Weitere handels- und steuerrechtliche Voraussetzung ist, dass das Wirtschaftsgut einer selbständigen Nutzung fähig ist. Sind diese Voraussetzungen erfüllt, besteht die Möglichkeit, den Wert des Wirtschaftsgutes zum Bilanzstichtag mit 1,00 € anzunehmen. Es handelt sich dabei um ein Wahlrecht, welches sich nicht aus den Abschreibungsregeln der §§ 7 ff EStG ergibt, sondern Ausfluss aus den Bewertungsvorschriften des § 6 EStG ist. Wie der Unternehmer sein Wahlrecht ausübt, wird vorrangig von der Ertragslage seines Unternehmens im Jahr der Anschaffung abhängen.

Entscheidet sich der Unternehmer für eine Behandlung als GWG, ist das Wirtschaftsgut in ein besonderes Verzeichnis aufzunehmen, wenn die Nettoanschaffungskosten 50,00 € übersteigen. Dabei ist es ausreichend, wenn dieses Verzeichnis durch ein gesondertes Buchungskonto "GWG" ersetzt wird. Die auf diesem Konto gesammelten Anschaffungskosten aller GWG's zwischen 60,00 € und 410,00 € werden dann am Ende des Wirtschaftsjahres über das Konto "Abschreibungen auf geringwertige Wirtschaftsgüter" zu 100 % im Wert gemindert. Erreichen die Anschaffungskosten den Grenzwert von 60,00 € nicht, können sie im Jahr der Anschaffung in voller Höhe direkt als Aufwand gebucht werden.

Hieraus ergibt sich folgende buchungstechnische Abwicklung:

1. GWG bis 60,00 €:
    Erfolgskonto (Aufwand) und Vorsteuer an Geldkonto

2. GWG über 60,00 €:
    a.   **GWG und Vorsteuer an Geldkonto**
        (Aktivtausch, keine Gewinnauswirkung)
        Im Rahmen der Jahresabschlußbuchungen wird gebucht

    b.   **Abschreibung auf GWG an GWG**
        Volle Gewinnauswirkung in Höhe der Anschaffungskosten.

Zum Jahresende wird das Konto "Abschreibungen auf geringwertige Wirtschaftsgüter" über das G & V – Konto abgeschlossen.

Beispiel a:
Sie erwerben eine Schreibtischunterlage für netto 20,00 €.
Es handelt sich bei der Schreibtischunterlage um ein Wirtschaftsgut des abnutzbaren Anlagevermögens, welches jedoch von geringen Wert ist. Da auch die steuerliche Aufzeichnungsgrenze von 60,00 € nicht erreicht wird, können die gesamten Anschaffungskosten direkt über ein Erfolgskonto (Aufwand) gebucht werden.
Buchungssatz:
    Büromaterial   20,00 €   an   Kasse   23,20 €
    Vorsteuer   3,20 €
Es ergibt sich eine Gewinnauswirkung von - 20,00 €.

Beispiel b:
Sie erwerben am 01.03.01 einen Tischrechner für netto 80,00 €.
Es handelt sich bei dem Tischrechner um ein Wirtschaftsgut des abnutzbaren Anlagevermögens, welches jedoch von geringen Wert ist. Da die Nettoanschaffungskosten zwischen 60,00 € und 410,00 € liegen, ist der Tischrechner zunächst auf dem aktiven Bestandskonto GWG zu erfassen und erst am Ende des Jahres über die Abschreibung auf geringwertige Wirtschaftsgüter zu 100 % im Wert zu mindern.
Buchungssatz:
1. GWG   80,00 €   an   Kasse   92,80 €
    Vorsteuer   12,80 €
    Dieser Buchungsvorgang ist erfolgsneutral.
2. Abschreibung auf GWG   80,00 €   an   GWG   80,00 €
    Hieraus ergibt sich eine Gewinnauswirkung von - 80,00 €.

Alternative:
Sollten bisher bereits schlechte wirtschaftliche Zahlen aufgelaufen sein, besteht die Möglichkeit, das geringwertige Wirtschaftsgut wie die übrigen Wirtschaftsgüter des Anlagevermögens zu aktivieren und den Wert auf die voraussichtliche Nutzungsdauer zu verteilen. Hierbei sollten dann zum Ende des Jahres die GWG's den entsprechenden Anlagekonten (in der Regel "Betriebs- und Geschäftsausstattung" [BGA]) zugeordnet werden. Unterstellen wir im Beispielsfall eine Nutzungsdauer von 4 Jahren ergibt sich unter Berücksichtigung einer möglichst geringen Ergebnisbeeinflussung nachfolgender Ablauf:
1. GWG   80,00 €   an   Kasse   92,80 €
    Vorsteuer   12,80 €
2. BGA   80,00 €   an   GWG   80,00 €
3. planmäßige AfA   16,66 €   an   BGA   16,66 €
    Die Gewinnauswirkung beträgt - 16,66 € (80,00 € / 4 Jahre * 10 /12).

Hieraus lässt sich nunmehr nachfolgender Entscheidungsprozess ableiten:

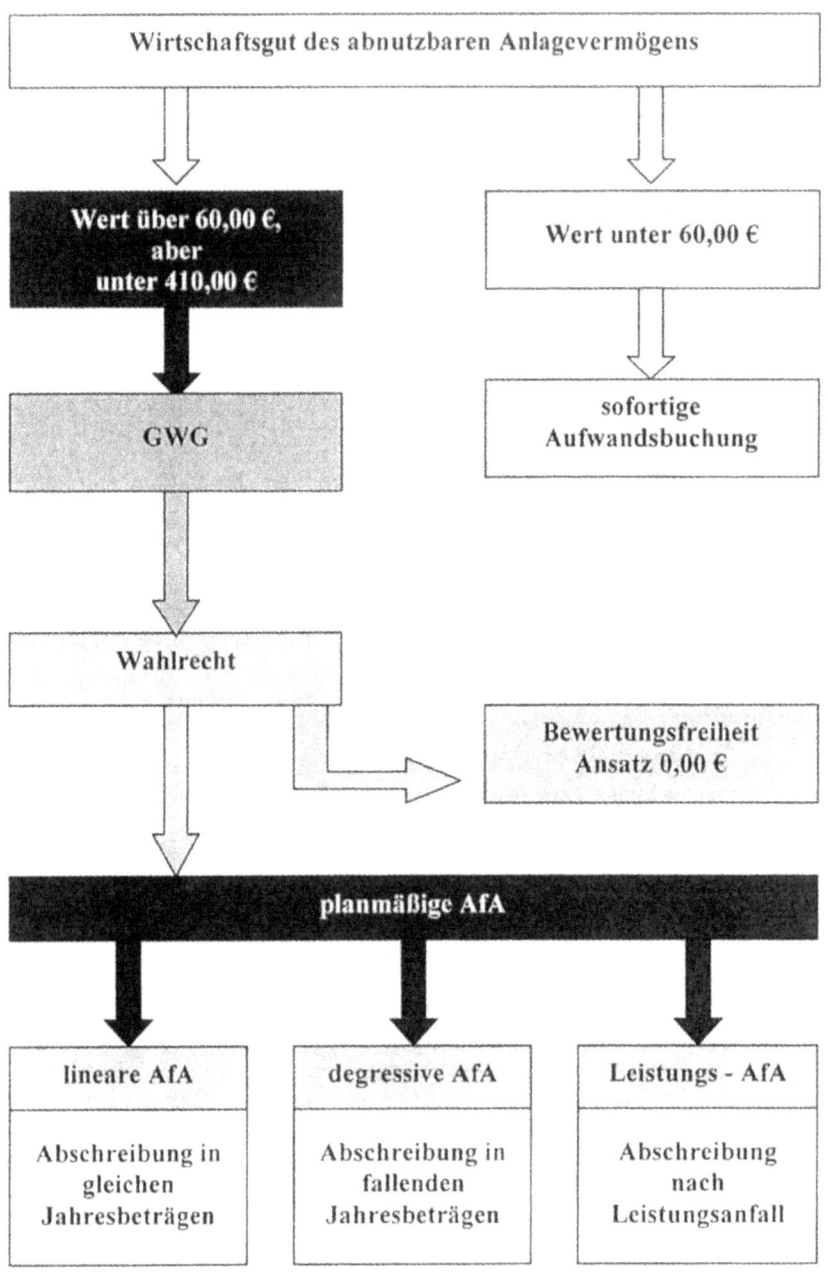

Abbildung 53: Geringwertiges Wirtschaftsgut

IX.3.4. Verkauf von Anlagegütern

Werden Wirtschaftsgüter des Anlagevermögens veräußert, entspricht der Veräußerungserlös in der Regel nicht dem Wert, mit dem das Wirtschaftsgut in der Buchführung enthalten ist. Durch die Veräußerung verlässt es den betrieblichen Bereich und muss daher als Abgang auf dem entsprechenden Buchungskonto erfasst werden. Wertmäßig ist der Abgang mit dem Buchwert zu erfassen. Ein eventuell übersteigender Betrag ist als Ertrag, und somit als Gewinnerhöhung auszuweisen. Diese Konsequenz ist logisch, da die in der Vergangenheit gebuchten Wertminderungen (Aufwand) tatsächlich nicht in der Höhe eingetreten sind. Unterschreitet der Verkaufserlös den Buchwert, ist ein zusätzlicher Aufwand zu berücksichtigen. Dieses erfolgt über das Buchungskonto "Verluste aus dem Abgang von Vermögensgegenständen". Zu beachten ist ferner, dass eine betriebliche Ausgangsleistung ausgeführt wird, die regelmäßig zu einer Umsatzsteuerpflicht führt.

Beispiel:
Am 10.01.01 erwerben sie eine Maschine für netto 60.000,00 €. Die Nutzungsdauer der Maschine beträgt 5 Jahre und sie haben sich für die lineare Abschreibung entschieden. Am 28.12.03 veräußern sie die Maschine
a. für netto 40.000,00 € und   b. für netto 20.000,00 €.

Wertentwicklung der Maschine:
Die Nettoanschaffungskosten der Maschine sind gleichmäßig auf 5 Jahre zu verteilen. Für 01 ist die volle Jahresabschreibung zu berücksichtigen. Auch für das Wirtschaftsjahr 03 wird zunächst die gesamte Jahresabschreibung angesetzt, obwohl die Maschine am 28.12.03 verkauft wurde. Damit wird der planmäßige Wertverzehr nach wirtschaftlicher Zuordnung berücksichtigt und der außerplanmäßige Verkaufserlös gesondert erfasst. Bis zum Veräußerungszeitpunkt entwickelt sich der Buchwert der Maschine daher wie folgt:

Anschaffungskosten:	60.000,00 €
AfA 01	- 12.000,00 €
Buchwert 31.12.01	48.000,00 €
AfA 02	- 12.000,00 €
Buchwert 31.12.02	36.000,00 €
AfA 03	- 12.000,00 €
"Buchwert" bei Verkauf	24.000,00 €

Laufende Abschreibung:
Die jährliche Abschreibung wird erfasst über den

Buchungssatz
planmäßige Abschreibung   12.000,00 €   an Maschinen   12.000,00 €.

Hierdurch ergibt sich eine jährliche Gewinnminderung i.H.v. 12.000,00 €, also insgesamt -36.000,00 €.

Verkauf für netto 40.000,00 €
Durch der Verkauf für 40.000,00 € entsteht ein Ertrag i.H.v. 16.000,00 €.
Die Umsatzsteuer berechnet sich mit 16 % von 40.000,00 € = 6.400,00 €.

Buchungssatz:
Forderungen   46.400,00 €   an   Maschinen   24.000,00 €
                                   Erträge aus dem Abgang
                                   von Vermögensgegenständen 16.000,00 €
                                   Umsatzsteuer   6.400,00 €

Dieser Buchungssatz führt zu einer Gewinnauswirkung von + 16.000,00 €. Ein Vergleich des tatsächlichen Wertverlustes mit den berücksichtigten Aufwendungen für Wertverluste ergibt:

Ursprünglicher Mitteleinsatz:	60.000,00 €	
Mittelrückfluss bei Verkauf	40.000,00 €	
Tats. erlittener Wertverlust	**20.000,00 €**	
Gewinnminderung durch AfA	36.000,00 €	identisch
Ertrag bei Veräußerung	16.000,00 €	
buchmäßig verbleibender Aufwand	**20.000,00 €**	

Verkauf für netto 20.000,00 €
Der Verkauf für 20.000,00 € führt zu einem zusätzl. Aufwand i.H.v. 4.000,00 €.
Die Umsatzsteuer berechnet sich mit 16 % von 20.000,00 € = 3.200,00 €.

Buchungssatz:
Forderungen   23.200,00 €
Verluste aus dem Abgang
von Vermögensgegenständen   4.000,00 €
                                               an   Maschinen   24.000,00 €
                                                    Umsatzsteuer   3.200,00 €

Auch hier führt ein Vergleich des tatsächlich entstandenen Verlustes mit den buchungstechnisch erfassten Aufwendungen zur Übereinstimmung.

Ursprünglicher Mitteleinsatz:	60.000,00 €	
Mittelrückfluss bei Verkauf	20.000,00 €	
Tats. erlittener Wertverlust	**40.000,00 €**	
Gewinnminderung durch AfA	36.000,00 €	identisch
Verlust bei Veräußerung	4.000,00 €	
buchmäßig verbleibender Aufwand	**40.000,00 €**	

IX.4. Bewertung von Forderungen

IX.4.1. Allgemeines

Da es sich bei Forderungen um bilanzierungspflichtige Vermögensgegenstände handelt, sind sie ebenso wie das Anlagevermögen am Ende des Wirtschaftsjahres zu bewerten. Der Wertansatz einer Forderung erfolgt dabei regelmäßig mit dem Nennbetrag. Auch bei den Forderungen kann es aber erforderlich sein, dass Wertminderung vorgenommen werden müssen. Dieses tritt insbesondere dann ein, wenn der Zahlungsverpflichtete z.B. durch Insolvenz zahlungsunfähig geworden ist. Die Notwendigkeit der Wertangleichung ergibt sich dabei aus § 253 Abs. 3 HGB und dem Prinzip der Bilanzierungsvorsicht. Je nach Einstufung der Forderung ist dabei ein anderer Wertansatz für die Schlussbilanz zu wählen.
Aus dem nachfolgenden Schaubild ist die Unterteilung mit den entsprechenden Wertansätzen ersichtlich:

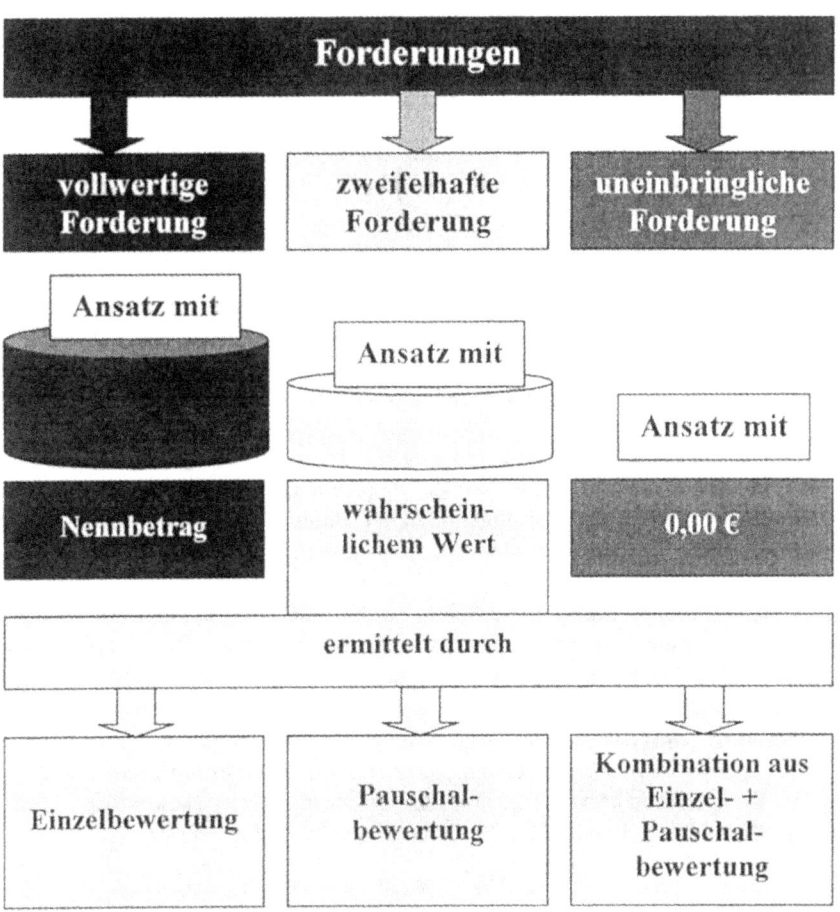

Abbildung 54: Forderungsbewertung

Forderungsbeschreibung:

vollwertig: Eine Forderung ist vollwertig, wenn mit ihrer vollständigen Begleichung gerechnet werden kann.

zweifelhaft: Eine Forderung ist zweifelhaft, wenn mit einer vollständigen Begleichung nicht mehr gerechnet werden kann.[45]

uneinbringlich: Eine Forderung ist uneinbringlich, wenn sie nicht mehr realisiert werden kann. Dieser Fall kann z.B. durch Zahlungsausfall (Insolvenz) oder Verjährung eintreten.

Bei den eindeutigen Wertansätzen für vollwertige und uneinbringliche Forderungen bestehen bei der Wertermittlung keine Probleme. Sie sind entweder mit dem Nennbetrag, oder mit 0,00 € anzusetzen. Lediglich bei den zweifelhaften Forderungen besteht das Problem, das Ausfallrisiko zu bemessen. Seit dem Steueränderungsgesetz 1999/2000/2002 ergeben sich jedoch erhebliche Abweichungen zwischen dem Handelsbilanz- und dem Steuerbilanzansatz. Wertminderungen dürfen danach steuerlich nur noch angesetzt werden, wenn es sich um eine dauerhafte Wertminderung handelt, wogegen handelsrechtlich die Wertkorrektur zwingend auch bei vorübergehender Wertminderung angesetzt werden muss. Zur Ermittlung des Risikos stehen 3 Verfahren zur Verfügung:

1. **Einzelbewertung**
2. **Pauschalwertberichtigung**
3. **Kombination aus Einzel- und Pauschalwertberichtigung**

IX.4.2. Einzelbewertung von Forderungen

Bei der Einzelbewertung ist jede einzelne Forderung am Bilanzstichtag auf ihre Bonität zu untersuchen. Da der Wert der Forderung vom Risiko ihres Ausfalls und somit von der Zahlungsfähigkeit der einzelnen Schuldner abhängt, ist die Einzelbewertung die genauste Methode zur Wertermittlung.

Eine Wertminderung durch Abschreibung erfährt eine Forderung nur dann, wenn bei dem Schuldner konkrete Ausfallrisiken bekannt sind. Diese können zum Beispiel darin bestehen, dass in der jüngeren Vergangenheit bereits einige Forderungen durch vorübergehende Zahlungsunfähigkeit ausgefallen sind oder der Schuldner bereits einen Vergleichs- bzw. Insolvenzantrag gestellt hat. Werden solche Sachverhalte bekannt, sind die zweifelhaften Forderungen bereits im lfd. Wirtschaftsjahr von den vollwertigen Forderungen abzugrenzen. Regelmäßig erfolgt dieses Umqualifizierung jedoch erst zum Jahresende.

---

[45] z.B. Zahlungsschwierigkeiten des Verpflichteten.

Buchungstechnisch vollzieht sich dieses in einem reinen Aktivtausch, der durch den Buchungssatz

zweifelhafte Forderungen (2470) an Forderungen (2400)

erfasst wird.
Die Wertminderung (Abschreibung) der Forderung erfolgt regelmäßig am Ende des Wirtschaftsjahres. Hierbei ist zu beachten, dass der Aktivtausch hinsichtlich der Bruttoforderungen erfolgt, die Abschreibung der zweifelhaften Forderungen aber nur von den Nettoforderungen (ohne Umsatzsteuer) erfolgen darf. Ursache hierfür ist, dass die Umsatzsteuer den Unternehmer nicht belastet. Die Umsatzsteuer mindert sich in dem Zeitpunkt, in dem die Forderung tatsächlich ausfällt oder endgültig nicht vollständig eingezogen werden kann (Änderung der Bemessungsgrundlage § 17 Umsatzsteuergesetz).
Bemessungsgrundlage für die Umsatzsteuer ist der Wert der Gegenleistung, ohne der darin enthaltenen Umsatzsteuer. Ändert sich der Wert der Gegenleistung gegenüber der ursprünglich vereinbarten Leistung (nur teilweise Begleichung einer Rechnung), so mindert sich auch nachträglich die in der Ausgangsrechnung errechnete Umsatzsteuer. Der Umsatzsteuerdifferenzbetrag wird dann vom Fiskus erstattet.

Beispiel:
A liefert und berechnet am 10.01.01 Ware an B im Wert von 116.000,00 €.
B zahlt nach Reklamation der Ware am 20.05.01 nur 92.800,00 €. Es wird vereinbart, dass hiermit alle Ansprüche gegenseitig erloschen sind.

Die umsatzsteuerliche Beurteilung bei A führt zu folgendem Ergebnis:
10.01.01:
Als Gegenleistung wurde die Zahlung von 116.000,00 € vereinbart. Die Umsatzsteuer ermittelt sich aus dem geforderten Zahlbetrag von 116.000,00 € und beträgt 16.000,00 € (116.000,00 € / 1,16 * 16%). Somit sind zunächst 16.000,00 € an das Finanzamt über die Umsatzsteuervoranmeldung Januar 01 zu zahlen.
20.05.01:
Der Wert der Gegenleistung hat sich endgültig gemindert auf 92.800,00 €. Die Umsatzsteuer ermittelt sich nun aus dem tatsächlichen Wert der Gegenleistung von 92.800,00 € und beträgt nur noch 12.800,00 € (92.800,00 € / 1,16 * 16%). Da bereits mit der Voranmeldung Januar 16.000,00 € gezahlt wurden, kommt es in der Umsatzsteuervoranmeldung für Mai 01 zu einer Erstattung von 3.200,00 € (16.000,00 € - 12.800,00 €).

Diese umsatzsteuerliche Korrektur darf aber nur vollzogen werden, wenn sich der Wert der Gegenleistung tatsächlich geändert hat. Ist nur mit einer geringeren Gegenleistung zu rechnen, wird noch der gesamte Umsatzsteuerbetrag geschuldet. Wertminderungen bei der Bewertung von Forderungen dürfen sich daher nur auf den Nettoforderungsbetrag beziehen.

Muss eine Forderung wertmäßig gemindert werden, stehen zur technischen Abwicklung 2 Wege zur Verfügung.

1. Direkte Minderung des Aktivkontos Forderungen:
Als Gegenkonto dient das Aufwandskonto "Abschreibung von Forderungen" (Konto 6950). Als Buchungssatz ergibt sich

Abschreibung von Forderungen an zweifelhafte Forderungen.

Im Jahresabschluss werden die Positionen Forderungen und die geminderten zweifelhaften Forderungen nebeneinander in der Bilanz ausgewiesen.

2. Erfassung eines Korrekturpostens Einzelwertberichtigung {EWB} (3670)
Hierbei wird die Wertminderung durch die Buchung

Abschreibung Forderungen an Einzelwertberichtigung (EWB)

realisiert.
Nach dem Bilanzrichtliniengesetz darf der Korrekturposten EWB in der Bilanz jedoch nicht gesondert ausgewiesen werden.[46] Dieses hat zur Folge, dass bei der Erstellung der Bilanz die Konten zweifelhafte Forderungen und EWB zusammengefasst werden müssen und nur der geminderte Forderungsbetrag in der Bilanz ausgewiesen wird (wie bei der direkten Minderung). Da beim Abschluss der Buchungskonten sowohl das Konto zweifelhafte Forderungen, als auch das Konto Einzelwertberichtigung über das SBK abgeschlossen werden, stehen im Folgejahr bei der Konteneröffnung auch beide Konten wieder zur Verfügung. Diese Buchungsmethode hat den Vorteil, dass bis zur endgültigen Begleichung der Forderung die Ursprungsforderung ersichtlich bleibt.

Wurde die Forderungsbewertung in zutreffender Höhe vorgenommen, liegt beim Geldeingang ein erfolgsneutraler Aktivtausch vor. Bei Geldeingang sind dann neben der Auflösung der zweifelhaften Forderungen und ggfls. des Kontos Einzelwertberichtigung nur noch die Berichtigung der Umsatzsteuer vorzunehmen. Wurden die Forderungen falsch bewertet, ergeben sich bei der Erfassung des Geldeinganges außerdem erfolgswirksame Buchungen, die über die Konten "periodenfremde Aufwendungen (6990)" bzw. "Periodenfremde Erträge (5490)" abgewickelt werden.

Zusammenfassendes Beispiel:
Aus einer Warenlieferung schuldet der Unternehmer S dem Lieferanten H 116.000,00 €. Am 28.05.01 erfahren Sie, dass S Zahlungsschwierigkeiten bekommen hat und nur noch 40 % der Rechnungsbeträge als Teilzahlung beglichen hat. Nach erheblicher Überschreitung der Zahlungsfrist überweist Ihnen S am 21.05.02 nachfolgende Beträge:

---
[46] Verbot der passiven Abgrenzung eines Aktivwertes.

a. 46.400,00 €
b. 34.800,00 €
c. 58.000,00 €

mit dem Hinweis, das keine weiteren Zahlungen geleistet werden könnten und er am nächsten Tag beim Amtsgericht einen Insolvenzantrag stellen wird.

Aus diesem Sachverhalt ergibt sich für H nachfolgende buchungstechnische Behandlung:

H muss mit Kenntnis der Zahlungsschwierigkeiten des S seine „normale" Forderung in „zweifelhafte Forderungen" umbuchen.

Buchungssatz:

Zweifelhafte Forderungen 116.000,00 € an Forderungen 116.000,00 €

Im Jahresabschluss 01 muss H das Ausfallrisiko der Forderung in Höhe von 60 % berücksichtigen. Die Wertberichtigung ist auf den Nettoforderungsbetrag zu bemessen. Die Umsatzsteuer darf zu diesem Zeitpunkt noch nicht berichtigt werden. H entscheidet sich für die indirekte Methode, woraus sich folgendes Bild ergibt:

Bruttoforderung: 116.000,00 €
Nettoforderung: 100.000,00 €   (116.000,00 € / 1,16)
Ausfallrisiko 60 %:   60.000,00 €

Abschreibung Forderungen   60.000,00 €   an   EWB   60.000,00 €.

Hieraus ergibt sich eine Gewinnauswirkung von – 60.000,00 €.

Die Konten sind mit den neuen Endbeständen über das G+V - Konto bzw. SBK abzuschließen.

Buchungen:

EWB	**an**	**SBK**	60.000,00 €
SBK	**an**	**zweifelhafte Ford.**	116.000,00 €
G+V - Konto	**an**	**Abschreibung Forderungen**	60.000,00 €

Beim Geldeingang am 21.05.02 sind die Bilanzpositionen zweifelhafte Forderungen und Einzelwertberichtigung zu Forderungen entsprechend aufzulösen. Je nach Geldeingang ist dieser Buchungsvorgang erfolgsneutral oder erfolgswirksam darzustellen. Darüber hinaus ist in diesem Zeitpunkt die Umsatzsteuerkorrektur vorzunehmen.

Hieraus ergibt sich folgende Behandlung:

a. Geldeingang 46.000,00 €
Der Geldeingang i.H.v. 46.400,00 € entspricht dem Eingang einer Nettoforderung i.H.v. 40.000,00 € und einer Umsatzsteuer i.H.v. 6.400,00 €. Als Forderungsausfall wurden bisher 60.000,00 € berücksichtigt. Das Ausfallrisiko wurde richtig eingeschätzt. Der gesamte Zahlungsvorgang ist nun erfolgsneutral zu erfassen.
Durch den Geldeingang i.H.v. 46.000,00 € hat sich die Gegenleistung gegenüber dem Ursprungsvorgang endgültig verringert. Umsatzsteuerlich handelt es sich somit um eine Änderung der Bemessungsgrundlage gem. § 17 UStG. Die Umsatzsteuer ändert sich daher wie folgt:

endgültiger Wert der Gegenleistung:	46.400,00 € (brutto)
darin enthaltene Umsatzsteuer	6.400,00 € (46.400,00 € / 1,16 * 16%)
bisher berücksichtigte Umsatzsteuer	*16.000,00 €*
Umsatzsteuerminderung	*9.600,00 €*

Buchungen:
EWB	60.000,00 €			
Bank	46.400,00 €			
Umsatzsteuer	9.600,00 €	an	zweifelhafte Forderungen	116.000,00 €

b. Geldeingang 34.800,00 €
Der Geldeingang i.H.v. 34.800,00 € entspricht dem Eingang einer Nettoforderung i.H.v. 30.000,00 € und einer Umsatzsteuer i.H.v. 4.800,00 €. Der Forderungsausfall beträgt somit netto 70.000,00 €. Bisher wurden 60.000,00 € als Forderungsausfall berücksichtigt.
Es entsteht noch ein zusätzlicher Aufwand i.H.v. 10.000,00 € und die Umsatzsteuer mindert sich um 11.200,00 €

Ermittlung der Umsatzsteuerminderung:
endgültiger Wert der Gegenleistung:	*34.800,00 € (brutto)*
darin enthaltene Umsatzsteuer	*4.800,00 € (34.800,00 € / 1,16 * 16%)*
bisher berücksichtigte Umsatzsteuer	*16.000,00 €*
Umsatzsteuerminderung	*11.200,00 €*

Buchungen:
EWB	60.000,00 €			
Bank	34.800,00 €			
periodenfremder Aufwand	10.000,00 €			
Umsatzsteuer	11.200,00 €	an	zweifelhafte Forderungen	116.000,00 €

(Gewinnauswirkung – 10.000,00 €)

c. Geldeingang 58.000,00 €
Der Geldeingang i.H.v. 58.000,00 € entspricht dem Eingang einer Nettoforderung i.H.v. 50.000,00 € und einer Umsatzsteuer i.H.v. 8.000,00 €. Der Forderungsausfall beträgt somit nur 50.000,00 €, wobei in 01 bereits 60.000,00 € als Forderungsausfall gewinnmindernd berücksichtigt wurden. Der zuviel gebuchte Aufwand ist in 02 über eine Ertragsbuchung zu berichtigen. Die gebildete Einzelwertberichtigung ist zu 100 % aufzulösen, da die Forderung erloschen ist (ohne Forderung keine Wertberichtigung zur Forderung).
Da sich auch in diesem Fall die Bemessungsgrundlage für die Umsatzsteuer ändert, ist die tatsächliche Umsatzsteuerbelastung an den geänderten Zahlbetrag anzupassen. Die Umsatzsteuer mindert sich um 8.000,00 €.

Ermittlung der Umsatzsteuerminderung:
endgültiger Wert der Gegenleistung: *58.000,00 € (brutto)*
darin enthaltene Umsatzsteuer   *8.000,00 € (58.000,00 € / 1,16 * 16%)*
bisher berücksichtigte Umsatzsteuer   *16.000,00 €*
Umsatzsteuerminderung   *8.000,00 €*

Buchungen:
EWB	60.000,00 €			
Bank	58.000,00 €			
Umsatzsteuer	8.000,00 €	an	zweifelhafte Forderungen	116.000,00 €
			periodenfremde Erträge	10.000,00 €

(Gewinnauswirkung + 10.000,00 €)

IX.4.3. Die Pauschalwertberichtigung

Im Gegensatz zur Einzelwertberichtigung wird bei der Pauschalwertberichtigung nicht das spezielle, sondern das betriebsspezifische allgemeine Ausfallrisiko berücksichtigt. Auch bei dieser Methode darf die Umsatzsteuerberichtigung erst bei einem tatsächlichen Forderungsausfall erfolgen und nicht bereits bei Bildung der Pauschalwertberichtigung (PWB oder Delcredere). Auch die Pauschalwertberichtigung ist daher nur auf Nettoforderungen zu berechnen. Da sich die Höhe der Wertberichtigung aus dem betriebsspezifischen Ausfallrisiko ergibt, sind hierzu die tatsächlichen Forderungsausfälle eines repräsentativen Zeitraumes der letzten 3 - 5 Jahre ins Verhältnis zu den Nettogesamtforderungen zu setzen. Der sich ergebende Prozentsatz ist dann auf den Nettoforderungsbestand zum Bilanzstichtag anzuwenden. Die Pauschalwertberichtigung ist wie bei der Einzelwertberichtigung als Korrekturposten zu erfassen oder mindert den Forderungsbestand direkt.
Technisch vollzieht sich die Wertberichtigung durch die Buchung

Abschreibung auf Forderungen   **an**   **Pauschalwertberichtigung zu Forderungen (PWB).**

Das Konto zweifelhafte Forderungen ist hier nicht zu bilden, da nicht die Bonität einer einzelnen Forderung bestimmt worden ist, sondern das allgemeine Ausfallrisiko aller Forderungen.

Der Korrekturposten PWB darf wie die EWB in der Bilanz nicht gesondert ausgewiesen werden. Dieses hat zur Folge, dass bei der Erstellung der Bilanz die Konten Forderungen und PWB zusammengefasst werden müssen. Der Kontenabschluss über das SBK erfolgt aber für jedes Konto getrennt, wodurch im Folgejahr beide Buchungskonten wieder verfügbar sind. Das Konto PWB ist zwingend mit dem Endbestand des Vorjahres in das laufende neue Buchungsjahr zu übernehmen, da alle ausfallenden Forderungen vorrangig gegen die Pauschalwertberichtigungen zu buchen sind, bis die im Vorjahr gebildete Wertberichtigung aufgebraucht ist. Ist der Forderungsausfall insgesamt höher, als die gebildete PWB, ist der übersteigende Betrag über das Konto Abschreibung auf Forderungen zu erfassen.

Beispiel:
K hat zum 31.12.01 einen Forderungsbestand i.H.v. netto 500.000,00 €. Hierzu hat er eine pauschale Wertberichtigung von 10.000,00 € gebildet. Am 10.02.02 fällt eine Forderung i.H.v. netto 5.000,00 € und am 20.05.02 eine weitere Forderung i.H.v. netto 7.000,00 € aus.

Der Forderungsausfall vom 10.02.02 ist erfolgsneutral zu erfassen, da er mit der gebildeten PWB des Vorjahres abgedeckt ist. Durch den Forderungsausfall ist jedoch die Umsatzsteuerminderung noch zu erfassen.

Buchungssatz 10.02.02:
PWB	5.000,00 €			
Umsatzsteuer	800,00 €	an	Forderungen	5.800,00 €

Der Forderungsausfall vom 20.05.02 geht aber über die noch vorhandene PWB hinaus, so dass ein zusätzlicher Aufwand zu berücksichtigen ist. Darüber hinaus ist die Umsatzsteuerkorrektur vorzunehmen.

Berechnung:
PWB 01.01.02:	10.000,00 €
Verbrauch 10.02.02:	- 5.000,00 €
verbleiben:	5.000,00 €
Ausfall 20.05.02:	- 7.000,00 €
zusätzlicher Aufwand:	2.000,00 €

Buchungssatz 20.05.02:
PWB	5.000,00 €			
Abschreibung auf Forderungen	2.000,00 €			
Umsatzsteuer	1.120,00 €	an	Forderungen	8.120,00 €

(Gewinnauswirkung - 2.000,00 €)

Zum Ende eines jeden Wirtschaftsjahres ist die Wertberichtigung erneut auf den dann aktuellen Forderungsbestand zu berechnen. Hierbei ist zu berücksichtigen, dass evtl. noch vorhandene Restbestände der Wertberichtigung des Vorjahres nur an den neuen Endbestand angepasst werden dürfen. Hierbei kann es zu Aufwendungen oder Erträgen kommen.
Die Erträge sind dann über das Buchungskonto "Erträge aus der Auflösung oder Herabsetzung von Wertberichtigungen" (5450) zu erfassen.

Beispiel zur Erhöhung der Wertberichtigung:
Die noch vorhanden pauschale Wertberichtigung zum 31.12. beträgt 5.000,00 €. Der aktuelle Forderungsbestand beträgt brutto 928.000,00 €. Das durchschnittliche Ausfallrisiko der letzen Jahre betrug 2 %.

Berechnung:
Bruttoforderung 31.12.:   928.000,00 €
Nettoforderung 31.12.:   800.000,00 €
Ausfallrisiko 2%:   16.000,00 €
noch vorhandene PWB: 5.000,00 €
Erhöhung PWB: 11.000,00 €

Buchungssatz:
Abschreibung auf
Forderungen   11.000,00 €   an   PWB   11.000,00 €

Es ergibt sich eine Gewinnauswirkung von - 11.000,00 €. Die Umsatzsteuer ist nicht zu korrigieren, da es sich bisher nur um eine Forderungsbewertung und nicht um einen Forderungsausfall handelt.

Beispiel zur Minderung der Wertberichtigung:
Die noch vorhandene pauschale Wertberichtigung zum 31.12. beträgt 15.000,00 €. Der aktuelle Forderungsbestand beträgt brutto 580.000,00 €. Das durchschnittliche Ausfallrisiko der letzen Jahre betrug 2 %.

Berechnung:
Bruttoforderung 31.12.:   580.000,00 €
Nettoforderung 31.12.:   500.000,00 €
Ausfallrisiko 2%:   10.000,00 €
noch vorhandene PWB: 15.000,00 €
Minderung PWB: 5.000,00 €

Buchungssatz:
PWB   5.000,00 €   an   Erträge aus der Herabsetzung
                                von Wertberichtigungen   5.000,00 €

Hieraus ergibt sich eine Gewinnauswirkung von + 5.000,00 €

Zusammenfassendes Beispiel:
Der Unternehmer U hat über einen Zeitraum von 5 Jahren einen durchschnittlichen Forderungsausfall i.H.v. 2 % ermittelt. U nimmt erstmals zum Bilanzstichtag 10 eine Pauschalwertberichtigung auf seinen Forderungsbestand vor. Zum 31.12.10 hat er einen Forderungsbestand i.H.v. 116.000,00 €.

Ermittlung der Pauschalwertberichtigung:
Bruttoforderungen   116.000,00 €
Nettoforderungen   100.000,00 €
Umsatzsteuer   16.000,00 €

Die Pauschalwertberichtigung ist mit 2 % auf die Nettoforderungen zu berechnen.

Laufende Buchungen 10:
Abschreibung auf
Forderungen   2.000,00 €   an   P W B   2.000,00 €
Abschlussbuchungen 10:
G+V-Konto   2.000,00 €   an   Abschreibung auf
                                 Forderungen   2.000,00 €
SBK   2.000,00 €   an   Forderungen   116.000,00 €
PWB   2.000,00 €   an   SBK   2.000,00 €[47]

Die Bildung der Pauschalwertberichtigung hat eine Gewinnauswirkung i.H.v. - 2.000,00 €. Eine Umsatzsteuerkorrektur ist nicht vorzunehmen, da die Forderungen tatsächlich noch nicht ausgefallen sind.

Im Wirtschaftsjahr 11 fällt eine Forderung i.H.v. 11.600,00 € endgültig aus. Im Zeitpunkt des Forderungsausfalls wird die uneinbringlich gewordene Forderung abgeschrieben. Die buchungstechnische Abwicklung erfolgt zunächst über das Konto Pauschalwertberichtigungen und der übersteigende Forderungsausfall wird über das Aufwandskonto "Abschreibung auf Forderungen" gebucht.

Berechnung:
Bruttoforderung: 11.600,00 €
Nettoforderung: 10.000,00 €
noch vorhandene PWB: 2.000,00 €
zusätzlicher Aufwand: 8.000,00 €

Laufende Buchungen 11a:
PWB   2.000,00 €
Abschreibung auf
Forderungen   8.000,00 €
Umsatzsteuer   1.600,00 €   an   Forderungen   11.600,00 €

---

[47] Diese Buchung erfolgt nur für einen zutreffenden Kontenabschluss. In der zu erstellenden Bilanz sind die Positionen Forderungen und PWB zusammenzufassen.

Zum Zeitpunkt dieser Buchung reduziert sich der Bestand an PWB auf 0,00 €.
Zum 31.12.11 hat U Außenstände i.H.v. 232.000,00 €. Dieses führt zu einer Pauschalwertberichtigung i.H.v. 4.000,00 € (2 % von 200.000,00 €).

Laufende Buchungen 11b:
Abschreibung auf
Forderungen   4.000,00 €   an   PWB   4.000,00 €
Abschlussbuchungen 11:
G+V - Konto   12.000,00 €   an   Abschreibung auf Ford.   12.000,00 €.[48]
SBK   232.000,00 €   an   Forderungen   232.000,00 €
PWB   4.000,00 €   an   SBK   4.000,00 €

Zum 31.12.12 hat U einen Forderungsbestand i.H.v.
 a. 1.160.000,00 €
 b.   58.000,00 €.

Zum 31.12.12 ist der Wertansatz der PWB zu prüfen. Bleibt es bei einem durchschnittlichen Forderungsausfall i.H.v. 2 %, ergibt sich folgende Handhabung:

a. Forderungsbestand 1.160.000,00 €
 Bruttoforderung   1.160.000,00 €
 Nettoforderung   1.000.000,00 €
 PWB   20.000,00 €
 noch vorhandene PWB: 4.000,00 €
 Erhöhung   16.000,00 €

Laufende Buchungen 12:
Abschreibung auf
Forderungen   16.000,00 €   an   PWB   16.000,00 €
Abschlussbuchungen 12:
G+V - Konto   16.000,00 €   an   Abschreibung auf Ford.   16.000,00 €
SBK   1.160.000,00 €   an   Forderungen   1.160.000,00 €
PWB   16.000,00 €   an   SBK   16.000,00 €

b. Forderungsbestand 58.000,00 €
 Bruttoforderung   58.000,00 €
 Nettoforderung   50.000,00 €
 PWB   1.000,00 €
 noch vorhandene PWB: 4.000,00 €
 Minderung   3.000,00 €

---

[48] Tatsächlicher Forderungsausfall (Buchung 11a)   8.000,00 €
  Erhöhung pauschale Wertberichtigung (Buchung 11b)   4.000,00 €
  Gesamtbuchungen auf "Abschreibung auf Forderungen"   12.000,00 €

Laufende Buchungen 12:
PWB   3.000,00 €   an   Erträge aus der Herabsetzung
                                   von Wertberichtigungen 3.000,00 €

Abschlussbuchungen 12:
Erträge aus der Herabsetzung
von Wertberichtigungen 3.000,00 €   an   G+V - Konto   3.000,00 €.
SBK   58.000,00 €   an   Forderungen   58.000,00 €
PWB   1.000,00 €   an   SBK   1.000,00 €

IX.4.4. Einzel- und Pauschalwertberichtigungen

Eine Kombination von Einzelwert- und Pauschalwertberichtigung ist zulässig und durchaus angezeigt, wenn z.B. für bestimmte Forderungen ein erhöhtes Ausfallrisiko besteht (Insolvenzverfahren des Schuldners). In diesen Fällen ist zuerst die Einzelwertberichtigung in der beschriebenen Weise durchzuführen, für den verbleibenden Restforderungsbestand (Netto) erfolgt dann eine Pauschalwertberichtigung. Fallen im nachfolgenden Wirtschaftsjahr Forderungen aus, so sind diese dann über das Konto Einzelwertberichtigungen abzuwickeln, wenn für die entsprechende Forderung eine Einzelwertberichtigung durchgeführt worden ist. In allen anderen Fällen wird der Forderungsausfall zuerst über das Konto Pauschalwertberichtigung gebucht.

Beispiel:
G hat zum 31.12.07 einen Forderungsbestand i.H.v. 928.000,00 €. Der Kunde K schuldet ihm allein schon 232.000,00 €. Die Forderung gegen K ist nur noch die Hälfte wert, da er einen Vergleich mit Zahlung i.H.v. 50 % der Gesamtforderung angeboten hat. Das allgemeine Ausfallrisiko der restlichen Forderungen beträgt 2%. Eine pauschale Wertberichtigung aus dem Vorjahr ist nicht mehr vorhanden.
Da für den Kunden K durch das Insolvenzverfahren ein erhöhtes Ausfallrisiko besteht, ist die Forderung zunächst in eine "zweifelhafte Forderung" umzubuchen und anschließend einer Einzelwertberichtigung zuzuführen. Das allgemeine Ausfallrisiko ist dann auf den verbleibenden restlichen Forderungsbestand zu berücksichtigen.

Umbuchung:
zweifelhafte Ford.   232.000,00 €   an   Forderungen   232.000,00 €

Berechnung Einzelwertberichtigung: Bruttoforderung: 232.000,00 €
                                       Nettoforderung: 200.000,00 €
                                       Risiko 50 %:   100.000,00 €

Buchungssatz:
Abschreibung auf
Forderungen   100.000,00 €   an   Einzelwertberichtigung
                                    auf Forderungen   100.000,00 €

Berechnung Pauschalwertberichtigung:

Bruttoforderungen gesamt:	928.000,00 €
davon Einzelwertberichtigungen	232.000,00 €
verbleiben für Pauschalwertberichtigungen	696.000,00 €
Bruttoforderungen PWB	696.000,00 €
Nettoforderungen	600.000,00 €
Risiko 2%:	12.000,00 €

Buchungssatz:
Abschreibung auf
Forderungen   12.000,00 €   an   PWB   12.000,00 €

Beschränkt man den Inhalt des Buchungskontos "Abschreibung auf Forderungen" auf die zuvor gebuchten Vorgänge, ergeben sich zum 31.12. nachfolgende **Abschlussbuchungen:**

G+V - Konto	112.000,00 €	an	Abschreibung auf Forderungen	112.000,00 €
SBK	232.000,00 €	an	zweifelhafte Ford.	232.000,00 €
SBK	696.000,00 €	an	Forderungen	696.000,00 €
EWB	100.000,00 €	an	SBK	100.000,00 €
PWB	12.000,00 €	an	SBK	12.000,00 €

IX.4.5. Forderungsausfall bei fehlender Wertberichtigung

Wurden aufgrund bisheriger Erfahrungen keine Wertberichtigungen auf Forderungen vorgenommen (weder Einzel- noch Pauschalwertberichtigungen), und fallen Forderungen im laufenden Wirtschaftsjahr aus, so sind die Forderungsausfälle direkt über das Konto Forderungen zu buchen. Die Umsatzsteuer ist entsprechend zu mindern.

Es ergibt sich der Buchungssatz:

Abschreibung auf Forderungen
Umsatzsteuer   an   Forderungen.

Gehen zu einem späteren Zeitpunkt noch Geldbeträge aus bereits abgeschriebenen Forderungen ein, sind diese über das Konto "periodenfremde Erträge" zu erfassen.

Beispiel:
Die Schreinerei V hat versäumt, die Begleichung einer Rechnung anzumahnen. Die rückständigen Beträge i.H.v. 23.200,00 € sind durch Verjährung uneinbringlich geworden. Die Forderung ist daher zu 100 % abzuschreiben und die Umsatzsteuer ist zu mindern.

Buchungssatz 01:
Abschreibung auf
Forderungen   20.000,00 €
Umsatzsteuer   3.200,00 €   an   Forderungen   23.200,00 €

Für 01 ergibt sich eine Gewinnauswirkung i.H.v. - 20.000,00 € und eine Minderung der USt um 3.200,00 €, da die Forderung tatsächlich ausgefallen ist.

Trotz Verjährung wird die Rechnung am 25.03.02 beglichen.

Buchungssatz 02:
Bank   23.200,00 €   an   periodenfremde Erträge   20.000,00 €
                                Umsatzsteuer   3.200,00 €

Der Geschäftsvorfall hat eine Gewinnauswirkung i.H.v. + 20.000,00 €. Die Umsatzsteuerschuld erhöht sich um 3.200,00 €.

IX.5. Die Bewertung von Vorräten

IX.5.1. Allgemeines

Die Vorräte eines Unternehmens gehören zum Umlaufvermögen, da sie zum Verkauf oder Verbrauch im Unternehmen bestimmt sind.

Zum Vorratsvermögen zählen insbesondere:
- Roh-, Hilfs- und Betriebsstoffe
- unfertige Erzeugnisse
- fertige Erzeugnisse
- Handelswaren.

Die durch Inventur ermittelten Endbestände dieser Vorräte müssen zum Bilanzstichtag bewertet werden, damit sie zutreffend in die Bilanz eingestellt werden können.

IX.5.2. Das Niederstwertprinzip

Für die Bewertung des Vorratsvermögens gilt der Grundsatz der Einzelbewertung. Gem. § 253 Abs.1 HGB hat dabei der Wertansatz mit den Anschaffungs- bzw. Herstellungskosten zu erfolgen. Sie bilden die absolute Bewertungsobergrenze. Aufgrund des Imparitätsprinzips (Bewertungsvorsicht) muss jedoch eine Bewertung mit einem niedrigeren Wert erfolgen, wenn sich zum Bilanzstichtag ein niedrigerer Börsen- oder Marktpreis bzw. beizulegender Wert ergibt. Dieser Wert wird als Zeitwert bezeichnet und ist von dem steuerlichen Teilwert zu unterscheiden.

Dieser Zeitwert kann sowohl progressiv (Ausgangspunkt ist der Beschaffungsmarkt) oder retrograd (Ausgangspunkt ist der Absatzmarkt) ermittelt werden. D.h., ausgehend vom Beschaffungsmarkt sind die Wiederbeschaffungskosten des Wirtschaftsgutes um die üblichen Erwerbsnebenkosten zu erhöhen, wogegen bei einer Ableitung des beizulegenden Wertes aus dem Absatzmarkt der zu erzielende Verkaufspreis um die noch entstehenden Kosten zu mindern ist. Ein Gewinnabschlag wird jedoch nicht vorgenommen. Bei der retrograden Bewertung kommt es nicht zu einer Berücksichtigung bisher nicht realisierter Gewinne, da die ursprünglichen Anschaffungs- bzw. Herstellungskosten die absolute Obergrenze bilden. Der aus dem Absatzmarkt entwickelte Zeitwert folgt vielmehr dem Grundsatz der "verlustfreien Bewertung" was dazu führen soll, das bei fallenden Preisen im Zeitpunkt der Veräußerung kein weiterer Verlust mehr entsteht. Dabei dürfen Wertminderungen nur insoweit berücksichtigt werden, als sie bis zum Zeitpunkt der Bilanzerstellung tatsächlich eingetreten sind (Prinzip der Wertaufhellung, § 252 Abs. 1 Nr. 4 HGB).

Ist das Wirtschaftsgut zum nächsten Bilanzstichtag noch im Betriebsvermögen vorhanden und ist der Zeitwert nochmals gesunken, müssen die Wirtschaftsgüter wiederum mit dem neuen niedrigeren Wert angesetzt werden. Ist der Zeitwert wieder gestiegen, so kann der niedrigere Vorjahreswert beibehalten oder der neue Zeitwert angesetzt werden.

Da der Kaufmann nicht realisierte Gewinne nicht ausweisen darf (§ 252 Abs. 1 Nr.4 HGB), ist ein Ansatz der Wirtschaftsgüter mit gestiegenen Börsen- oder Marktpreisen bzw. beizulegenden Werten ausgeschlossen. Dieser Bewertungsgrundsatz wird als strenges Niederstwertprinzip bezeichnet.

Beispiel:
Die Anschaffungskosten eines Wirtschaftsgutes haben 500,00 € betragen. Lt. Inventur sind am Bilanzstichtag noch 1.000 Stück vorhanden. Der Zeitwert zum Bilanzstichtag beträgt

a.) 600,00 €   und   b.) 400,00 €.

Lösung a:
Die Wirtschaftsgüter sind mit 500.000,00 € in der Bilanz auszuweisen, da die Anschaffungskosten die Bewertungsobergrenze bilden.

Lösung b:
Die Wirtschaftsgüter sind mit 400.000,00 € in der Bilanz auszuweisen, da die Wiederbeschaffungskosten zum Bilanzstichtag unter die ursprünglichen Anschaffungskosten gesunken sind.

Die buchungstechnische Ausführung erfolgt über die Einbuchung der Endbestände in die entsprechenden Bestandskonten und in das Schlussbilanzkonto. Die entsprechenden Gewinnauswirkung ergeben sich über den geänderten Warenverbrauch (vgl. Kapitel VI.6. gemischte Konten).

Handelt es sich bei den zu beurteilenden Vermögensgegenständen um Wirtschaftsgütern, die zum innerbetrieblichen Verbrauch bestimmt sind, führt m.E. die progressive Bewertung (Beschaffungsmarkt) zum treffendsten Ergebnis, wogegen bei zur Veräußerung bestimmten Wirtschaftsgütern wohl die retrograde Bewertungsmethode (Absatzmarkt) die bessere ist.

IX.5.3. Besonderheiten der Steuerbilanz

Auch für die Steuerbilanz gilt das Niederstwertprinzip, doch hat sie einen anderen Ansatzpunkt. Grundsätzlich gilt gem. § 5 Abs. 1 EStG der Maßgeblichkeitsgrundsatz der Handelsbilanz für die Steuerbilanz. Dieser wird jedoch für die Bewertung von Wirtschaftgütern eingeschränkt (§ 5 Abs. 6 EStG), so dass die Bewertungsvorschriften des § 6 EStG zur Anwendung kommen. Nach dem Steuerentlastungsgesetz 1999/2000/2002 kommt der niedrigere Wert nur dann zum Zuge, wenn es sich um dauerhafte Wertminderungen handelt. Um steuerlich einen niedrigeren Wertansatz für Wirtschaftsgüter des Vorratsvermögens zu erreichen sind die ursprünglichen Anschaffungs- bzw. Herstellungskosten mit dem Teilwert zu vergleichen. Als Teilwert gilt dabei der Wert, den ein gedachter Erwerber bei Übernahme des gesamten Unternehmens bereit wäre, für dieses Wirtschaftsgut zu bezahlen. Hierbei wird eine Unternehmensfortführung unterstellt. Der Begriff des Teilwertes weicht also vom handelsrechtlichen Zeitwert in einem wichtigen Punkt ab. Der gedachte Erwerber wäre niemals bereit, für zu übernehmende Wirtschaftsgüter einen Gewinnaufschlag zu bezahlen. Das bedeutet, dass sich der Teilwert bei retrograder Wertermittlung zusätzlich zum handelsrechtlichen Zeitwert noch um einen Gewinnaufschlag mindert. Der Gewinnaufschlag ist betriebsbezogen und ergibt sich aus den übrigen Jahresverkehrszahlen. Die Ermittlung des Teilwertes ist in R. 36 Abs. 2 EStR[49] näher beschrieben und ergibt sich aus der Division der Verkaufserlöse durch den Rohgewinnaufschlagsatz +1.

Beispiel:
Der Verkaufserlös beträgt 100,00 € und der Rohgewinnaufschlag 150 %. Der gesuchte Teilwert ergibt sich mit 40,00 €.
Berechnung:
Verkaufspreis = 100,00 €
Rohgewinnaufschlag 150 % = Faktor 1,5
Divisor = 1,5 +1 = 2,5
Teilwert = Verkaufspreis / Divisor = 100 / 2,5 = 40,00 €

Ist ein Wirtschaftsgut zum nächsten Bilanzstichtag noch im Betriebsvermögen vorhanden und ist der Teilwert gegenüber dem letzten Wertansatz wieder gestiegen, so ist zwangsweise der gestiegene Teilwert anzusetzen, solange die ursprünglichen Anschaffungs- bzw. Herstellungskosten nicht überstiegen werden.

---

[49] Einkommensteuerrichtlinien

Steuerlich sind also die Ursprungskosten zu jedem Stichtag mit dem dann gültigen Teilwert zu vergleichen. Liegt der Teilwert unter den Ursprungskosten und ist von einer dauernden Wertminderung auszugehen, ist der niedrigere Teilwert anzusetzen.

Sind für Wirtschaftsgüter des Vorratsvermögens keine Börsen- oder Marktpreise vorhanden, ist im Ausnahmefall der voraussichtlich verlustfreien Veräußerung ein Wertansatz zwischen den Ursprungskosten und dem gesunkenen Teilwert möglich. Vergleiche hierzu R 36 Abs.1 Satz 4 EStR.

Beispiel:
Die Anschaffungskosten eines Wirtschaftsgutes haben 500,00 € betragen. Im Lager sind noch 1.000 Stück (01), 500 Stück (02) und 200 Stück (03) vorhanden.
Der Zeitwert und Teilwert beträgt zum   31.12.01   300,00 €
                                                                                     31.12.02   400,00 €
                                                                                     31.12.03   600,00 €.

Würden die Wirtschaftsgüter zum 31.12.01 veräußert, ließe sich ein Verkaufserlös von 400,00 € je Stück erzielen. Es ist jedoch mit Veräußerungskosten von 50,00 € zu rechnen.

Wertansätze:
Die Wirtschaftsgüter sind grundsätzlich mit den Anschaffungskosten bzw. Herstellungskosten von 300,00 € / Stück anzusetzen. Kann unterstellt werden, dass die gesunkenen Werte zum 31.12. 01 und zum 31.12.02 voraussichtlich dauerhafte Wertminderungen sind, sind diese niedrigeren Teilwerte anzusetzen.
Die Wertansätze nach dem Niederstwertprinzip betragen somit zum
31.12.01:   300.000,00 € (1.000 Stück * 300,00 €) und zum
31.12.02:   200.000,00 € (500 Stück * 400,00 €).

Sollte für die Wirtschaftsgüter kein Börsen- oder Marktpreis vorhanden sein, wäre zum 31.12.01 der Ansatz eines Zwischenwertes möglich. Der Zwischenwert liegt dabei oberhalb des niedrigeren Teilwertes und max. bei dem erzielbaren Veräußerungspreis abzgl. noch entstehender Kosten.

Obergrenze	= verlustfreier Veräußerungswert	
	= 400,00 € - 50,00 € Kosten	= 350,00 € / Stück
Untergrenze	= Teilwert	= 300,00 € / Stück

Es wäre also ein beliebiger Wertansatz zwischen 300.000,00 € und 350.000,00 € möglich.

Zum 31.12.03 sind die Wirtschaftsgüter mit den ursprünglichen Anschaffungskosten bzw. Herstellungskosten anzusetzen, da der Zeitwert / Teilwert gestiegen ist. Ein Ansatz mit dem Teilwert würde hier zu einem Ausweis nicht realisierter Gewinne führen. Die Wirtschaftsgüter erscheinen in der Bilanz zum 31.12.03 also mit einem Wert von 100.000,00 € (200 Stück * 500,00 € / Stück).

IX.6. Bewertungsvereinfachungen

IX.6.1. Allgemeines

Grundsätzlich erfolgt die Bewertung von Wirtschaftsgütern durch Einzelbewertung. D.h., die Vermögensgegenstände sind einzeln durch Inventur zu ermitteln und anschließend einzeln mit einem Wert zu belegen.
Aus Rationalisierungsgründen lassen aber Handelsrecht und Steuerrecht in bestimmten Fällen sowohl bei der Bestandsaufnahme, als auch bei der Wertfindung Vereinfachungen zu. Es ist jedoch zu berücksichtigen, dass einige Bewertungsvereinfachungen des Handelsrechts steuerlich nicht übernommen werden können. Dies gilt insbesondere für den Bereich der sog. Verbrauchsfolgebewertung.

IX.6.2. Der Festwert

IX.6.2.1. Allgemeines

Gem. § 240 Abs.3 HGB i.V.m. § 256 Satz 2 HGB ist es möglich, für bestimmte Wirtschaftsgüter einen "Festwert" zu bilden.

Voraussetzung dafür ist, dass
- die Vermögensgegenstände zum Sachanlagevermögen oder zu den Roh-, Hilfs- und Betriebsstoffen gehören,
- Abgänge regelmäßig ersetzt werden.
- ihr Gesamtwert von nachrangiger Bedeutung für das Unternehmen ist, und
- der Bestand (Menge und Wert) der Wirtschaftsgüter nur geringfügigen Schwankungen unterliegt.

Sind diese Voraussetzungen alle erfüllt, kann für einen Zeitraum von 3 Jahren ein Festwert gebildet werden, mit dem die Wirtschaftsgüter in den Bilanzen erscheinen. Dabei wird den Wirtschaftsgütern sowohl eine Festmenge, als auch ein Festpreis zugewiesen. Daher sind hohe Anforderungen an den Nachweis der nur geringfügigen Wert- und Bestandsschwankungen zu stellen. Dieses ist auch der Grund für die Begrenzung der Zulässigkeit auf Sachanlagen und Roh-, Hilfs- und Betriebsstoffe. Unfertige und Fertige Erzeugnisse, sowie Handelswaren unterliegen in diesem Bereich zu hohen Schwankungen, so dass für diese Wirtschaftsgüter eine Festwertbildung ausscheidet.
Erfolgt die Bildung eines Festwertes, werden nachgekaufte Wirtschaftsgüter im Zeitpunkt der Anschaffung in voller Höhe als Aufwand gebucht. Handelt es sich um Wirtschaftsgüter des Anlagevermögens, unterbleibt sowohl eine Verbuchung auf dem Bestandskonto, als auch eine Darstellung im Anlagespiegel.
Nach 3 Jahren ist der Festwert neu zu bestimmen. Er ist jedoch zu jedem Bilanzstichtag zu prüfen und unterliegt den Regelungen des Niederstwertprinzips.

IX.6.2.2. Abgrenzungen im Einzelnen

Gegenstände des Sachanlagevermögens:
Hierzu gehören grundsätzlich alle Wirtschaftsgüter des abnutzbaren Anlagevermögens, doch scheiden die meisten Wirtschaftgüter auf Grund der übrigen Voraussetzungen für Festwertbildungen aus.

Roh-, Hilfs- und Betriebsstoffe:
Zu den Roh-, Hilfs- und Betriebsstoffen zählen alle Wirtschaftsgüter, die zum Verbrauch oder zur Weiterverarbeitung im Betrieb vorgesehen sind.

Regelmäßiger Ersatz:
Ein regelmäßiger Ersatz ist bereits deshalb zu gewährleisten, weil sowohl Menge, als auch Wert der Wirtschaftsgüter nur geringen Veränderungen unterliegen dürfen.

Untergeordnete Bedeutung:
Die untergeordnete Bedeutung ergibt sich aus dem Verhältnis des Festwertes zur Bilanzsumme. Sind für mehrere Vermögensgegenstände Festwerte gebildet worden, gilt das Verhältnis der Summe aller gebildeten Festwerte der Bilanz zur Bilanzsumme. Von einer untergeordneten Bedeutung ist auszugehen, wenn die Festwerte geringer als 5 % der Bilanzsumme sind.

Geringfügige Schwankungen:
Da sowohl der Bestand, als auch der Wert der Wirtschaftsgüter nur geringen Schwankungen unterliegen dürfen, scheidet eine Festwertbildung bei allen Wirtschaftsgütern mit größeren Tageswertschwankungen aus. Plant ein Unternehmen eine Umstrukturierung oder Erweiterung auch in Bereichen, in denen sich Auswirkungen auf die Festwerte ergeben, ist trotz Änderung von Bestand und Wert die Bildung von Festwerten zulässig. Es ist jedoch die Höhe des anzusetzenden Festwertes zu prüfen.

Wertanpassung:
Wurde der Festwert einmal gebildet, kann er grundsätzlich für 3 Jahre beibehalten werden. Dann ist der Wert neu zu bestimmen. Ist der Wert der Wirtschaftsgüter dann um mehr als 10 % gestiegen, ist der Festwert an die gestiegenen Werte anzupassen, ist die Wertsteigerung geringer ausgefallen, kann der alte Festwert beibehalten werden. Bei gesunkenen Werten ist eine Anpassung des Festwertes aufgrund des Niederstwertprinzips zwingend vorzunehmen.

Praktische Beispiele:
Festwerte sind häufig anzutreffen für
    - Schalungsmaterialien bei Bauunternehmern,
    - Gläser, Besteck und Geschirr einer Gastwirtschaft
    - Werkzeuge eines Kfz- Rep. -betriebes
    - Heizölbestände u.ä.

IX.6.2.3. Wertermittlung

a. Festwerte im Bereich des Anlagevermögens:
Sowohl handels- wie auch steuerrechtlich hat sich der Ansatz des sog. Anhaltewertes von 40 - 50 % der ursprünglichen Anschaffungskosten bzw. Herstellungskosten der Wirtschaftsgüter, die im Rahmen der Festwertbildung inventurmäßig erfasst wurden, durchgesetzt. Wertminderungen sind durch entsprechende Abschreibungen zu erfassen, wogegen Werterhöhungen solange zu Aktivierungen von Neuanschaffungen führen, bis der Festwert die neu ermittelte Wertigkeit erreicht hat.

b. Festwerte im Bereich der Roh-, Hilfs- und Betriebsstoffe:
Bei der regelmäßigen Überprüfung des Festwertes sind die durch Inventur ermittelten Bestände mit den tats. Anschaffungs- bzw. Herstellungskosten bzw. mit dem niedrigeren Teilwert anzusetzen.

IX.6.3. Die Gruppenbewertung

IX.6.3.1. Allgemeines

Gem. § 240 Abs. 4 HGB besteht die Möglichkeit, Wirtschaftsgüter zu Gruppen zusammenzufassen, wenn es sich um
- gleichartige Wirtschaftsgüter des Vorratsvermögens
  oder
- um andere gleichartige oder annähernd gleichwertige Wirtschaftsgüter des beweglichen Anlagevermögens handelt.

Unter Gleichartigkeit ist in diesem Zusammenhang nicht eine Identität der Wirtschaftsgüter, sondern nur eine Vergleichbarkeit in Verwendung und Funktion zu verstehen. Diese Voraussetzung ist immer erfüllt, wenn es sich um Wirtschaftsgüter einer Warengruppe oder um den gleichen Artikel handelt. Gruppenbewertungen kommen daher häufig bei Kleinteilen wie z.B. Schrauben, Stecknadeln u.ä. vor.
Annähernd gleichwertige Wirtschaftsgüter des Anlagevermögens liegen vor, wenn der Unterschied zwischen dem höchsten und dem niedrigsten Wert zweier Wirtschaftsgüter einer Warengruppe max. 20 % beträgt.
Eine Zusammenfassung von annähernd gleichwertigen Wirtschaftsgütern ist nur zulässig, wenn sie in ihrer Art nicht zu verschieden sind.

IX.6.3.2. Die jährliche Durchschnittsbewertung

Die jährliche Durchschnittsbewertung wird auch als Bewertung nach dem einfachen gewogenen Durchschnitt bezeichnet. Hierbei werden alle Wirtschaftsgüter in Menge und Wert aufaddiert, die im Laufe des Wirtschaftsjahres erworben wurden. Die Zukäufe werden mengen- und wertmäßig um die Anfangsbestände erhöht. Der Durchschnittswert der Wirtschaftsgüter ergibt sich aus der Division der Kaufpreissumme zzgl. Anfangsbestand (Wert) durch die Summe der Zukäufe zzgl. Anfangsbestand (Menge). Ob eine wirtschaftsjahrbezogene Ermittlung beibehalten werden kann, wenn der Bestand zwischenzeitlich komplett verbraucht wurde, wird unterschiedlich gesehen. M.E. sollte die Durchschnittswertermittlung neu beginnen, wenn der Bestand 0 erreicht wird, da die zum Jahresende noch vorhandenen Wirtschaftsgüter keine Verbindung zu den bereits vollständig verbrauchten Wirtschaftsgütern haben. Eine "Wertmischung" auf den Bestand 31.12. ist insoweit nicht möglich.

Der Durchschnittswert ist mit dem Teilwert zum Stichtag zu vergleichen. Ist der Teilwert niedriger, erfolgt der Bilanzansatz nach dem Niederstwertprinzip mit dem niedrigeren Zeit- bzw. Teilwert; ansonsten werden die Endbestände lt. Inventur mit den ermittelten Durchschnittswerten angesetzt.

Beispiel:
Die Anschaffungen im Laufe eines Jahres ergeben sich aus der nachfolgenden Tabelle. Zum 31.12. wird durch Inventur ein Bestand von 2.500 Stück ermittelt. Die Wiederbeschaffungskosten zum Stichtag betragen a) 5,00 € und b) 7,00 €.

Anfangsbestand Einkauf	Menge	Wert je Stück	Gesamtwert
Anfangsbestand	1.000	5,00	5.000,00
Zukauf 1	3.000	6,00	18.000,00
Zukauf 2	1.500	8,00	12.000,00
Gesamt	**5.500**		**35.000,00**

Der Durchschnittswert beläuft sich somit auf 6,36 € (35.000.- € / 5.500 Stück).

Bilanzansatz bei Teilwert 5,00 €:
Die Wiederbeschaffungskosten bilden den Teilwert und liegen mit 5,00 € unter dem einfachen gewogenen Durchschnitt. Nach dem Niederstwertprinzip sind die Wirtschaftsgüter mit 5,00 € / Stück zu bewerten, so dass sich ein Bilanzansatz von 12.500,00 € ergibt.

Bilanzansatz bei Teilwert 7,00 €:
Der Teilwert liegt über dem Durchschnittswert, so dass eine Bewertung mit dem einfachen gewogenen Durchschnitt vorzunehmen ist.
Der Bilanzansatz ergibt sich mit 15.900,00 € (2.500 Stück * 6,36 €).

IX.6.3.3. Die permanente Durchschnittsbewertung

Bei der permanenten Durchschnittsbewertung werden nach jeder Bestandsveränderung neue Durchschnittswerte gebildet. Die permanente Durchschnittsbewertung ist somit genauer als die jährliche. Eine Gewinnauswirkung ergibt sich aber auch hier erst am Ende des Wirtschaftsjahres, wenn die Endbestände lt. Inventur in die Konten eingebucht werden.

Beispiel:
Ergänzung des Beispiels aus der jährlichen Durchschnittsbewertung um die getätigten Verkäufe.

E= Einzelwert   D= Durchschnittswert

Bemerkung	Menge		Wert je Stück	Gesamtwert
Anfangsbestand	1.000		5,00	5.000,00
Zugang	3.000	E	6,00	18.000,00
=	4.000	D	5,75	23.000,00
Abgang	2.000		5,75	11.500,00
=	2.000	D	5,75	11.500,00
Zugang	1.500	E	8,00	12.000,00
=	3.500	D	6,71	23.500,00
Abgang	1.000		6,71	6.710,00
Endbestand	**2.500**		**6,71**	**16.790,00**

Da die Wirtschaftsgüter ständig mit einem aktualisierten Durchschnittswert versehen werden, sind die Abgänge ebenfalls mit diesem Wert zu erfassen. Als Saldo ergibt sich dann zum Jahresende automatisch der Endbestand, bewertet mit dem letzten gültigen Durchschnittswert. Auch in diesen Fällen ist ein Vergleich mit dem Zeitwert / Teilwert unverzichtbar.

Ein Vergleich der beiden Ermittlungsmethoden zeigt, dass sich bei gleichem Sachverhalt durchaus unterschiedliche Durchschnittswerte ergeben können.
Die jährliche Ermittlung führte zu einem Wert von 6,36 €,
die permanente Wertermittlung zu einem Wert von 6,71 €.
Bezogen auf den Inventurbestand von 2.500 Stück ergibt sich hieraus eine Bewertungsdifferenz von 875,00 €.

IX.6.4. Die Verbrauchsfolgebewertung

IX.6.4.1. Allgemeines

Eine weitere Vereinfachung im Rahmen der Bestandsbewertung ist die Unterstellung einer bestimmten Verbrauchsfolge. Nach § 256 HGB ist sie bei gleichartigen Vermögensgegenstände des Vorratsvermögens anwendbar. Wie bei der Durchschnittsbewertung ist es zulässig, die Vermögensgegenstände zu Gruppen zusammenzufassen. Die Verbrauchsfolgebewertung gilt ausschließlich für das Vorratsvermögen und darf den Grundsätzen ordnungsmäßiger Buchführung nicht zuwider laufen. Das bedeutet, es muss die Bewertungsverein-

fachung im Vordergrund stehen und die unterstellte Verbrauchsfolge darf den tatsächlichen Gegebenheiten nicht entgegenstehen. So würde eine Bewertung verderblicher Ware (z.B. bei Lebens- oder Arzneimitteln), nach dem Prinzip "letzter Zugang = erster Abgang" sicherlich zu einem falschen Ergebnis führen.
Da es sich hierbei nur um eine Bewertungsvereinfachung handelt, bleibt das Niederstwertprinzip auch bei dieser Bewertungsmethode zu beachten.
Handelsrechtlich kommen nachfolgende Verbrauchsunterstellungen in Betracht:

Kurz	Bezeichnung	Inhalt
Lifo	last in → first out	Zuletzt erworbene Wirtschaftsgüter werden zuerst wieder veräußert. **Folge:** Die Bewertung erfolgt mit "relativ" alten Anschaffungskosten. Bei fallenden Beschaffungskosten kommt i.d.R. der niedrigere Zeitwert / Teilwert zum Ansatz; bei steigenden Beschaffungskosten bauen sich "stille Reserven" auf.
Fifo	first in → first out	Zuerst erworbene Wirtschaftsgüter werden zuerst wieder veräußert. **Folge:** Es erfolgt eine Bewertung mit den letzten Beschaffungskosten. Teilwertminderungen dürften regelmäßig nicht in Betracht kommen.
Loifo	lowest in → first out	Wirtschaftsgüter, zum niedrigsten Preis erworben/hergestellt, werden zuerst wieder verbraucht. **Folge:** Diese Verbrauchsfolge führt nur bei ständig steigenden Preisen zu akzeptablen Ergebnissen, ansonsten kommt es regelmäßig zu Überbewertungen. Die Literatur lehnt diese Verbrauchsfolge als nicht mit den Grundsätzen ordnungsmäßiger Buchführung vereinbar ab.
Hifo	highest in → first out	Wirtschaftsgüter, zum teuersten Preis erworben/hergestellt, werden zuerst wieder verbraucht. **Folge:** Bei steigenden Preisen kommt es zu einer ständig wachsenden stillen Reserve. Wie das Loifo - Verfahren ist eine annähernd zutreffende Bewertung wohl eher zufällig, so dass diese Bewertungsmethode m.E. auch handelsrechtlich abzulehnen ist.

Abbildung 55: Bewertungsverfahren nach Verbrauchsfolge

Steuerlich ist jedoch nur das Lifo - Verfahren zugelassen (R 36 a Abs. 1 EStR).

IX.6.4.2. Das Lifo - Verfahren

Beim Lifo - Verfahren wird unterstellt, dass die zuletzt erworbenen bzw. hergestellten Wirtschaftsgüter das Unternehmen zuerst wieder verlassen haben (siehe Abbildung 55). Da es das steuerlich einzige zulässige Verbrauchsfolgevefahren ist, soll es hier etwas genauer beschrieben werden.
Anwendbar ist das Lifo - Verfahren auf alle Wirtschaftsgüter des Vorratsvermögens. Die Entscheidung des Bewertungsverfahrens ist aber nicht für alle Wirtschaftsgüter des Vorratsvermögens einheitlich zu treffen, sondern kann auf bestimmte Waren oder Warengruppen beschränkt werden. Da es sich um eine Bewertungsvereinfachung handelt, sind zunächst alle Wirtschaftsgüter mengenmäßig durch Inventur aufzunehmen. Um nun eine Bewertung nach dem Lifo - Verfahren vornehmen zu können, müssen alle Bewegungen mengen- und wertmäßig bekannt sein, die im Laufe des Wirtschaftsjahres stattgefunden haben. Dabei gilt der Anfangsbestand als erster Vorgang.
Die Verbrauchsfolgebewertung kann jetzt mit diesen Daten entweder periodisch, d.h. zum Ende des Wirtschaftsjahres, oder permanent durchgeführt werden. Der ermittelte Endbestand ist mit dem Zeit- bzw. Teilwert zu vergleichen. Führt diese Vergleichsbewertung zu einem niedrigeren Wert, so ist der Zeit- bzw. Teilwert nach dem Niederstwertprinzip anzusetzen.

Beispiel:

	Menge	Wert je Stück	Gesamtwert
Anfangsbestand	1.000	5,00	5.000,00
Zugang 1	2.000	6,00	12.000,00
Zugang 2	500	4,00	2.000,00
Abgang 1	1.500		
Zugang 3	2.000	7,00	14.000,00
Abgang 2	1.000		

Der Endbestand lt. Inventur beträgt 3.000 Stück. Der Zeit- bzw. Teilwert zum Bilanzstichtag beträgt
     a.) 8,00 €   b.) 5,50 €

Wertermittlung nach periodischer Verbrauchsfolge:
Inventurbestand   3.000 Stück
Anfangsbestand   1.000 Stück * 5,00 € =   5.000,00 €
Zugang 1   2.000 Stück * 6,00 € =   12.000,00 €
Gesamt: 17.000,00 €

Teilwertvergleich: a.) 3.000 Stück * 8,00 € =   24.000,00 € →höher
                           b.) 3.000 Stück * 5,00 € =   15.000,00 € →niedriger

Der Wertansatz erfolgt bei a.) mit 17.000,00 € und bei b.) mit 15.000,00 €.

Wertermittlung nach permanenter Verbrauchsfolge:

	Menge	Abgang	verbleiben	Wert je Stück
Anfangsbestand	1.000		1.000	5,00
Zugang 1	2.000	1.000	1.000	6,00
Zugang 2	500	500	0	4,00
Abgang 1	1.500			
	500			
	1.000			
Zugang 3	2.000	1.000	1.000	7,00
Abgang 2				
	1.000			
	1000			

Inventurbestand	3.000 Stück	
Anfangsbestand	1.000 Stück * 5,00 € =	5.000,00 €
Zugang 1	1.000 Stück * 6,00 € =	6.000,00 €
Zugang 2	1.000 Stück * 7,00 € =	7.000,00 €
Gesamt:		18.000,00 €

Teilwertvergleich: a.) 3.000 Stück * 8,00 € =   24.000,00 € →höher
 b.) 3.000 Stück * 5,00 € =   15.000,00 € →niedriger

Der Wertansatz erfolgt bei a.) mit 18.000,00 € und bei b.) mit 15.000,00 €.

Die permanente Verbrauchsfolgebewertung ist sehr aufwendig und kommt daher nur selten zur Anwendung.

IX.6.4.3. Das Fifo - Verfahren

Beim Fifo - Verfahren wird unterstellt, dass die zuerst erworbenen bzw. hergestellten Wirtschaftsgüter das Unternehmen auch zuerst wieder verlassen (siehe auch Abbildung 55). Der Wertansatz erfolgt daher mit den letzten getätigten Anschaffungskosten oder dem niedrigeren Zeit- bzw. Teilwert. Maßgebend für die Wertermittlung nach der periodischen Fifo - Bewertung sind nur die Zugänge. Die Grundaufzeichnungen der Warenbewegungen können dementsprechend einfacher ausfallen. Für die permanente Bewertung sind, wie bereits beim Lifo - Verfahren beschrieben, umfangreichere Aufzeichnungen erforderlich. Betrachtet man die Beispieldaten aus IX.6.4.2. (Lifo - Verfahren) ergeben sich für die Verbrauchsfolge Fifo folgende Wertansätze:

Beispiel:

	Menge	Wert je Stück	Gesamtwert
Anfangsbestand	1.000	5,00	5.000,00
Zugang 1	2.000	6,00	12.000,00
Zugang 2	500	4,00	2.000,00
Abgang 1	1.500		
Zugang 3	2.000	7,00	14.000,00
Abgang 2	1.000		

Der Endbestand lt. Inventur beträgt 3.000 Stück. Der Zeit- bzw. Teilwert zum Bilanzstichtag beträgt
        a.) 8,00 €   b.) 5,50 €

Wertermittlung nach periodischer Verbrauchsfolge:

Inventurbestand	3.000 Stück	
Zugang 3	2.000 Stück * 7,00 € =	14.000,00 €
Zugang 2	500 Stück * 4,00 € =	2.000,00 €
Zugang 1	500 Stück * 6,00 €	3.000,00 €
Gesamt:		19.000,00 €

Teilwertvergleich: a.) 3.000 Stück * 8,00 € =   24.000,00 € →höher
                        b.) 3.000 Stück * 5,00 € =   15.000,00 € →niedriger

Der Wertansatz erfolgt bei a.) mit 19.000,00 € und bei b.) mit 15.000,00 €.

Wertermittlung nach permanenter Verbrauchsfolge:

	Menge	Abgang	verbleiben	Wert je Stück
Anfangsbestand	1.000	1.000	0	
Zugang 1	2.000	1.500	500	6,00
Zugang 2	500		500	4,00
Abgang 1	1.500			
	1.000			
	500			
Zugang 3	2.000		2.000	7,00
Abgang 2	1.000			
	1.000			

Inventurbestand	3.000 Stück	
Zugang 1	500 Stück * 6,00 € =	3.000,00 €
Zugang 2	500 Stück * 4,00 € =	2.000,00 €
Zugang 3	2.000 Stück * 7,00 € =	14.000,00 €
Gesamt:		19.000,00 €

Teilwertvergleich:	a.) 3.000 Stück * 8,00 € =	24.000,00 €	→höher
	b.) 3.000 Stück * 5,00 € =	15.000,00 €	→niedriger

Der Wertansatz erfolgt bei a.) mit 19.000,00 € und bei b.) mit 15.000,00 €.

IX.7. Die Hauptabschlussübersicht (Der Probeabschluss)

IX.7.1. Allgemeines

Die Hauptabschlussübersicht (HAÜ) ist in der Praxis ein Probeabschluss in tabellarischer Form.

Sinn und Zweck der HAÜ ist,
1. die rechnerische Richtigkeit aller Buchungen zu prüfen,[50]
2. die einzelnen Kontenbestände in einer Tabelle zusammenzustellen, um einen ersten Überblick zu erhalten und
3. Entscheidungshilfen für den Jahresabschluss zu geben.

Da der Unternehmer, wie in den vorangegangenen Kapiteln näher beschrieben, mit einigen Entscheidungen einen Gestaltungsspielraum hat, der es ihm erlaubt, die Höhe seines Gewinns in begrenztem Umfang zu beeinflussen, ist die HAÜ häufig die Entscheidungsgrundlage für die Wahl der Abschreibungsmethode und die Bewertung von Vermögensgegenständen.

Die HAÜ unterteilt sich in mehrere Spalten, die sich wie folgt aufgliedern:
1. Kontonummer des Kontenrahmens
2. Kontenbezeichnung
3. Summenbilanz
4. Saldenbilanz I
5. Umbuchungen
6. Saldenbilanz II
7. G + V
8. Schlussbilanz.

Die Spalten 3 - 6 unterteilen sich nochmals in eine Soll- und eine Habenspalte, die Spalten 7 und 8 in eine Aufwands- und eine Ertrags- bzw. eine Aktiv- und eine Passivspalte.

---

[50] Entfällt i.d.R. beim Einsatz der elektronischen Datenverarbeitung.

IX.7.2. Die Summenbilanz

Die Summenbilanz ist Ausgangspunkt der HAÜ und nimmt in ihren Spalten die Summen der Soll- bzw. Habenseite der einzelnen Buchungskonten auf. Dabei werden die Anfangsbestände und die Zu- und Abgänge, nicht aber die Endbestände berücksichtigt. Werden die Soll- und die Habenspalte der Summenbilanz aufaddiert, so muss sich die gleiche Summe ergeben. Ist das nicht der Fall, ist im Laufe des Wirtschaftsjahres ein Buchungsfehler in der Weise unterlaufen, dass nicht allen Sollbuchungen eine entsprechende Habenbuchung gegenüberstand. Dieses dürfte jedoch im Zeitalter der elektronischen Datenverarbeitung bei professionellen Buchhaltungsprogrammen nicht mehr vorkommen. Es erfolgt also insofern eine Prüfung der rechnerischen Richtigkeit der Buchführung. Buchungsfehler in Gestalt falscher Buchungskonten können hier nicht festgestellt werden.

Aus der Summenbilanz lassen sich bereits erste Erkenntnisse über den Verlauf des Geschäftsjahres gewinnen, wie z.B. die Veränderungen auf den Besitz- und Schuldposten der Bilanz.

IX.7.3. Die Saldenbilanz I

In der Saldenbilanz I werden die Soll- und Habenbestände der einzelnen Konten miteinander verrechnet.

<u>ACHTUNG:</u>
Der Saldo wird entgegen dem Kontenabschluss auf der höheren Seite dargestellt.

Die Summen der Soll- und Habenspalten der Saldenbilanz I müssen sich wieder entsprechen. Die Saldenbilanz I ist nun Grundlage für die vorbereitenden Abschlussbuchungen.

IX.7.4. Die Umbuchungsspalte

Hier werden die vorbereitenden Abschlussbuchungen wie z.B.

- Rechnungsabgrenzungen
- Rückstellungen
- Abschreibungen
- Bewertungsdifferenzen
    * bei Forderungen
    * bei Vorräten
- Ausgleich von Inventurdifferenzen
- u.ä.

ausgeführt.

Des weiteren werden in der Umbuchungsspalte die einzelnen Unterkonten abgeschlossen (z.B. das Vorsteuerkonto über das Umsatzsteuerkonto). Da in der Umbuchungsspalte nach den Regeln der doppelten Buchführung gebucht wird, müssen die Spaltensummen der Soll- und der Habenspalte hier zwingend übereinstimmen. Der Vermerk in der Umbuchungsspalte ersetzt nicht die ordnungsmäßige Verbuchung des Vorfalls in der Geschäftsbuchführung.

IX.7.5. Die Saldenbilanz II

In der Saldenbilanz II werden wie in der Saldenbilanz I die Soll- und die Habenspalten miteinander verrechnet. Die Differenz ist auch hier auf der höheren Seite auszuweisen. Die Saldenbilanz II weist bereits die endgültigen Bestände aus, wenn die Jahresabschlussbuchungen entgültig so in die Buchungskonten übernommen werden. Die Saldenbilanz II kann daher in die G + V - Positionen und die Bilanzpositionen aufgeteilt werden.

IX.7.6. Die G + V - Spalte

Die G + V - Spalte unterteilt sich in zwei Rubriken, die mit Aufwand und Ertrag überschrieben sind. Sie nimmt die Werte der Erfolgskonten aus der Saldenbilanz II auf. Hier können die Spaltensummen nicht mehr übereinstimmen, da das Geschäftsjahr mit einem Gewinn oder Verlust abschließt und somit zwangsläufig der Aufwand oder der Ertrag überwiegen muss.

Die HAÜ wird in diesem Bereich um die Zeilen
1. Jahresergebnis und
2. Spaltensumme verlängert.

Wie bei einem Kontenabschluss müssen sich nun die Aufwand- und die Ertragsseite betragsmäßig entsprechen. Über die Zeile Jahresergebnis wird wie bei einem Kontenabschluss die niedrigere Spalte aufgefüllt und ausgeglichen, so dass sich die Spaltensummen anschließend entsprechen. Erfolgt der Ausgleich in der Aufwandsspalte, wurde ein Gewinn erwirtschaftet, liegt er in der Ertragsspalte, schließt das Wirtschaftsjahr mit einem Verlust.

IX.7.7. Die Schlussbilanzspalte

Die Schlussbilanzspalte unterteilt sich in die Aktiv- und Passivspalte. Sie nimmt die Endbestände der Bestandskonten aus der Saldenbilanz II auf. Da bisher das G + V - Konto nicht über das Kapitalkonto abgeschlossen wurde, ist das Jahresergebnis noch nicht berücksichtigt. Dieses hat zur Folge, dass auch hier die Spaltensummen von Aktiva und Passiva nicht identisch sein können. Der Ausgleich erfolgt wie in der G + V - Spalte über den Summenausgleich. Der

Differenzbetrag muss wertmäßig mit dem Ausgleich in der G + V - Spalte übereinstimmen. Ein Ausgleich in der Passivspalte entspricht dabei einem Gewinn, da sich im laufenden Wirtschaftsjahr die Aktivposten stärker erhöht oder weniger verringert haben als die Passivposten. Ein Ausgleich in der Aktivspalte entspricht daher einem Verlust.

IX.7.8. Die Wirkung der HAÜ

Da die HAÜ ein Probeabschluss außerhalb der Bilanz ist, ersetzt sie den Kontenabschluss der Bestands- und Erfolgskonten nicht. Die HAÜ dient nur zur Vorbereitung der tatsächlichen Abschlussbuchungen und soll dem Unternehmer eine Entscheidungshilfe zur Ausübung seiner Wahlrechte sein.

Die in der HAÜ ermittelten Werte müssen für den tatsächlichen Jahresabschluss auf die Buchungskonten übertragen werden.

Erst der Kontenabschluss zum Ende des Wirtschaftsjahres führt dann zum angestrebten Gewinn/Verlust.

Im Zeitalter der EDV - Buchhaltungen wird die HAÜ immer mehr durch vorläufige betriebswirtschaftliche Auswertungen (BWA) ersetzt, die dem Unternehmer bei jedem Abruf einen groben Überblick über seine Gewinnsituation und Vermögensstruktur geben. Diese BWA´s werden zunehmend bereits im laufenden Wirtschaftsjahr Grundlagen unternehmerischer Entscheidungen und führen dazu, dass die Nutzung und Aussagekraft der HAÜ immer stärker abnimmt. Sie wird vielfach nur noch als Buchungshilfe für die Jahresabschlussbuchung eingesetzt. Auch hierfür ist sie entbehrlich geworden.

Das abschließende Schaubild zeigt eine mögliche Hauptabschlussübersicht.

Hauptabschlussübersicht
zum 31.12.01

Lange Industrieprudukte

Kto. nr.	Konten- bezeichnung	Summenbilanz Soll	Summenbilanz Haben	Saldenbilanz I Soll	Saldenbilanz I Haben	Umbuchungen Soll	Umbuchungen Haben	Saldenbilanz II Soll	Saldenbilanz II Haben
0700	techn. Anlagen	200.000,00		200.000,00			40.000,00	160.000,00	
0800	Betr.-+ Geschäftsausst.	120.000,00		120.000,00			30.000,00	90.000,00	
2000	Rohstoffe	500.000,00	300.000,00	200.000,00		5.000,00		205.000,00	
2200	Fertigerzeugnisse	50.000,00		50.000,00		25.000,00		75.000,00	
2400	Forderungen	850.000,00	960.000,00		110.000,00				110.000,00
2600	Vorsteuer	56.000,00		56.000,00			56.000,00	0,00	0,00
2630	Ust-Vorauszahlungen	96.000,00		96.000,00			96.000,00	0,00	
2800	Bank	850.000,00	700.000,00	150.000,00				150.000,00	
2880	Kasse	95.000,00	88.000,00	7.000,00				7.000,00	
2900	aktive Rechnungsabgr.	18.500,00		0,00		15.000,00		15.000,00	
3000	Eigenkapital		461.500,00		461.500,00	215.000,00			246.500,00
3001	PE	250.000,00		250.000,00			250.000,00	0,00	
3002	NE		35.000,00		35.000,00	35.000,00		0,00	
4400	Verbindlichkeiten L+L	520.000,00	700.000,00		180.000,00				180.000,00
4800	Umsatzsteuer		142.500,00		142.500,00	152.000,00		9.500,00	
5000	Umsatzerlöse		950.000,00		950.000,00				950.000,00
5200	Bestandsveränd.				0,00		30.000,00		30.000,00
5410	sonstige Erlöse		35.000,00		35.000,00				35.000,00
6000	Aufwend. für Rohstoffe	300.000,00		300.000,00				300.000,00	
6200	Löhne + Gehälter	420.000,00		420.000,00				420.000,00	
6520	AfA	0,00		0,00		70.000,00		70.000,00	
6700	Mietaufwendungen	65.000,00		65.000,00			15.000,00	50.000,00	
	Summe	4.390.500,00	4.390.500,00	1.914.000,00	1.914.000,00	517.000,00	517.000,00	1.551.500,00	1.551.500,00

Abbildung 56:
Hauptabschlussübersicht

Hauptabschlussübersicht zum 31.12.01

Lange Industrieprodukte

Kto. nr.	Kontenbezeichnung	Saldenbilanz II Soll	Saldenbilanz II Haben	Gew.+Verl.-Rechnung Aufwand	Gew.+Verl.-Rechnung Ertrag	Schlußbilanz Aktiva	Schlußbilanz Passiva
0700	techn. Anlagen	160.000,00	0,00			160.000,00	
0800	Betr.-+ Geschäftsausst.	90.000,00	0,00			90.000,00	
2000	Rohstoffe	205.000,00	0,00			205.000,00	
2200	Fertigerzeugnisse	75.000,00	0,00			75.000,00	
2400	Forderungen	0,00	110.000,00				110.000,00
2600	Vorsteuer	0,00	0,00				
2630	Ust-Vorauszahlungen	0,00	0,00				
2800	Bank	150.000,00	0,00			150.000,00	
2880	Kasse	7.000,00	0,00			7.000,00	
2900	aktive Rechnungsabgr.	15.000,00	0,00			15.000,00	
3000	Eigenkapital	0,00	246.500,00				246.500,00
3001	PE	0,00	0,00				
3002	NE	0,00	0,00				
4400	Verbindlichkeiten L+L	0,00	180.000,00				180.000,00
4800	Umsatzsteuer	9.500,00	0,00			9.500,00	
5000	Umsatzerlöse	0,00	950.000,00		950.000,00		
5200	Bestandsveränd.	0,00	30.000,00		30.000,00		
5410	sonstige Erlöse	0,00	35.000,00		35.000,00		
6000	Aufwend. für Rohstoffe	300.000,00	0,00	300.000,00			
6200	Löhne + Gehälter	420.000,00	0,00	420.000,00			
6520	AfA	70.000,00	0,00	70.000,00			
6700	Mietaufwendungen	50.000,00	0,00	50.000,00			
	Summe	1.551.500,00	1.551.500,00	840.000,00	1.015.000,00	711.500,00	536.500,00
	Jahresergebnis (Gewinn)			175.000,00			175.000,00
	Summe			1.015.000,00	1.015.000,00	711.500,00	711.500,00

Betriebs-Vermögens-Vergleich
Kapital 31.12. 421.500,00
- Kapital 01.01. - 461.500,00
Zwischensumme - 40.000,00
+ PE 250.000,00
- NE - 35.000,00
Jahresergebnis 175.000,00

Das Kapital der Schlussbilanz ist um den Gewinn zu erhöhen.

Abbildung 56: Hauptabschlussübersicht

X. Übungen

X.1. Übungen zu Kapitel I bis IV

1. Unter welchen Voraussetzungen besteht eine Buchführungspflicht nach HGB? Begründen Sie ihre Antwort.

2. Unter welchen Voraussetzungen besteht eine Buchführungspflicht nach der Abgabenordnung? Begründen Sie ihre Antwort.

3. Wie definieren sich die "Grundsätze ordnungsmäßiger Buchführung" und wo sind sie geregelt? Erläutern Sie kurz, was zu einer ordnungsmäßigen Buchführung gehört.

4. Welche Bedeutung hat die Buchführung für den Unternehmer?

5. Erklären Sie kurz die wesentlichsten Unterschiede der doppelten Buchführung zur Einnahme-Überschuss-Rechnung.

6. Über welchen Zeitraum erstreckt sich die Buchführung eines Musskaufmanns?

7. Was sind Geschäftsvorfälle?

8. Was ist ein Rumpfwirtschaftsjahr und wann kommt es vor?

9. Erläutern Sie den Begriff "Inventur"?

10. Welche Inventurverfahren kennen Sie?

11. Wann sind Inventuren durchzuführen?

12. Wie unterscheiden sich Inventar und Bilanz?

13. Geben Sie die Grobgliederung einer Bilanz an.

14. Wie sind die Wirtschaftsgüter einer Bilanz geordnet?

15. Wie errechnet sich das Kapital eines Unternehmens?

16. Was versteht man unter einem negativen Kapital und wie wird es in der Bilanz dargestellt?

17. Wie unterscheiden sich Anlage- und Umlaufvermögen?

18. Was ist ein Betriebs-Vermögens-Vergleich (BVV)? Geben Sie das Schema des BVV an.

19. Warum sind im Betriebs-Vermögens-Vergleich die Privatvorgänge gesondert zu behandeln?

20. Ordnen Sie die nachfolgenden Vermögenspositionen den einzelnen Vermögensarten zu. Geben Sie die richtige Reihenfolge an.

Bankguthaben	Maschinen
Rohstoffe	Bargeld
unbebaute Grundstücke	Fuhrpark
Betriebs- und Geschäftsausstattung	fertige Erzeugnisse
unfertige Erzeugnisse	Hypothekenschulden
Gebäude	Hilfsstoffe
Bankschulden aus Finanzierungen	Steuerschulden
Verbindlichkeiten aus Lieferungen (Materialbezug)	
Forderungen aus Lieferungen (Materialverkauf)	

21. Da der Kaufmann Neureich seinen Betrieb vom 20.12.01 bis zum 06.01.02 geschlossen hat, lässt er am 19.12.01 die körperliche Bestandsaufnahme durchführen. Die Inventur führt zu einem Lagerbestand von 100.000,00 €. Am 30.12.01 liefert eine Spedition noch Rohstoffe im Wert von 50.000,00 € an, die der Pförtner in der Halle abstellen lässt. Lieferschein und Rechnung werden dem Pförtner ausgehändigt und tragen das Datum vom 30.12.01. Am 08.01.02 wird der Vorgang noch in die Buchführung 01 aufgenommen. In der Bilanz weist Neureich den Lagerbestand mit 100.000,00 € aus.
Welche Korrektur(en) hat Neureich vergessen?

22. Der Unternehmer Emsig hat durch Inventur nachfolgende Vermögenswerte festgestellt:

Werte in € zum	**31.12.01**	**31.12.02**
Verbindlichkeiten aus Lkw-Kauf	50.000,00	40.000,00
Verwaltungsgebäude	1.500.000,00	1.200.000,00
Guthaben Deutsche Bank	30.000,00	50.000,00
Lkw	80.000,00	60.000,00
Pkw	40.000,00	35.000,00
Steuerschulden	15.000,00	0,00
Lieferantenschulden	500.000,00	350.000,00
Hypothekenschulden	800.000,00	800.000,00
Spielschulden		20.000,00

Erstellen Sie die Bilanzen für 01 und 02 und ermitteln Sie den Gewinn/Verlust des Jahres 02.
Hinweis: In 02 hat Emsig eine private Ferienwohnung auf Sylt für 250.000,00 € gekauft und vom betrieblichen Bankkonto bezahlt.

X.2. Übungen zu Kapitel V und VI

23. Was ist ein Buchungskonto?

24. Welche Kontenarten kennen Sie? Beschreiben Sie allgemein und kurz den Inhalt dieser Konten.

25. Wie werden die Buchungskonten am Ende des Wirtschaftsjahres in den Jahresabschluss überführt?

26. Was ist ein Buchungssatz?

27. Welche Bedeutung hat der Kontenrahmen für ein Unternehmen?

28. Was verstehen Sie unter einer Buchungswaage?

29. Wann spricht man von erfolgsneutralen und wann von erfolgswirksamen Buchungsvorgängen? Nennen Sie die vier erfolgsneutralen Buchungsmöglichkeiten und beschreiben Sie diese kurz. Bilden Sie ein Beispiel.

30. Kennen Sie Buchungsvorgänge, bei denen nur **eine** Buchung ausgeführt wird?

31. Wie können Sie die Bestandskonten von den Erfolgskonten unterscheiden?

32. Erläutern Sie das Imparitätsprinzip.

33. Warum kommt es bei einer ordnungsmäßigen Buchführung am Jahresende automatisch zu einem Ausgleich des Schlussbilanzkontos?

34. Wie werden die Bestände von den Erfolgen auf einem gemischten Konto getrennt?

35. Erläutern Sie kurz die Begriffe Wareneinkauf, Wareneinsatz und Warenumsatz.

36. Geben Sie das Ermittlungsschema für den Rohgewinn an und beschreiben Sie kurz, was der Rohgewinn darstellt.

37. Welche Aufgabe haben die Bilanzposten unfertige bzw. fertige Erzeugnisse und für welche Vermögenspositionen kommen sie in Betracht?

38. Ferdi Fuchs führt ein Einzelhandelsunternehmen in Elster. Wie fließt die durch Verderb und Diebstahl untergegangene Ware in die Buchführung von Fuchs ein? Wie wirkt sich der Schwund auf den Rohgewinn aus? Bilden Sie eine Vergleichsrechnung mit und ohne Schwund.

39. Ihre Buchführung zeigt ihnen die nachstehenden Buchungskonten. Schließen Sie die Buchungskonten ordnungsgemäß ab und erstellen Sie eine Schlussbilanz.

Soll	Maschinen	Haben		Soll	Forderungen L+L	Haben
AB	50.000,00			AB	120.000,00	
Zug.	30.000,00	Abg.	15.000,00	Zug.	40.000,00	Abg. 130.000,00

Soll	Bank	Haben		Soll	Kasse	Haben
AB	40.000,00			AB	5.000,00	
Zug.	95.000,00	Abg.	60.000,00	Zug.	20.000,00	Abg. 15.000,00

Soll	Darlehen	Haben		Soll	Verbindlichk. L+L	Haben
		AB	100.000,00			AB 75.000,00
Abg.	80.000,00			Abg.	100.000,00	Zug. 150.000,00

Soll	sonst. Verbindlichk.	Haben		Soll	Kapital	Haben
		AB	20.000,00			AB 20.000,00
Abg.	10.000,00	Zug.	5.000,00			

40a. Clever Smart hat sich entschlossen am 11.11.01 einen Großhandel mit Dekorationsmaterial zu eröffnen. Als er beginnt besitzt er folgendes Vermögen, welches er ab sofort ausschließlich für sein Unternehmen nutzen will: (Alle Angaben in €)

Bankguthaben	50.000,00	Lieferwagen	30.000,00
Regale, Computer usw.	20.000,00	Bargeld	2.000,00

Erstellen Sie die Eröffnungsbilanz von Smart und richten Sie für die Vermögenspositionen entsprechende Buchungskonten ein.
Führen Sie eine ordnungsgemäße Konteneröffnung durch.

40b. Im Laufe des Jahres 01 ereignen sich bei Smart (S) nachfolgende Geschäftsvorfälle:

a. S erhält von seiner Bank ein Darlehen i.H.v. 100.000,00 €, welches auf sein betriebliches Girokonto überwiesen wird.
b. S erwirbt im Laufe des Jahres für 150.000,00,00 € Deko.-material auf Rechnung.
c. Er zahlt insgesamt 5.000,00 € Miete durch Banküberweisung.
d. S kann für 170.000,00 € Waren verkaufen. Davon werden 20.000,00 € von den Kunden bar bezahlt und 150.000,00 € verkauft er auf Rechnung.
e. Für seinen Lieferwagen fallen an Betriebskosten und Reparaturen insgesamt 10.000,00 € an, die alle bar beglichen wurden.
f. Seine Kunden begleichen ihre Rechnung (Nr. 4) i.H.v 15.000,00 € durch Banküberweisung.
g. Ein Kunde gibt Ware im Einkaufswert von 10.000,00 € zurück. S hatte ihm diese Ware auf Rechnung für 20.000,00 € verkauft.
h. S bezahlt seine Lieferantenrechnungen durch Banküberweisung i.H.v 140.000,00 €.
i. Für das Darlehen belastet die Bank S in 01 insgesamt 1.500,00 € Zinsen.
j. S hat insgesamt 7.000,00 € für seine Lebenshaltungskosten aus der Kasse entnommen.
k. Die Inventur zum 31.12.01 ergibt einen Warenbestand von 50.000,00 €.

Geben Sie zu den Vorgängen a bis k die jeweiligen Buchungssätze an.

Führen Sie alle Buchungen in 01 auf den Buchungskonten aus und erstellen Sie die Schlussbilanz.
S führt ein Wareneinkaufskonto und ein Warenverkaufskonto. Im Jahresabschluss entscheidet er sich für den Nettoabschluss der Warenkonten.

40c. Führen Sie für S einen Betriebsvermögensvergleich durch und ermitteln Sie die Werte für den Wareneinsatz und den Rohgewinn.

41a. Unternehmer Jan Zabel (Z) produziert Fahrräder. Zum 01.01.04 gehören nachfolgende Positionen zu seinem Betriebsvermögen:

Werkhalle	300.000,00	Bankguthaben	29.000,00
Bürogebäude	150.000,00	Kasse	1.000,00
Betriebsausstattung	50.000,00	Darlehen Bank	1.000.000,00
Fuhrpark	20.000,00	Verbindlichkeiten L+L	500.000,00
Rohstoffe	100.000,00	Steuerschulden	30.000,00
teilfertige Arbeiten	200.000,00	sonstige Schulden	120.000,00
fertige Arbeiten	450.000,00	Forderungen L+L	700.000,00

Erstellen Sie eine Eröffnungsbilanz und führen Sie eine ordnungsmäßige Konteneröffnung durch.

41b. In 04 ereignen sich nachfolgende Geschäftsvorfälle:

a. Z kauft Rohstoffe auf Rechnung für	400.000,00
b. An die Händler werden Fahrräder auf Rechnung verkauft für	1.000.000,00
c. Z hebt Gelder von der Bank ab und zahlt sie in die Barkasse ein	200.000,00
d. Z erwirbt gegen Barzahlung mit Rabatt einen Lkw	180.000,00
e. Z mietet eine weitere Lagerhalle an und zahlt mit Banküberweisung für 04 Miete i.H.v.	60.000,00
f. Die Bank belastet dem betrieblichem Girokonto für Zinsen (80.000,00) und Tilgung des Darlehens (10.000,00)	90.000,00
g. Z bezahlt die Dachreparatur seines Einfamilienhauses aus der betrieblichen Kasse mit	15.000,00
h. Durch Banküberweisung begleicht Z Lieferantenrechnungen i.H.v.	520.000,00
i. Die Kunden begleichen ihre Rechnungen durch Banküberweisungen i.H.v.	950.000,00

Geben Sie zu den obigen Vorgängen die Buchungssätze an und führen Sie die Buchungen auf den entsprechenden Buchungskonten durch.

41c. Schließen Sie die Buchungskonten ab und berücksichtigen Sie nachfolgende Inventurwerte:

Rohstoffe	300.000,00
teilfertige Arbeiten	220.000,00
fertige Erzeugnisse	50.000,00

Geben Sie für die Einbuchung dieser Endbestände die Buchungssätze an.

Erstellen Sie die Schlussbilanz und führen Sie einen Betriebsvermögensvergleich durch.

X.3. Übungen zu Kapitel VII und VIII

42. Wie unterscheiden sich die Aufwandssteuern von den aktivierungspflichtigen Steuern?

43. Wann muss ein Unternehmer Umsatzsteuer zahlen und wann steht ihm ein Vorsteueranspruch zu?

44. Wann entsteht die Umsatzsteuer und welche Bedeutung haben die Umsatzsteuervorauszahlungen?

45. Am 15. 03.02 erwirbt der Bauunternehmer Stefan Stein (St) ein unbebautes Grundstück, welches er mit einem Einkaufsmarkt bebauen will. Die Finanzierung des Kaufpreises erfolgt durch ein Bankdarlehen i.H.v. 900.000,00 €, welches zunächst auf sein betriebliches Girokonto ausgezahlt wird. Einen Tag später begleicht St den Kaufpreis des Grundstücks. Durch den Erwerb fallen insgesamt folgende Kosten an:
Kaufpreis   800.000,00 € (bezahlt am 16.03.02)
Grunderwerbsteuer   28.000,00 € (bezahlt am 20.03.02)
Gerichts- und Notarkosten 40.000,00 € (bezahlt am 29.04.02)
Im Laufe des Jahres muss St 15.000,00 € an Grundbesitzabgaben an die Stadt zahlen. Die Bank belastet seinem Girokonto insgesamt 38.000,00 € Zinsen und 6.000,00 € Tilgung. Vor dem Kauf des Grundstücks wies das Girokonto des St einen Saldo von - 50.000,00 € aus.

Führen Sie alle mit dem Grundstückskauf in Verbindung stehenden Buchungen durch. Geben Sie die Buchungssätze an und stellen Sie die Vorgänge auf den zugehörigen Buchungskonten dar. Führen Sie für diese Konten einen Kontenabschluss durch.

46. Der Unternehmer Rudi Rastlos (RR) betreibt eine Spedition. In 03 leistet er von seinem betrieblichen Bankkonto folgende Zahlungen:
    a.   Einkommensteuer für 01   70.000,00 €
    b.   Grundbesitzabgaben Betrieb   30.000,00 €
    c.   Gewerbesteuer   50.000,00 €
    d.   Kfz-Steuer Lkw's   120.000,00 €
    e.   Kfz- Steuer private Oldtimer   5.000,00 €
    f.   Grundbesitzabgaben Wohnhaus   7.000,00 €
Zum Ausgleich der auf den Privatbereich entfallenden Zahlungen überweist RR 70.000,00 € von seinem Privatkonto auf das Girokonto. Er ist überzeugt, dass er damit dem Betrieb keine Mittel für private Zwecke entzogen hat. Stimmt die Behauptung von RR?

Geben Sie die Buchungssätze an und stellen Sie die Vorgänge auf den zugehörigen Buchungskonten dar. Führen Sie für diese Konten einen Kontenabschluss durch.

47. Der Unternehmer Peter Tabaluga erfasst in 03 folgende Einnahmen und Ausgaben, die alle dem Umsatzsteuersatz von 16% unterliegen bzw. zum Vorsteuerabzug (16%) berechtigen:

	Einnahmen	**Ausgaben**
Januar	100.000,00 netto	50.000,00 netto
Februar	250.000,00 netto	75.000,00 netto
März	50.000,00 netto	34.800,00 brutto
April	120.000,00 netto	20.000,00 netto
Mai	150.000,00 netto	58.000,00 netto
Juni	348.000,00 brutto	40.000,00 netto
Juli	75.000,00 netto	80.000,00 netto
August	16.000,00 netto	100.000,00 netto
September	300.000,00 netto	46.400,00 brutto
Oktober	100.000,00 netto	20.000,00 netto
November	350.000,00 netto	35.000,00 netto
Dezember	232.000,00 brutto	220.000,00 netto

Alle fälligen Zahlungen bzw. Erstattungen erfolgen zum 10 des Folgemonats. Außerdem zahlt er am 10.01.03 die Umsatzsteuervorauszahlung für Dezember 02 i.H.v. 25.000,00 € und am 20.06.03 die Umsatzsteuernachzahlung aus der Jahressteuer 02 i.H.v. 1.000,00 €. Beide Beträge waren zum 31.12.02 zutreffend als sonstige Verbindlichkeiten ausgewiesen.
Stellen Sie die Umsatzsteuerkonten und das Konto sonstige Verbindlichkeiten dar und schließen Sie die Konten zum Jahresende ab.

48. Der Jungunternehmer Klaus Klüngel (KK) hat seinen Betrieb am 01.12.01 eröffnet. Die Buchführung für 01 erstellt er erst am 03.01.02.
Ihm liegen folgende Belege vor:

Ausgangsrechnungen

		netto	Umsatzsteuer	brutto
03.12.	Müller	10.000,00	1.600,00	11.600,00
09.12.	Alles GmbH	500,00	80,00	580,00
15.12.	Wagemut	25.000,00	4.000,00	29.000,00
20.12.	Riesenberg	50.000,00	8.000,00	58.000,00
22.12.	Hurtig	3.000,00	480,00	3.480,00
29.12.	Rund	4.000,00	640,00	4.640,00

Eingangsrechnungen

		netto	Umsatzsteuer	brutto
01.12.	Büro Ass	1.500,00	240,00	1.740,00
02.12.	Novum	70.000,00	11.200,00	81.200,00
10.12.	Lieblich	600,00	96,00	696,00
17.12.	Telenix	200,00	32,00	232,00
29.12.	Willig	8.000,00	1.280,00	9.280,00

Kasse			Eingang	Abgang
01.12.		Anfangsbestand	(+ 1.000,00)	
05.12.		Porto		50,00
07.12.		Miete 16 %		812,00
10.12.		Gebühren Stadt (Eröffnungsfeier)		300,00
12.12.		von Sparkasse	500,00	
15.12.		Bürobedarf 16 %		348,00
23.12.		Rechnung Hurtig	3.480,00	
27.12.		Einzahlung Deutsche Bank		3.000,00
31.12.		Endbestand	(+ 470,00)	

Sparkasse			Eingang	Abgang
01.10.		Saldo		(- 25.000,00)
07.12.		Büro Ass		1.740,00
12.12.		Barauszahlung		500,00
15.12.		Müller	11.600,00	
30.12.		Rund	4.640,00	
31.12.		Saldo		(- 11.000,00)

Deutsche Bank		Eingang	Abgang
01.10.	Saldo	(+ 1.000,00)	
15.12.	Lieblich		696,00
23.12.	Riesenberg 1. Teilzahlung	30.000,00	
27.12.	Bareinzahlung	3.000,00	
20.12.	Gutschrift Volksbank	5.500,00	
30.12.	Telenix		232,00
30.12.	Riesenberg Restzahlung	28.000,00	
30.12.	Novum		81.200,00
31.12.	Willig		9.280,00
31.12.	Saldo		(- 23.908,00)

Volksbank		Eingang	Abgang
01.10.	Saldo	(+ 5.000,00)	
17.12.	Alles GmbH	580,00	
20.12.	Lastschrift Deutsche Bank		5.500,00
22.12.	Barauszahlung (privat)		4.000,00
31.12.	Saldo		(- 3.920,00)

Erstellen Sie die Buchführung des KK für 01. KK ist umsatzsteuerpflichtig. Verwenden Sie aus Vereinfachungsgründen für die Erfolgskonten die Konten diverse Aufwendungen und diverse Erträge. Anlagegüter hat KK in 01 noch nicht erworben.
Geben Sie die Buchungssätze an, übertragen Sie diese auf die Buchungskonten und schließen Sie alle Konten ab.
Führen Sie einen Betriebs-Vermögens-Vergleich durch.

49a. Die Hoch-Tief und Bleib Stehen GmbH (HTBS) hat sich auf die Erstellung von Brücken spezialisiert. Ihre Aufträge erhält sie überwiegend vom Staat. in 01 konnte sie jedoch einen Auftrag für ein Privatunternehmen ausführen. HTSB vereinbarte für das Objekt Abschlagszahlungen, die von dem Unternehmen auch wie angefordert geleistet wurden. Noch im Dezember konnte das fertige Werk an den Kunden übergeben werden, der dieses auch am 20.11. mängelfrei abnahm. Die Schlussrechnung wurde am 30.11. gestellt.

Auftragsdaten:
1. Anzahlung 1.160.000,00 €
   angefordert 20.03.
   Bankgutschrift 25.03.

2. Anzahlung 1.160.000,00 €
   angefordert 30.06.
   Bankgutschrift 09.07.

3. Anzahlung 580.000,00 €
   angefordert 25.10.
   Bankgutschrift 10.11.

Schlussrechnung 30.11.01

Gesamtrechnungsbetrag netto		3.500.000,00 €
Umsatzsteuer		560.000,00 €
Gesamtbetrag brutto		4.060.000,00 €
abzüglich geleistete Anzahlungen		
netto	2.500.000,00 €	
Umsatzsteuer	400.000,00 €	
Anzahlungen brutto	2.900.000,00 €	2.900.000,00 €
Restbetrag		1.160.000,00 €

Der Kunde zahlt den Restbetrag am 20.12 per Scheck, der am 27.12. bei der Bank gutgeschrieben wird.

49b. Für angefangene öffentliche Aufträge erhält die HTBS noch im Dezember Vorauszahlungen i.H.v. 3.480.000,00 € durch Banküberweisung.

Führen Sie für die unter 49a und b aufgeführten Sachverhalte erforderlichen Buchungen auf den Buchungskonten aus. Geben Sie die zugehörigen Buchungssätze an und schließen Sie die Buchungskonten ab. Berücksichtigen Sie einen Anfangsbestand von - 200.000,00 € auf dem Bankkonto.

50a. Fridolin Fleißig (FF) mit Unternehmenssitz in Düsseldorf beschäftigt mehrere Arbeitnehmer. Für den Monat Dezember 01 ergeben sich incl. Weihnachtsgeld nachfolgende Lohnbeträge.

Bruttolöhne	210.000,00 €
Lohnsteuer	36.000,00 €
Kirchensteuer	3.240,00 €
Solidaritätszuschlag	1.980,00 €
Sozialversicherungsbeiträge	43.000,00 €
Auszahlungsbeträge	125.780,00 €

Die Löhne werden am 02.01.02 ausgezahlt.
Bilden Sie alle erforderlichen Buchungssätze, die sich aus diesen Lohndaten ergeben und geben Sie zu den einzelnen Buchungssätzen die jeweilige Gewinnauswirkung an.

50b. Die Lohnabrechnung für Norbert Neu (NN) ist in 50a nicht enthalten, da er seine Arbeit erst am 15.12.01 begonnen hat. Für den Monat Dezember steht ihm folgender Lohn zu:

Bruttolohn	2.200,00 €
Lohnsteuer	340,00 €
Kirchensteuer	30,60 €
Solidaritätszuschlag	18,70 €
Sozialversicherungsbeiträge	450,00 €
Auszahlungsbetrag	1.360,70 €

Da NN sich eine neue Wohnung suchen musste, hat er bereits am 20.12. einen Barabschlag von 1.000,00 € für seinen Dezemberlohn erhalten. Der restliche Lohn wird ebenfalls erst am 02.01.02 ausgezahlt. Am 29.12.01 erhält er einen Abschlag auf sein Januargehalt 02 i.H.v. 2.500,00€.

Bilden Sie alle erforderlichen Buchungssätze, die sich aus diesen Lohndaten ergeben und geben Sie zu den einzelnen Buchungssätzen die jeweilige Gewinnauswirkung an.

X.4. Übungen zu Kapitel IX

51. Tim Träne (TT) produziert Taschenrechner und Computer. Er gewährt auf seine Produkte eine einjährige Garantiezeit. In den letzten Jahren musste er feststellen, dass auf Grund mangelnder Endkontrolle Garantiearbeiten i.H.v. 4 % des Jahresumsatzes angefallen sind. Im Jahr 04 konnte TT einen Bruttoumsatz von 5.800.000,00 € erzielen.
Welche Auswirkung hat das Garantierisiko für TT. Geben Sie die Buchungs-sätze und die Gewinnauswirkung für den Fall an, dass in der Bilanz zum 31.12.03 eine Garantierückstellung gebildet wurde i.H.v. a.) 250.000,00 € und b.) 170.000,00 €.

52. Zum Jahresende 02 unterhält sich Paul Peinlich (PP) aus Pforzheim mit seinem Steuerberater, um die letzten Jahresabschlussarbeiten zu besprechen. Dabei stellen sie fest, dass nachfolgende Sachverhalte bisher noch nicht berücksichtigt wurden:
   a. Aufgrund eines anhängigen Gerichtsverfahrens (ein Kunde bestreitet die Forderungen des PP) sind bisher Gerichts- und Anwaltskosten i.H.v. netto ca. 25.000,00 € angefallen, die nur zu 20.000,00 € durch die Rechtschutzversicherung abgedeckt sind.
   b. Die längst fällige Sicherheitsprüfung der Fahrstuhlanlagen wurde bisher noch nicht durchgeführt. Der TÜV hat schon mit der Stilllegung der Fahrstühle gedroht. Die Firma Sicherlich hat in der Vergangenheit immer brutto 23.200,00 € für die Prüfungs- und Wartungskosten berechnet.
   c. Die am 15.10. überwiesene und als Aufwand gebuchte Kfz-Steuer i.H.v. 24.000,00 € bezieht sich auf den Zeitraum 01.09.02 bis 30.08.03.
   d. An Gewerbesteuervorauszahlungen wurden für das laufende Wirtschaftsjahr 50.000,00 € gezahlt und zutreffend verbucht. In 02 beträgt der Hebesatz von Pforzheim 400 %.

Vor Durchführung der noch fehlenden Abschlussbuchungen betrug der Gewinn 350.500,00 €.

Führen Sie die noch fehlenden Jahresabschlussarbeiten durch und geben Sie die entsprechenden Buchungssätze an. Welche Gewinnauswirkungen ergeben sich und wie hoch ist der endgültige Gewinn für 02?

53. Stefan Klamm (SK) möchte seine Lagerhalle erweitern. Hierzu nimmt er von seiner Hausbank ein Darlehen über 500.000,00 € auf. Lt. Vertrag wird das Darlehen zu 98 % ausgezahlt und ist nach Ablauf von 5 Jahren in einer Summe zu tilgen. Das Darlehen wird am 01.10.01 ausgezahlt. Die laufenden Zinsen hat SK zutreffend gebucht. Die Darlehensauszahlung hat er mit der Buchung Bank an Darlehen 490.000,00 € erfasst.
Welche Korrekturen sind zum Jahresende anzubringen?
Wie wirken sich diese auf den Gewinn aus?

54. Maximilian Motz (MM) betreibt in München ein großes Kaufhaus. Im Jahresabschluss 05 hat MM sein Anlagevermögen u.a. wie folgt dargestellt:

Datum	WG[51]	ND[52]	AK[53]	AfA-Methode
01.06.01	Ladeneinbauten	10	100.000,00	linear
08.08.01	Zeiterfassung	5	10.000,00	linear
08.01.04	Lkw 1	8	50.000,00	degressiv
10.01.04	Lkw 2	8	50.000,00	degressiv
15.07.05	Pkw neu	8	60.000,00	degressiv

WG	BW[54] 01.01.05	AfA	BW.31.12.05
Ladeneinbauten	50.000,00	10.000,00	40.000,00
Zeiterfassung	3.000,00	2.000,00	1.000,00
Lkw 1	35.000,00	10.500,00	24.500,00
Lkw 2	35.000,00	10.500,00	24.500,00
Pkw neu	(60.000,00)	9.000,00	51.000,00
GWG's	1,00		1,00,00

Sachverhalt:
Im Wirtschaftsjahr 06 sind zu beurteilen:
a. Erwerb von 3 neuen Lieferwagen zum Preis von je 30.000,00 € netto. Die Auslieferungen und Rechnungslegungen erfolgen am 28.06.; 03.07. und 01.12.06. Die Nutzungsdauer der Lieferwagen beträgt 8 Jahre.
b. Der Lkw 1 wird am 10.07.06 für netto 26.000,00 € veräußert.
c. Erwerb von 3 Alarmanlagen für gesamt netto 900,00 € und 10 Tischrechnern für gesamt netto 400,00 €.
d. Kauf eines gebrauchten Pkw am 10.01.06 für brutto 46.400,00 €. Die voraussichtliche Restnutzungsdauer des Pkw beträgt 4 Jahre.

Am 03.01.06 verursacht MM auf eisglatter Straße einen Unfall und erleidet mit dem am 15.07.05 erworbenen Pkw einen Totalschaden. Eine Versicherungserstattung für den wertlosen Pkw wird es mangels Vollkaskoschutz nicht geben.

Aufgabe:
1. Führen Sie für alle geschilderten Vorgänge die entsprechenden Buchungen aus. Geben Sie die Buchungssätze und die jeweilige Gewinnauswirkung an. Alle Anschaffungen erfolgten auf Rechnung.
2. Ermitteln und buchen Sie die Abschreibungsbeträge für 06 mit dem Ziel, ein möglichst niedriges Jahresergebnis zu erreichen. Entwickeln Sie die Wertansätze zum 31.12.06.

---
[51] Wirtschaftsgut
[52] Nutzungsdauer
[53] Anschaffungskosten
[54] Buchwert

55. Gisbert Treu (GT) betreibt einen Stahlhandel. Im Jahre 04 kann GT Stahl für 4.000.000,00 € netto auf Rechnung veräußern. Zum 31.12.04 haben einige Kunden ihre Rechnungen noch nicht bezahlt. GT hat Außenstände in Höhe von 1.740.000,00 €. Nach bisherigen Erfahrungen muss er davon ausgehen, dass ca. 0,5 % der Rechnungen nicht beglichen werden.
Buchen Sie den beschriebenen Vorgang vom Verkauf bis zum Jahresabschluss und stellen Sie ihn kontenmäßig dar. Gehen Sie davon aus, dass die Kunden ihre Rechnungen per Überweisung gezahlt haben. Schließen Sie die Konten (ohne Bank und Umsatzsteuerkonten) ab und erstellen Sie die Schlussbilanz.

56a. Die Buchungskonten von Leonard Leichtfuss (LL) weisen in 08 u.a. folgenden Stand aus:

Soll	Forderungen L + L		Haben
EBK	232.000,00 €	Teilzahlung Geiz	400.000,00 €
a. Nörgel	580.000,00 €	Teilzahlung Langzeit	180.000,00 €
b. Geiz	812.000,00 €	Zahlungen Vorjahr	208.800,00 €
c. Schmoll	116.000,00 €		
d. Langzeit	348.000,00 €		
Kontensumme		**Kontensumme**	

Soll	Umsatzsteuer	Haben	Soll	Umsatzerlöse	Haben
	a.	80.000,00		a.	500.000,00
	b.	112.000,00		b.	700.000,00
	c.	16.000,00		c.	100.000,00
	d.	48.000,00		d.	300.000,00
Sum	Sum		Sum	Sum	

LL stellt bei den Jahresabschlussarbeiten fest, dass die restlichen Zahlungen aus früheren Jahren verjährt sind. Sein Kunde Schmoll wird nicht mehr voll bezahlen, da er Zahlungsschwierigkeiten hat. LL kann nur noch von 20 % Werthaltigkeit ausgehen.
Eine Analyse der letzten 3 Jahre hat ergeben, dass auch in den letzten Jahren von 500.000,00 € Forderung ca. 10.000,00 € nicht bezahlt wurden. Da nunmehr in 08 erstmalig mit dem Ausfall ganzer Forderungen zu rechnen ist, will LL seine Forderungen unter Berücksichtigung des Ausfallrisikos bewerten. In der Vergangenheit ist dieses unterblieben. LL bittet seinen Steuerberater, die entsprechenden Buchungen durchzuführen.
Geben Sie die Buchungssätze des Beraters und deren Gewinnauswirkungen an. Begründen Sie ihre Bewertung.

56b. In 09 zahlt Schmoll 34.800,00 €. Damit sind alle noch offenen Beträge des Schmoll erloschen. Nörgel kürzt seine Rechnung zulässigerweise um 3%. Führen Sie die erforderlichen Buchungen durch und geben Sie die Gewinnauswirkung an. Begründen Sie ihre Buchung.

56c. Zum 31.12.09 hat LL Forderungen i.H.v. 870.000,00 €. Drohende Zahlungsschwierigkeiten einzelner Kunden sind LL zum 31.12.09 nicht bekannt. Bewerten Sie die Forderungen zum 31.12.09 und führen Sie alle erforderlichen Buchungen durch. Geben Sie auch die Gewinnauswirkung an. Berücksichtigen Sie bei der Forderungsbewertung die Angaben zu 56 a und b.

57. Die Allchemie GmbH muss zum 31.12.04 ihre Vorräte bewerten. In ihren Bestand befinden sich nachfolgende Warenarten und Lagerorte:

a. Flüssigkeiten:
Aufbewahrungsort = offene Becken. Zur Verhinderung von Stoffabsetzungen werde die Flüssigkeiten ständig gerührt.

b. Körnerprodukte:
Aufbewahrungsort = Silo. Der Silo wird von oben befüllt, die Entnahme erfolgt am unteren Ende.

c. übrige Feststoffe:
Die übrigen Feststoffe werden in gestapelten Gitterboxen aufbewahrt.

Die Allchemie möchte zum 31.12. einen möglichst zutreffenden Warenwert ausweisen. Welche Bewertungsmethoden sind anzuwenden? Begründen Sie Ihre Entscheidung.

58. Moritz Maus eröffnet zum 01.01.03 einen Zierfisch-Großhandel. Sein Goldfischbestand hat sich wie folgt entwickelt (An- u. Verkaufspreise ohne USt):

Datum	Menge Einkauf	Preis je Stück	Menge Verkauf	Preis je Stück
01.01.	200	5,00		
10.02.			120	7,50
08.03.	300	5,50		
10.04.			230	7,50
20.04.			80	7,50
01.05.	100	5,20		
01.06.	500	4,90		
23.08.			470	7,50
15.09.	250	5,30		
04.10.			200	7,50
27.11.			150	7,50
28.12	400	5,60		

Der rechnerische Endbestand stimmt mit dem tatsächlichen Endbestand überein.

Für welche Bewertungsmethode wird sich MM entscheiden, wenn er
1) einen möglichst hohen Gewinn (gut für seine Kreditwürdigkeit) und
2) einen möglichst niedrigen Gewinn (gut aus steuerlichen und Liquiditätsgründen) ausweisen möchte?

Wenn MM am Stichtag neue Goldfische einkaufen würde, müsste er dafür a.) 5,50 €, b.) 5,20 € bzw. c.) 5,60 € bezahlen.

XI. Lösungen

XI.1. Lösungen zu Kapitel I bis IV

1. Gem. § 238 Abs. 1 HGB ist jeder Kaufmann verpflichtet, Bücher zu führen und in diesen seine Handelsgeschäfte und die Lage seines Vermögens ersichtlich zu machen. Die Aufzeichnungen sind nach den Grundsätzen ordnungsmäßiger Buchführung auszuführen.
   Wer Kaufmann in diesem Sinne ist, regelt der erste Abschnitt des HGB.
   Hiernach besteht eine Buchführungspflicht, wenn der Kaufmann ein Handelsgewerbe betreibt, welches einen nach Art und Umfang in kaufmännischer Weise eingerichteten Geschäftsbetrieb erfordert.(§ 1 HGB).
   Des weiteren kann sich eine Buchführungspflicht aus der Rechtform ergeben (§ 238 Abs.1 i.V.m.[55] § 6 HGB).

2. Die Abgabenordnung (AO) kennt zwei verschiedene Vorschriften, die eine Buchführungspflicht begründen.
   Der § 140 AO überträgt die Buchführungspflicht nach anderen Vorschriften auch auf das öffentliche Recht (Steuerrecht).
   Der § 141 AO begründet eine eigene Buchführungspflicht, wenn bestimmte Gewinn- (> 30.000,00 €) oder Umsatzgrenzen (Umsatz > 350.000,00 €) nachhaltig überschritten werden. Auch diese Vorschriften erfassen wie das Handelsrecht nur gewerbliche Unternehmen.

3. Die Grundsätze ordnungsmäßiger Buchführung (GoB) sind in § 238 Abs. 1 Satz 2 gesetzlich definiert. Eine Buchführung ist nur dann ordnungsmäßig, wenn sich ein Sachverständiger Dritter innerhalb einer angemessenen Zeit einen Überblick über die Geschäftsvorfälle und über die Lage des Unternehmens verschaffen kann. Hierzu zählt sowohl die Ertrags-, als auch die Vermögenslage des Unternehmens.
   Zu den GoB gehören unter anderem
   - eine klare und übersichtliche Organisation der laufenden Erfassung der Geschäftsvorfälle und des Jahresabschlusses,
   - ein Ausweis Vermögenspositionen und von Aufwendungen und Erträgen ohne eine Verrechnung untereinander,
   - eine fortlaufende, vollständige, richtige und zeitnahe Erfassung aller betrieblichen Vorgänge in zeitlicher und sachlicher Ordnung,
   - eine Erfassung nach jederzeit nachprüfbaren Belegen und
   - eine ordnungsmäßige Aufbewahrung aller Unterlagen (Handelsbriefe 6 Jahre, die restlichen Buchführungsunterlagen 10 Jahre).

4. Mit der Buchführung erfüllt der Kaufmann gesetzliche Vorschriften die von ihm nach dem HGB zu beachten sind. Des weiteren informiert die

---

[55] in Verbindung mit

Buchführung den Kaufmann über seine Vermögenslage und über den Erfolg seines wirtschaftlichen Handelns. Seinen Erfolg kann er somit dokumentieren und z.B. seine Kreditwürdigkeit nachweisen. Eine Analyse der Buchführung dient darüber hinaus als Grundlage unternehmerischer Entscheidungen, da das Zahlenmaterial vielfältige Prüfungen und Auswertungen (z.B. Rentabilität, Spartenvergleich, Planungskontrolle, Produktkontrolle usw.) zulässt.

5. Die doppelte Buchführung ist ein Ausfluss aus dem HGB, welches erfordert, dass der Kaufmann seine Vermögenslage darstellen muss. Dieses hat zur Folge, dass er bereits Ansprüche und Verpflichtungen darzustellen hat. Die doppelte Buchführung folgt bei der Darstellung von Geschäftsvorfällen also dem Realisationsprinzip und stellt Vorgänge bereits in dem Zeitpunkt dar, in dem das Verpflichtungsgeschäft erfüllt ist (wenn Ansprüche oder Verpflichtungen auf Bezahlungen entstehen).
Die Einnahme-Überschuss-Rechnung richtet sich dagegen nach dem Zahlungszeitpunkt. Die Aufzeichnungen sind daher nicht so umfänglich und einfacher zu handhaben.

6. Die Buchführung erstreckt sich vom Beginn bis zur Einstellung der unternehmerischen Tätigkeit. Gem. § 242 HGB und § 4a EStG sind jedoch jährliche Zwischenabschlüsse zu erstellen. Die Zwischenabschlüsse müssen nicht kalenderjahrbezogen erstellt werden, sondern umfassen nur den Zeitraum von 12 Monaten. Man spricht daher auch von einem Wirtschaftsjahr.

7. Geschäftsvorfälle sind alle Vorgänge, die mindestens eine Vermögensposition (Besitz oder Schulden) des Unternehmens ansprechen. Das Vermögen des Unternehmens muss hierdurch nicht verändert werden. Es kann sich dabei sowohl um Geldeinnahmen oder -ausgaben handeln, oder um Wertverzehre bzw. -zuwächse.
Nur in den Fällen, wo ein Unternehmer ausschließlich in der Privatsphäre tätig wird (privates Vermögen für private Zwecke), liegt kein Geschäftsvorfall vor.

8. Grundsätzlich besteht ein Wirtschaftsjahr aus 12 Kalendermonaten. Diese müssen jedoch nicht mit dem Kalenderjahr übereinstimmen (abweichendes Wirtschaftsjahr). Bei Gründung oder Einstellung eines Unternehmens kann dieser Zeitraum jedoch unterschritten werden, da einem Unternehmer grundsätzlich freisteht, ob er sich für ein abweichendes oder für ein mit dem Kalenderjahr gleichlaufenden Wirtschaftsjahr entscheidet. Gleiches gilt für den Einstellungszeitpunkt seiner unternehmerischen Tätigkeit. Hat sich ein Unternehmer z.B. für ein Wirtschaftsjahr entschieden, welches mit dem Kalenderjahr übereinstimmt, so entstehen 2 Rumpfwirtschaftsjahre, wenn er sein Unternehmen am 01.04. 01 eröffnet (01.04. - 31.12.01) bzw. am 10.08.06 einstellt (01.01. - 10.08.06).

9. Eine Inventur ist die mengen- und wertmäßige Bestandsaufnahme aller Vermögenspositionen eines Kaufmanns zu einem bestimmten Stichtag.

10. Bei der Inventur ist die körperliche Inventur für Gegenstände von der buchmäßigen Inventur für Rechte zu unterscheiden. Die körperliche Inventur erfolgt grundsätzlich durch Zählen, Messen, Wiegen. Sie erfasst sowohl die Menge, als auch den Wert der Vermögenspositionen.
Die buchmäßige Inventur übernimmt dagegen nur Werte aus anderen Aufzeichnungen (z.B. Kontoauszügen). Bei der körperlichen Inventur ist der Bestand stichtagsbezogen zu ermitteln und dann mit einem Wert zu belegen. Bei der buchmäßigen Inventur kann zu einem beliebigen Zeitpunkt nach dem Stichtag der Wert, der sich zum Stichtag ergeben hat, abgelesen werden.

11. Die erste Inventur hat der Kaufmann durchzuführen, wenn er seine unternehmerische Tätigkeit aufnimmt. In der Folgezeit sind gem. § 240 Abs.1 und Abs. 2 HGB die Inventuren grundsätzlich zu dem Stichtag durchzuführen, zu dem der Kaufmann sein Wirtschaftsjahr beendet (i.d.R. 31.12.). Für die tatsächliche Bestandsaufnahme steht dabei ein Zeitraum von 10 Tagen vor und 10 Tagen nach dem Abschlusszeitpunkt zur Verfügung.
Der § 241 HGB erlaubt es jedoch, von diesem Zeitpunkt abzuweichen. Für eine verlegte Inventur steht dabei ein Zeitraum von 3 Monaten vor und 2 Monaten nach dem Stichtag zur Verfügung, an dem die Inventur durchgeführt werden kann. Die Inventurmaßnahme muss sich in einem einheitlichen Vorgang vollziehen. Zu beachten ist, dass die Werte auf den Abschlusszeitpunkt weiterzuentwickeln sind.
Die freie Wahl des Inventurzeitpunktes ergibt sich bei der permanenten Inventur, bei der alle Bestände kontinuierlich mit Zu- und Abgängen festgehalten werden, so dass zu jedem Zeitpunkt im Wirtschaftsjahr der "rechnerische Bestand" abgelesen werden kann. Zu eine beliebigen Zeitpunkt ist jedoch der tatsächliche Bestand aufzunehmen und mit dem rechnerischen Bestand zu vergleichen. Der rechnerische Bestand ist dann an den tats. Bestand anzugleichen.

12. Das Inventar ist eine Auflistung aller Vermögenswerte, die durch die Inventur festgestellt worden sind.
Die Bilanz stellt ebenfalls alle Vermögenspositionen eine Unternehmens dar, erfüllt aber die Formvorschriften des Handelrechtes. Die Bilanz unterteilt sich dabei in zwei Seiten, Aktiva für Besitz und Passiva für Schulden. Da Besitz und Schulden sich nicht gleichwertig gegenüberstehen, erfolgt ein Ausgleich der schwächeren Seite mit dem Differenzbetrag, welcher als Kapital oder Eigenkapital bezeichnet wird. Addiert man nun beide Seiten auf, so ergeben sich auf der aktiven und der passiven Seite der Bilanz identische Beträge (Bilanzsumme). Die Bilanz befindet sich im Gleichgewicht.

13. Die Bilanz unterteilt sich grob in Aktiva für Besitz und Passiva für Schulden. Die Aktiva unterteilen sich dann weiter in Anlagevermögen und in Umlaufvermögen, die Passiva in langfristige und in kurzfristige Schulden.

Aktiva	Bilanz zum 31.12.01	Passiva
Anlagevermögen	**Kapital**	
Umlaufvermögen	**Schulden** a. langfristige Schulden b. kurzfristige Schulden	
Summe X	Summe	X

14. Die Wirtschaftsgüter der aktiven Seite der Bilanz (Besitz) ordnen sich nach der Liquidität. Je schneller ein Wirtschaftsgut zu Bargeld wird bzw. umgesetzt werden kann, um so weiter rutscht das Wirtschaftgut in der Darstellung nach unten. Hierbei bleibt die Einteilung in Anlage- und Umlaufvermögen jedoch erhalten.
    Die Wirtschaftsgüter der passiven Bilanzseite (Schulden) ordnen sich nach der Fälligkeit. Zuerst erscheinen die langfristigen, dann die kurzfristigen Schulden. Je kürzer das Zahlungsziel ist, um so tiefer befinden sich die Schulden in der Bilanz.

15. Das Kapital oder Eigenkapital des Unternehmens ist die Differenz aus der Summe aller Besitzpositionen abzüglich der Summe aller Schuldpositionen. (Summe Aktiva abzgl. Summe Passiva{ohne Kapital}).

16. Ist die Summe aller Schulden größer als die Summe aller Besitzposten, ergibt sich aus der unter Nr. 15 dargestellten Rechenoperation ein Negativsaldo. Es liegt begrifflich dann auch ein negatives Kapitalkonto vor. Bilanztechnisch ist zu beachten, dass dieser Negativsaldo als positiver Betrag als letzte Position auf der Aktivseite der Bilanz darzustellen ist.

Aktiva	Bilanz zum 31.12.01	Passiva
Anlagevermögen		
Umlaufvermögen	**Schulden** a. langfristige Schulden b. kurzfristige Schulden	
Kapital		
Summe X	Summe	X

17. Das Anlagevermögen ist dazu bestimmt, dem Unternehmen langfristig zu dienen (§ 247 Abs. 2 HGB). Es soll den Kaufmann in die Lage versetzen, sein Unternehmen auszuüben.
Das Umlaufvermögen soll sich nur kurzfristig im Unternehmen befinden. Es ist zum innerbetrieblichen Ge- bzw. Verbrauch oder zur Weiterveräußerung bestimmt.
Für die Einteilung in Anlage- oder Umlaufvermögen kommt es auf die Absicht des Kaufmanns an. Die tats. Verbleibenszeit im Unternehmen spielt keine Rolle.

18. Der Betriebs-Vermögens-Vergleich ist eine Methode, das erzielte Ergebnis eines Wirtschaftsjahres (WJ) zu berechnen. Dabei wird das betriebliche Vermögen (Kapital) zum 31.12. des WJ mit dem Vermögen zu Beginn des WJ verglichen. Wertveränderungen privaten Ursprungs sind zu korrigieren.
Ergibt sich eine Vermögenserhöhung, wurde ein Gewinn erwirtschaftet, ergibt sich eine Vermögensminderung ist ein Verlust eingetreten.

Ermittlungsschema:
Kapital zum 31.12. des WJ
abzgl. Kapital zum 01.01. des WJ
zzgl. Wert der privaten Entnahmen
abzgl. Wert der Neueinlagen
Jahresergebnis (Gewinn / Verlust)

19. Zu den in der Buchführung darzustellenden Geschäftsvorfällen gehören auch Vorgänge, die dem Betrieb aus privaten Gründen Vermögen entzogen oder zugeführt haben. Da sich hierüber Vermögenspositionen des Unternehmens verändern, wirken sie sich auch auf des Kapital des Unternehmers (Saldo seines Vermögens) aus. Würde ausschließlich das Vermögen verglichen, ergibt sich in der Vermögensdifferenz vom Beginn zum Ende des WJ ein Mischwert aus erwirtschafteter und privat verursachter Änderung. Die Buchführung darf als Jahresergebnis aber nur das tatsächlich erwirtschaftete Ergebnis ausweisen. In den Privatbereich entnommene Vermögenspositionen haben den Saldo unzulässigerweise gemindert, und sind wieder hinzuzurechnen. Privat zugeführte Vermögenserhöhungen wurden nicht erwirtschaftet und sind somit wieder abzuziehen.

20. Die Vermögenspositionen sind zunächst in Besitz und Schulden zu unterteilen. Danach erfolgt für den Besitz eine Trennung in Anlage- und Umlaufvermögen und bei den Schulden in langfristige und kurzfristige Schulden. Zum Schluss werden die Positionen dann nach Liquidität (Besitz) und Fälligkeit (Schulden) sortiert. Danach ergibt sich folgende Reihenfolge:

Besitz:
I. Anlagevermögen:
unbebaute Grundstücke
Gebäude
Maschinen
Betriebs- und Geschäftsausstattung (BGA)
Fuhrpark

II. Umlaufvermögen
Rohstoffe, Hilfsstoffe
unfertige Erzeugnisse
fertige Erzeugnisse
Forderungen aus Lieferungen
Bankguthaben, Bargeld

Schulden:
I. langfristige Schulden
Hypothekenschulden
Bankschulden aus Finanzierungen

II. kurzfristige Schulden
Verbindlichkeiten aus Lieferungen
Steuerschulden

21. Die tatsächliche körperliche Bestandsaufnahme erfolgte am 19.12.01. Da Neureich sein Vermögen zum Abschlusszeitpunkt (31.12.) ausweisen muss, sind die Inventurwerte auf den Abschlusszeitpunkt fortzuentwickeln. Der Inventurzeitpunkt liegt 12 Tage vor dem Stichtag, Neureich hat also eine verlegte Inventur gem. § 243 Abs. 3 HGB durchgeführt. Eine wertmäßige Weiterentwicklung ist somit ausreichend.
Die in der Halle abgestellte Ware konnte bei der tats. Inventur nicht erfasst werden, weil sie noch nicht vorhanden war. Der aufgenommene Inventurwert ist um den Wert der Anlieferung (50.000,00 €) zu erhöhen. In der Bilanz sind die Rohstoffe mit 150.000,00 € auszuweisen.
Die noch nicht bezahlte Rechnung vom 30.12.01 ist jedoch in der buchmäßigen Inventur erfasst, da nach dem Stand 31.12.01 diese Rechnung im Bestand der Eingangsrechnungen 01 enthalten ist. Dieses hat zur Folge, dass der Besitz zu niedrig und die Schulden zutreffend ausgewiesen sind. Das von Neureich ausgewiesen Jahresergebnis ist somit um 50.000,00 € zu erhöhen.

22. Bilanz zum 31.12.01

Aktiva	Bilanz zum 31.12.01		Passiva
Verwaltungsgebäude	1.500.000,00	Kapital	285.000,00
Lkw	80.000,00		
Pkw	40.000,00	Hypothekenschuld	800.000,00
		Verbindlichk. Lkw	50.000,00
Bank	30.000,00	Lieferantenschulden	500.000,00
		Steuerschulden	15.000,00
Bilanzsumme	**1.650.000,00**	**Bilanzsumme**	**1.650.000,00**

Bilanz zum 31.12.02

Aktiva	Bilanz zum 31.12.02		Passiva
Verwaltungsgebäude	1.200.000,00	Kapital	155.000,00
Lkw	60.000,00		
Pkw	35.000,00	Hypothekenschuld	800.000,00
		Verbindlichk. Lkw	40.000,00
Bank	50.000,00	Lieferantenschulden	350.000,00
		Steuerschulden	0,00
Bilanzsumme	**1.345.000,00**	**Bilanzsumme**	**1.345.000,00**

Die Spielschulden sind immer Privatschulden und dürfen somit nicht in der Bilanz 02 erscheinen.

Das Kapital zum 31.12.01 24.00 Uhr muss mit dem Kapital zum 01.01.01 0.00 Uhr übereinstimmen, da die Buchführung alle Geschäftsvorfälle vollständig aufzeigen muss und es sich bei des "Jahresergebnissen" nur um Zwischenergebnisse handelt.

Ermittlung des Jahresergebnisses 02:
Bei der Ermittlung des Jahresergebnisses 02 ist zu beachten, dass Emsig sein betriebliches Vermögen um 250.000,00 € für private Zwecke gemindert hat.

Kapital zum 31.12. des WJ	155.000,00 €
abzgl. Kapital zum 01.01. des WJ	- 285.000,00 €
zzgl. Wert der privaten Entnahmen	+ 250.000,00 €
abzgl. Wert der Neueinlagen	0,00 €
Jahresergebnis (Gewinn / Verlust)	120.000,00 €

Emsig hat in 02. einen Gewinn von 120.000,00 € erwirtschaftet.

XI.2. Lösungen zu Kapitel V und VI

23. Ein Buchungskonto ist eine zweiseitig geführte Rechnung, auf der innerhalb einer Buchführung alle sachlich zusammenhängenden Geschäftsvorfälle eingetragen (gebucht) werden. Das Buchungskonto hat die Seitenbezeichnungen Soll und Haben. Da in einem Buchungskonto keine Subtraktion möglich ist, entscheidet die Zuordnung zur Soll- oder zur Habenseite eines Buchungskontos, ob sich die Werte erhöhen oder mindern. Die Wirkung der Kontenseiten ist dabei abhängig von der Kontenart.

24. Es wird grob zwischen den Bestandskonten, den Erfolgskonten und den gemischten Konten unterschieden. Dabei stehen die aktiven Bestandskonten für Besitzpositionen, die passiven Bestandskonten für Schuldpositionen mit der Besonderheit des Kapitalkontos, welches inhaltlich für das Nettovermögen des Unternehmers steht, sich aber wie ein passives Bestandskonto verhält. Bei den Erfolgskonten nehmen die Aufwandskonten Vermögensminderungen und Ertragskonten Vermögenserhöhungen auf. Bei den gemischten Konten handelt es sich um aktive Bestandskonten, die buchungstechnisch auch Erfolgsanteile aufgenommen haben. Dieses ist immer dann der Fall, wenn sich Zu- und Abgang auf einem unterschiedlichen Preisniveau bewegen bzw. die Erfolgsanteile erst durch Erfassung der tatsächlichen Endbestände aus den Konten herausgelöst werden müssen. Hier ist z.B. das Wareneinkaufskonto zu nennen, bei dem sich der Warenverbrauch erst nach der Erfassung des Warenendbestandes ermitteln lässt.

25. Zum Ende eines jeden Wirtschaftsjahres werden die Buchungskonten "abgeschlossen". Dazu wird die Summengleichheit der Soll und der Habenseite hergestellt. Da in der Regel eine Seite überwiegt, ist die schwächere Seite auszugleichen. Die Differenz ist bei den Bestandskonten der Endbestand, bei den Erfolgskonten der Endwert. Da jede Eintragung in ein Buchungskonto eine Buchung darstellt, ist eine Gegenbuchung erforderlich, die bei den Bestandskonten auf dem SBK (Schlussbilanzkonto) und bei den Erfolgskonten auf dem G+V - Konto ausgeführt wird. Somit sammeln das SBK die Endbestände der Bestandskonten und das G+V - Konto die Endwerte der Erfolgskonten. Da sich das G+V - Konto nicht automatisch ausgleicht, ist dieser Ausgleich durch Einbuchung des Jahresergebnisses herzustellen. Als Gegenkonto für das Jahresergebnis dient das Kapitalkonto.

26. Ein Buchungssatz ist die verbale Beschreibung eines Buchungsvorganges. Er führt alle angesprochenen Buchungskonten mit ihrer entsprechenden betragsmäßigen Veränderung auf. Hierbei folgt er der Buchungsregel "Sollkonto an Habenkonto". Zu unterscheiden sind die erfolgswirksamen von den erfolgsneutralen Buchungssätzen. Darüber hinaus können die Buchungssätze nach ihrer Größe unterschieden werden. Bei einem einfachen Buchungssatz werden nur zwei Buchungskonten angesprochen (ein Soll-

konto und ein Habenkonto), bei einem zusammengefassten Buchungssatz werden mehr als zwei Buchungskonten angesprochen.

27. Der Kontenrahmen gibt die "Rahmenbedingungen" für das Buchungssystem vor. Der Kontenrahmen unterteilt sich in mehrere Kontenklassen und Kontengruppen, die in der Regel durch ein Nummernsystem die einzelnen Buchungskonten mit Kürzeln belegen und über die Kontenklasse dem Grobraster aktives oder passives Bestandskonto bzw. Aufwands- oder Ertragskonto zuordnen. Der Kontenrahmen gibt somit die sachliche Grundstruktur der Konten vor. Jeder Kaufmann kann sein Buchführungswerk den individuellen Bedürfnissen anpassen, weitere Buchungskonten hinzufügen bzw. Buchungskonten entfernen, solange er sich in dieser Grundstruktur bewegt.

28. Da jede Buchung auf einem Konto eine wertmäßig entsprechende Buchung auf einem Gegenkonto erfordert, müssen in einem Buchungsvorgang die Sollveränderungen betragsmäßig den Habenveränderungen entsprechen, um das Gleichgewicht des Buchführungssystems zu gewährleisten. Dieses Gleichgewicht bezeichnet man auch als Buchungswaage.

29. Erfolgswirksam sind Buchungen, wenn sie sich auf das Nettovermögen auswirken, wenn sie also vermögensverändernd sind. Bei erfolgswirksamen Buchungen werden Aufwands- oder Ertragskonten angesprochen.
Erfolgsneutral sind alle Buchungen, die keinen Einfluss auf das Jahresergebnis haben. Sie bewirken lediglich eine Vermögensumschichtung. Hier sind zu unterscheiden:

Aktivtausch	Es werden nur aktive Bestandskonten angesprochen. **Bank an Forderungen**
Passivtausch	Es werden nur passive Bestandskonten angesprochen. **sonst. Verbindlichkeiten an Darlehen**
Aktiv-Passiv-Mehrung	Es werden aktive und passive Bestandskonten angesprochen und ihre Bestände erhöhen sich. **Fuhrpark an Verbindlichkeiten L+L**
Aktiv-Passiv-Minderung	Es werden aktive und passive Bestandskonten angesprochen und ihre Bestände mindern sich. **Verbindlichkeiten L+L an Bank**

30. Nein, da jede Eintragung in ein Buchungskonto eine Buchung ist, die automatisch zu einer wertmäßig entsprechenden Gegenbuchung führen muss. Vergleiche auch Nr. 28 (Buchungswaage).

31. Bestandskonten sind inventurfähig, Erfolgskonten nicht. Die Bestandskonten stellen das tatsächliche Vermögen dar, wogegen die Erfolgskonten die wertmäßigen Vermögensveränderungen aufnehmen.

32. Das Imparitätsprinzip ist in § 252 Abs. 4 HGB geregelt und wird auch als Vorsichtsprinzip bezeichnet. Es fordert, dass sich der Kaufmann vorsichtig in seiner betrieblichen Vermögensbewertung verhalten muss, mit der Folge, dass er alle wertmindernden Risiken weitestgehend in der Buchführung darstellen muss, auch wenn sie nur in der Zukunft drohen, wogegen noch nicht realisierte Gewinne (Buchgewinne oder stille Reserven) noch nicht ausgewiesen werden dürfen. Voraussetzung für den Ausweis der drohenden Wertminderungen ist, dass der Ursprung für dieses Risiko wirtschaftlich im laufenden oder früheren Wirtschaftsjahren entstanden ist.

33. Den Ausgleich der Bilanzseiten Aktiva und Passiva nimmt in der ersten Eröffnungsbilanz des Unternehmens (bei Aufnahme der unternehmerischen Tätigkeit) das Kapitalkonto vor. Dieser Ausgleich erfolgt noch durch Differenzbildung. Danach beginnt das geschlossene Buchungssystem von Buchung und Gegenbuchung. Solange dieses Buchungssystem eingehalten wird, wird das Gleichgewicht ständig gewahrt. Ausschließliche Vermögensverschiebungen erfolgen nur auf den Konten, die auch in der Bilanz erscheinen, Vermögensveränderungen werden bei dem Abschluss des G+V-Kontos über das Kapitalkonto in den Bilanzbereich übernommen. Somit werden Vermögensveränderungen wieder ausgeglichen.

34. Bei normalen Bestandskonten wird der Endbestand rechnerisch beim Kontenabschluss durch Differenzbildung zwischen der Soll- und Habenseite des Buchungskontos ermittelt. Dieser rechnerische Endbestand muss dann mit dem tatsächlichen Endbestand übereinstimmen.
Bei den gemischten Konten ist der Endbestand immer tatsächlich durch Inventur zu ermitteln und dieser Inventurwert wird in das gemischte Konto eingebucht. Nun erfolgt der Ausgleich des Buchungskontos durch Differenzbildung. Diese Differenz ist der Erfolgsanteil des gemischten Kontos und wird über ein weiteres Erfolgskonto oder das G+V - Konto als Gegenkonto eingebucht.

35. Der Wareneinkauf ist der gesamte Zugang abzgl. Rückgaben an Lieferanten. Der Umsatzerlös ist der gesamte Warenverkauf abzüglich Rückgaben durch den Kunden.
Der Wareneinsatz (WES) ist der tatsächliche Verbrauch an Waren. Er ermittelt sich aus dem Anfangsbestand
zzgl. Wareneinkauf   } = Wareneinsatz
abzgl. Endbestand

36. Der Rohgewinn ist der Überschuss aus dem reinen Warengeschäft. Zur Ermittlung des Rohgewinns werden nur die Erlöse aus den Warenverkäufen (Warenumsatz = WUS) mit den tats. verbrauchten Waren (WES) verglichen.
Warenumsatz (WUS) - Wareneinsatz (WES) = Rohgewinn.

37. Fertige und unfertige Erzeugnisse weisen in ihrem Bestand die selbst hergestellten Wirtschaftsgüter aus, die entweder ganz oder teilweise fertiggestellt sind. Da die selbsterstellten Güter noch im Betrieb vorhanden sind und einen Wert darstellen, sind sie als aktive Bestände zu erfassen. Dieser Vermögensausweis führt nicht zu einer Erfassung bisher nicht realisierter Gewinne, da die Kosten, die zur Herstellung der Güter angefallen sind, bereits in anderen Positionen (Aufwendungen) ergebnismindernd berücksichtigt wurden (z.B. Materialkosten, Lohnkosten, Maschinenkosten usw.). Insoweit werden die Kosten nur neutralisiert.

38. Den Warenverderb und den Diebstahl braucht bzw. kann Fuchs nicht berücksichtigen, da er für ihn zum Teil gar nicht feststellbar ist. Diese "Warenabgänge" gehen jedoch nicht unter, sondern werden durch den verminderten Warenendbestand berücksichtigt. Da der Endbestand mit Diebstahl geringer ist als ohne Diebstahl, erhöht sich der Wareneinsatz und mindert sich automatisch der Rohgewinn.

Beispiel a:

	Warenanfangsbestand	50.000,00 €
+	Wareneinkauf	100.000,00 €
-	Warenendbestand	30.000,00 €
=	Wareneinsatz	120.000,00 €
	Warenverkauf	300.000,00 €
-	Wareneinsatz	120.000,00 €
=	**Rohgewinn**	**180.000,00 €**

Beispiel b:
Wie Beispiel a, doch wurden Waren im Einkaufswert von 10.000,00 € gestohlen. Hierdurch mindert sich der Endbestand von 30.000,00 € auf neu 20.000,00 €.

	Warenanfangsbestand	50.000,00 €
+	Wareneinkauf	100.000,00 €
-	Warenendbestand	20.000,00 €
=	Wareneinsatz	130.000,00 €
	Warenverkauf	300.000,00 €
-	Wareneinsatz	130.000,00 €
=	**Rohgewinn**	**170.000,00 €**

39. Es handelt sich bei den nachstehenden Konten ausschließlich um Bestandskonten, so dass die rechnerischen Endbestände alle über das Schlussbilanzkonto einzubuchen sind. Das Kapitalkonto am Ende des Jahres muss mit dem Kapitalkonto zu Beginn des Jahres übereinstimmen, da es zu keinen

Vermögensveränderungen gekommen ist (es fehlen die Erfolgskonten) und Privatvorgänge ebenfalls nicht angefallen sind.

Soll	Maschinen	Haben		Soll	Forderungen L+L	Haben	
AB	50.000,00			AB	120.000,00		
Zug.	30.000,00	Abg.	15.000,00	Zug.	40.000,00	Abg.	130.000,00
		SBK	65.000,00			SBK	30.000,00
Sum.	**80.000,00**	**Sum.**	**80.000,00**	**Sum.**	**160.000,00**	**Sum.**	**160.000,00**

Soll	Bank	Haben		Soll	Kasse	Haben	
AB	40.000,00			AB	5.000,00		
Zug.	95.000,00	Abg.	60.000,00	Zug.	20.000,00	Abg.	15.000,00
		SBK	75.000,00			SBK	10.000,00
Sum.	**135.000,00**	**Sum.**	**135.000,00**	**Sum.**	**25.000,00**	**Sum.**	**25.000,00**

Soll	Darlehen	Haben		Soll	Verbindlichk. L+L	Haben	
		AB	100.000,00			AB	75.000,00
Abg.	80.000,00			Abg.	100.000,00	Zug.	150.000,00
SBK	20.000,00			SBK	125.000,00		
Sum.	**100.000,00**	**Sum.**	**100.000,00**	**Sum.**	**225.000,00**	**Sum.**	**225.000,00**

Soll	sonst. Verbindlichk.	Haben		Soll	Kapital	Haben	
		AB	20.000,00			AB	20.000,00
Abg.	10.000,00	Zug.	5.000,00				
SBK	15.000,00			SBK	20.000,00		
Sum.	**25.000,00**	**Sum.**	**25.000,00**	**Sum.**	**20.000,00**	**Sum.**	**20.000,00**

Soll	Schlussbilanzkonto (SBK)		Haben
Maschinen	65.000,00	Kapital	20.000,00
Forderungen L+L	30.000,00	Darlehen	20.000,00
Bank	75.000,00	Verbindlichk. L+L	125.000,00
Kasse	10.000,00	sonst. Verbindlichk.	15.000,00
Kontensumme	**180.000,00**	**Kontensumme**	**180.000,00**

Aktiva	Schlussbilanz		Passiva
Maschinen	65.000,00	Kapital	20.000,00
Forderungen L+L	30.000,00	Darlehen	20.000,00
Bank	75.000,00	Verbindlichk. L+L	125.000,00
Kasse	10.000,00	sonst. Verbindlichk.	15.000,00
Bilanzsumme	**180.000,00**	**Bilanzsumme**	**180.000,00**

Da die Schlussbilanz nur eine Vermögenszusammenstellung ist, wird in ihr nicht gebucht. Die Buchungsvorgänge der Abschlussbuchungen vollziehen sich ausschließlich zwischen den einzelnen Bestandskonten und dem Schlussbilanzkonto. Ein Vergleich der Schlussbilanz mit dem SBK zeigt, dass die Schlussbilanz ein Abbild des SBK ist. Es sind nur die Seitenbezeichnungen von Soll und Haben auf Aktiva und Passiva zu ändern.

40a. Eröffnungsbilanz und Konteneröffnung

Aktiva	Eröffnungsbilanz		Passiva
Fuhrpark	30.000,00	Kapital	102.000,00
Betriebs- u. Geschäfts- ausstattung (BGA)	20.000,00		
Bank	50.000,00		
Kasse	2.000,00		
Bilanzsumme	**102.000,00**	**Bilanzsumme**	**102.000,00**

Soll	Eröffnungsbilanzkonto (EBK)		Haben
Kapital	102.000,00	Fuhrpark	30.000,00
		Betriebs- u. Geschäfts- ausstattung (BGA)	20.000,00
		Bank	50.000,00
		Kasse	2.000,00
Kontensumme	**102.000,00**	**Kontensumme**	**102.000,00**

Soll	Fuhrpark	Haben		Soll	BGA	Haben
EBK	30.000,00			EBK	20.000,00	

Soll	Bank	Haben		Soll	Kasse	Haben
EBK	50.000,00			EBK	2.000,00	

Soll	Kapital	Haben
	EBK	102.000,00

40b. Buchungssätze
a.	Bank	100.000,00 €	an Darlehen	100.000,00 €
b.	Wareneinkauf	150.000,00 €	an Vblk. L+L	150.000,00 €
c.	Mietaufwand	5.000,00 €	an Bank	5.000,00 €
d.	Kasse	20.000,00 €		
	Forderungen L+L	150.000,00 €	an Umsatzerlöse	170.000,00 €
	oder			
	Kasse	20.000,00 €	an Umsatzerlöse	20.000,00 €
	Forderungen L+L	150.000,00 €	an Umsatzerlöse	150.000,00 €
e.	Kfz-Kosten	10.000,00 €	an Kasse	10.000,00 €
f.	Bank	15.000,00 €	an Forderungen L+L	15.000,00 €
g.	Umsatzerlöse	20.000,00 €	an Forderungen L+L	20.000,00 €
h.	Vblk. L+L	140.000,00 €	an Bank	140.000,00 €
i.	Zinsaufwand	1.500,00 €	an Bank	1.500,00 €
j.	Privatentnahme	7.000,00 €	an Kasse	7.000,00 €
k.	SBK	50.000,00 €	an Wareneinkauf	50.000,00 €

Konten

Soll	Fuhrpark	Haben		Soll	BGA	Haben	
EBK	30.000,00			EBK	20.000,00		
		SBK	30.000,00			SBK	20.000,00
Sum	30.000,00	Sum	30.000,00	Sum	20.000,00	Sum	20.000,00

Soll	Bank	Haben		Soll	Kasse	Haben	
EBK	50.000,00			EBK	2.000,00		
a	100.000,00	c	5.000,00	d	20.000,00	e	10.000,00
f	15.000,00	h	140.000,00			j	7.000,00
		i	1.500,00				
		SBK	18.500,00			SBK	5.000,00
Sum	165.000,00	Sum	165.000,00	Sum	22.000,00	Sum	22.000,00

Soll	Darlehen	Haben		Soll	Vblk. L+L	Haben	
		a	100.000,00	h.	140.000,00	b	150.000,00
SBK	100.000,00			SBK	10.000,00		
Sum	100.000,00	Sum	100.000,00	Sum	150.000,00	Sum	150.000,00

Soll	Wareneinkauf	Haben		Soll	Umsatzerlöse	Haben	
b	150.000,00	SBK	50.000,00	g	20.000,00	d	170.000,00
		WES	100.000,00	WES	100.000,00		
				Rohgewinn			
				G+V	50.000,00		
Sum	150.000,00	Sum	150.000,00	Sum	170.000,00	Sum	170.000,00

Soll	Forderungen L+L		Haben	Soll	Privatentnahmen		Haben
d	150.000,00	f	15.000,00	j	7.000,00		
		g	20.000,00				
		SBK	115.000,00			Kap.	7.000,00
Sum	150.000,00	Sum	150.000,00	Sum	7.000,00	Sum	7.000,00

Soll	Mietaufwand		Haben	Soll	Kfz-Kosten		Haben
c	5.000,00			e	10.000,00		
		G+V	5.000,00			G+V	10.000,00
Sum	5.000,00	Sum	5.000,00	Sum	10.000,00	Sum	10.000,00

Soll	Zinsaufwand		Haben	Soll	Kapital		Haben
i	1.500,00					EBK	102.000,00
				PE	7.000,00	*Gewinn*	
						G+V	*33.500,00*
		G+V	1.500,00	SBK	128.500		
Sum	1.500,00	Sum	1.500,00	Sum	135.500,00	Sum	135.500,00

Soll	Gewinn + Verlust - Konto (G+V)		Haben
Mietaufwand	5.000,00	Rohgewinn	50.000,00
Kfz - Kosten	10.000,00		
Zinsaufwand	1.500,00		
Gewinn	**33.500,00**		
(Kapitalkonto)			
Kontensumme	**50.000,00**	**Kontensumme**	**50.000,00**

Soll	Schlussbilanzkonto (SBK)		Haben
Fuhrpark	30.000,00	Kapital	128.500,00
Betriebs- u. Geschäfts-ausstattung (BGA)	20.000,00	Darlehen	100.000,00
Waren	50.000,00	Vblk. L+L	10.000,00
Forderungen L+L	115.000,00		
Bank	18.500,00		
Kasse	5.000,00		
Kontensumme	**238.500,00**	**Kontensumme**	**238.500,00**

Aktiva	**Schlussbilanz**		**Passiva**
Fuhrpark	30.000,00	Kapital	128.500,00
Betriebs- u. Geschäfts-ausstattung (BGA)	20.000,00	Darlehen	100.000,00
Waren	50.000,00	Vblk. L+L	10.000,00
Forderungen L+L	115.000,00		
Bank	18.500,00		
Kasse	5.000,00		
Bilanzsumme	**238.500,00**	**Bilanzsumme**	**238.500,00**

40c. Betriebs-Vermögens-Vergleich (BVV)

	Kapital 31.12.	128.500,00 €
	abzgl. Kapital 01.01	102.000,00 €
	zzgl. Privatentnahmen	7.000,00 €
	Gewinn	**33.500,00 €**
Kontrolle:	*Gewinn lt. G+V*	*33.500,00 €*
Wareneinsatz (WES)		
	Anfangsbestand	0,00 €
	zzgl. Zukauf	150.000,00 €
	abzgl. Endbestand	50.000,00 €
	Wareneinsatz	100.000,00 €
Rohgewinn		
	⎰ *Verkauf*	*170.000,00 €* ⎱
	⎱ *abzgl Rückgabe*	*20.000,00 €* ⎰
	Warenumsatz	150.000,00 €
	abzgl. Wareneinsatz	100.000,00 €
	Rohgewinn	50.000,00 €

41a. Eröffnungsbilanz und Konteneröffnung

Aktiva	Eröffnungsbilanz		Passiva
Werkhalle	300.000,00	Kapital	350.000,00
Bürogebäude	150.000,00		
BGA	50.000,00	Darlehen	1.000.000,00
Fuhrpark	20.000,00	Vblk. L+L	500.000,00
Rohstoffe	100.000,00	sonstige Vblk	120.000,00
teilfertige Arbeiten	200.000,00	Steuerschulden	30.000,00
fertige Arbeiten	450.000,00		
Forderungen aus L+L	700.000,00		
Bank	29.000,00		
Kasse	1.000,00		
Bilanzsumme	**2.000.000,00**	**Bilanzsumme**	**2.000.000,00**

Soll	Eröffnungsbilanzkonto (EBK)		Haben
Kapital	350.000,00	Werkhalle	300.000,00
		Bürogebäude	150.000,00
Darlehen	1.000.000,00	BGA	50.000,00
Vblk. L+L	500.000,00	Fuhrpark	20.000,00
sonstige Vblk	120.000,00	Rohstoffe	100.000,00
Steuerschulden	30.000,00	teilfertige Arbeiten	200.000,00
		fertige Arbeiten	450.000,00
		Forderungen aus L+L	700.000,00
		Bank	29.000,00
		Kasse	1.000,00
Kontensumme	**2.000.000,00**	**Kontensumme**	**2.000.000,00**

Soll	Werkhalle	Haben		Soll	Bürogebäude	Haben
EBK	300.000,00			EBK	150.000,00	

Soll	BGA	Haben		Soll	Fuhrpark	Haben
EBK	50.000,00			EBK	20.000,00	

Soll	Rohstoffe(Bestand)	Haben		Soll	teilfertige Arbeit	Haben
EBK	100.000,00			EBK	200.000,00	

Soll	fertige Arbeiten	Haben		Soll	Forderungen L+L	Haben
EBK	450.000,00			EBK	700.000,00	

Soll	Bank	Haben		Soll	Kasse	Haben
EBK	29.000,00			EBK	1.000,00	

Soll	Darlehen	Haben		Soll	Vblk. L+L	Haben
		EBK 1.000.000,00				EBK 500.000,00

Soll	sonstige Vblk	Haben		Soll	Steuerschulden	Haben
		EBK 120.000,00				EBK 30.000,00

Soll	Kapital	Haben
		EBK 350.000,00

41b. **Buchungssätze**
a. Aufwendungen für
   Rohstoffe   400.000,00 €   an Vblk. L+L   400.000,00 €
b. Ford. L+L   1.000.000,00 €   an Umsatzerlöse 1.000.000,00 €
c. Kasse   200.000,00 €   an Bank   200.000,00 €
d. Fuhrpark   180.000,00 €   an Kasse   180.000,00 €
e. Mietaufwand   60.000,00 €   an Bank   60.000,00 €
f. Zinsaufwand   80.000,00 €
   Darlehen   10.000,00 €   an Bank   90.000,00 €
g. Privatentnahmen   15.000,00 €   an Kasse   15.000,00 €
h. Vblk. L+L   520.000,00 €   an Bank   520.000,00 €
i. Bank   950.000,00 €   an Ford. L+L   950.000,00 €

41c. Nebenrechnung (durchzuführen beim Kontenabschluss)

Rohstoffe:
          Endbestand   300.000,00 €
abzgl. Anfangsbestand   100.000,00 €
    = Bestandserhöhung   200.000,00 €
Buchungssatz
j. Rohstoffe (Best.)   200.000,00 € an Bestandsveränd.   200.000,00 €

teilfertige Arbeiten:
          Endbestand   220.000,00 €
abzgl. Anfangsbestand   200.000,00 €
    = Bestandserhöhung   20.000,00 €
Buchungssatz
k. unfertige Erzeugn.   20.000,00 € an Bestandsveränd.   20.000,00 €

fertige Erzeugnisse:
          Endbestand   50.000,00 €
abzgl. Anfangsbestand   450.000,00 €
    = Bestandsminderung   -400.000,00 €
Buchungssatz
l. Bestandsveränd.   200.000,00 € an fertige Erzeugn. 400.000,00 €

Betriebsvermögensvergleich:

         Kapital 31.12.   615.000,00 €
    abzgl. Kapital 01.01.   350.000,00 €
       + Privatentnahmen   15.000,00 €
               Gewinn   280.000,00 €

Kontrolle: Gewinn lt. G+V   280.000,00 €

41b+c. Buchungskonten

Soll	Werkhalle	Haben		Soll	Bürogebäude	Haben
EBK	300.000,00			EBK	150.000,00	
		SBK	300.000,00			SBK	150.000,00
Sum	300.000,00	Sum	300.000,00	Sum	150.000,00	Sum	150.000,00

Soll	BGA	Haben		Soll	Fuhrpark	Haben
EBK	50.000,00			EBK	20.000,00	
				d	180.000,00	
		SBK	50.000,00			SBK	200.000,00
Sum	50.000,00	Sum	50.000,00	Sum	200.000,00	Sum	200.000,00

Soll	Rohstoffe(Bestand)	Haben		Soll	teilfertige Arbeit	Haben
EBK	100.000,00			EBK	200.000,00	
j	200.000,00			k	20.000,00	
		SBK	300.000,00			SBK	220.000,00
Sum	300.000,00	Sum	300.000,00	Sum	220.000,00	Sum	220.000,00

Soll	fertige Arbeiten	Haben		Soll	Forderungen L+L	Haben
EBK	450.000,00			EBK	700.000,00	
		l	400.000,00	b	1.000.000,00	i	950.000,00
		SBK	50.000,00			SBK	750.000,00
Sum	450.000,00	Sum	450.000,00	Sum	1.700.000,00	Sum	1.700.000,00

Soll	Bank	Haben		Soll	Kasse	Haben
EBK	29.000,00			EBK	1.000,00	
i	950.000,00	c	200.000,00	c	200.000,00	d	180.000,00
		e	60.000,00			g	15.000,00
		f	90.000,00				
		h	520.000,00				
		SBK	109.000,00			SBK	6.000,00
Sum	979.000,00	Sum	979.000,00	Sum	201.000,00	Sum	201.000,00

Soll	Darlehen	Haben		Soll	Vblk. L+L	Haben
		EBK	1.000.000,00			EBK	500.000,00
f	10.000,00			h	520.000,00	a	400.000,00
SBK	990.000,00			SBK	380.000,00		
Sum	1.000.000,00	Sum	1.000.000,00	Sum	900.000,00	Sum	900.000,00

Soll	sonstige Vblk	Haben		Soll	Steuerschulden	Haben
	EBK	120.000,00			EBK	30.000,00
SBK	120.000,00			SBK	30.000,00	
Sum	120.000,00 Sum	120.000,00		Sum	30.000,00 Sum	30.000,00

Soll	Aufwendungen für Rohstoffe	Haben		Soll	Bestandsveränd.	Haben
a	400.000,00			l	400.000,00	j 200.000,00
						k 20.000,00
	G+V	400.000,00				G+V 180.000,00
Sum	400.000,00 Sum	400.000,00		Sum	400.000,00 Sum	400.000,00

Soll	Mietaufwand	Haben		Soll	Zinsaufwand	Haben
e	60.000,00			f	80.000,00	
	G+V	60.000,00			G+V	80.000,00
Sum	60.000,00 Sum	60.000,00		Sum	80.000,00 Sum	80.000,00

Soll	Umsatzerlöse	Haben
	b	1.000.000,00
G+V	1.000.000,00	
Sum	1.000.000,00 Sum	1.000.000,00

Soll	Privatentnahmen	Haben		Soll	Kapital	Haben
g	15.000,00				EBK	350.000,00
	Kap.	15.000,00		PE	15.000,00	*Gewinn*
						G+V **280.000,00**
				SBK	615.000,00	
Sum	15.000,00 Sum	15.000,00		Sum	630.000,00 Sum	630.000,00

Soll	Gewinn + Verlust - Konto (G+V)		Haben
Aufwendungen für Rohstoffe	400.000,00	Umsatzerlöse	1.000.000,00
Bestandsveränd.	180.000,00		
Mietaufwand	60.000,00		
Zinsaufwand	80.000,00		
Gewinn (Kapitalkonto)	**280.000,00**		
Kontensumme	**1.000.000,00**	**Kontensumme**	**1.000.000,00**

Soll	Schlussbilanzkonto (SBK)		Haben
Werkhalle	300.000,00	Kapital	615.000,00
Bürogebäude	150.000,00		
BGA	50.000,00	Darlehen	990.000,00
Fuhrpark	200.000,00	Vblk. L+L	380.000,00
Rohstoffe	300.000,00	sonstige Vblk	120.000,00
teilfertige Arbeiten	220.000,00	Steuerschulden	30.000,00
fertige Arbeiten	50.000,00		
Forderungen aus L+L	750.000,00		
Bank	109.000,00		
Kasse	6.000,00		
Kontensumme	**2.135.000,00**	**Kontensumme**	**2.135.000,00**

Aktiva	Schlussbilanz		Passiva
Werkhalle	300.000,00	Kapital	615.000,00
Bürogebäude	150.000,00		
BGA	50.000,00	Darlehen	990.000,00
Fuhrpark	200.000,00	Vblk. L+L	380.000,00
Rohstoffe	300.000,00	sonstige Vblk	120.000,00
teilfertige Arbeiten	220.000,00	Steuerschulden	30.000,00
fertige Arbeiten	50.000,00		
Forderungen aus L+L	750.000,00		
Bank	109.000,00		
Kasse	6.000,00		
Bilanzsumme	**2.135.000,00**	**Bilanzsumme**	**2.135.000,00**

XI.3. Lösungen zu Kapitel VII und VIII

42. Aufwandsteuern dürfen das Jahresergebnis in dem Wirtschaftsjahr, in dem sie entstanden sind, sofort in voller Höhe mindern. Aufwandsteuern fallen regelmäßig immer wieder an und sind durch den Besitz oder Gebrauch der Sache verursacht. Teilweise orientieren sich die Verbrauchssteuern auch an der wirtschaftlichen Leistungsfähigkeit des Unternehmens. Typische Beispiele sind die Gewerbesteuer und die Kfz-Steuer für den betrieblichen Fuhrpark.
Aktivierungspflichtig sind Steuern hingegen, wenn sie einmalig durch den Anschaffungsvorgang begründet werden. In diesen Fällen stellen sie Anschaffungsnebenkosten dar und erhöhen den Wert des Wirtschaftsgutes in der Buchführung. Sind die Steuern beim Erwerb eines abnutzbaren Wirtschaftsgutes angefallen, entfalten sie über die jährlich zu berücksichtigenden Wertminderungen (AfA; siehe Kapitel IX.3.) ebenfalls eine Gewinnminderung. Die häufigste zu aktivierende Steuer ist die Grunderwerbsteuer, die mit 3,5 % bei der Übertragung von Grundbesitz anfällt.

43. Jeder Selbständige, der nachhaltig zur Erzielung von Einnahmen tätig wird, ist Unternehmer. Leistungen die er gegenüber Dritten bewirkt (Lieferungen oder sonstige Leistungen) stellen für ihn Ausgangsleistungen dar, die immer der Umsatzsteuer unterliegen, wenn sie im Inland gegen Entgelt ausgeführt werden und nicht gem. § 4 UStG von der Umsatzsteuer befreit sind.
Erhält der Unternehmer Eingangsleistungen in sein Unternehmen und hat er an den Leistenden den Rechnungsbetrag mit Umsatzsteuer zu zahlen, so kann er diese Umsatzsteuer als Vorsteuer abziehen. Er bekommt insoweit eine Erstattung bzw. Anrechnung auf die eigene Umsatzsteuerschuld durch das Finanzamt.
Erhält der Unternehmer Leistungen für seinen Privatbereich, ist diese Vorsteuer nicht abziehbar. Er wird insoweit nicht besser gestellt als andere private Endverbraucher auch.

44. Die Umsatzsteuer entsteht mit Ablauf des Voranmeldungszeitraumes, für den der Unternehmer die Höhe seiner Umsätze, die darauf entfallende Umsatzsteuer und den Vorsteueranspruch erklären muss. Je nach Größe des Unternehmens sind die Voranmeldungen monatlich der quartalsweise jeweils zum 10. des Folgemonats abzugeben. In Ausnahmefällen reicht eine jährliche Erklärung.

45. Die Grunderwerbsteuer und die Gerichts- und Notarkosten sind als Anschaffungsnebenkosten zu aktivieren und erhöhen somit den Wert des Grundstücks. In der Laufenden Buchhaltung sind die Beträge in den Zeitpunkt zu erfassen, in dem sie entstehen. Im Folgejahr ist der Grundbesitz dann mit dem zusammengefassten Wert auszuweisen.

Buchungssätze:
a. 15.03. Bank   900.000,00 €   an Darlehen   900.000,00 €
b. 16.03. Grund und Boden   800.000,00 €   an Bank   800.000,00 €
c. 20.03. Grund und Boden   28.000,00 €   an Bank   28.000,00 €
d. 29.03. Grund und Boden   40.000,00 €   an Bank   40.000,00 €

laufende Buchungen:
e. Grundstückskosten   15.000,00 €   an Bank   15.000,00 €
f. Zinsaufwand   38.000,00 €
   Darlehen   6.000,00 €   an Bank   44.000,00 €

Soll	Bank	Haben		Soll	Grund und Boden	Haben	
		EBK	50.000,00	b	800.000,00		
a	900.000,00	b	800.000,00	c	28.000,00		
		c	28.000,00	d	44.000,00		
		d	40.000,00				
		e	15.000,00				
		f	44.000,00				
SBK	**77.000,00**					**SBK**	**872.000,00**
Sum	977.000,00	Sum	977.000,00	Sum	872.000,00	Sum	872.000,00

Soll	Darlehen	Haben	
f	6.000,00	a	900.000,00
SBK	**894.000,00**		
Sum	900.000,00	Sum	900.000,00

Soll	Grundstückskosten	Haben		Soll	Zinsaufwand	Haben	
e	15.000,00			f	38.000,00		
		G+V	**15.000,00**			G+V	**38.000,00**
Sum	15.000,00	Sum	15.000,00	Sum	38.000,00	Sum	38.000,00

Soll	Gewinn + Verlust - Konto (G+V)		Haben
Grundstückskosten	15.000,00		
Zinsaufwand	38.000,00		
⋮			
⋮			
Kontensumme		**Kontensumme**	

Soll	Schlussbilanzkonto (SBK)		Haben
Grund und Boden	872.000,00	Kapital	....
⋮		Darlehen	894.000,00
⋮		Bank	77.000,00
⋮		⋮	
Kontensumme		**Kontensumme**	

46. Buchungssätze:

a. Privatentnahmen 70.000,00 € an Bank 70.000,00 €
b. Grundstückskosten 30.000,00 € an Bank 30.000,00 €
c. GewSt-Aufwand 50.000,00 € an Bank 50.000,00 €
d. Kfz-Steuer 120.000,00 € an Bank 120.000,00 €
e. Privatentnahme 5.000,00 € an Bank 5.000,00 €
f. Privatentnahme 7.000,00 € an Bank 7.000,00 €
g. Bank 70.000,00 € an Neueinlage 70.000,00 €

Soll	Grundstückskosten	Haben		Soll	GewSt-Aufwand	Haben
b	30.000,00			c	50.000,00	
		G+V	**30.000,00**			G+V	**50.000,00**
Sum	30.000,00	Sum	30.000,00	Sum	50.000,00	Sum	50.000,00

Soll	Kfz-Steuer	Haben		Soll	Bank	Haben
d	120.000,00					a	70.000,00
		G+V	**120.000,00**			b	30.000,00
Sum	120.000,00	Sum	120.000,00			c	50.000,00
						d	120.000,00
						e	5.000,00
Soll	Neueinlagen	Haben		g	70.000,00	f	7.000,00
		g	70.000,00		:		:
Kapital 70.000,00				Sum	X	Sum	X
Sum	70.000,00	Sum	70.000,00				

Soll	Privatentnahmen	Haben		Soll	Kapital	Haben
a	70.000,00					EBK	.....
e	5.000,00			Privatentnahme		Neueinlage	
f	7.000,00			82.000,00		70.000,00	
		Kapital 82.000,00					
Sum	82.000,00	Sum	82.000,00	Sum	X	Sum	X

Die Behauptung von RR stimmt nicht. Er hat dem Betrieb insgesamt 82.000,00 € für private Zwecke entzogen und nur 70.000,00 € wieder hinzugeführt. Per Saldo hat er das betriebliche Vermögen um 12.000,00 € aus privaten Gründen gemindert.

47. Ermittlung der Steuerbeträge:

	Nettoumsätze	USt	Nettoausgaben	Vorst	Zahlbetrag
01	100.000,00	16.000,00	50.000,00	8.000,00	8.000,00
02	250.000,00	40.000,00	75.000,00	12.000,00	28.000,00
03	50.000,00	8.000,00	30.000,00	4.800,00	3.200,00
04	120.000,00	19.200,00	20.000,00	3.200,00	16.000,00
05	150.000,00	24.000,00	58.000,00	9.280,00	14.720,00
06	300.000,00	48.000,00	40.000,00	6.400,00	41.600,00
07	75.000,00	12.000,00	80.000,00	12.800,00	- 800,00
08	16.000,00	2.560,00	100.000,00	16.000,00	- 13.440,00
09	300.000,00	48.000,00	40.000,00	6.400,00	41.600,00
10	100.000,00	16.000,00	20.000,00	3.200,00	12.800,00
11	350.000,00	56.000,00	35.000,00	5.600,00	50.400,00
12	200.000,00	32.000,00	220.000,00	35.200,00	- 3.200,00

Soll	Umsatzsteuer		Haben	Soll	Vorsteuer		Haben
		01	16.000,00	01	8.000,00		
		02	40.000,00	02	12.000,00		
		03	8.000,00	03	4.800,00		
		04	19.200,00	04	3.200,00		
		05	24.000,00	05	9.280,00		
		06	48.000,00	06	6.400,00		
		07	12.000,00	07	12.800,00		
Vorsteuer		08	2.560,00	08	16.000,00		
	122.880,00	09	48.000,00	09	6.400,00		
Umsatzsteuer-		10	16.000,00	10	3.200,00		
vorauszahlungen		11	56.000,00	11	5.600,00	Umsatzsteuer	
	202.080,00	12	32.000,00	12	35.200,00		122.880,00
		so. Ford.	3.200,00				
Sum	324.960,00	Sum	324.960,00	Sum	122.880,00	Sum	122.880,00

Soll	USt-Vorauszahl.		Haben	Soll	sonst. Vblk.		Haben
01	8.000,00			10.01. für 12/02		EBK	26.000,00
02	28.000,00			(Bank)	25.000,00		
03	3.200,00			20.06. für Jahres			
04	16.000,00			steuer 02			
05	14.720,00			(Bank)	1.000,00		
06	41.600,00	07	800,00				
09	41.600,00	08	13.440,00	Sum	26.000,00	Sum	26.000,00
10	12.800,00						
11	50.400,00	Umsatzsteuer		Soll	sonstige Ford.		Haben
			202.080,00	USt	3.200,00	SBK	3.200,00
Sum	216.320,00	Sum	216.320,00	Sum	3.200,00	Sum	3.200,00

48. KK wird in Rechnungskreisen buchen. Dabei ist es sinnvoll, zunächst die Eingangs- und Ausgangsrechnungen zu buchen und erst danach die Geldbewegungen. Um Doppelerfassungen bei den Geldbewegungen zu vermeiden, sind Übertragungen von einem Geldkonto auf ein anderes Geldkonto unter Zwischenbuchung auf dem Konto Geldtransit durchzuführen.

Rechnungskreis 1 (Ausgangsrechnungen)

1a.	Forderungen L+L	11.600,00 €	an div. Erträge	10.000,00 €
			Umsatzsteuer	1.600,00 €
1b.	Forderungen L+L	580,00 €	an div. Erträge	500,00 €
			Umsatzsteuer	80,00 €
1c.	Forderungen L+L	29.000,00 €	an div. Erträge	25.000,00 €
			Umsatzsteuer	4.000,00 €
1d.	Forderungen L+L	58.000,00 €	an div. Erträge	50.000,00 €
			Umsatzsteuer	8.000,00 €
1e.	Forderungen L+L	3.480,00 €	an div. Erträge	3.000,00 €
			Umsatzsteuer	480,00 €
1f.	Forderungen L+L	4.640,00 €	an div. Erträge	4.000,00 €
			Umsatzsteuer	640,00 €

Rechnungskreis 2 (Eingangsrechnungen)

2a.	div. Aufwend.	1.500,00 €	an Vblk. L+L	1.740,00 €
	Vorsteuer	240,00 €		
2b.	div. Aufwend.	70.000,00 €	an Vblk. L+L	81.200,00 €
	Vorsteuer	11.200,00 €		
2c.	div. Aufwend.	600,00 €	an Vblk. L+L	696,00 €
	Vorsteuer	96,00 €		
2d.	div. Aufwend.	200,00 €	an Vblk. L+L	232,00 €
	Vorsteuer	32,00 €		
2e.	div. Aufwend.	8.000,00 €	an Vblk. L+L	9.280,00 €
	Vorsteuer	1.280,00 €		

Rechnungskreis 3 (Kasse)

3a.	Kasse	1.000,00 €	an EBK	1.000,00 €
3b.	div. Aufwend.	50,00 €	an Kasse	50,00 €
3c.	div. Aufwend.	700,00 €	an Kasse	812,00 €
	Vorsteuer	112,00 €		
3d.	div. Aufwend.	300,00 €	an Kasse	300,00 €
3e.	Kasse	500,00 €	an Geldtransit	500,00 €
3f.	div. Aufwend.	300,00 €	an Kasse	348,00 €
	Vorsteuer	48,00 €		
3g.	Kasse	3.480,00 €	an Forderungen L+L	3.480,00 €
3h.	Geldtransit	3.000,00 €	an Kasse	3.000,00 €
3i.	SBK	470,00 €	an Kasse	470,00 €

Rechnungskreis 4 (Sparkasse)
4a. EBK	25.000,00 €	an	Sparkasse	25.000,00 €
4b. Vblk. L+L	1.740,00 €	an	Sparkasse	1.740,00 €
4c. Geldtransit	500,00 €	an	Sparkasse	500,00 €
4d. Sparkasse	11.600,00 €	an	Forderungen L+L	11.600,00 €
4e. Sparkasse	4.640,00 €	an	Forderungen L+L	4.640,00 €
4f. Sparkasse	11.000,00 €	an	SBK	11.000,00 €

Rechnungskreis 5 (Deutsche Bank [DtB])
5a. DtB	1.000,00 €	an	EBK	1.000,00 €
5b. Vblk. L+L	696,00 €	an	DtB	696,00 €
5c. DtB	30.000,00 €	an	Forderungen L+L	30.000,00 €
5d. DtB	3.000,00 €	an	Geldtransit	3.000,00 €
5e. DtB	5.500,00 €	an	Geldtransit	5.500,00 €
5f. Vblk. L+L	232,00 €	an	DtB	232,00 €
5g. DtB	28.000,00 €	an	Forderungen L+L	28.000,00 €
5h. Vblk. L+L	81.200,00 €	an	DtB	81.200,00 €
5i. Vblk. L+L	9.280,00 €	an	DtB	9.280,00 €
5j. DtB	23.908,00 €	an	SBK	23.908,00 €

Rechnungskreis 6 (Volksbank)
6a. Volksbank	5.000,00 €	an	EBK	5.000,00 €
6b. Volksbank	580,00 €	an	Forderungen L+L	580,00 €
6c. Geldtransit	5.500,00 €	an	Volksbank	5.500,00 €
6d. Privatentnahme	4.000,00 €	an	Volksbank	4.000,00 €
6f. Volksbank	3.920,00 €	an	SBK	3.920,00 €

Der Saldo der Bankkonten ist das Anfangskapital von KK, da er über keine anderen Anlagegüter verfügt.
Der Anfangsbestand ergibt sich mit - 18.000,00 € (Kasse + 1.000,00 €; Deutsche Bank + 1.000,00 €; Volksbank + 5.000,00 € und Sparkasse - 25.000,00 €) und ist einzubuchen über:

7 Kapital	18.000,00 €	an	EBK	18.000,00 €.

Buchungskonten:

Soll	div Aufwendungen		Haben		Soll	div Erträge		Haben
2a	1.500,00						1a	10.000,00
2b	70.000,00						1b	500,00
2c	600,00						1c	25.000,00
2d	200,00						1d	50.000,00
2e	8.000,00						1e	3.000,00
3b	50,00						1f	4.000,00
3c	700,00					G+V	92.500,00	
3d	300,00							
3f	300,00	G+V	81.650,00		Sum	92.500,00	Sum	92.500,00
Sum	81.650,00	Sum	81.650,00					

Soll	Umsatzsteuer		Haben		Soll	Vorsteuer		Haben
		1a	1.600,00		2a	240,00		
		1b	80,00		2b	11.200,00		
		1c	4.000,00		2c	96,00		
		1d	8.000,00		2d	32,00		
		1e	480,00		2e	1.280,00		
Vorst.	13.008,00	1f	640,00		3c	112,00		
so. Vblk.	1.792,00				3f	48,00	USt	13.008,00
Sum	14.800,00	Sum	14.800,00		Sum	13.008,00	Sum	13.008,00

Soll	Forderungen L+L		Haben		Soll	Vblk. L+L		Haben
1a	11.600,00	4d	11.600,00		4b	1.740,00	2a	1.740,00
1b	580,00	6b	580,00		5h	81.200,00	2b	81.200,00
1c	29.000,00				5b	696,00	2c	696,00
1d	58.000,00	5c	30.000,00		5f	232,00	2d	232,00
		5g	28.000,00		5i	9.280,00	2e	9.280,00
1e	3.480,00	3g	3.480,00					
1f	4.640,00	4e	4.640,00		Sum	93.148,00	Sum	93.148,00
		SBK	29.000,00					
Sum	107.300,00	Sum	107.300,00					

Soll	Sparkasse		Haben		Soll	Volksbank		Haben
4d	11.600,00	EBK	25.000,00		EBK	5.000,00	6c	5.500,00
4e	4.640,00	4b	1.740,00		6b	580,00	6d	4.000,00
SBK	11.000,00	4c	500,00		SBK	3.920,00		
Sum	27.240,00	Sum	27.240,00		Sum	9.500,00	Sum	9.500,00

Soll	Kasse		Haben	Soll	Deutsche Bank		Haben
EBK	1.000,00	3b	50,00	EBK	1.000,00	5b	696,00
3e	500,00	3c	812,00	5c	30.000,00	5f	232,00
3g	3.480,00	3d	300,00	5d	3.000,00	5h	81.200,00
		3f	348,00	5e	5.500,00	5i	9.280,00
		3h	3.000,00	5g	28.000,00		
		SBK	**470,00**			SBK	**23.908,00**
Sum	4.980,00	Sum	4.980,00	Sum	91.408,00	Sum	91.408,00

Soll	Geldtransit		Haben	Soll	sonst. Vblk		Haben
3h	3.000,00	3e	500,00			USt	1.792,00
4c	500,00	5d	3.000,00	SBK	**1.792,00**		
6c	5.500,00	5e	5.500,00				
Sum	9.000,00	Sum	9.000,00	Sum	1.792,00	Sum	1.792,00

Soll	Kapital		Haben	Soll	Privatentnahmen		Haben
EBK	18.000,00			6d	4.000,00		
PE	4.000,00	Gewinn				Kapital	**4.000,00**
		G+V	10.850,00				
		SBK	**11.150,00**				
Sum	22.000,00	Sum	22.000,00	Sum	4.000,00	Sum	4.000,00

Soll	G+V Konto		Haben	Soll	EBK		Haben
div Aufwend.		div. Erträge		Spar	25.000,00	DtB	1.000,00
	81.650,00		92.500,00			Volksb	5.000,00
Gewinn						Kasse	1.000,00
Kapital	**10.850,00**					Kapital	18.000,00
Sum	92.500,00	Sum	92.500,00	Sum	25.000,00	Sum	25.000,00

Soll	SBK		Haben
Ford.	29.000,00		
Kasse	470,00		
		Spar	11.000,00
Kapital	11.150,00	DtB	23.908,00
		Volksb	3.920,00
		so. Vblk.	1.792,00
Sum	40.620,00	Sum	40.620,00

Betriebs-Vermögens-Vergleich
Kapital 31.12.	-11.150,00
- Kapital 01.01.	+ 18.000,00
+ Privatentnahmen	4.000,00
= Gewinn	10.850,00

Kontrolle
Gewinn lt. G+V   10.850,00

49a. Mit den erhaltenen Anzahlungen hat die HTBS einen Leistungsrückstand. Sie hat ihre Leistung erst dann erbracht, wenn sie das fertige Werk (Brücke) mängelfrei übergibt. Der tatsächliche Geldeingang führt daher zu einer entsprechenden Schuldposition, die bei Leistungsbewirkung gegen die neu entstandene Forderung aufzulösen ist (siehe Buchung d + e).
Die Anzahlungen unterliegen bereits der Umsatzsteuer.

Anzahlungen
a. Bank   1.160.000,00 €   an erhalt. Anzahlung 1.160.000,00 €
   USt auf Anz.   160.000,00 €   an USt   160.000,00 €
b. Bank   1.160.000,00 €   an erhalt. Anzahlung 1.160.000,00 €
   USt auf Anz.   160.000,00 €   an USt   160.000,00 €
c. Bank   580.000,00 €   an erhalt. Anzahlung   580.000,00 €
   USt auf Anz.   80.000,00 €   an USt   80.000,00 €

Schlussrechnung
d. Ford. L+L   4.060.000,00 €   an Umsatzerlöse   3.500.000,00 €
                                       USt   560.000,00 €
e. erhalt. Anzahl. 2.900.000,00 €   an Ford. L+L   2.900.000,00 €
   USt   400.000,00 €   an USt auf Anz.   400.000,00 €

Scheckzahlung
f. Scheckforderung 1.160.000,00 €   an Ford. L+L   1.160.000,00 €
g. Bank   1.160.000,00 €   an Scheckforderung   1.160.000,00 €

49b. Anzahlungen öffentliche Aufträge
h. Bank   3.480.000,00 €   an erhalt. Anzahlung 3.480.000,00 €
   USt auf Anz.   480.000,00 €   an USt   480.000,00 €

Soll	erhaltene Anzahl.		Haben	Soll	USt auf Anzahl.		Haben
		a	1.160.000,00	a	160.000,00		
		b	1.160.000,00	b	160.000,00		
e	2.900.000,00	c	580.000,00	c	80.000,00	e	400.000,00
		h	3.480.000,00	h	480.000,00		
SBK	3.480.000,00					SBK	480.000,00
Sum	6.380.000,00	Sum	6.380.000,00	Sum	880.000,00	Sum	880.000,00

Soll	Bank		Haben	Soll	USt		Haben
a	1.160.000,00	EBK	200.000,00			a	160.000,00
b	1.160.000,00					b	160.000,00
c	580.000,00					c	80.000,00
g	1.160.000,00			e	400.000,00	d	560.000,00
h	3.480.000,00			sonst Vblk		h	480.000,00
		SBK	7.350.000,00		1.040.000,00		
Sum	7.540.000,00	Sum	7.540.000,00	Sum	1.440.000,00	Sum	1.440.000,00

Soll	Umsatzerlöse	Haben		Soll	Scheckforderung	Haben
		d 3.500.000,00		f 1.160.000,00		g 1.160.000,00
G+V 3.500.000,00						
Sum 3.500.000,00		Sum 3.500.000,00		Sum 1.160.000,00		Sum 1.160.000,00

Soll	Forderungen L+L	Haben		Soll	sonst. Vblk.	Haben
d 4.060.000,00		e 2.900.000,00				USt 1.040.000,00
		f 1.160.000,00				
				SBK 1.040.000,00		
Sum 4.060.000,00		Sum 4.060.000,00		Sum 1.040.000,00		Sum 1.040.000,00

Soll	G+V - Konto		Haben
:		Umsatzerlöse	3.500.000,00
:		:	
:		:	
Kontensumme	**X**	**Kontensumme**	**X**

Soll	Schlussbilanzkonto (SBK)		Haben
USt auf Anzahlungen	480.000,00	Kapital	....
Bank	7.350.000,00	erhaltene Anzahlungen	3.480.000,00
		sonst. Verbindlichkeiten	1.140.000,00
:		:	
:		:	
Kontensumme	**Y**	**Kontensumme**	**Y**

50a. Da FF seinen Firmensitz in Düsseldorf (NRW) hat, schuldet er zusammen mit den Arbeitnehmern die gesamten Sozialversicherungsbeiträge zu je ½. Die in den Lohnabrechnungen angegebenen Sozialversicherungsbeiträge stellen also nur 50 % der Gesamtbeiträge dar. Die Arbeitgeberanteile sind noch in gleicher Höhe zu ergänzen. Die Lohnabzugsbeträge behält FF nur treuhänderisch ein und muss sie zur Mitte des Folgemonats für die Arbeitnehmer an die Sozialkasse (Krankenkasse) bzw. an das Finanzamt weiterleiten. Hieraus ergeben sich folgende Buchungen:

    a. Löhne + Gehälter   210.000,00 € an Vblk. Mitarbeiter 125.780,00 €
                                                                  Vblk. Sozial-
                                                                   versicherungsträger 43.000,00 €
                                                                 Vblk. gegenüber
                                                                Finanzamtbehörden 41.220,00 €
    b. Arbeitgeberanteile zur
       Sozialversicherung   43.000,00 € an Vblk. Sozial-
                                                                versicherungsträger 43.000,00 €

Gewinnauswirkung:
Die Gewinnauswirkung beträgt - 253.000,00 € und ergibt sich aus den Konten Löhne + Gehälter und Arbeitgeberanteile zur Sozialversicherung.

50b. Der Abschlag des Arbeitnehmers NN stellt für FF einen Anspruch auf Arbeitsleistung (Forderung) dar, der als Vermögensposition auszuweisen ist, bis der Lohnzahlungszeitraum, für den die Vorauszahlung geleistet wurde, abgelaufen ist. (Anmerkung: Lohnvorauszahlungen können bereits vorzeitig eine Lohnsteuer für den Arbeitnehmer auslösen, welches hier jedoch nicht behandelt werden soll.)

<u>Abschlag Dezember:</u>
a. Forderungen gegenüber
　Mitarbeitern　　　　1.000,00 €　an Kasse　　　　　　1.000,00 €

<u>Dezemberlohn:</u>
b. Löhne + Gehälter　　2.200,00 €　an Vblk. Mitarbeiter　　1.360,70 €
　　　　　　　　　　　　　　　　　　Vblk. Sozial-
　　　　　　　　　　　　　　　　　　versicherungsträger　　450,00 €
　　　　　　　　　　　　　　　　　　Vblk. gegenüber
　　　　　　　　　　　　　　　　　　Finanzamtbehörden　　389,30 €

c. Arbeitgeberanteile zur
　Sozialversicherung　　450,00 €　an Vblk. Sozial-
　　　　　　　　　　　　　　　　　　versicherungsträger　　450,00 €

d. Vblk. Mitarbeiter　　1.000,00 €　an Forderungen gegenüber
　　　　　　　　　　　　　　　　　　Mitarbeitern　　　　　1.000,00 €

<u>Abschlag Januar 02:</u>
e. Forderungen gegenüber
　Mitarbeitern　　　　2.500,00 €　an Kasse　　　　　　2.500,00 €

<u>Gewinnauswirkung:</u>
Aus dem gesamten Vorgang ergibt sich nur eine Gewinnauswirkung aus dem Buchungsvorgang Dezemberlohn.
Die Gewinnauswirkung beträgt -2.650,00 € und bildet sich aus den Konten Löhne und Gehälter (2.200,00 €) und Arbeitgeberanteile zur Sozialversicherung (450,00 €).

XI.4. Lösungen zu Kapitel IX

51. Bei der von TT zu leistenden Garantie handelt es sich um eine ungewisse Verbindlichkeit, die TT einzulösen hat (Garantieverpflichtung) und der er sich tatsächlich nicht entziehen kann. Diese Verpflichtung ist im Wege einer Rückstellung zu berücksichtigen, da sie betragsmäßig noch nicht genau beziffert werden kann, und sie tatsächlich als einklagbare Schuld noch nicht vorhanden ist. Sie ist abhängig von ggfls. eintretenden Schadensfällen.
Da das Risiko wirtschaftlich in 04 verursacht wurde, muss TT aufgrund des Imparitätsprinzips eine entsprechende "Schuld" und Ergebnisminderung berücksichtigen. Die Rückstellung ist auf den Nettoumsatz zu berechnen, wobei die voraussichtliche Höhe des Risikos nach den betrieblichen Erfahrungssätzen geschätzt werden kann. Umsatzsteuerminderungen oder Vorsteuerabzüge sind nicht zu berücksichtigen, da es sich nicht um eine Minderung der Ausgangsleistung handelt.
Für die steuerrechtliche Bewertung ist das Abzinsungsgebot gem. § 6 Abs. 1 Nr. 3a EStG zu beachten, da die Verpflichtung nicht kürzer als 1 Jahr währt.

Berechnung:	**Handelsrecht**	**Steuerrecht**
Bruttoumsätze	5.800.000,00 €	5.800.000,00 €
Nettoumsätze	5.000.000,00 €	5.000.000,00 €
Risiko 4 %	200.000,00 €	200.000,00 €
Abzinsung 5,5% (1/1,055 = 0,947867)		189.573,46 €

In der Handelsbilanz zum 31.12.04 muss die Garantierückstellung mit 200.000,00 € ausgewiesen werden, wogegen in der Steuerbilanz ein Ausweis mit 189.573,46 € erfolgt. Insoweit weichen Handels- und Steuerbilanz voneinander ab. Je nach vorhandener Rückstellung aus den Vorjahren ergeben sich folgende Abläufe:

a. Rückstellung bisher 250.000,00 €
Rückstellung bisher	250.000,00 €
Rückstellung neu	200.000,00 €
Minderung	50.000,00 €

Buchungssatz:
Garantierückstellung   50.000,00 € an Erträge aus der Auflösung von
                                    Rückstellungen   50.000,00 €
Die Gewinnauswirkung beträgt + 50.000,00 €.

b. Rückstellung bisher 170.000,00 €
Rückstellung bisher	170.000,00 €
Rückstellung neu	200.000,00 €
Erhöhung	30.000,00 €

Buchungssatz:
Zuführung zur Rückstellung
für Gewährleistungen
(sonst. Aufwendungen)   30.000,00 € an Garantie-
                                    rückstellungen   30.000,00 €
Die Gewinnauswirkung beträgt - 30.000,00 €.

52. Es sind noch folgende Jahresabschlussarbeiten durchzuführen:

a. Prozesskosten:
Bei den Prozesskosten handelt es sich um ungewisse Verbindlichkeiten, die im Wege einer Rückstellung berücksichtigt werden müssen. Die Rückstellung darf jedoch nur insoweit angesetzt werden, als sie wirtschaftlich in 02 entstanden ist und tatsächlich eine Belastung für PP eintreten wird. Die voraussichtliche Versicherungserstattung ist also von den Nettokosten abzuziehen. Die Rückstellung ist mit 5.000,00 € zu bemessen.

Rechts- und
Beratungskosten   5.000,00 €   an   sonstige Rückstellungen   5.000,00 €
(Gewinnauswirkung: - 5.000,00 €)

b. Sicherheitsprüfung:
Die gesetzlich vorgeschriebenen Sicherheitsprüfungen hätten in 02 durchgeführt werden müssen und sind wirtschaftlich somit in 02 entstanden. Da bisher noch keine Eingangsleistungen in das Unternehmen des PP vorliegen, scheiden ein Ausweis als Verbindlichkeit und ein Vorsteuerabzug aus. Die voraussichtlich anfallenden Kosten sind über sonstige Rückstellungen zu erfassen.

sonstige
Aufwendungen   20.000,00 €   an   sonstige Rückstellungen   20.000,00 €
(Gewinnauswirkung: - 20.000,00 €)

c. Kfz-Steuer:
Bei der Kfz-Steuer handelt es sich um einen zeitraumbezogenen Aufwand. Da die Aufwendungen im 02 beglichen wurden, aber in das Wirtschaftsjahr 03 hineinwirken, sind sie wirtschaftsjahrbezogen abzugrenzen. Die Grundsätze der periodengerechten Gewinnermittlung verlangen, dass nur der Aufwand / Ertrag im Wirtschaftsjahr angesetzt wird, der in diesem Jahr auch wirtschaftlich entstanden ist. Die bisher gebuchten Aufwendungen sind über eine entsprechende Rechnungsabgrenzung zu korrigieren.

Berechnung:

tatsächliche Aufwendungen	24.000,00 €
Dauer der Aufwandswirkung	12 Monate
anteilige Aufwand je Monat	2.000,00 €
Anteil für 02 (09 - 12)	4 Monate
Aufwand für 02	8.000,00 €
bisher erfasster Aufwand	24.000,00 €
Rechnungsabgrenzung	16.000,00 €

aktive Rechnungs-
abgrenzung (RA)   16.000,00 €   an   Kfz-Steuer   16.000,00 €
(Gewinnauswirkung: + 16.000,00 €)

d. Gewerbesteuer:

Die Gewerbesteuer ist eine betriebliche Aufwandssteuer, die mit Ablauf des Kalenderjahres entsteht. Die voraussichtliche Gewerbesteuerbelastung ist daher ggfls. im Wege einer Rückstellung zu berücksichtigen.

Bei der Berechnung der Gewerbesteuerrückstellung ist zunächst von einem ohne Gewerbesteuer belasteten Jahresergebnis auszugehen. Die so errechnete Steuer ist dann mit den bisher geleisteten und bereits in der laufenden Buchführung berücksichtigten Gewerbesteuervorauszahlungen zu vergleichen. Das bisherige Jahresergebnis ist hier zunächst um die Gewinnauswirkungen der Jahresabschlussbuchungen weiterzuentwickeln.

Gewinn vor Abschlussbuchungen		350.500,00 €
eingetretene Gewinnänderungen:		
Prozesskosten	- 5.000,00 €	
Wartung und Prüfung	- 20.000,00 €	
Kfz-Steuer	+ 16.000,00 €	
Änderungen gesamt	- 9.000,00 €	- 9.000,00 €
vorläufiger Gewinn nach Abschlussbuchungen		341.500,00 €
Gewerbesteuerrückstellungsberechnung:		
vorläufiger Gewinn		341.500,00 €
zzgl. gebuchter Gewerbesteuervorauszahlungen		50.000,00 €
Ausgangsbasis		391.500,00 €
Rundung		391.500,00 €
abzgl. Freibetrag		- 24.500,00 €
maßgebender Betrag		367.000,00 €
Staffeltarif:		
	(367.000,00)	
	(-) 12.000,00 * 1%	120,00 €
	(-) 12.000,00 * 2%	240,00 €
	(-) 12.000,00 * 3%	360,00 €
	(-) 12.000,00 * 4%	480,00 €
	319.000,00 * 5 %	15.950,00 €
vorläufiger Messbetrag gesamt		17.150,00 €
* Hebesatz von Pforzheim	400 %	
vorläufige Gewerbesteuerschuld		68.600,00 €
* Divisor	1 / 1,2	
{1 / [1 + (max. %-Satz Staffel * Hebesatz / 10.000)]}		
{1 / [1 + (5 * 400 / 10.000)]}		
voraussichtliche Gewerbesteuerschuld		57.166,00 €
abzgl. bisher geleistete Vorauszahlungen		- 50.000,00 €
voraussichtlich noch zu zahlen (Rückstellung)		7.166,00 €

Buchung:
GewSt-Aufwand   7.166,00 €   an GewSt-Rückst.   7.166,00 €
(Gewinnauswirkung: - 7.166,00 €)

Berechnung des endgültigen Gewinns:
Gewinn vor Abschlussbuchungen   350.500,00 €
eingetretene Gewinnänderungen:
Prozesskosten   - 5.000,00 €
Wartung und Prüfung   - 20.000,00 €
Kfz-Steuer   + 16.000,00 €
GewSt Rückstellung   - 7.166,00 €
Änderungen gesamt   - 16.166,00 €   - 16.166,00 €
vorläufiger Gewinn nach Abschlussbuchungen   334.334,00 €

Kontrollrechnung Gewerbesteuer:
Ausgangsbasis   334.334,00 €
Rundung   334.300,00 €
abzgl. Freibetrag   - 24.500,00 €
maßgebender Betrag   309.800,00 €
Staffeltarif: (309.800,00)
                          (-) 12.000,00 * 1%   120,00 €
                          (-) 12.000,00 * 2%   240,00 €
                          (-) 12.000,00 * 3%   360,00 €
                          (-) 12.000,00 * 4%   480,00 €
                              261.800,00 * 5 %   13.090,00 €
Messbetrag gesamt   14.290,00 €
* Hebesatz von Pforzheim   400 %
Gewerbesteuerschuld   57.160,00 €
(Gewerbesteuer lt. Rückstellungsberechnung   57.166,00 €)

53. SK hat nicht berücksichtigt, dass er einen Auszahlungsverlust (Einmalzins, Damnum) von 10.000,00 € vereinbart hatte. Die Rückzahlungsverpflichtung gegenüber seiner Bank beträgt nicht wie gebucht 490.000,00 €, sondern 500.000,00 €. Das von der Bank einbehaltene Damnum ist in seiner Aufwandswirkung auf die Laufzeit des Darlehens zu verteilen. Für SK ergeben sich daher nachfolgende Korrekturen:
    1. Korrektur Darlehnsauszahlung:
    Zinsaufwand   10.000,00 €   an Darlehen   10.000,00 €
    (Gewinnauswirkung: - 10.000,00 €)
    2. Abgrenzung des Damnums:
    Damnum   10.000,00 €
    Laufzeit   60 Monate
    Anteil für 01(10-12)   3/60
    Anteil in €   500,00 €
    bisher gebucht   10.000,00 €
    aktive Rechnungsabgrenzung   9.500,00€

    aktive RA   9.500,00 €   an Zinsaufwand   9.500,00 €
    (Gewinnauswirkung: + 9.500,00 €)

54. Um ein möglichst niedriges Jahresergebnis zu erreichen, muss, wenn möglich, die degressive Abschreibung in Anspruch genommen werden (bewegliche Wirtschaftsgüter des abnutzbaren Anlagevermögens). Bei alten Wirtschaftsgütern ist von der degressiven zur linearen Abschreibung zu wechseln, wenn die verbleibende Nutzungsdauer 5 Jahre und kürzer ist. Bei Anschaffungen im Laufe des Wirtschaftsjahres wird von der Vereinfachungsregel der R 44 Abs. 2 Satz 3 EStR (1999) Gebrauch gemacht mit der Folge, dass für die Anschaffungen der ersten Jahreshälfte die gesamte Jahresabschreibung beansprucht wird und für Anschaffungen der zweiten Jahreshälfte 50 % der Jahresabschreibung. Liegt der Anschaffungswert eines einzelnen selbständig nutzbaren Wirtschaftsgut unter 410,00 € netto, ist das Bewertungswahlrecht des § 6 Abs. 2 EStG auszuüben.

1. Buchungsvorgänge:
a. Erwerb der Lieferwagen:

28.06.	Fuhrpark	30.000,00 €	an Vblk. L+L	34.800,00 €
	Vorsteuer	4.800,00 €		
03.07.	Fuhrpark	30.000,00 €	an Vblk. L+L	34.800,00 €
	Vorsteuer	4.800,00 €		
01.12.	Fuhrpark	30.000,00 €	an Vblk. L+L	34.800,00 €
	Vorsteuer	4.800,00 €		

(Gewinnauswirkung: Alle Buchungen ohne Gewinnauswirkung)

b. Verkauf Lkw 1:
Beim Verkauf von Anlagegütern ist zu beachten, dass das Wirtschaftsgut mit dem noch vorhandenen "Buchwert" als Abgang auf dem Anlagekonto erfasst wird. Übersteigt der Nettoverkaufspreis diesen Wert, wird ein Gewinn realisiert. Ist der Verkaufspreis niedriger als der "Buchwert", ist der Restbetrag erfolgswirksam (als Aufwand) zu erfassen.
Die Veräußerungsvorgänge unterliegen als betriebliche Ausgangsleistung der Umsatzsteuer.
Zunächst ist die anteilige Jahres-AfA von 2.858,00 € (24.500,00 * 20 % für 7 Monate) zu erfassen. Hieraus ergibt sich eine Gewinnauswirkung von – 2.858,00 € und ein Restbuchwert von 21.642,00 €.

10.07.	Ford. L+L	30.160,00 €	an Fuhrpark	21.642,00 €
			Erträge aus dem Abgang von Vermögensgegenständen	4.358,00 €
			Umsatzsteuer	4.160,00 €

(Gewinnauswirkung: + 4.358,00 €)

c. Alarmanlagen und Tischrechner:
Alle Gegenstände sind eigenständig nutzbar. Die Einzelpreise betragen netto 300,00 € für die Alarmanlage und 40,00 € für einen Tischrechner. Es handelt sich somit um geringwertige Wirtschaftsgüter, wobei die Tischrechner

sofort als Aufwand gebucht werden können. Die Alarmanlagen hingegen sind zunächst als GWG zu erfassen.

GWG's	900,00 €	an	Vblk. L+L	1.044,00 €
Vorsteuer	144,00 €			

(Gewinnauswirkung: keine)

Büromaterial	400,00 €	an	Vblk. L+L	464,00 €
Vorsteuer	64,00 €			

(Gewinnauswirkung: - 400,00 €)

d. gebrauchter Pkw:
Der gebrauchte Pkw ist als Anlagezugang zu aktivieren.

10.01.	Fuhrpark	40.000,00 €	an	Vblk. L+L	46.400,00 €
	Vorsteuer	6.400,00 €			

(Gewinnauswirkung: keine)

e. Totalschaden:
Da der Pkw durch den Unfall wertlos geworden ist, ist er auf dem Konto Fuhrpark als Abgang auszuweisen.

außerplanmäßige AfA	51.000,00 €	an	Fuhrpark	51.000,00 €

(Gewinnauswirkung: - 51.000,00 €)

2. Ermittlung der Abschreibungswerte:

a. Ladeneinbauten und Zeiterfassung (lineare Abschreibung)
Die Ladeneinbauten sind weiterhin mit 10.000,00 € abzuschreiben. Die AfA für die Zeiterfassung ist jedoch auf 999,00 € begrenzt. 1,00 € bleibt als Erinnerungswert im Buchungskonto vorhanden. Da zum 01.01.06 für die Zeiterfassung nur noch ein Buchwert von 1.000,00 € zu Buche steht, kann nur der Restbetrag von 999,00 € als AfA angesetzt werden.

Betriebs- und Geschäftsausstattung:
Wert 01.01.06:	41.000,00 €
AfA	- 10.999,00 €
Wert 31. 12.06:	30.001,00 €

AfA	10.999,00 €	an	BGA[56]	10.999,00 €

(Gewinnauswirkung: - 10.999,00 €)

b. Lkw und Pkw:
Bei den Lieferwagen handelt es sich um abnutzbare Wirtschaftsgüter des beweglichen Anlagevermögens. Sie können daher degressiv abgeschrieben

---

[56] Betriebs- und Geschäftsausstattung

werden. Der lineare Abschreibungssatz beträgt 12,5% (100 / 8 Jahre), wodurch die degressive AfA mit 20% (2* lineare AfA = 25% aber max. 20%) = 6.000,00 € je neu angeschafften Lieferwagen zu berücksichtigen ist. Im Jahr der Anschaffung ist die Abschreibung nur zeitanteilig zu gewähren. Durch die Inspruchnahme der Vereinfachungsregel (1. bzw. 2. Jahreshälfte) ergibt für ein Fahrzeug der volle Jahresabschreibungsbetrag und für 2 Fahrzeuge die halben Abschreibungsbeträge. Ebenso ist das erworbene Gebrauchtfahrzeug abzuschreiben, bei dem jedoch nur die lineare AfA in Betracht kommt.

Der bereits vorhandene Lkw 2 wurde bisher degressiv abgeschrieben. Da die Restnutzungsdauer des Lkw zum 01.01.06 nur noch 4 Jahre beträgt, ergibt sich ein linearer Abschreibungssatz von 25 %. Der maximale degressive Abschreibungssatz liegt jedoch nur bei 20%, so dass ein Wechsel von der degressiven zur linearen Abschreibung günstiger ist.

Lieferwagen alt:
Buchwert 01.01.06   24.500,00 €
Restnutzungsdauer   4 Jahre
Abschreibung linear $^1/_4$ 6.125,00 €
Lieferwagen neu: (degressive Abschreibung)
28.06. (1. Jahreshälfte) 30.000,00 € * 20%   =   6.000,00 €
03.07. (2. Jahreshälfte) 30.000,00 € * 20 % * ½ =   3.000,00 €
01.12. (2. Jahreshälfte) 30.000,00 € * 20 % * ½ =   3.000,00 €
Pkw gebraucht:
10.01. (1. Jahreshälfte) 40.000,00 € * 25%   =   10.000,00 €
                                                 Gesamt: 28.125,00 €
    AfA   28.125,00 €   an   Fuhrpark   28.125,00 €
(Gewinnauswirkung: - 28.125,00 €)

Entwicklung der Vermögensposition Fuhrpark:
Wert 01.01.06:   100.000,00 €   (Lkw 1+2 und Pkw)
Abgang 03.01.   - 51.000,00 €   Pkw und Unfall
Zugang 10.01.   40.000,00 €   Pkw
Zugang 28.06.   30.000,00 €   Lkw
Zugang 03.07.   30.000,00 €   Lkw
Abgang 10.07.   - 21.642,00 €   Verkauf Lkw (Buchwertabgang)
Zugang 01.12.   30.000,00 €   Lkw
AfA   - 30.983,00 €   AfA (28.125,00 + 2.858,00 Lkw verkauft)
Buchwert 31.12.   126.375,00 €

c. Geringwertige Wirtschaftsgüter:
Da ein möglichst geringes Jahresergebnis erreicht werden soll, ist für die GWG's das Bewertungswahlrecht gem. § 6 Abs. 2 EStG auszuüben. Die GWG's sind in voller Höhe abzuschreiben.
    AfA GWG's   900,00 €   an   GWG's   900,00 €
(Gewinnauswirkung: - 900,00 €)

55. Als Kaufmann ist GT verpflichtet, sein Vermögen vorsichtig zu bewerten. Hierzu gehört auch die Prüfung der Werthaltigkeit noch offener Forderungen. Ist der Wert einer einzelnen Forderung nicht bekannt, so ist der gesamte Forderungsbestand zum Bilanzstichtag nach den Erfahrungssätzen der letzten Jahre zu beurteilen. Das Ausfallrisiko der letzten Jahre wurde mit 0,5% ermittelt. Dieses Risiko ist auf den Nettoforderungsbestand zum Stichtag zu übertragen. Das Ausfallrisiko wird in das "passive Bestandskonto" pauschale Wertberichtigung (PWB) eingestellt. Der Kontenabschluss erfolgt für dieses Konto über das Schlussbilanzkonto. Es ist jedoch zu beachten, dass in der Schlussbilanz keine aktive Vermögensposition durch einen passiven Wertansatz korrigierte werden darf. In der Schlussbilanz sind also die Forderungen mit der PWB zu saldieren. Es handelt sich dabei nicht um eine unzulässige Verrechnung von Vermögenspositionen, da es sich nur um den Wert einer Position (Forderungen) handelt. Aus Praktikabilitätsgründen sollte das Konto PWB aber immer eigenständig über das SBK abgeschlossen werden, damit der Saldo im Folgejahr als Eröffnungswert verfügbar ist.

Eine Umsatzsteuerberichtigung kommt bei Forderungsbewertungen noch nicht in Betracht, da sie nach § 17 UStG erst erlaubt ist, wenn sich die Bemessungsgrundlage für den Umsatz tatsächlich geändert hat.

<u>Ermittlung der Wertberichtigung:</u>
Forderungsbestand 31.12.:   1.740.000,00 € (brutto)
darin enthaltene Umsatzsteuer: 240.000,00 €
Forderungsbestand netto: 1.500.000,00 €
Ausfallrisiko: 0,5 %
Ausfallrisiko in €:   7.500,00 €

durchzuführende Buchungen:
<u>a. Veräußerungen:</u>
Forderungen L+L   4.640.000,00 €   an Umsatzerlöse   4.000.000,00 €
                                      Umsatzsteuer   640.000,00 €

<u>b. Kundenzahlungen:</u>
Gesamtforderungen: 4.640.000,00 €
Endbestand: <u>1.740.000,00 €</u>
somit bezahlt: <u>2.900.000,00 €</u>

Bank   2.900.000,00   an Ford. L+L   2.900.000,00 €

<u>c. Forderungsbewertung:</u>
Abschreibung auf
Forderungen   7.500,00 €   an pauschale Wertberich-
                                      tigung (PWB)   7.500,00 €

Kontenmäßige Darstellungen:

Soll	Umsatzsteuer	Haben		Soll	Umsatzerlöse	Haben	
		a	640.000,00			a	4.000.000,00
				G+V	4.000.000,00		
Sum		Sum		Sum	4.000.000,00	Sum	4.000.000,00

Soll	Forderungen	Haben		Soll	Bank	Haben	
a	4.640.000,00	b	2.900.000,00	b	2.900.000,00		
		SBK	1.740.000,00				
Sum	4.640.000,00	Sum	4.640.000,00	Sum		Sum	

Soll	Pauschale Wertber.	Haben		Soll	AfA auf Ford.	Haben	
		c	7.500,00	c	7.500,00		
SBK	7.500,00					G+V	7.500,00
Sum	7.500,00	Sum	7.500,00	Sum	7.500,00	Sum	7.500,00

Soll	SBK	Haben		Soll	G+V	Haben	
:		:		AfA Ford.		Umsatzerl.	
Ford.	1.740.000,00	PWB	7.500,00		7.500,00		4.000.000,00
:		:		:		:	
:		:		:		:	
Sum		Sum		Sum		Sum	

Aktiva	Schlussbilanz		Passiva
Forderungen L+L 1.732.500,00 €			
Ford. 1.740.000,00 €			
abzgl. PWB - 7.500,00 €			
Ansatz 1.732.500,00 €			

56a. Nach dem Imparitätsprinzip sind alle Vermögenspositionen vorsichtig zu bewerten (siehe auch Nr. 55). Der Kaufmann darf sich letztlich nicht reicher machen, als er ist. Dem folgend, sind die Forderungen möglichst zutreffend zu bewerten. Soweit einzelne Risiken bekannt sind, sind die Forderungen auch einzelnen zu bewerten. Für die verbleibenden Forderungen ist ein allgemeines Ausfallrisiko anzusetzen. LL hätte bereits in den Vorjahren diese Risiken berücksichtigen müssen. (§ 253 Abs. 3 HGB)
Die Forderung Schmoll ist als gefährdete Forderung kenntlich zu machen und von dem Konto Forderungen L+L auf das Konto zweifelhafte Forderungen umzubuchen. In diesem Buchungsvorgang liegt keine Gewinnauswirkung, es handelt sich nur um einen Aktivtausch.

Die Umsatzsteueränderung ist bereits zu berücksichtigen, da sich LL mit Schmoll auf eine Rechnungsminderung geeinigt hat.

Buchungsvorgänge:
a. Verjährte Forderungen:
Die verjährten Forderungen sind gewinnmindernd auszubuchen. Der ursprünglich erfasste Ertrag wird nicht mehr eintreten, und ist somit zurückzunehmen. Da sich für diese Forderungen auch die umsatzsteuerliche Bemessungsgrundlage ändert (Wert der Gegenleistung = 0,00 €), ist die Umsatzsteuer entsprechend zu berichtigen (§ 17 UStG).

Forderungen 01.01.:	232.000,00 €
bezahlt:	208.800,00 €
verjährt brutto	23.200,00 €
darin enthaltene USt	3.200,00 €

Abschreibung auf
Forderungen   20.000,00 €
USt   3.200,00 €   an Forderungen   23.200,00 €
(Gewinnauswirkung: - 20.000,00 €)

b. Schmoll:
Umbuchung in zweifelhafte Forderungen

zweifelhafte Ford.   116.000,00 €   an Ford. L+L   116.000,00 €
(Gewinnauswirkung: keine)

Bewertung:
Forderung brutto	116.000,00 €
Forderung netto	100.000,00 €
Wert 20 %	20.000,00 €
Risiko	80.000,00 €

Abschreibung auf
Forderungen   80.000,00 €   an Einzelwertberichtigung (EWB)   80.000,00 €
(Gewinnauswirkung: - 80.000,00 €)

c. Bewertung des restlichen Bestandes:
Der restliche Bestand ermittelt sich wie folgt:

Saldo vor Umbuchungen:	1.299.200,00 €
abzgl. Verjährung:	- 23.200,00 €
abzgl. einzeln bewertete Ford.	- 116.000,00 €
Saldo Bruttoforderungen neu	1.160.000,00 €
Saldo Nettoforderungen	1.000.000,00 €

Das allgemeine Ausfallrisiko beträgt 2 % (10.000,00 € von 500.000,00 €) und berechnet sich daher auf 20.000,00 € (1.000.000,00 € * 2%).

Abschreibung auf
Forderungen   20.000,00 €   an pauschale Wertberich-
                                     tigung (PWB)   20.000,00 €
(Gewinnauswirkung: - 20.000,00 €)

56b. Bei den Zahlungseingängen in 09 sind die Wertberichtigungen der Forderungen zum 31.12.08 zu berücksichtigen. D.h., der Zahlungseingang Schmoll ist mit der Ursprungsforderung und der gebildeten Einzelwertberichtigung zu vergleichen, und beim Zahlungseingang (-ausfall) Nörgel ist die im Vorjahr gebildete pauschale Wertberichtigung zu beachten.

a. Zahlungseingang Schmoll:
Mit dem Eingang von 34.800,00 € soll die gesamte noch offene Forderung beglichen sein. D.h., die restliche Forderung ist aus dem Konto auszubuchen. Zusammen mit der Forderung ist auch die zugehörige Wertberichtigung aufzulösen. Da nunmehr eine Änderung der Bemessungsgrundlage eingetreten ist, ist die Umsatzsteuer gem. § 17 UStG zu berichtigen (mindern).

	netto	USt	brutto
Ursprungsforderung:	100.000,00 €	16.000,00 €	116.000,00 €
tats. Geldeingang:	30.000,00 €	4.800,00 €	34.800,00 €
Forderungsausfall:	70.000,00 €		
USt - Berichtigung:		11.200,00 €	

Da bisher eine Einzelwertberichtigung von 80.000,00 € (Gewinnminderung) gebildet wurde, ist die Wertkorrektur in 08 um 10.000,00 € zu hoch ausgefallen. Die nun eingegangenen Mehrbeträge sind daher als periodenfremde Erträge gewinnerhöhend zu berücksichtigen.

Bank   34.800,00 €
Einzelwertberichtigung
(EWB)   80.000,00 €
USt   11.200,00 € an zweifelhafte
                                    Forderungen   116.000,00 €
                                    periodenfremde
                                    Erträge   10.000,00 €

Kontrolle Buchungswaage:
Summe Soll   *126.000,00 €*   *Summe Haben*   *126.000,00 €*
(Gewinnauswirkung: + 10.000,00 €)

b. Zahlungseingang Nörgel:
Nörgel hat zulässig die Rechnung um 3% gekürzt. Auch hierin liegt eine Minderung der Bemessungsgrundlage gem. § 17 UStG. Die Umsatzsteuer ist entsprechend zu mindern.
Die Rechnungskürzung würde normal auch zu einer Ertragsminderung führen, doch ist diese Kürzung zunächst mit den pauschalen Wertminderungen des Vorjahres zu verrechnen. Erst hierüber hinausgehende Beträge würden in 09 eine Aufwandswirkung entfalten.

	netto	USt	brutto
Ursprungsforderung:	500.000,00 €	80.000,00 €	580.000,00 €
Kürzung:	15.000,00 €	2.400,00	17.400,00 €
Geldeingang:			562.600,00 €
Auflösung PWB:	15.000,00 €		
USt - Berichtigung:		2.400,00 €	

Bank	562.600,00 €		
USt	2.400,00 €		
PWB	15.000,00 €	an Ford. L+L	580.000,00 €

Kontrolle Buchungswaage:
Summe Soll   580.000,00 €   Summe Haben   580.000,00 €
(Gewinnauswirkung: keine)

56c. Zum 31.12.09 ist der neue Forderungsbestand unter Berücksichtigung des allgemeinen Ausfallrisikos zu bewerten (2%). Zu beachten ist aber, dass der ermittelte Wertberichtigungsbetrag den Endsaldo des Kontos PWB darstellt. Ist aus dem Vorjahr noch ein Saldo PWB vorhanden, darf nur die Differenz zum errechneten Wert eingestellt werden.

Forderungsbewertung:
Forderungsbestand 31.12.:	870.000,00 € (brutto)
darin enthaltene Umsatzsteuer:	120.000,00 €
Forderungsbestand netto:	750.000,00 €
Ausfallrisiko:	2,0 %
Ausfallrisiko in €:	15.000,00 €
Pauschale Wertberichtigung 01.01.:	20.000,00 €
in 09 verbraucht:	15.000,00 €
noch vorhanden:	5.000,00 €
Wertberichtigung 31.12.:	15.000,00 €
Erhöhung PWB:	10.000,00 €

Abschreibung auf
Forderungen   10.000,00 €   an pauschale Wertberichtigung (PWB)   10.000,00 €

(Gewinnauswirkung: - 10.000,00 €)

57. Für die Warenbewertung stehen der Allchemie mehrere Bewertungsverfahren zur Verfügung. Auf Grund der Lagerorte ist für die Körnerprodukte und die übrigen Feststoffe eine Verbrauchsfolgebewertung vorzunehmen, wogegen bei den Flüssigkeiten eine Durchschnittsbewertung anzuwenden ist.

Bewertung im Einzelnen:
a. Flüssigkeiten

Da die Flüssigkeiten in den Behältern ständig gemischt werden, kann dem noch vorhandenen Vorrat kein zuverlässiger Einkaufspreis zugeordnet werden. Als Basiswert der noch vorhandenen Bestandseinheiten ist daher ein Durchschnittswert zu ermitteln, der sich entweder ausschließlich aus den durchschnittlichen Anschaffungskosten der Flüssigkeiten ergibt (jährliche Durchschnittsbewertung), oder aus den Anschaffungskosten unter Berücksichtigung der zwischenzeitlichen Verbräuche (permanente Durchschnittsbewertung).

b. Silobestände

Hier bietet sich als Verbrauchsfolgebewertung das Fifo-Verfahren (first in - first out) an, da die zuerst geliefert Ware zwangsläufig auch zuerst wieder verbraucht wird. Der noch vorhandene Bestand wäre mit den letzten Anschaffungskosten zu bewerten.

c. Gitterbox

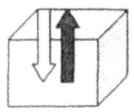
Auch bei den übrigen Feststoffen bildet die Verbrauchsfolge den zuverlässigsten Wert. Hier werden jedoch die zuletzt gelieferten Waren als erstes wieder verbraucht, so dass das Lifo-Verfahren (last in - first out) zur Anwendung kommt.

Bei allen Bewertungsmethoden ist jedoch zu beachten, dass der dem Vorrat beigelegte Einzelpreis nicht über dem am Stichtag gültigen aktuellen Tagespreis liegen darf. Dieser bildet aufgrund des Niederstwertprinzips (§ 253 Abs. 3 Satz 1 HGB) die Bewertungsobergrenze.

Steuerliche Besonderheit:
Von den Verbrauchsfolgebewertungen ist steuerlich gem. § 6 Abs.1 Nr. 2a EStG nur das Lifo-Verfahren zulässig.
Ergänzung:
Bei Unternehmern, die nicht nach dem HGB, sondern nach der Abgabenordnung buchführungspflichtig sind, darf der niedrigere Teilwert nur noch angesetzt werden, wenn der Wertverlust von Dauer ist. Kurzfristige Preisschwankungen nach unten dürfen sich bei den steuerlichen Bewertungen nicht niederschlagen (§6 Abs. 1 Nr. 2 EStG).
{Anwendung ab dem Wirtschaftsjahr 2000 mit Sonderregelung für Gewinn, die durch eine evtl. Wertaufholung entstehen. Siehe hierzu § 52 Abs. 16 EStG}

58. Bei dem Goldfischbestand handelt es sich um Umlaufvermögen des MM. Zur Bewertung stehen ihm mehrere Bewertungsmethoden zur Verfügung. MM hat jedoch das Niederstwertprinzip zu beachten.

Wertermittlungen:

a. jährlicher Durchschnittswert:

Datum	Menge Einkauf	Preis je Stück	Wert Einkauf
01.01.	200	5,00 €	1.000,00 €
08.03.	300	5,50 €	1.650,00 €
01.05.	100	5,20 €	520,00 €
01.06.	500	4,90 €	2.450,00 €
15.09.	250	5,30 €	1.325,00 €
28.12	400	5,60 €	2.240,00 €
Summe	1.750		9.185,00 €

jährlicher Durchschnittswert je Goldfisch	5,25 €	(9.185,00 / 1.750)
Bestand	500	Goldfische
Bestandswert	**2.625,00 €**	

b. permanenter Durchschnittswert:

Die erzielten Verkaufspreise sind für die Warenbewertung ohne Bedeutung. Entscheidend sind nur die Einkaufspreise, wobei die Warenabgänge immer mit dem aktuellen Durchschnittswert anzusetzen sind.

Dat.	Menge Einkauf	Preis/ Stück	Menge Verkauf	Preis/ Stück	Best.-wert	Best. Menge	Durch-schnitt
01.01.	200	5,00			1.000,00	200	5,00
10.02.			120	5,00	400,00	80	5,00
08.03.	300	5,50			2.050,00	380	5,39
10.04.			230	5,39	810,30	150	5,39
20.04.			80	5,39	379,10	70	5,39
01.05.	100	5,20			899,10	170	5,29
01.06.	500	4,90			3.349,10	670	5,00
23.08.			470	5,00	999,10	200	5,00
15.09.	250	5,30			2.324,10	450	5,16
04.10.			200	5,16	1.290,10	250	5,16
27.11.			150	5,16	516,60	100	5,16
28.12	400	5,60			2.756,60	500	5,51

Der Bestandswert ermittelt sich auf **2.756,60 €.**

c. periodisches Fifo-Verfahren

Beim periodischen Fifo-Verfahren werden nur die letzten Zugänge herangezogen. Veräußerungen bleiben außer Betracht.

Dat.	Menge Einkauf	Preis/ Stück	Bestandswert
28.12	400	5,60	2.240,00 €
15.09.	100	5,30	530,00 €
	Bestandswert		**2.770,00 €**

d. permanentes Fifo-Verfahren:

Beim permanenten Fifo-Verfahren sind auch die Bestandsabgänge zu berücksichtigen. Der aktuelle Einkaufspreis ist ständig fortzuschreiben.

Dat.	Menge Einkauf	Preis/ Stück	Menge Verkauf	Preis/ Stück	Bestand	Bemerkung
01.01.	200	5,00			200	(zu 5,00 €)
10.02.			120	5,00	80	(zu 5,00 €)
08.03.	300	5,50				
10.04			80	5,00		EK v.01.01. verbraucht
10.04.			150	5,50	150	(zu 5,50 €)
20.04.			80	5,50	70	(zu 5,50 €)
01.05.	100	5,20				
01.06.	500	4,90				
23.08.			70	5,50		EK 08.03. verbraucht
23.08.			100	5,20		EK 01.05. verbraucht
23.08.			300	4,90	200	(zu 4,90 €)
15.09.	250	5,30				
04.10.			200	4,90		EK 01.06. verbraucht
27.11.			150	5,30	**100**	(zu 5,30 €)
28.12	**400**	**5,60**				

Anzusetzen sind:
400 Goldfische zu 5,60 € = 2.240,00 € und
100 Goldfische zu 5,30 € = 530,00 €
Bestandswert somit **2.770,00 €**

e. periodisches Lifo-Verfahren:

Beim periodischen Lifo-Verfahren werden nur die ersten Zugänge herangezogen. Veräußerungen bleiben außer Betracht. Der Anfangsbestand ist als "erster Zugang" in die Berechnung einzubeziehen.

Dat.	Menge Einkauf	Preis/ Stück	Bestands- wert
01.01	200	5,00	1.000,00 €
08.03.	300	5,50	1.650,00 €
	Bestandswert		**2.650,00 €**

f. permanentes Lifo-Verfahren:

Beim permanenten Lifo-Verfahren sind auch die Bestandsabgänge zu berücksichtigen. Der aktuelle Einkaufspreis ist ständig fortzuschreiben.

Dat.	Menge Einkauf	Preis/ Stück	Menge Verkauf	Preis/ Stück	Bestand	Bemerkung
01.01.	200	5,00			200	
10.02.			120	5,00	80	zu 5,00 €
08.03.	300	5,50			380	
10.04.			230	5,50	150	
					80	zu 5,00 €
					70	zu 5,50 €
20.04.			70	5,50		08.03. verbraucht
20.04.			10	5,00	70	zu 5,00 €
01.05.	100	5,20			170	
01.06.	500	4,90			670	
23.08.			470	4,90	200	
					70	zu 5,00 €
					100	zu 5,20 €
					30	zu 4,90 €
15.09.	250	5,30			450	
04.10.			200	5,30	250	
27.11.			50	5,30		15.09. verbraucht
27.11.			30	4,90		01.06. verbraucht
27.11.			70	5,20	100	
					30	zu 5,20 €
					70	zu 5,00 €
28.12	400	5,60			500	
					30	zu 5,20 €
					70	zu 5,50 €
					400	zu 5,60 €

Anzusetzen sind:
30 Goldfische zu 5,20 € = 156,00 €
70 Goldfische zu 5,50 € = 385,00 €
400 Goldfische zu 5,60 € = 2.240,00 €
Bestandswert somit **2.781,00 €**

g. Ermittlung des Niederstwertes:
Der Niederstwert ergibt sich aus dem Zeitwert zum Bilanzstichtag.
Die Zeitwerte betragen:
a. 500 Goldfische je 5,50 € = 2.750,00 €
b. 500 Goldfische je 5,20 € = 2.600,00 €
c. 500 Goldfische je 5,60 € = 2.800,00 €

Zusammenfassung:
Als mögliche Wertansätze ergeben sich:
jährlicher Durchschnittswert   2.625,00 €
permanenter Durchschnittswert   2.756,60 €
periodisches Fifo-Verfahren   2.770,00 €
permanentes Fifo-Verfahren   2.770,00 €
periodisches Lifo-Verfahren   2.650,00 €
permanentes Lifo-Verfahren   2.781,00 €

1. möglichst hoher Wertansatz:
Wenn MM ein möglichst hohes Ergebnis ausweisen will, muss er nach dem permanenten Lifo-Verfahren bewerten. Es errechnet sich ein Wertansatz von 2.781,00 €. Dieser Wertansatz ist mit dem niedrigeren Zeitwert zu vergleichen, der zwingend anzusetzen wäre.

Als Warenbestand sind anzusetzen:
a. 2.750,00 €, da der Zeitwert anzusetzen ist.
b. 2.600,00 €, da der Zeitwert anzusetzen ist.
c. 2.781,00 €, da der Zeitwert höher ist. Der höhere Zeitwert darf nicht angesetzt werden, da es sonst zum Ausweis nicht realisierter Gewinn kommt.

2. möglichst niedriger Wertansatz:
Wenn MM ein möglichst niedriges Ergebnis ausweisen will, muss er sich für das jährliche Durchschnittsverfahren entscheiden. Es errechnet sich ein Wertansatz von 2.625,00 €. Dieser Wertansatz ist mit dem niedrigeren Zeitwert zu vergleichen, der zwingend anzusetzen wäre.

Als Warenbestand sind anzusetzen:
a. 2.625,00 €, da der Zeitwert höher ist.
b. 2.600,00 €, da der Zeitwert anzusetzen ist (Niederstwert).
c. 2.625,00 €, da der Zeitwert höher ist.

A Anhang

A.1. Auszug aus dem Handelsgesetzbuch (HGB)

§ 1 Istkaufmann

(1) Kaufmann im Sinne dieses Gesetzbuchs ist, wer ein Handelsgewerbe betreibt.
(2) Handelsgewerbe ist jeder Gewerbebetrieb, es sei denn, dass das Unternehmen nach Art oder Umfang einen in kaufmännischer Weise eingerichteten Geschäftsbetrieb nicht erfordert.

§ 2 Kannkaufmann

Ein gewerbliches Unternehmen, dessen Gewerbebetrieb nicht schon nach § 1 Abs. 2 Handelsgewerbe ist, gilt als Handelsgewerbe im Sinne dieses Gesetzbuchs, wenn die Firma des Unternehmens in das Handelsregister eingetragen ist. Der Unternehmer ist berechtigt, aber nicht verpflichtet, die Eintragung nach den für die Eintragung kaufmännischer Firmen geltenden Vorschriften herbeizuführen. Ist die Eintragung erfolgt, so findet eine Löschung der Firma auch auf Antrag des Unternehmers statt, sofern nicht die Voraussetzung des § 1 Abs. 2 eingetreten ist.

§ 5 Kaufmann kraft Eintragung

Ist eine Firma im Handelsregister eingetragen, so kann gegenüber demjenigen, welcher sich auf die Eintragung beruft, nicht geltend gemacht werden, dass das unter der Firma betriebene Gewerbe kein Handelsgewerbe sei.

§ 6 Handelsgesellschaften; Vereine

(1) Die in betreff der Kaufleute gegebenen Vorschriften finden auch auf die Handelsgesellschaften Anwendung.
(2) Die Rechte und Pflichten eines Vereins, dem das Gesetz ohne Rücksicht auf den Gegenstand des Unternehmens die Eigenschaft eines Kaufmanns beilegt, bleiben unberührt, auch wenn die Voraussetzungen des § 1 Abs. 2 nicht vorliegen.

§ 17 Begriff

(1) Die Firma eines Kaufmanns ist der Name, unter dem er seine Geschäfte betreibt und die Unterschrift abgibt.
(2) Ein Kaufmann kann unter seiner Firma klagen und verklagt werden.

§ 18 Kennzeichnung der Firma

(1) Die Firma muss zur Kennzeichnung des Kaufmanns geeignet sein und Unterscheidungskraft besitzen.
(2) Die Firma darf keine Angaben enthalten, die geeignet sind, über geschäftliche Verhältnisse, die für die angesprochenen Verkehrskreise wesentlich sind, irrezuführen. Im Verfahren vor dem Registergericht wird die Eignung zur Irreführung nur berücksichtigt, wenn sie ersichtlich ist.

§ 19 Bezeichnung als eingetragener Kaufmann, OHG oder KG

(1) Die Firma muss, auch wenn sie nach den §§ 21, 22, 24 oder nach anderen gesetzlichen Vorschriften fortgeführt wird, enthalten:
1. bei Einzelkaufleuten die Bezeichnung "eingetragener Kaufmann", "eingetragene Kauffrau" oder eine allgemein verständliche Abkürzung dieser Bezeichnung, insbesondere "e.K.", "e.Kfm." oder "e.Kfr.";
2. bei einer offenen Handelsgesellschaft die Bezeichnung "offene Handelsgesellschaft" oder eine allgemein verständliche Abkürzung dieser Bezeichnung;
3. bei einer Kommanditgesellschaft die Bezeichnung "Kommanditgesellschaft" oder eine allgemein verständliche Abkürzung dieser Bezeichnung.

(2) Wenn in einer offenen Handelsgesellschaft oder Kommanditgesellschaft keine natürliche Person persönlich haftet, muss die Firma, auch wenn sie nach den §§ 21, 22, 24 oder nach anderen gesetzlichen Vorschriften fortgeführt wird, eine Bezeichnung enthalten, welche die Haftungsbeschränkung kennzeichnet.

§ 238 Buchführungspflicht

(1) Jeder Kaufmann ist verpflichtet, Bücher zu führen und in diesen seine Handelsgeschäfte und die Lage seines Vermögens nach den Grundsätzen ordnungsmäßiger Buchführung ersichtlich zu machen. Die Buchführung muss so beschaffen sein, dass sie einem sachverständigen Dritten innerhalb angemessener Zeit einen Überblick über die Geschäftsvorfälle und über die Lage des Unternehmens vermitteln kann. Die Geschäftsvorfälle müssen sich in ihrer Entstehung und Abwicklung verfolgen lassen.
(2) Der Kaufmann ist verpflichtet, eine mit der Urschrift übereinstimmende Wiedergabe der abgesandten Handelsbriefe (Kopie, Abdruck, Abschrift oder sonstige Wiedergabe des Wortlauts auf einem Schrift-, Bild- oder anderen Datenträger) zurückzubehalten.

§ 239 Führung der Handelsbücher

(1) Bei der Führung der Handelsbücher und bei den sonst erforderlichen Aufzeichnungen hat sich der Kaufmann einer lebenden Sprache zu bedienen. Werden Abkürzungen, Ziffern, Buchstaben oder Symbole verwendet, muss im Einzelfall deren Bedeutung eindeutig festliegen.

(2) Die Eintragungen in Büchern und die sonst erforderlichen Aufzeichnungen müssen vollständig, richtig, zeitgerecht und geordnet vorgenommen werden.
(3) Eine Eintragung oder eine Aufzeichnung darf nicht in einer Weise verändert werden, dass der ursprüngliche Inhalt nicht mehr feststellbar ist. Auch solche Veränderungen dürfen nicht vorgenommen werden, deren Beschaffenheit es ungewiss lässt, ob sie ursprünglich oder erst später gemacht worden sind.
(4) Die Handelsbücher und die sonst erforderlichen Aufzeichnungen können auch in der geordneten Ablage von Belegen bestehen oder auf Datenträgern geführt werden, soweit diese Formen der Buchführung einschließlich des dabei angewandten Verfahrens den Grundsätzen ordnungsmäßiger Buchführung entsprechen. Bei der Führung der Handelsbücher und der sonst erforderlichen Aufzeichnungen auf Datenträgern muss insbesondere sichergestellt sein, dass die Daten während der Dauer der Aufbewahrungsfrist verfügbar sind und jederzeit innerhalb angemessener Frist lesbar gemacht werden können. Absätze 1 bis 3 gelten sinngemäß.

§ 240 Inventar

(1) Jeder Kaufmann hat zu Beginn seines Handelsgewerbes seine Grundstücke, seine Forderungen und Schulden, den Betrag seines baren Geldes sowie seine sonstigen Vermögensgegenstände genau zu verzeichnen und dabei den Wert der einzelnen Vermögensgegenstände und Schulden anzugeben.
(2) Er hat demnächst für den Schluss eines jeden Geschäftsjahrs ein solches Inventar aufzustellen. Die Dauer des Geschäftsjahrs darf zwölf Monate nicht überschreiten. Die Aufstellung des Inventars ist innerhalb der einem ordnungsmäßigen Geschäftsgang entsprechenden Zeit zu bewirken.
(3) Vermögensgegenstände des Sachanlagevermögens sowie Roh-, Hilfs- und Betriebsstoffe können, wenn sie regelmäßig ersetzt werden und ihr Gesamtwert für das Unternehmen von nachrangiger Bedeutung ist, mit einer gleich bleibenden Menge und einem gleichbleibenden Wert angesetzt werden, sofern ihr Bestand in seiner Größe, seinem Wert und seiner Zusammensetzung nur geringen Veränderungen unterliegt. Jedoch ist in der Regel alle drei Jahre eine körperliche Bestandsaufnahme durchzuführen.
(4) Gleichartige Vermögensgegenstände des Vorratsvermögens sowie andere gleichartige oder annähernd gleichwertige bewegliche Vermögensgegenstände und Schulden können jeweils zu einer Gruppe zusammengefasst und mit dem gewogenen Durchschnittswert angesetzt werden.

§ 241 Inventurvereinfachungsverfahren

(1) Bei der Aufstellung des Inventars darf der Bestand der Vermögensgegenstände nach Art, Menge und Wert auch mit Hilfe anerkannter mathematisch-statistischer Methoden auf Grund von Stichproben ermittelt werden. Das Verfahren muss den Grundsätzen ordnungsmäßiger Buchführung entsprechen. Der Aussagewert des auf diese Weise aufgestellten Inventars muss dem

Aussagewert eines auf Grund einer körperlichen Bestandsaufnahme aufgestellten Inventars gleichkommen.
(2) Bei der Aufstellung des Inventars für den Schluss eines Geschäftsjahrs bedarf es einer körperlichen Bestandsaufnahme der Vermögensgegenstände für diesen Zeitpunkt nicht, soweit durch Anwendung eines den Grundsätzen ordnungsmäßiger Buchführung entsprechenden anderen Verfahrens gesichert ist, dass der Bestand der Vermögensgegenstände nach Art, Menge und Wert auch ohne die körperliche Bestandsaufnahme für diesen Zeitpunkt festgestellt werden kann.
(3) In dem Inventar für den Schluss eines Geschäftsjahrs brauchen Vermögensgegenstände nicht verzeichnet zu werden, wenn
1. der Kaufmann ihren Bestand auf Grund einer körperlichen Bestandsaufnahme oder auf Grund eines nach Absatz 2 zulässigen anderen Verfahrens nach Art, Menge und Wert in einem besonderen Inventar verzeichnet hat, das für einen Tag innerhalb der letzten drei Monate vor oder der ersten beiden Monate nach dem Schluss des Geschäftsjahrs aufgestellt ist, und
2. auf Grund des besonderen Inventars durch Anwendung eines den Grundsätzen ordnungsmäßiger Buchführung entsprechenden Fortschreibungs- oder Rückrechnungsverfahrens gesichert ist, dass der am Schluss des Geschäftsjahrs vorhandene Bestand der Vermögensgegenstände für diesen Zeitpunkt ordnungsgemäß bewertet werden kann.

§ 242 Pflicht zur Aufstellung

(1) Der Kaufmann hat zu Beginn seines Handelsgewerbes und für den Schluss eines jeden Geschäftsjahrs einen das Verhältnis seines Vermögens und seiner Schulden darstellenden Abschluss (Eröffnungsbilanz, Bilanz) aufzustellen. Auf die Eröffnungsbilanz sind die für den Jahresabschluss geltenden Vorschriften entsprechend anzuwenden, soweit sie sich auf die Bilanz beziehen.
(2) Er hat für den Schluss eines jeden Geschäftsjahrs eine Gegenüberstellung der Aufwendungen und Erträge des Geschäftsjahrs (Gewinn- und Verlustrechnung) aufzustellen.
(3) Die Bilanz und die Gewinn- und Verlustrechnung bilden den Jahresabschluss.

§ 243 Aufstellungsgrundsatz

(1) Der Jahresabschluss ist nach den Grundsätzen ordnungsmäßiger Buchführung aufzustellen.
(2) Er muss klar und übersichtlich sein.
(3) Der Jahresabschluss ist innerhalb der einem ordnungsmäßigen Geschäftsgang entsprechenden Zeit aufzustellen.

§ 246 Vollständigkeit; Verrechnungsverbot

(1) Der Jahresabschluss hat sämtliche Vermögensgegenstände, Schulden, Rechnungsabgrenzungsposten, Aufwendungen und Erträge zu enthalten, soweit gesetzlich nichts anderes bestimmt ist. Vermögensgegenstände, die unter Eigentumsvorbehalt erworben oder an Dritte für eigene oder fremde Verbindlichkeiten verpfändet oder in anderer Weise als Sicherheit übertragen worden sind, sind in die Bilanz des Sicherungsgebers aufzunehmen. In die Bilanz des Sicherungsnehmers sind sie nur aufzunehmen, wenn es sich um Bareinlagen handelt.
(2) Posten der Aktivseite dürfen nicht mit Posten der Passivseite, Aufwendungen nicht mit Erträgen, Grundstücksrechte nicht mit Grundstückslasten verrechnet werden.

§ 247 Inhalt der Bilanz

(1) In der Bilanz sind das Anlage- und das Umlaufvermögen, das Eigenkapital, die Schulden sowie die Rechnungsabgrenzungsposten gesondert auszuweisen und hinreichend aufzugliedern.
(2) Beim Anlagevermögen sind nur die Gegenstände auszuweisen, die bestimmt sind, dauernd dem Geschäftsbetrieb zu dienen.
(3) Passivposten, die für Zwecke der Steuern vom Einkommen und vom Ertrag zulässig sind, dürfen in der Bilanz gebildet werden. Sie sind als Sonderposten mit Rücklageanteil auszuweisen und nach Maßgabe des Steuerrechts aufzulösen. Einer Rückstellung bedarf es insoweit nicht.

§ 249 Rückstellungen

(1) Rückstellungen sind für ungewisse Verbindlichkeiten und für drohende Verluste aus schwebenden Geschäften zu bilden. Ferner sind Rückstellungen zu bilden für
1. im Geschäftsjahr unterlassene Aufwendungen für Instandhaltung, die im folgenden Geschäftsjahr innerhalb von drei Monaten, oder für Abraumbeseitigung, die im folgenden Geschäftsjahr nachgeholt werden,
2. Gewährleistungen, die ohne rechtliche Verpflichtung erbracht werden. Rückstellungen dürfen für unterlassene Aufwendungen für Instandhaltung auch gebildet werden, wenn die Instandhaltung nach Ablauf der Frist nach Satz 2 Nr. 1 innerhalb des Geschäftsjahrs nachgeholt wird.
(2) Rückstellungen dürfen außerdem für ihrer Eigenart nach genau umschriebene, dem Geschäftsjahr oder einem früheren Geschäftsjahr zuzuordnende Aufwendungen gebildet werden, die am Abschlussstichtag wahrscheinlich oder sicher, aber hinsichtlich ihrer Höhe oder des Zeitpunkts ihres Eintritts unbestimmt sind.
(3) Für andere als die in den Absätzen 1 und 2 bezeichneten Zwecke dürfen Rückstellungen nicht gebildet werden. Rückstellungen dürfen nur aufgelöst werden, soweit der Grund hierfür entfallen ist.

§ 250 Rechnungsabgrenzungsposten

(1) Als Rechnungsabgrenzungsposten sind auf der Aktivseite Ausgaben vor dem Abschlussstichtag auszuweisen, soweit sie Aufwand für eine bestimmte Zeit nach diesem Tag darstellen. Ferner dürfen ausgewiesen werden
1. als Aufwand berücksichtigte Zölle und Verbrauchsteuern, soweit sie auf am Abschlussstichtag auszuweisende Vermögensgegenstände des Vorratsvermögens entfallen,
2. als Aufwand berücksichtigte Umsatzsteuer auf am Abschlussstichtag auszuweisende oder von den Vorräten offen abgesetzte Anzahlungen.

(2) Auf der Passivseite sind als Rechnungsabgrenzungsposten Einnahmen vor dem Abschlussstichtag auszuweisen, soweit sie Ertrag für eine bestimmte Zeit nach diesem Tag darstellen.

(3) Ist der Rückzahlungsbetrag einer Verbindlichkeit höher als der Ausgabebetrag, so darf der Unterschiedsbetrag in den Rechnungsabgrenzungsposten auf der Aktivseite aufgenommen werden. Der Unterschiedsbetrag ist durch planmäßige jährliche Abschreibungen zu tilgen, die auf die gesamte Laufzeit der Verbindlichkeit verteilt werden können

§ 252 Allgemeine Bewertungsgrundsätze

(1) Bei der Bewertung der im Jahresabschluss ausgewiesenen Vermögensgegenstände und Schulden gilt insbesondere folgendes:
1. Die Wertansätze in der Eröffnungsbilanz des Geschäftsjahrs müssen mit denen der Schlussbilanz des vorhergehenden Geschäftsjahrs übereinstimmen.
2. Bei der Bewertung ist von der Fortführung der Unternehmenstätigkeit auszugehen, sofern dem nicht tatsächliche oder rechtliche Gegebenheiten entgegenstehen.
3. Die Vermögensgegenstände und Schulden sind zum Abschlussstichtag einzeln zu bewerten.
4. Es ist vorsichtig zu bewerten, namentlich sind alle vorhersehbaren Risiken und Verluste, die bis zum Abschlussstichtag entstanden sind, zu berücksichtigen, selbst wenn diese erst zwischen dem Abschlussstichtag und dem Tag der Aufstellung des Jahresabschlusses bekannt geworden sind; Gewinne sind nur zu berücksichtigen, wenn sie am Abschlussstichtag realisiert sind.
5. Aufwendungen und Erträge des Geschäftsjahrs sind unabhängig von den Zeitpunkten der entsprechenden Zahlungen im Jahresabschluss zu berücksichtigen.
6. Die auf den vorhergehenden Jahresabschluss angewandten Bewertungsmethoden sollen beibehalten werden.

(2) Von den Grundsätzen des Absatzes 1 darf nur in begründeten Ausnahmefällen abgewichen werden.

§ 253 Wertansätze der Vermögensgegenstände und Schulden

(1) Vermögensgegenstände sind höchstens mit den Anschaffungs- oder Herstellungskosten, vermindert um Abschreibungen nach den Absätzen 2 und 3 anzusetzen. Verbindlichkeiten sind zu ihrem Rückzahlungsbetrag, Rentenverpflichtungen, für die eine Gegenleistung nicht mehr zu erwarten ist, zu ihrem Barwert und Rückstellungen nur in Höhe des Betrags anzusetzen, der nach vernünftiger kaufmännischer Beurteilung notwendig ist; Rückstellungen dürfen nur abgezinst werden, soweit die ihnen zugrundeliegenden Verbindlichkeiten einen Zinsanteil enthalten.

(2) Bei Vermögensgegenständen des Anlagevermögens, deren Nutzung zeitlich begrenzt ist, sind die Anschaffungs- oder Herstellungskosten um planmäßige Abschreibungen zu vermindern. Der Plan muss die Anschaffungs- oder Herstellungskosten auf die Geschäftsjahre verteilen, in denen der Vermögensgegenstand voraussichtlich genutzt werden kann. Ohne Rücksicht darauf, ob ihre Nutzung zeitlich begrenzt ist, können bei Vermögensgegenständen des Anlagevermögens außerplanmäßige Abschreibungen vorgenommen werden, um die Vermögensgegenstände mit dem niedrigeren Wert anzusetzen, der ihnen am Abschlussstichtag beizulegen ist; sie sind vorzunehmen bei einer voraussichtlich dauernden Wertminderung.

(3) Bei Vermögensgegenständen des Umlaufvermögens sind Abschreibungen vorzunehmen, um diese mit einem niedrigeren Wert anzusetzen, der sich aus einem Börsen- oder Marktpreis am Abschlussstichtag ergibt. Ist ein Börsen- oder Marktpreis nicht festzustellen und übersteigen die Anschaffungs- oder Herstellungskosten den Wert, der den Vermögensgegenständen am Abschlussstichtag beizulegen ist, so ist auf diesen Wert abzuschreiben. Außerdem dürfen Abschreibungen vorgenommen werden, soweit diese nach vernünftiger kaufmännischer Beurteilung notwendig sind, um zu verhindern, dass in der nächsten Zukunft der Wertansatz dieser Vermögensgegenstände auf Grund von Wertschwankungen geändert werden muss.

(4) Abschreibungen sind außerdem im Rahmen vernünftiger kaufmännischer Beurteilung zulässig.

(5) Ein niedrigerer Wertansatz nach Absatz 2 Satz 3, Absatz 3 oder 4 darf beibehalten werden, auch wenn die Gründe dafür nicht mehr bestehen.

§ 254 Steuerrechtliche Abschreibungen

Abschreibungen können auch vorgenommen werden, um Vermögensgegenstände des Anlage- oder Umlaufvermögens mit dem niedrigeren Wert anzusetzen, der auf einer nur steuerrechtlich zulässigen Abschreibung beruht. § 253 Abs. 5 ist entsprechend anzuwenden.

§ 255 Anschaffungs- und Herstellungskosten

(1) Anschaffungskosten sind die Aufwendungen, die geleistet werden, um einen Vermögensgegenstand zu erwerben und ihn in einen betriebsbereiten Zustand zu versetzen, soweit sie dem Vermögensgegenstand einzeln zugeordnet werden können. Zu den Anschaffungskosten gehören auch die Nebenkosten sowie die nachträglichen Anschaffungskosten. Anschaffungspreisminderungen sind abzusetzen.

(2) Herstellungskosten sind die Aufwendungen, die durch den Verbrauch von Gütern und die Inanspruchnahme von Diensten für die Herstellung eines Vermögensgegenstands, seine Erweiterung oder für eine über seinen ursprünglichen Zustand hinausgehende wesentliche Verbesserung entstehen. Dazu gehören die Materialkosten, die Fertigungskosten und die Sonderkosten der Fertigung. Bei der Berechnung der Herstellungskosten dürfen auch angemessene Teile der notwendigen Materialgemeinkosten, der notwendigen Fertigungsgemeinkosten und des Wertverzehrs des Anlagevermögens, soweit er durch die Fertigung veranlasst ist, eingerechnet werden. Kosten der allgemeinen Verwaltung sowie Aufwendungen für soziale Einrichtungen des Betriebs, für freiwillige soziale Leistungen und für betriebliche Altersversorgung brauchen nicht eingerechnet zu werden. Aufwendungen im Sinne der Sätze 3 und 4 dürfen nur insoweit berücksichtigt werden, als sie auf den Zeitraum der Herstellung entfallen. Vertriebskosten dürfen nicht in die Herstellungskosten einbezogen werden.

(3) Zinsen für Fremdkapital gehören nicht zu den Herstellungskosten. Zinsen für Fremdkapital, das zur Finanzierung der Herstellung eines Vermögensgegenstands verwendet wird, dürfen angesetzt werden, soweit sie auf den Zeitraum der Herstellung entfallen; in diesem Falle gelten sie als Herstellungskosten des Vermögensgegenstands.

(4) Als Geschäfts- oder Firmenwert darf der Unterschiedsbetrag angesetzt werden, um den die für die Übernahme eines Unternehmens bewirkte Gegenleistung den Wert der einzelnen Vermögensgegenstände des Unternehmens abzüglich der Schulden im Zeitpunkt der Übernahme übersteigt. Der Betrag ist in jedem folgenden Geschäftsjahr zu mindestens einem Viertel durch Abschreibungen zu tilgen. Die Abschreibung des Geschäfts- oder Firmenwerts kann aber auch planmäßig auf die Geschäftsjahre verteilt werden, in denen er voraussichtlich genutzt wird.

§ 256 Bewertungsvereinfachungsverfahren

Soweit es den Grundsätzen ordnungsmäßiger Buchführung entspricht, kann für den Wertansatz gleichartiger Vermögensgegenstände des Vorratsvermögens unterstellt werden, dass die zuerst oder dass die zuletzt angeschafften oder hergestellten Vermögensgegenstände zuerst oder in einer sonstigen bestimmten Folge verbraucht oder veräußert worden sind. § 240 Abs. 3 und 4 ist auch auf den Jahresabschluss anwendbar.

§ 257 Aufbewahrung von Unterlagen; Aufbewahrungsfristen

(1) Jeder Kaufmann ist verpflichtet, die folgenden Unterlagen geordnet aufzubewahren:
1. Handelsbücher, Inventare, Eröffnungsbilanzen, Jahresabschlüsse, Lageberichte, Konzernabschlüsse, Konzernlageberichte sowie die zu ihrem Verständnis erforderlichen Arbeitsanweisungen und sonstigen Organisationsunterlagen,
2. die empfangenen Handelsbriefe,
3. Wiedergaben der abgesandten Handelsbriefe,
4. Belege für Buchungen in den von ihm nach § 238 Abs. 1 zu führenden Büchern (Buchungsbelege).

(2) Handelsbriefe sind nur Schriftstücke, die ein Handelsgeschäft betreffen.
(3) Mit Ausnahme der Eröffnungsbilanzen, Jahresabschlüsse und der Konzernabschlüsse können die in Absatz 1 aufgeführten Unterlagen auch als Wiedergabe auf einem Bildträger oder auf anderen Datenträgern aufbewahrt werden, wenn dies den Grundsätzen ordnungsmäßiger Buchführung entspricht und sichergestellt ist, dass die Wiedergabe oder die Daten
1. mit den empfangenen Handelsbriefen und den Buchungsbelegen bildlich und mit den anderen Unterlagen inhaltlich übereinstimmen, wenn sie lesbar gemacht werden,
2. während der Dauer der Aufbewahrungsfrist verfügbar sind und jederzeit innerhalb angemessener Frist lesbar gemacht werden können.

Sind Unterlagen auf Grund des § 239 Abs. 4 Satz 1 auf Datenträgern hergestellt worden, können statt des Datenträgers die Daten auch ausgedruckt aufbewahrt werden; die ausgedruckten Unterlagen können auch nach Satz 1 aufbewahrt werden.
(4) Die in Absatz 1 Nr. 1 und 4 aufgeführten Unterlagen sind zehn Jahre, die sonstigen in Absatz 1 aufgeführten Unterlagen sechs Jahre aufzubewahren.
(5) Die Aufbewahrungsfrist beginnt mit dem Schluss des Kalenderjahrs, in dem die letzte Eintragung in das Handelsbuch gemacht, das Inventar aufgestellt, die Eröffnungsbilanz oder der Jahresabschluss festgestellt, der Konzernabschluss aufgestellt, der Handelsbrief empfangen oder abgesandt worden oder der Buchungsbeleg entstanden ist.

§ 266 Gliederung der Bilanz

(1) Die Bilanz ist in Kontoform aufzustellen. Dabei haben große und mittelgroße Kapitalgesellschaften (§ 267 Abs. 3, 2) auf der Aktivseite die in Absatz 2 und auf der Passivseite die in Absatz 3 bezeichneten Posten gesondert und in der vorgeschriebenen Reihenfolge auszuweisen. Kleine Kapitalgesellschaften (§ 267 Abs.1) brauchen nur eine verkürzte Bilanz aufzustellen, in die nur die in den Absätzen 2 und 3 mit Buchstaben und römischen Zahlen bezeichneten Posten gesondert und in der vorgeschriebenen Reihenfolge aufgenommen werden.

(2) Aktivseite
A. Anlagevermögen:
   I. Immaterielle Vermögensgegenstände:
      1. Konzessionen, gewerbliche Schutzrechte und ähnliche Rechte und Werte sowie Lizenzen an solchen Rechten und Werten;
      2. Geschäfts- oder Firmenwert;
      3. geleistete Anzahlungen;
   II. Sachanlagen:
      1. Grundstücke, grundstücksgleiche Rechte und Bauten einschließlich der Bauten auf fremden Grundstücken;
      2. technische Anlagen und Maschinen;
      3. andere Anlagen, Betriebs- und Geschäftsausstattung;
      4. geleistete Anzahlungen und Anlagen im Bau;
   III. Finanzanlagen:
      1. Anteile an verbundenen Unternehmen;
      2. Ausleihungen an verbundene Unternehmen;
      3. Beteiligungen;
      4. Ausleihungen an Unternehmen, mit denen ein Beteiligungsverhältnis besteht;
      5. Wertpapiere des Anlagevermögens;
      6. sonstige Ausleihungen.
B. Umlaufvermögen:
   I. Vorräte:
      1. Roh-, Hilfs- und Betriebsstoffe;
      2. unfertige Erzeugnisse, unfertige Leistungen;
      3. fertige Erzeugnisse und Waren;
      4. geleistete Anzahlungen;
   II. Forderungen und sonstige Vermögensgegenstände:
      1. Forderungen aus Lieferungen und Leistungen;
      2. Forderungen gegen verbundene Unternehmen;
      3. Forderungen gegen Unternehmen, mit denen ein Beteiligungsverhältnis besteht;
      4. sonstige Vermögensgegenstände;
   III. Wertpapiere:
      1. Anteile an verbundenen Unternehmen;
      2. eigene Anteile;
      3. sonstige Wertpapiere;
   IV. Kassenbestand, Bundesbankguthaben, Guthaben bei Kreditinstituten und Schecks.
C. Rechnungsabgrenzungsposten.

(3) Passivseite
A. Eigenkapital:
   I. Gezeichnetes Kapital;
   II. Kapitalrücklage;
   III. Gewinnrücklagen:
      1. gesetzliche Rücklage;
      2. Rücklage für eigene Anteile;
      3. satzungsmäßige Rücklagen;
      4. andere Gewinnrücklagen;
   IV. Gewinnvortrag/Verlustvortrag;
   V. Jahresüberschuss/Jahresfehlbetrag.
B. Rückstellungen:
   1. Rückstellungen für Pensionen und ähnliche Verpflichtungen;
   2. Steuerrückstellungen;
   3. sonstige Rückstellungen.
C. Verbindlichkeiten:
   1. Anleihen,
      davon konvertibel;
   2. Verbindlichkeiten gegenüber Kreditinstituten;
   3. erhaltene Anzahlungen auf Bestellungen;
   4. Verbindlichkeiten aus Lieferungen und Leistungen;
   5. Verbindlichkeiten aus der Annahme gezogener Wechsel und der Ausstellung eigener Wechsel;
   6. Verbindlichkeiten gegenüber verbundenen Unternehmen;
   7. Verbindlichkeiten gegenüber Unternehmen, mit denen ein Beteiligungsverhältnis besteht;
   8. sonstige Verbindlichkeiten,
      davon aus Steuern,
      davon im Rahmen der sozialen Sicherheit.
D. Rechnungsabgrenzungsposten.

§ 275 Gliederung

(1) Die Gewinn- und Verlustrechnung ist in Staffelform nach dem Gesamtkostenverfahren oder dem Umsatzkostenverfahren aufzustellen. Dabei sind die in Absatz 2 oder 3 bezeichneten Posten in der angegebenen Reihenfolge gesondert auszuweisen.
(2) Bei Anwendung des Gesamtkostenverfahrens sind auszuweisen:
1. Umsatzerlöse
2. Erhöhung oder Verminderung des Bestands an fertigen und unfertigen Erzeugnissen
3. andere aktivierte Eigenleistungen
4. sonstige betriebliche Erträge
5. Materialaufwand:
   a) Aufwendungen für Roh-, Hilfs- und Betriebsstoffe und für bezogene Waren

b) Aufwendungen für bezogene Leistungen
6. Personalaufwand:
   a) Löhne und Gehälter
   b) soziale Abgaben und Aufwendungen für Altersversorgung und für Unter-stützung, davon für Altersversorgung
7. Abschreibungen:
   a) auf immaterielle Vermögensgegenstände des Anlagevermögens und Sach-anlagen sowie auf aktivierte Aufwendungen für die Ingangsetzung und Erweiterung des Geschäftsbetriebs
   b) auf Vermögensgegenstände des Umlaufvermögens, soweit diese die in der Kapitalgesellschaft üblichen Abschreibungen überschreiten
8. sonstige betriebliche Aufwendungen
9. Erträge aus Beteiligungen,
   davon aus verbundenen Unternehmen
10. Erträge aus anderen Wertpapieren und Ausleihungen des Finanzanlagevermögens,
    davon aus verbundenen Unternehmen
11. sonstige Zinsen und ähnliche Erträge,
    davon aus verbundenen Unternehmen
12. Abschreibungen auf Finanzanlagen und auf Wertpapiere des Umlaufvermögens
13. Zinsen und ähnliche Aufwendungen,
    davon an verbundene Unternehmen
14. Ergebnis der gewöhnlichen Geschäftstätigkeit
15. außerordentliche Erträge
16. außerordentliche Aufwendungen
17. außerordentliches Ergebnis
18. Steuern vom Einkommen und vom Ertrag
19. sonstige Steuern
20. Jahresüberschuss/Jahresfehlbetrag.

(3) Bei Anwendung des Umsatzkostenverfahrens sind auszuweisen:
1. Umsatzerlöse
2. Herstellungskosten der zur Erzielung der Umsatzerlöse erbrachten Leistungen
3. Bruttoergebnis vom Umsatz
4. Vertriebskosten
5. allgemeine Verwaltungskosten
6. sonstige betriebliche Erträge
7. sonstige betriebliche Aufwendungen
8. Erträge aus Beteiligungen,
   davon aus verbundenen Unternehmen
9. Erträge aus anderen Wertpapieren und Ausleihungen des Finanzanlagevermögens,
   davon aus verbundenen Unternehmen
10. sonstige Zinsen und ähnliche Erträge,
    davon aus verbundenen Unternehmen

11. Abschreibungen auf Finanzanlagen und auf Wertpapiere des Umlaufvermögens
12. Zinsen und ähnliche Aufwendungen,
    davon an verbundene Unternehmen
13. Ergebnis der gewöhnlichen Geschäftstätigkeit
14. außerordentliche Erträge
15. außerordentliche Aufwendungen
16. außerordentliches Ergebnis
17. Steuern vom Einkommen und vom Ertrag
18. sonstige Steuern
19. Jahresüberschuss/Jahresfehlbetrag.

(4) Veränderungen der Kapital- und Gewinnrücklagen dürfen in der Gewinn- und Verlustrechnung erst nach dem Posten "Jahresüberschuss/Jahresfehlbetrag" ausgewiesen werden.

A.2. Auszug aus der Abgabenordnung

§ 140 Buchführungs- und Aufzeichnungspflichten nach anderen Gesetzen
Wer nach anderen Gesetzen als den Steuergesetzen Bücher und Aufzeichnungen zu führen hat, die für die Besteuerung von Bedeutung sind, hat die Verpflichtungen, die ihm nach den anderen Gesetzen obliegen, auch für die Besteuerung zu erfüllen.

§ 141 Buchführungspflicht bestimmter Steuerpflichtiger
(1) Gewerbliche Unternehmer sowie Land- und Forstwirte, die nach den Feststellungen der Finanzbehörde für den einzelnen Betrieb

1. Umsätze einschließlich der steuerfreien Umsätze, ausgenommen die Umsätze nach § 4 Nr. 8 bis 10 des Umsatzsteuergesetzes, von mehr als 260 000 Euro im Kalenderjahr (ab 01.01.2004 = 300 000 Euro) oder
2. gestrichen
3. selbstbewirtschaftete land- und forstwirtschaftliche Flächen mit einem Wirtschaftswert (§ 46 des Bewertungsgesetzes) von mehr als 20 500 Euro (ab 01.01.2004 = 25 000 Euro) oder
4. einen Gewinn aus Gewerbebetrieb von mehr als 25 000 Euro im Wirtschaftsjahr (ab 01.01.2004 = 30 000 Euro) oder
5. einen Gewinn aus Land- und Forstwirtschaft von mehr als 25 000 Euro im Kalenderjahr

gehabt haben, sind auch dann verpflichtet, für diesen Betrieb Bücher zu führen und auf Grund jährlicher Bestandsaufnahmen Abschlüsse zu machen, wenn sich eine Buchführungspflicht nicht aus § 140 ergibt. Die §§ 238, 240 bis 242 Abs. 1 und die §§ 243 bis 256 des Handelsgesetzbuchs gelten sinngemäß, sofern sich nicht aus den Steuergesetzen etwas anderes ergibt. Bei der Anwendung der

Nummer 3 ist der Wirtschaftswert aller vom Land- und Forstwirt selbstbewirtschafteten Flächen maßgebend, unabhängig davon, ob sie in seinem Eigentum stehen oder nicht. Bei Land- und Forstwirten, die nach Nummern 1, 3 oder 5 zur Buchführung verpflichtet sind, braucht sich die Bestandsaufnahme nicht auf das stehende Holz zu erstrecken.

(2) Die Verpflichtung nach Absatz 1 ist vom Beginn des Wirtschaftsjahrs an zu erfüllen, das auf die Bekanntgabe der Mitteilung folgt, durch die die Finanzbehörde auf den Beginn dieser Verpflichtung hingewiesen hat. Die Verpflichtung endet mit dem Ablauf des Wirtschaftsjahrs, das auf das Wirtschaftsjahr folgt, in dem die Finanzbehörde feststellt, dass die Voraussetzungen nach Absatz 1 nicht mehr vorliegen.

(3) Die Buchführungspflicht geht auf denjenigen über, der den Betrieb im Ganzen zur Bewirtschaftung als Eigentümer oder Nutzungsberechtigter übernimmt. Ein Hinweis nach Absatz 2 auf den Beginn der Buchführungspflicht ist nicht erforderlich.

(4) Absatz 1 Nr. 5 in der vorstehenden Fassung ist erstmals auf den Gewinn des Kalenderjahrs 1980 anzuwenden.

A.3. Auszug aus dem Einkommensteuergesetz

§ 4a Gewinnermittlungszeitraum, Wirtschaftsjahr

(1) Bei Land- und Forstwirten und bei Gewerbetreibenden ist der Gewinn nach dem Wirtschaftsjahr zu ermitteln. Wirtschaftsjahr ist

1. bei Land- und Forstwirten der Zeitraum vom 1. Juli bis zum 30. Juni. Durch Rechtsverordnung kann für einzelne Gruppen von Land- und Forstwirten ein anderer Zeitraum bestimmt werden, wenn das aus wirtschaftlichen Gründen erforderlich ist;
2. bei Gewerbetreibenden, deren Firma im Handelsregister eingetragen ist, der Zeitraum, für den sie regelmäßig Abschlüsse machen. Die Umstellung des Wirtschaftsjahres auf einen vom Kalenderjahr abweichenden Zeitraum ist steuerlich nur wirksam, wenn sie im Einvernehmen mit dem Finanzamt vorgenommen wird;
3. bei anderen Gewerbetreibenden das Kalenderjahr. Sind sie gleichzeitig buchführende Land- und Forstwirte, so können sie mit Zustimmung des Finanzamts den nach Nummer 1 maßgebenden Zeitraum als Wirtschaftsjahr für den Gewerbebetrieb bestimmen, wenn sie für den Gewerbebetrieb Bücher führen und für diesen Zeitraum regelmäßig Abschlüsse machen.

(2) Bei Land- und Forstwirten und bei Gewerbetreibenden, deren Wirtschaftsjahr vom Kalenderjahr abweicht, ist der Gewinn aus Land- und Forstwirtschaft oder aus Gewerbebetrieb bei der Ermittlung des Einkommens in folgender Weise zu berücksichtigen:

1. Bei Land- und Forstwirten ………

2. bei Gewerbetreibenden gilt der Gewinn des Wirtschaftsjahres als in dem Kalenderjahr bezogen, in dem das Wirtschaftsjahr endet.

§ 5 Gewinn bei Vollkaufleuten und bei bestimmten anderen Gewerbetreibenden

(1) Bei Gewerbetreibenden, die auf Grund gesetzlicher Vorschriften verpflichtet sind, Bücher zu führen und regelmäßig Abschlüsse zu machen, oder die ohne eine solche Verpflichtung Bücher führen und regelmäßig Abschlüsse machen, ist für den Schluss des Wirtschaftsjahres das Betriebsvermögen anzusetzen (§ 4 Abs. 1 Satz 1), das nach den handelsrechtlichen Grundsätzen ordnungsmäßiger Buchführung auszuweisen ist. Steuerrechtliche Wahlrechte bei der Gewinnermittlung sind in Übereinstimmung mit der handelsrechtlichen Jahresbilanz auszuüben.
(2) Für immaterielle Wirtschaftsgüter des Anlagevermögens ist ein Aktivposten nur anzusetzen, wenn sie entgeltlich erworben wurden.
(2a) Für Verpflichtungen, die nur zu erfüllen sind, soweit künftig Einnahmen oder Gewinne anfallen, sind Verbindlichkeiten oder Rückstellungen erst anzusetzen, wenn die Einnahmen oder Gewinne angefallen sind.
(3) Rückstellungen wegen Verletzung fremder Patent-, Urheber- oder ähnlicher Schutzrechte dürfen erst gebildet werden, wenn

1. der Rechtsinhaber Ansprüche wegen der Rechtsverletzung geltend gemacht hat oder
2. mit einer Inanspruchnahme wegen der Rechtsverletzung ernsthaft zu rechnen ist.

Eine nach Satz 1 Nr. 2 gebildete Rückstellung ist spätestens in der Bilanz des dritten auf ihre erstmalige Bildung folgenden Wirtschaftsjahres gewinnerhöhend aufzulösen, wenn Ansprüche nicht geltend gemacht worden sind.
(4) Rückstellungen für die Verpflichtung zu einer Zuwendung anlässlich eines Dienstjubiläums dürfen nur gebildet werden, wenn das Dienstverhältnis mindestens zehn Jahre bestanden hat, das Dienstjubiläum das Bestehen eines Dienstverhältnisses von mindestens 15 Jahren voraussetzt, die Zusage schriftlich erteilt ist und soweit der Zuwendungsberechtigte seine Anwartschaft nach dem 31. Dezember 1992 erwirbt.
(4a) Rückstellungen für drohende Verluste aus schwebenden Geschäften dürfen nicht gebildet werden.
(4b) Rückstellungen für Aufwendungen, die in künftigen Wirtschaftsjahren als Anschaffungs- oder Herstellungskosten eines Wirtschaftsguts zu aktivieren sind, dürfen nicht gebildet werden. Rückstellungen für die Verpflichtung zur schadlosen Verwertung radioaktiver Reststoffe sowie ausgebauter oder abgebauter radioaktiver Anlagenteile dürfen nicht gebildet werden, soweit Aufwendungen im Zusammenhang mit der Bearbeitung oder Verarbeitung von Kernbrennstoffen stehen, die aus der Aufarbeitung bestrahlter Kernbrennstoffe gewonnen worden sind und keine radioaktiven Abfälle darstellen.

(5) Als Rechnungsabgrenzungsposten sind nur anzusetzen

1. auf der Aktivseite Ausgaben vor dem Abschlussstichtag, soweit sie Aufwand für eine bestimmte Zeit nach diesem Tag darstellen;
2. auf der Passivseite Einnahmen vor dem Abschlussstichtag, soweit sie Ertrag für eine bestimmte Zeit nach diesem Tag darstellen.

Auf der Aktivseite sind ferner anzusetzen

1. als Aufwand berücksichtigte Zölle und Verbrauchsteuern, soweit sie auf am Abschlussstichtag auszuweisende Wirtschaftsgüter des Vorratsvermögens entfallen,
2. als Aufwand berücksichtigte Umsatzsteuer auf am Abschlussstichtag auszuweisende Anzahlungen.

(6) Die Vorschriften über die Entnahmen und die Einlagen, über die Zulässigkeit der Bilanzänderung, über die Betriebsausgaben, über die Bewertung und über die Absetzung für Abnutzung oder Substanzverringerung sind zu befolgen.

§ 6 Bewertung

(1) Für die Bewertung der einzelnen Wirtschaftsgüter, die nach § 4 Abs. 1 oder nach § 5 als Betriebsvermögen anzusetzen sind, gilt das Folgende:

1. Wirtschaftsgüter des Anlagevermögens, die der Abnutzung unterliegen, sind mit den Anschaffungs- oder Herstellungskosten oder dem an deren Stelle tretenden Wert, vermindert um die Absetzungen für Abnutzung, erhöhte Absetzungen, Sonderabschreibungen, Abzüge nach § 6b und ähnliche Abzüge, anzusetzen. Ist der Teilwert auf Grund einer voraussichtlich dauernden Wertminderung niedriger, so kann dieser angesetzt werden Teilwert ist der Betrag, den ein Erwerber des ganzen Betriebs im Rahmen des Gesamtkaufpreises für das einzelne Wirtschaftsgut ansetzen würde; dabei ist davon auszugehen, dass der Erwerber den Betrieb fortführt. Wirtschaftsgüter, die bereits am Schluss des vorangegangenen Wirtschaftsjahrs zum Anlagevermögen des Steuerpflichtigen gehört haben, sind in den folgenden Wirtschaftsjahren gemäß Satz 1 anzusetzen, es sei denn, der Steuerpflichtige weist nach, dass ein niedrigerer Teilwert nach Satz 2 angesetzt werden kann.
2. Andere als die in Nummer 1 bezeichneten Wirtschaftsgüter des Betriebs (Grund und Boden, Beteiligungen, Umlaufvermögen) sind mit den Anschaffungs- oder Herstellungskosten oder dem an deren Stelle tretenden Wert, vermindert um Abzüge nach § 6b und ähnliche Abzüge, anzusetzen. Ist der Teilwert (Nummer 1 Satz 3) auf Grund einer voraussichtlich dauernden Wertminderung niedriger, so kann dieser angesetzt werden. Nummer 1 Satz 4 gilt entsprechend

2a. Steuerpflichtige, die den Gewinn nach § 5 ermitteln, können für den Wertansatz gleichartiger Wirtschaftsgüter des Vorratsvermögens unterstellen, dass die zuletzt angeschafften oder hergestellten Wirtschaftsgüter zuerst verbraucht oder veräußert worden sind, soweit dies den handelsrechtlichen Grundsätzen ordnungsmäßiger Buchführung entspricht, und kein Bewertungsabschlag nach § 51 Abs. 1 Nr. 2 Buchstabe m vorgenommen wird. Der Vorratsbestand am Schluss des Wirtschaftsjahres, das der erstmaligen Anwendung der Bewertung nach Satz 1 vorangeht, gilt mit seinem Bilanzansatz als erster Zugang des neuen Wirtschaftsjahres. Auf einen im Bilanzansatz berücksichtigten Bewertungsabschlag nach § 51 Abs. 1 Nr. 2 Buchstabe m ist Satz 2 dieser Vorschrift entsprechend anzuwenden. Von der Verbrauchs- oder Veräußerungsfolge nach Satz 1 kann in den folgenden Wirtschaftsjahren nur mit Zustimmung des Finanzamts abgewichen werden.

3. Verbindlichkeiten sind unter sinngemäßer Anwendung der Vorschriften der Nummer 2 anzusetzen und mit einem Zinssatz von 5,5 vom Hundert abzuzinsen. Ausgenommen von der Abzinsung sind Verbindlichkeiten, deren Laufzeit am Bilanzstichtag weniger als 12 Monate beträgt, und Verbindlichkeiten, die verzinslich sind bzw. auf einer Anzahlung oder Vorausleistung beruhen.

3a. Rückstellungen sind höchstens insbesondere unter Berücksichtigung folgender Grundsätze anzusetzen:

a) bei Rückstellungen für gleichartige Verpflichtungen ist auf der Grundlage der Erfahrungen in der Vergangenheit aus der Abwicklung solcher Verpflichtungen die Wahrscheinlichkeit zu berücksichtigen, dass der Steuerpflichtige nur zu einem Teil der Summe dieser Verpflichtungen in Anspruch genommen wird;

b) Rückstellungen für Sachleistungsverpflichtungen sind mit den Einzelkosten und den angemessenen Teilen der notwendigen Gemeinkosten zu bewerten;

c) künftige Vorteile, die mit der Erfüllung der Verpflichtung voraussichtlich verbunden sein werden, sind, soweit sie nicht als Forderung zu aktivieren sind, bei ihrer Bewertung wertmindernd zu berücksichtigen;

d) Rückstellungen für Verpflichtungen, für deren Entstehen im wirtschaftlichen Sinne der laufende Betrieb ursächlich ist, sind zeitanteilig in gleichen Raten anzusammeln. Rückstellungen für gesetzliche Verpflichtungen zur Rücknahme und Verwertung von Erzeugnissen, die vor Inkrafttreten entsprechender gesetzlicher Verpflichtungen in Verkehr gebracht worden sind, sind zeitanteilig in gleichen Raten bis zum Beginn der jeweiligen Erfüllung anzusammeln; Buchstabe e ist insoweit nicht anzuwenden. Rückstellungen für die Verpflichtung, ein Kernkraftwerk stillzulegen, sind ab dem Zeitpunkt der erstmaligen Nutzung bis zum Zeitpunkt, in dem mit der Stilllegung begonnen werden muss, zeitanteilig in gleichen Raten anzusammeln; steht der Zeitpunkt der Stilllegung nicht fest, beträgt der Zeitraum für die Ansammlung 25 Jahre; und

e) Rückstellungen für Verpflichtungen sind mit einem Zinssatz von 5,5 vom Hundert abzuzinsen; Nummer 3 Satz 2 ist entsprechend anzuwenden. Für die Abzinsung von Rückstellungen für Sachleistungsverpflichtungen ist der Zeitraum bis zum Beginn der Erfüllung maßgebend. Für die Abzinsung von Rückstellungen für die Verpflichtung, ein Kernkraftwerk stillzulegen, ist der sich aus Buchstabe d Satz **3** ergebende Zeitraum maßgebend.
4. Entnahmen des Steuerpflichtigen für sich, für seinen Haushalt oder für andere betriebsfremde Zwecke sind mit dem Teilwert anzusetzen.
Die private Nutzung eines Kraftfahrzeugs ist für jeden Kalendermonat mit 1 vom Hundert des inländischen Listenpreises im Zeitpunkt der Erstzulassung zuzüglich der Kosten für Sonderausstattungen einschließlich der Umsatzsteuer anzusetzen. Die private Nutzung kann abweichend von Satz 2 mit den auf die Privatfahrten entfallenden Aufwendungen angesetzt werden, wenn die für das Kraftfahrzeug insgesamt entstehenden Aufwendungen durch Belege und das Verhältnis der privaten zu den übrigen Fahrten durch ein ordnungsgemäßes Fahrtenbuch nachgewiesen werden. Wird ein Wirtschaftsgut unmittelbar nach seiner Entnahme einer nach § 5 Abs. 1 Nr. 9 des Körperschaftsteuergesetzes von der Körperschaftsteuer befreiten Körperschaft, Personenvereinigung oder Vermögensmasse oder einer juristischen Person des öffentlichen Rechts zur Verwendung für steuerbegünstigte Zwecke im Sinne des § 10b Abs. 1 Satz 1 unentgeltlich überlassen, so kann die Entnahme mit dem Buchwert angesetzt werden. Dies gilt für Zuwendungen im Sinne des § 10b Abs. 1 Satz 3 entsprechend. Die Sätze 4 und 5 gelten nicht für die Entnahme von Nutzungen und Leistungen.
5. Einlagen sind mit dem Teilwert für den Zeitpunkt der Zuführung anzusetzen; sie sind jedoch höchstens mit den Anschaffungs- oder Herstellungskosten anzusetzen, wenn das zugeführte Wirtschaftsgut
    a) innerhalb der letzten drei Jahre vor dem Zeitpunkt der Zuführung angeschafft oder hergestellt worden ist oder
    b) ein Anteil an einer Kapitalgesellschaft ist und der Steuerpflichtige an der Gesellschaft im Sinne des § 17 Abs. 1 beteiligt ist; § 17 Abs. 2 Satz 3 gilt entsprechend.
Ist die Einlage ein abnutzbares Wirtschaftsgut, so sind die Anschaffungs- oder Herstellungskosten um Absetzungen für Abnutzung zu kürzen, die auf den Zeitraum zwischen der Anschaffung oder Herstellung des Wirtschaftsguts und der Einlage entfallen. Ist die Einlage ein Wirtschaftsgut, das von der Zuführung aus einem Betriebsvermögen des Steuerpflichtigen entnommen worden ist, so tritt an die Stelle der Anschaffungs- oder Herstellungskosten der Wert, mit dem die Entnahme angesetzt worden ist, und an die Stelle des Zeitpunkts der Anschaffung oder Herstellung der Zeitpunkt der Entnahme.
6. Bei Eröffnung eines Betriebs ist Nummer 5 entsprechend anzuwenden.
7. Bei entgeltlichem Erwerb eines Betriebs sind die Wirtschaftsgüter mit dem Teilwert, höchstens jedoch mit den Anschaffungs- oder Herstellungskosten anzusetzen.

(2) Die Anschaffungs- oder Herstellungskosten oder der nach Absatz 1 Nr. 5 oder 6 an deren Stelle tretende Wert von abnutzbaren beweglichen Wirtschaftsgütern des Anlagevermögens, die einer selbständigen Nutzung fähig sind, können im Wirtschaftsjahr der Anschaffung, Herstellung oder Einlage des Wirtschaftsguts oder der Eröffnung des Betriebs in voller Höhe als Betriebsausgaben abgesetzt werden, wenn die Anschaffungs- oder Herstellungskosten, vermindert um einen darin enthaltenen Vorsteuerbetrag (§ 9b Abs. 1), oder der nach Absatz 1 Nr. 5 oder 6 an deren Stelle tretende Wert für das einzelne Wirtschaftsgut 410 Euro [bis 31.12.2001: 800 Deutsche Mark] nicht übersteigen. Ein Wirtschaftsgut ist einer selbständigen Nutzung nicht fähig, wenn es nach seiner betrieblichen Zweckbestimmung nur zusammen mit anderen Wirtschaftsgütern des Anlagevermögens genutzt werden kann und die in den Nutzungszusammenhang eingefügten Wirtschaftsgüter technisch aufeinander abgestimmt sind. Das gilt auch, wenn das Wirtschaftsgut aus dem betrieblichen Nutzungszusammenhang gelöst und in einen anderen betrieblichen Nutzungszusammenhang eingefügt werden kann. Satz 1 ist nur bei Wirtschaftsgütern anzuwenden, die unter Angabe des Tages der Anschaffung, Herstellung oder Einlage des Wirtschaftsguts oder der Eröffnung des Betriebs und der Anschaffungs- oder Herstellungskosten oder des nach Absatz 1 Nr. 5 oder 6 an deren Stelle tretenden Werts in einem besonderen, laufend zu führenden Verzeichnis aufgeführt sind. Das Verzeichnis braucht nicht geführt zu werden, wenn diese Angaben aus der Buchführung ersichtlich sind.

(3) Wird ein Betrieb, ein Teilbetrieb oder der Anteil eines Mitunternehmers an einem Betrieb unentgeltlich übertragen, so sind bei der Ermittlung des Gewinns des bisherigen Betriebsinhabers (Mitunternehmers) die Wirtschaftsgüter mit den Werten anzusetzen, die sich nach den Vorschriften über die Gewinnermittlung ergeben; dies gilt auch bei der unentgeltlichen Aufnahme einer natürlichen Person in ein bestehendes Einzelunternehmen sowie bei der unentgeltlichen Übertragung eines Teils eines Mitunternehmeranteils auf eine natürliche Person. Satz 1 ist auch anzuwenden, wenn der bisherige Betriebsinhaber (Mitunternehmer) Wirtschaftsgüter, die weiterhin zum Betriebsvermögen derselben Mitunternehmerschaft gehören, nicht überträgt, sofern der Rechtsnachfolger den übernommenen Mitunternehmeranteil über einen Zeitraum von mindestens fünf Jahren nicht veräußert oder aufgibt. Der Rechtsnachfolger ist an die in Satz 1 genannten Werte gebunden.

(4) Wird ein einzelnes Wirtschaftsgut außer in den Fällen der Einlage (§ 4 Abs. 1 Satz 5) unentgeltlich in das Betriebsvermögen eines anderen Steuerpflichtigen übertragen, gilt sein gemeiner Wert für das aufnehmende Betriebsvermögen als Anschaffungskosten.

(5) Wird ein einzelnes Wirtschaftsgut von einem Betriebsvermögen in ein anderes Betriebsvermögen desselben Steuerpflichtigen überführt, ist bei der Überführung der Wert anzusetzen, der sich nach den Vorschriften über die Gewinnermittlung ergibt, sofern die Besteuerung der stillen Reserven sichergestellt ist. Satz 1 gilt auch für die Überführung aus einem eigenen Betriebsvermögen des Steuerpflichtigen in dessen Sonderbetriebsvermögen bei einer Mitunternehmerschaft und umgekehrt sowie für die Überführung zwischen

verschiedenen Sonderbetriebsvermögen desselben Steuerpflichtigen bei verschiedenen Mitunternehmerschaften. Satz 1 gilt entsprechend, soweit ein Wirtschaftsgut

1. unentgeltlich oder gegen Gewährung oder Minderung von Gesellschaftsrechten aus einem Betriebsvermögen des Mitunternehmers in das Gesamthandsvermögen einer Mitunternehmerschaft und umgekehrt,
2. unentgeltlich oder gegen Gewährung oder Minderung von Gesellschaftsrechten aus dem Sonderbetriebsvermögen eines Mitunternehmers in das Gesamthandsvermögen derselben Mitunternehmerschaft oder einer anderen Mitunternehmerschaft, an der er beteiligt ist, und umgekehrt oder
3. unentgeltlich zwischen den jeweiligen Sonderbetriebsvermögen verschiedener Mitunternehmer derselben Mitunternehmerschaft

übertragen wird. Wird das nach Satz 3 übertragene Wirtschaftsgut innerhalb einer Sperrfrist veräußert oder entnommen, ist rückwirkend auf den Zeitpunkt der Übertragung der Teilwert anzusetzen, es sei denn, die bis zur Übertragung entstandenen stillen Reserven sind durch Erstellung einer Ergänzungsbilanz dem übertragenden Gesellschafter zugeordnet worden; diese Sperrfrist endet drei Jahre nach Abgabe der Steuererklärung des Übertragenden für den Veranlagungszeitraum, in dem die in Satz 3 bezeichnete Übertragung erfolgt ist. Der Teilwert ist auch anzusetzen, soweit in den Fällen des Satzes 3 der Anteil einer Körperschaft, Personenvereinigung oder Vermögensmasse an dem Wirtschaftsgut unmittelbar oder mittelbar begründet wird oder dieser sich erhöht Soweit innerhalb von sieben Jahren nach der Übertragung des Wirtschaftsguts nach Satz 3 der Anteil einer Körperschaft, Personenvereinigung oder Vermögensmasse an dem übertragenen Wirtschaftsgut aus einem anderen Grund unmittelbar oder mittelbar begründet wird oder dieser sich erhöht, ist rückwirkend auf den Zeitpunkt der Übertragung ebenfalls der Teilwert anzusetzen.
(6) Wird ein einzelnes Wirtschaftsgut im Wege des Tausches übertragen, bemessen sich die Anschaffungskosten nach dem gemeinen Wert des hingegebenen Wirtschaftsguts. Erfolgt die Übertragung im Wege der verdeckten Einlage, erhöhen sich die Anschaffungskosten der Beteiligung an der Kapitalgesellschaft um den Teilwert des eingelegten Wirtschaftsguts. In den Fällen des Absatzes 1 Nr. 5 Satz 1 Buchstabe a erhöhen sich die Anschaffungskosten im Sinne des Satzes 2 um den Einlagewert des Wirtschaftsguts. Absatz 5 bleibt unberührt.
(7) Im Fall des § 4 Abs. 3 sind bei der Bemessung der Absetzungen für Abnutzung oder Substanzverringerung die sich bei Anwendung der Absätze 3 bis 6 ergebenden Werte als Anschaffungskosten zugrunde zu legen.

§ 7 Absetzung für Abnutzung oder Substanzverringerung

(1) Bei Wirtschaftsgütern, deren Verwendung oder Nutzung durch den Steuerpflichtigen zur Erzielung von Einkünften sich erfahrungsgemäß auf einen Zeitraum von mehr als einem Jahr erstreckt, ist jeweils für ein Jahr der Teil der

Anschaffungs- oder Herstellungskosten abzusetzen, der bei gleichmäßiger Verteilung dieser Kosten auf die Gesamtdauer der Verwendung oder Nutzung auf ein Jahr entfällt (Absetzung für Abnutzung in gleichen Jahresbeträgen). Die Absetzung bemisst sich hierbei nach der betriebsgewöhnlichen Nutzungsdauer des Wirtschaftsguts. Als betriebsgewöhnliche Nutzungsdauer des Geschäfts- oder Firmenwerts eines Gewerbebetriebs oder eines Betriebs der Land- und Forstwirtschaft gilt ein Zeitraum von 15 Jahren. Bei Wirtschaftsgütern, die nach einer Verwendung zur Erzielung von Einkünften im Sinne des § 2 Abs. 1 Nr. 4 bis 7 in ein Betriebsvermögen eingelegt worden sind, mindern sich die Anschaffungs- oder Herstellungskosten um die Absetzungen für Abnutzung oder Substanzverringerung, Sonderabschreibungen oder erhöhte Absetzungen, die bis zum Zeitpunkt der Einlage vorgenommen worden sind. Bei beweglichen Wirtschaftsgütern des Anlagevermögens, bei denen es wirtschaftlich begründet ist, die Absetzung für Abnutzung nach Maßgabe der Leistung des Wirtschaftsguts vorzunehmen, kann der Steuerpflichtige dieses Verfahren statt der Absetzung für Abnutzung in gleichen Jahresbeträgen anwenden, wenn er den auf das einzelne Jahr entfallenden Umfang der Leistung nachweist. Absetzungen für außergewöhnliche technische oder wirtschaftliche Abnutzung sind zulässig; soweit der Grund hierfür in späteren Wirtschaftsjahren entfällt, ist in den Fällen der Gewinnermittlung nach § 4 Abs. 1 oder nach § 5 eine entsprechende Zuschreibung vorzunehmen.

(2) Bei beweglichen Wirtschaftsgütern des Anlagevermögens kann der Steuerpflichtige statt der Absetzung für Abnutzung in gleichen Jahresbeträgen die Absetzung für Abnutzung in fallenden Jahresbeträgen bemessen. Die Absetzung für Abnutzung in fallenden Jahresbeträgen kann nach einem unveränderlichen Hundertsatz vom jeweiligen Buchwert (Restwert) vorgenommen werden; der dabei anzuwendende Hundertsatz darf höchstens das Doppelte des bei der Absetzung für Abnutzung in gleichen Jahresbeträgen in Betracht kommenden Hundertsatzes betragen und 20 vom Hundert nicht übersteigen. § 7 a Abs. 8 gilt entsprechend. Bei Wirtschaftsgütern, bei denen die Absetzung für Abnutzung in fallenden Jahresbeträgen bemessen wird, sind Absetzungen für außergewöhnliche technische oder wirtschaftliche Abnutzung nicht zulässig.

(3) Der Übergang von der Absetzung für Abnutzung in fallenden Jahresbeträgen zur Absetzung für Abnutzung in gleichen Jahresbeträgen ist zulässig. In diesem Fall bemisst sich die Absetzung für Abnutzung vom Zeitpunkt des Übergangs an nach dem dann noch vorhandenen Restwert und der Restnutzungsdauer des einzelnen Wirtschaftsguts. Der Übergang von der Absetzung für Abnutzung in gleichen Jahresbeträgen zur Absetzung für Abnutzung in fallenden Jahresbeträgen ist nicht zulässig.

(4) Bei Gebäuden sind abweichend von Absatz 1 als Absetzung für Abnutzung die folgenden Beträge bis zur vollen Absetzung abzuziehen:

1. bei Gebäuden, soweit sie zu einem Betriebsvermögen gehören und nicht Wohnzwecken dienen und für die der Bauantrag nach dem 31. März 1985 gestellt worden ist, jährlich 3 vom Hundert

2. bei Gebäuden, soweit sie die Voraussetzungen der Nummer 1 nicht erfüllen und die
   a) nach dem 31. Dezember 1924 fertig gestellt worden sind, jährlich 2 vom Hundert,
   b) vor dem 1. Januar 1925 fertig gestellt worden sind, jährlich 2,5 vom Hundert

der Anschaffungs- oder Herstellungskosten; Absatz 1 Satz 4 gilt entsprechend. Beträgt die tatsächliche Nutzungsdauer eines Gebäudes in den Fällen des Satzes 1 Nr. 1 weniger als 33 Jahre, in den Fällen des Satzes 1 Nr. 2 Buchstabe a weniger als 50 Jahre, in den Fällen des Satzes 1 Nr. 2 Buchstabe b weniger als 40 Jahre, so können an Stelle der Absetzungen nach Satz 1 die der tatsächlichen Nutzungsdauer entsprechenden Absetzungen für Abnutzung vorgenommen werden. Absatz 1 letzter Satz bleibt unberührt. Bei Gebäuden im Sinne der Nummer 2 rechtfertigt die für Gebäude im Sinne der Nummer 1 geltende Regelung weder die Anwendung des Absatzes 1 letzter Satz noch den Ansatz des niedrigeren Teilwerts (§ 6 Abs. 1 Nr. 1 Satz 2).

(5) Bei im Inland belegenen Gebäuden, die vom Steuerpflichtigen hergestellt oder bis zum Ende des Jahres der Fertigstellung angeschafft worden sind, können abweichend von Absatz 4 als Absetzung für Abnutzung die folgenden Beträge abgezogen werden:

1. bei Gebäuden im Sinne des Absatzes 4 Satz 1 Nr. 1, die vom Steuerpflichtigen auf Grund eines vor dem 1. Januar 1994 gestellten Bauantrags hergestellt oder auf Grund eines vor diesem Zeitpunkt rechtswirksam abgeschlossenen obligatorischen Vertrags angeschafft worden sind,

- im Jahr der Fertigstellung und
  in den folgenden 3 Jahren   jeweils   10 vom Hundert,
- in den darauf folgenden 3 Jahren   jeweils   5 vom Hundert,
- in den darauf folgenden 18 Jahren   jeweils 2,5 vom Hundert,

2. bei Gebäuden im Sinne des Absatzes 4 Satz 1 Nr. 2, die vom Steuerpflichtigen auf Grund eines vor dem 1. Januar 1995 gestellten Bauantrags hergestellt oder auf Grund eines vor diesem Zeitpunkt rechtswirksam abgeschlossenen obligatorischen Vertrags angeschafft worden sind,

- im Jahr der Fertigstellung und
  in den folgenden 7 Jahren   jeweils   5 vom Hundert,
- in den darauf folgenden 6 Jahren   jeweils 2,5 vom Hundert,
- in den darauf folgenden 36 Jahren   jeweils 1,25 vom Hundert,

3. bei Gebäuden im Sinne des Absatzes 4 Satz 1 Nr. 2, soweit sie Wohnzwecken dienen, die vom Steuerpflichtigen
   a) auf Grund eines nach dem 28. Februar 1989 und vor dem 1. Januar 1996 gestellten Bauantrags hergestellt oder nach dem 28. Februar 1989 auf Grund eines nach dem 28. Februar 1989 und vor dem 1. Januar 1996 rechtswirksam abgeschlossenen obligatorischen Vertrags angeschafft worden sind,

- im Jahr der Fertigstellung
  und in den folgenden 3 Jahren jeweils 7 vom Hundert,
- in den darauf folgenden 6 Jahren jeweils 5 vom Hundert,
- in den darauf folgenden 6 Jahren jeweils 2 vom Hundert,
- in den darauf folgenden 24 Jahren jeweils 1,25 vom Hundert,

   b) auf Grund eines nach dem 31. Dezember 1995 gestellten Bauantrags hergestellt oder auf Grund eines nach diesem Zeitpunkt rechtswirksam abgeschlossenen obligatorischen Vertrags angeschafft worden sind,

- im Jahr der Fertigstellung
  und in den folgenden 7 Jahren jeweils 5 vom Hundert,
- in den darauf folgenden 6 Jahren jeweils 2,5 vom Hundert,
- in den darauf folgenden 36 Jahren jeweils 1,25 vom Hundert

der Anschaffungs- oder Herstellungskosten. Im Fall der Anschaffung kann Satz 1 nur angewendet werden, wenn der Hersteller für das veräußerte Gebäude weder Absetzungen für Abnutzung nach Satz 1 vorgenommen noch erhöhte Absetzungen oder Sonderabschreibungen in Anspruch genommen hat.
(5 a) Die Absätze 4 und 5 sind auf Gebäudeteile, die selbständige unbewegliche Wirtschaftsgüter sind, sowie auf Eigentumswohnungen und auf im Teileigentum stehende Räume entsprechend anzuwenden.
(6) Bei Bergbauunternehmen, Steinbrüchen und anderen Betrieben, die einen Verbrauch der Substanz mit sich bringen, ist Absatz 1 entsprechend anzuwenden; dabei sind Absetzungen nach Maßgabe des Substanzverzehrs zulässig (Absetzung für Substanzverringerung).

A.4. Auszug aus den Einkommensteuerrichtlinien

R 36. Bewertung des Vorratsvermögens
Niedrigerer Teilwert

(1) [1]Wirtschaftsgüter des Vorratsvermögens, insbesondere Roh-, Hilfs- und Betriebsstoffe, unfertige und fertige Erzeugnisse sowie Waren, sind nach § 6 Abs. 1 Nr. 2 EStG mit ihren Anschaffungs- oder anzusetzen. [2]Ist der Teilwert am Bilanzstichtag auf Grund einer voraussichtlich dauernden Wertminderung niedriger, so kann dieser angesetzt werden. [3]Steuerpflichtige, die den Gewinn nach § 5 EStG ermitteln, müssen entsprechend den handelsrechtlichen Grundsätzen (Niederstwertprinzip) den niedrigeren Teilwert ansetzen. [4]Sie können jedoch Wirtschaftsgüter des Vorratsvermögens, die keinen Börsen- oder Marktpreis haben, mit den Anschaffungs- oder Herstellungskosten oder mit einem zwischen diesen Kosten und dem niedrigeren Teilwert liegenden Wert ansetzen, wenn und soweit bei vorsichtiger Beurteilung aller Umstände damit gerechnet werden kann, dass bei einer späteren Veräußerung der angesetzte Wert zuzüglich der Veräußerungskosten zu erlösen ist. [5]Steuerpflichtige, die den Gewinn nach § 4 Abs. 1 EStG ermitteln, sind nach § 6 Abs. 1 Nr. 2 EStG berechtigt, ihr Umlaufvermögen mit den Anschaffungs- oder Herstellungskosten auch dann anzusetzen, wenn der Teilwert der Wirtschaftsgüter erheblich und voraussichtlich dauernd unter die Anschaffungs- oder Herstellungskosten gesunken ist.

(2) [1]Der Teilwert von Wirtschaftsgütern des Vorratsvermögens, deren Einkaufspreis am Bilanzstichtag unter die Anschaffungskosten gesunken ist, deckt sich in der Regel mit deren Wiederbeschaffungskosten am Bilanzstichtag, und zwar auch dann, wenn mit einem entsprechenden Rückgang der Verkaufspreise nicht gerechnet zu werden braucht. [2]Bei der Bestimmung des Teilwerts von nicht zum Absatz bestimmten Vorräten (z. B. Ärztemuster) kommt es nicht darauf an, welcher Einzelveräußerungspreis für das jeweilige Wirtschaftsgut erzielt werden könnte. [3]Sind Wirtschaftsgüter des Vorratsvermögens, die zum Absatz bestimmt sind, durch Lagerung, Änderung des modischen Geschmacks oder aus anderen Gründen im Wert gemindert, so ist als niedriger Teilwert der Betrag anzusetzen, der von dem voraussichtlich erzielbaren Veräußerungserlös nach Abzug des durchschnittlichen Unternehmergewinns und des nach dem Bilanzstichtag noch anfallenden betrieblichen Aufwands verbleibt. [4]Im Regelfall kann davon ausgegangen werden, dass der Teilwert dem Betrag entspricht, der sich nach Kürzung des erzielbaren Verkaufserlöses um den durchschnittlichen Rohgewinnaufschlag ergibt. [5]Der Rohgewinnaufschlag kann in einem Vomhundertsatz (Rohgewinnaufschlagsatz) ausgedrückt und dadurch ermittelt werden, dass der betriebliche Aufwand und der durchschnittliche Unternehmergewinn dem Jahresabschluss entnommen und zum Wareneinsatz in Beziehung gesetzt werden. [6]Der Teilwert ist in diesem Fall nach folgender Formel zu ermitteln:

$$X = \frac{Z}{1+Y} ;$$

dabei sind:
X der zu suchende Teilwert
Y der Rohgewinnaufschlagsatz (in %) geteilt durch 100
Z der Verkaufserlös.
[7]Hiernach ergibt sich z. B. bei einem Verkaufserlös von 100 Euro und einem Rohgewinnaufschlagsatz von 150 % ein Teilwert von 40 Euro. [8]Macht ein Steuerpflichtiger für Wertminderungen eine Teilwertabschreibung geltend, so muss er die voraussichtliche dauernde Wertminderung nachweisen. [9]Dazu muss er Unterlagen vorlegen, die aus den Verhältnissen seines Betriebs gewonnen sind und die eine sachgemäße Schätzung des Teilwerts ermöglichen. [10]In der Regel sind die tatsächlich erzielten Verkaufspreise für die im Wert geminderten Wirtschaftsgüter in der Weise und in einer so großen Anzahl von Fällen nachzuweisen, dass sich daraus ein repräsentativer Querschnitt für die zu bewertenden Wirtschaftsgüter ergibt und allgemeine Schlussfolgerungen gezogen werden können. [11]Bei Wirtschaftsgütern des Vorratsvermögens, für die ein Börsen- oder Marktpreis besteht, darf dieser nicht überschritten werden, es sei denn, dass der objektive Wert der Wirtschaftsgüter höher ist oder nur vorübergehende, völlig außergewöhnliche Umstände den Börsen- oder Marktpreis beeinflusst haben; der Wertansatz darf jedoch die Anschaffungs- oder Herstellungskosten nicht übersteigen.

Einzelbewertung
(3) [1]Die Wirtschaftsgüter des Vorratsvermögens sind grundsätzlich einzeln zu bewerten. [2]Enthält das Vorratsvermögen am Bilanzstichtag Wirtschaftsgüter, die im Verkehr nach Maß, Zahl oder Gewicht bestimmt werden (vertretbare Wirtschaftsgüter) und bei denen die Anschaffungs- oder Herstellungskosten wegen Schwankungen der Einstandspreise im Laufe des Wirtschaftsjahrs im einzelnen nicht mehr einwandfrei feststellbar sind, so ist der Wert dieser Wirtschaftsgüter zu schätzen. [3]In diesen Fällen stellt die Durchschnittsbewertung (Bewertung nach dem gewogenen Mittel der im Laufe des Wirtschaftsjahrs erworbenen und gegebenenfalls zu Beginn des Wirtschaftsjahrs vorhandenen Wirtschaftsgüter) ein zweckentsprechendes Schätzungsverfahren dar.

Gruppenbewertung
(4) [1]Zur Erleichterung der Inventur und der Bewertung können gleichartige Wirtschaftsgüter des Vorratsvermögens jeweils zu einer Gruppe zusammengefasst und mit dem gewogenen Durchschnittswert angesetzt werden. [2]Die Gruppenbildung und Gruppenbewertung darf nicht gegen die Grundsätze ordnungsmäßiger Buchführung verstoßen. [3]Gleichartige Wirtschaftsgüter brauchen für die Zusammenfassung zu einer Gruppe (R 36a Abs. 3) nicht gleichwertig zu sein. [4]Es muss jedoch für sie ein Durchschnittswert bekannt sein. [5]Das ist der Fall, wenn bei der Bewertung der gleichartigen Wirtschaftsgüter ein ohne Wieteres feststellbarer, nach den Erfahrungen der betreffenden Branche sachgemäßer Durchschnittswert verwendet wird. [6]Macht der Steuerpflichtige

glaubhaft, dass in seinem Betrieb in der Regel die zuletzt beschafften Wirtschaftsgüter zuerst verbraucht oder veräußert werden - das kann sich z. B. aus der Art der Lagerung ergeben -, so kann diese Tatsache bei der Ermittlung der Anschaffungs- oder Herstellungskosten berücksichtigt werden. [7]Zur Bewertung nach unterstelltem Verbrauchsfolgeverfahren .

R 36a. Bewertung nach unterstellten Verbrauchs- und Veräußerungsfolgen
Allgemeines

(1) Andere Bewertungsverfahren mit unterstellter Verbrauchs- oder Veräußerungsfolge als die in § 6 Abs. 1 Nr. 2a EStG genannte Lifo-Methode sind nicht zulässig.

Grundsätze ordnungsmäßiger Buchführung

(2) [1]Die Lifo-Methode muss den handelsrechtlichen Grundsätzen ordnungsmäßiger Buchführung entsprechen. [2]Das bedeutet nicht, dass die Lifo-Methode mit der tatsächlichen Verbrauchs- oder Veräußerungsfolge übereinstimmen muss; sie darf jedoch, wie z. B. bei leicht verderblichen Waren, nicht völlig unvereinbar mit dem betrieblichen Geschehensablauf sein. [3]Die Lifo-Methode muss nicht auf das gesamte Vorratsvermögen angewandt werden. [4]Sie darf auch bei der Bewertung der Materialbestandteile unfertiger oder fertiger Erzeugnisse angewandt werden, wenn der Materialbestandteil dieser Wirtschaftsgüter in der Buchführung getrennt erfasst wird und dies handelsrechtlichen Grundsätzen ordnungsmäßiger Buchführung entspricht.

Gruppenbildung

(3) [1]Für die Anwendung der Lifo-Methode können gleichartige Wirtschaftsgüter zu Gruppen werden. [2]Zur Beurteilung der Gleichartigkeit sind die kaufmännischen Gepflogenheiten, insbesondere die marktübliche Einteilung in Produktklassen unter Beachtung der Unternehmensstruktur, und die allgemeine Verkehrsanschauung heranzuziehen. [3]Wirtschaftsgüter mit erheblichen Qualitätsunterschieden sind nicht gleichartig. [4]Erhebliche Preisunterschiede sind Anzeichen für Qualitätsunterschiede.

Methoden der Lifo-Bewertung

(4) [1]Die Bewertung nach der Lifo-Methode kann sowohl durch permanente Lifo als auch durch Perioden-Lifo erfolgen. [2]Die permanente Lifo setzt eine laufende mengen- und wertmäßige Erfassung aller Zu- und Abgänge voraus. [3]Bei der Perioden-Lifo wird der Bestand lediglich zum Ende des Wirtschaftsjahrs bewertet. [4]Dabei können Mehrbestände mit dem Anfangsbestand zu einem neuen Gesamtbestand zusammengefasst oder als besondere Posten (Layer) ausgewiesen werden. [5]Bei der Wertermittlung für die Mehrbestände ist von den Anschaffungs- oder Herstellungskosten der ersten Lagerzugänge des Wirtschaftsjahrs oder von den durchschnittlichen Anschaffungs- oder Herstellungskosten aller Zugänge des Wirtschaftsjahrs auszugehen. [6]Minderbestände sind beginnend beim letzten Layer zu kürzen.

Wechsel der Bewertungsmethoden
(5) ¹Von der Lifo-Methode kann in den folgenden Wirtschaftsjahren nur mit Zustimmung des Finanzamts abgewichen werden § 6 Abs. 1 Nr. 2a Satz 3 EStG). ²Der Wechsel der Methodenwahl bei Anwendung der Lifo-Methode bedarf nicht der Zustimmung des Finanzamts. ³Der Grundsatz der Bewertungsstetigkeit ist jedoch zu beachten.
Niedrigerer Teilwert
(6) ¹Das Niederstwertprinzip ist zu beachten § 6 Abs. 1 Nr. 2 Satz 2 EStG). ²Dabei ist der Teilwert der zu einer Gruppe zusammengefassten Wirtschaftsgüter mit dem Wertansatz, der sich nach Anwendung der Lifo-Methode ergibt, zu vergleichen. ³Hat der Steuerpflichtige Layer gebildet, so ist der Wertansatz des einzelnen Layer mit dem Teilwert zu vergleichen und gegebenenfalls gesondert auf den niedrigeren Teilwert abzuschreiben.
Übergang zur Lifo-Methode
(7) ¹Der beim Übergang zur Lifo-Methode vorhandene Warenbestand ist mit dem steuerrechtlich zulässigen Wertansatz fortzuführen, den der Steuerpflichtige in der Handelsbilanz des Wirtschaftsjahrs gewählt hat, das dem Wirtschaftsjahr des Übergangs zur Lifo-Methode vorangeht (Ausgangswert). ²Danach ist der Importwarenabschlag des Wirtschaftsjahrs, das der erstmaligen Anwendung der Lifo-Methode vorangeht, bei der Bewertung des Ausgangswerts für die Lifo-Methode abzuziehen.

R 40. Bewertungsfreiheit für geringwertige Wirtschaftsgüter

(1) ¹Die Frage, ob ein Wirtschaftsgut des Anlagevermögens selbständig nutzungsfähig ist, stellt sich regelmäßig für solche Wirtschaftsgüter, die in einem Betrieb zusammen mit anderen Wirtschaftsgütern genutzt werden. ²Für die Entscheidung in dieser Frage ist maßgeblich auf die betriebliche Zweckbestimmung des Wirtschaftsguts abzustellen. ³Hiernach ist ein Wirtschaftsgut des Anlagevermögens einer selbständigen Nutzung nicht fähig, wenn folgende Voraussetzungen kumulativ vorliegen:
1. Das Wirtschaftsgut kann nach seiner betrieblichen Zweckbestimmung nur zusammen mit anderen Wirtschaftsgütern des Anlagevermögens genutzt werden,
2. das Wirtschaftsgut ist mit den anderen Wirtschaftsgütern des Anlagevermögens in einen ausschließlichen betrieblichen Nutzungszusammenhang eingefügt, d. h., es tritt mit den in den Nutzungszusammenhang eingefügten anderen Wirtschaftsgütern des Anlagevermögens nach außen als einheitliches Ganzes in Erscheinung, wobei für die Bestimmung dieses Merkmals im Einzelfall die Festigkeit der Verbindung, ihre technische Gestaltung und ihre Dauer von Bedeutung sein können,
3. das Wirtschaftsgut ist mit den anderen Wirtschaftsgütern des Anlagevermögens technisch abgestimmt.

⁴Dagegen bleiben Wirtschaftsgüter, die zwar in einen betrieblichen Nutzungszusammenhang mit anderen Wirtschaftsgütern eingefügt und technisch auf-

einander abgestimmt sind, dennoch selbständig nutzungsfähig, wenn sie nach ihrer betrieblichen Zweckbestimmung auch ohne die anderen Wirtschaftsgüter im Betrieb genutzt werden können (Müllbehälter eines Müllabfuhrunternehmens). ⁵Auch Wirtschaftsgüter, die nach ihrer betrieblichen Zweckbestimmung nur mit anderen Wirtschaftsgütern genutzt werden können, sind selbständig nutzungsfähig, wenn sie nicht in einen Nutzungszusammenhang eingefügt sind, so dass die zusammen nutzbaren Wirtschaftsgüter des Betriebs nach außen nicht als ein einheitliches Ganzes in Erscheinung treten (Bestecke, Schallplatten, Tonbandkassetten, Trivialprogramme, Videokassetten). ⁶Selbständig nutzungsfähig sind ferner Wirtschaftsgüter, die nach ihrer betrieblichen Zweckbestimmung nur zusammen mit anderen Wirtschaftsgütern genutzt werden können, technisch mit diesen Wirtschaftsgütern aber nicht abgestimmt sind (Paletten, Einrichtungsgegenstände).

(2) ¹Die Angaben nach § 6 Abs. 2 Satz 4 EStG sind aus der Buchführung ersichtlich, wenn sie sich aus einem besonderen Konto für geringwertige Wirtschaftsgüter oder aus dem Bestandsverzeichnis nach R 31 ergeben. ²Sie sind nicht erforderlich für geringwertige Wirtschaftsgüter, deren Anschaffungs- oder Herstellungskosten, vermindert um einen darin enthaltenen Vorsteuerbetrag § 9b Abs. 1 EStG), nicht mehr als 100 DM (ab VZ 2002 60 Euro) betragen haben.

(3) ¹Die Bewertungsfreiheit für geringwertige Anlagegüter können auch Steuerpflichtige in Anspruch nehmen, die den Gewinn nach § 4 Abs. 3 EStG ermitteln, wenn sie ein Verzeichnis nach § 6 Abs. 2 Satz 4 EStG führen. ²Absatz 2 Satz 2 gilt entsprechend.

(4) ¹Es ist nicht zulässig, im Jahr der Anschaffung oder Herstellung nur einen Teil der Aufwendungen abzusetzen und den Restbetrag auf die betriebsgewöhnliche Nutzungsdauer zu verteilen. ²Stellt ein Steuerpflichtiger ein selbständig bewertungsfähiges und selbständig nutzungsfähiges Wirtschaftsgut aus erworbenen Wirtschaftsgütern her, kann er die Bewertungsfreiheit für das Wirtschaftsgut erst in dem Wirtschaftsjahr in Anspruch nehmen, in dem das Wirtschaftsgut fertig gestellt worden ist.

(5) Bei der Beurteilung der Frage, ob die Anschaffungs- oder Herstellungskosten für das einzelne Wirtschaftsgut 800 DM (ab VZ 2002 410 Euro) nicht übersteigen, ist,
1. wenn von den Anschaffungs- oder Herstellungskosten des Wirtschaftsguts ein Betrag nach § 6b oder § 6c EStG abgesetzt worden ist, von den nach § 6b Abs. 6 EStG maßgebenden
2. wenn das Wirtschaftsgut mit einem erfolgsneutral behandelten Zuschuss aus öffentlichen oder privaten Mitteln nach R 34 angeschafft oder hergestellt worden ist, von den um den Zuschuss gekürzten
3. und wenn von den Anschaffungs- oder Herstellungskosten des Wirtschaftsguts ein Betrag nach R 35 abgesetzt worden ist, von den um diesen Betrag gekürzten

Anschaffungs- oder Herstellungskosten auszugehen.

R 44. Höhe der AfA
Beginn der AfA

(1) ¹AfA ist vorzunehmen, sobald ein Wirtschaftsgut angeschafft oder hergestellt ist. ²Ein Wirtschaftsgut ist im Zeitpunkt seiner Lieferung angeschafft. ³Ist Gegenstand eines Kaufvertrags über ein Wirtschaftsgut auch dessen Montage durch den Verkäufer, so ist das Wirtschaftsgut erst mit der Beendigung der Montage geliefert. ⁴Wird die Montage durch den Steuerpflichtigen oder in dessen Auftrag durch einen Dritten durchgeführt, so ist das Wirtschaftsgut bereits bei Übergang der wirtschaftlichen Verfügungsmacht an den Steuerpflichtigen geliefert; das zur Investitionszulage ergangene BFH-Urteil vom 2.9.1988 (BStBl II S. 1009) ist ertragsteuerrechtlich nicht anzuwenden. ⁵Ein Wirtschaftsgut ist zum Zeitpunkt seiner Fertigstellung hergestellt.

AfA im Jahr der Anschaffung oder Herstellung
(2) ¹Bei Wirtschaftsgütern, die im Laufe eines Jahres angeschafft oder hergestellt werden, kann für das Jahr der Anschaffung oder Herstellung grundsätzlich nur der Teil des auf ein Jahr entfallenden AfA-Betrags abgesetzt werden, der dem Zeitraum zwischen der Anschaffung oder Herstellung des Wirtschaftsguts und dem Ende des Jahres entspricht; dies gilt nicht für die degressive AfA nach § 7 Abs. 5 EStG. ²Der Zeitraum vermindert sich um den Teil des Jahres, in dem das Wirtschaftsgut nicht zur Erzielung von Einkünften verwendet wird. ³Bei beweglichen Wirtschaftsgütern des Anlagevermögens ist es jedoch aus Vereinfachungsgründen nicht zu beanstanden, wenn für die in der ersten Hälfte eines Wirtschaftsjahrs angeschafften oder hergestellten Wirtschaftsgüter der für das gesamte Wirtschaftsjahr in Betracht kommende AfA-Betrag und für die in der zweiten Hälfte des Wirtschaftsjahrs angeschafften oder hergestellten Wirtschaftsgüter die Hälfte des für das gesamte Wirtschaftsjahr in Betracht kommenden AfA-Betrags abgesetzt wird. ⁴Diese Vereinfachungsregelung ist bei beweglichen Wirtschaftsgütern, die im Laufe eines Rumpfwirtschaftsjahrs angeschafft oder hergestellt werden, entsprechend anzuwenden. ⁵Dabei kommt als AfA-Betrag für das gesamte Rumpfwirtschaftsjahr nur der Teil des auf ein volles Wirtschaftsjahr entfallenden AfA-Betrags in Betracht, der dem Anteil des Rumpfwirtschaftsjahrs an einem vollen Wirtschaftsjahr entspricht. ⁶Bei Wirtschaftsgütern, die im Laufe eines Wirtschaftsjahrs oder Rumpfwirtschaftsjahrs in das Betriebsvermögen eingelegt werden, gilt Satz 1 entsprechend; die Sätze 3 bis 5 sind entsprechend anzuwenden, wenn bei den Wirtschaftsgütern vor der Einlage eine AfA nicht zulässig war.

Bemessung der AfA nach der Nutzungsdauer
(3) ¹Die AfA ist grundsätzlich so zu bemessen, dass die Anschaffungs- oder Herstellungskosten nach Ablauf der betriebsgewöhnlichen Nutzungsdauer des Wirtschaftsguts voll abgesetzt sind. ²Bei einem Gebäude gilt Satz 1 nur, wenn die technischen oder wirtschaftlichen Umstände dafür sprechen, dass die tatsächliche Nutzungsdauer eines Wirtschaftsgebäudes § 7 Abs. 4 Satz 1 Nr. 1 EStG) weniger als 33 Jahre (bei Bauantrag/obligatorischem Vertrag nach dem 31.12.2000) oder 25 Jahre (bei Bauantrag/obligatorischem Vertrag vor dem 1.1.2001) bzw. eines anderen Gebäudes weniger als 50 Jahre (bei vor dem

1.1.1925 fertiggestellten Gebäuden weniger als 40 Jahre) beträgt. ³Satz 2 gilt entsprechend bei Mietereinbauten und -umbauten, die keine Scheinbestandteile oder Betriebsvorrichtungen sind.

Bemessung der linearen AfA bei Gebäuden nach typisierten Vomhundertsätzen

(4) ¹In anderen als den in Absatz 3 Sätze 2 und 3 bezeichneten Fällen sind die in § 7 Abs. 4 Satz 1 EStG genannten AfA-Sätze maßgebend. ²Die Anwendung niedrigerer AfA-Sätze ist ausgeschlossen. ³Die AfA ist bis zur vollen Absetzung der Anschaffungs- oder Herstellungskosten vorzunehmen.

Wahl der AfA-Methode

(5) ¹Bei beweglichen Wirtschaftsgütern des Anlagevermögens kann der Steuerpflichtige die AfA entweder in gleichen Jahresbeträgen § 7 Abs. 1 Sätze 1 und 2 EStG) oder in fallenden Jahresbeträgen § 7 Abs. 2 EStG) bemessen. ²AfA nach Maßgabe der Leistung § 7 Abs. 1 Satz 5 EStG) kann bei beweglichen Wirtschaftsgütern des Anlagevermögens vorgenommen werden, deren Leistung in der Regel erheblich schwankt und deren Verschleiß dementsprechend wesentliche Unterschiede aufweist. ³Voraussetzung für AfA nach Maßgabe der Leistung ist, dass der auf das einzelne Wirtschaftsjahr entfallende Umfang der Leistung nachgewiesen wird. ⁴Der Nachweis kann z. B. bei einer Spezialmaschine durch ein die Anzahl der Arbeitsvorgänge registrierendes Zählwerk oder bei einem Kraftfahrzeug durch den Kilometerzähler geführt werden.

(6) ¹Die degressive AfA nach § 7 Abs. 5 EStG ist nur mit den in dieser Vorschrift vorgeschriebenen Staffelsätzen zulässig. ²Besteht ein Gebäude aus sonstigen selbständigen Gebäudeteilen (R 13 Abs. 3 Nr. 5), sind für die einzelnen Gebäudeteile unterschiedliche AfA-Methoden und AfA-Sätze zulässig.

(7) Ist ein Wirtschaftsgut mehreren Beteiligten (Gesamthands- oder Bruchteilseigentum) zuzurechnen, so können sie ein Wahlrecht zur Bemessung der AfA nur einheitlich ausüben.

→ **Wechsel der AfA-Methode bei Gebäuden**

(8) ¹Ein Wechsel der AfA-Methode ist bei Gebäuden vorzunehmen, wenn
1. ein Gebäude in einem auf das Jahr der Anschaffung oder Herstellung folgenden Jahr die Voraussetzungen des § 7 Abs. 4 Satz 1 Nr. 1 EStG erstmals erfüllt oder
2. ein Gebäude in einem auf das Jahr der Anschaffung oder Herstellung folgenden Jahr die Voraussetzungen des § 7 Abs. 4 Satz 1 Nr. 1 EStG nicht mehr erfüllt oder
3. ein nach § 7 Abs. 5 Satz 1 Nr. 3 EStG abgeschriebener Mietwohnneubau nicht mehr Wohnzwecken dient.

²In den Fällen des Satzes 1 Nr. 1 ist die weitere AfA nach § 7 Abs. 4 Satz 1 Nr. 1 EStG, in den Fällen des Satzes 1 Nr. 2 und 3 ist die weitere AfA nach § 7 Abs. 4 Satz 1 Nr. 2 Buchstabe a EStG zu bemessen.

Ende der AfA

(9) ¹Bei Wirtschaftsgütern, die im Laufe eines Wirtschaftsjahrs oder Rumpfwirtschaftsjahrs veräußert oder aus dem Betriebsvermögen entnommen werden oder nicht mehr zur Erzielung von Einkünften im Sinne des § 2 Abs. 1 Nr. 4 bis

7 EStG dienen, kann für dieses Jahr nur der Teil des auf ein Jahr entfallenden AfA-Betrags abgesetzt werden, der dem Zeitraum zwischen dem Beginn des Jahrs und der Veräußerung, Entnahme oder Nutzungsänderung entspricht. ²Das gilt entsprechend, wenn im Laufe eines Jahrs ein Wirtschaftsgebäude künftig Wohnzwecken dient oder ein nach § 7 Abs. 5 Satz 1 Nr. 3 EStG abgeschriebener Mietwohnneubau künftig nicht mehr Wohnzwecken dient.

Unterlassene oder überhöhte AfA
(10) Unterlassene oder überhöhte AfA ist grundsätzlich in der Weise zu korrigieren, dass die noch nicht abgesetzten Anschaffungs- oder Herstellungskosten (Buchwert) des Wirtschaftsguts, in den Fällen des § 7 Abs. 4 Satz 1 EStG die Anschaffungs- oder Herstellungskosten des Gebäudes, nach der bisher angewandten Absetzungsmethode verteilt werden.

AfA nach nachträglichen Anschaffungs- oder Herstellungskosten
(11) ¹Bei nachträglichen Herstellungskosten für Wirtschaftsgüter, die nach § 7 Abs. 1 oder Abs. 2 oder Abs. 4 Satz 2 EStG abgeschrieben werden, ist die Restnutzungsdauer unter Berücksichtigung des Zustands des Wirtschaftsguts im Zeitpunkt der Beendigung der nachträglichen Herstellungsarbeiten neu zu schätzen (Beispiele 1 bis 3). ²In den Fällen des § 7 Abs. 4 Satz 2 EStG ist es aus Vereinfachungsgründen nicht zu beanstanden, wenn die weitere AfA nach dem bisher angewandten Vomhundertsatz bemessen wird. ³Bei der Bemessung der AfA für das Jahr der Entstehung von nachträglichen Anschaffungs- und Herstellungskosten sind diese so zu berücksichtigen, als wären sie zu Beginn des Jahres aufgewendet worden. ⁴Ist durch die nachträglichen Herstellungsarbeiten ein anderes Wirtschaftsgut entstanden (R 43 Abs. 5), so ist die weitere AfA nach § 7 Abs. 1 oder Abs. 2 oder Abs. 4 Satz 2 EStG und der voraussichtlichen Nutzungsdauer des anderen Wirtschaftsguts oder nach § 7 Abs. 4 Satz 1 EStG zu bemessen. ⁵Die degressive AfA nach § 7 Abs. 5 EStG ist nur zulässig, wenn das andere Wirtschaftsgut ein Neubau ist.

AfA nach Einlage, Entnahme oder Nutzungsänderung oder nach Übergang zur Buchführung
(12) ¹Nach einer Einlage, Entnahme oder Nutzungsänderung eines Wirtschaftsguts oder nach Übergang zur Buchführung (R 43 Abs. 6) ist die weitere AfA wie folgt vorzunehmen:
1. Hat sich die AfA-Bemessungsgrundlage für das Wirtschaftsgut geändert (R 43 Abs. 6 Sätze 1 bis 4), ist die weitere AfA nach § 7 Abs. 1 oder Abs. 2 oder Abs. 4 Satz 2 EStG und der tatsächlichen künftigen Nutzungsdauer oder nach § 7 Abs. 4 Satz 1 EStG zu bemessen.
2. ¹Bleiben die Anschaffungs- und Herstellungskosten des Wirtschaftsguts als Bemessungsgrundlage der AfA maßgebend (R 43 Abs. 6 Satz 5), so ist die weitere AfA grundsätzlich nach dem ursprünglich angewandten Absetzungsverfahren zu bemessen. ²Die AfA kann nur noch bis zu dem Betrag abgezogen werden, der von der Bemessungsgrundlage nach Abzug von AfA, erhöhten Absetzungen und Sonderabschreibungen verbleibt (AfA-Volumen). ³Ist für das Wirtschaftsgut noch nie AfA vorgenommen worden, so ist die AfA nach § 7 Abs. 1 oder Abs. 2 oder Abs. 4 Satz 2 EStG und der tatsächlichen gesamten Nutzungsdauer oder nach § 7 Abs. 4 Satz 1 oder Abs. 5 EStG zu bemessen.

⁴Nach dem Übergang zur Buchführung oder zur Einkünfteerzielung kann die AfA nur noch bis zu dem Betrag abgezogen werden, der von der Bemessungsgrundlage nach Abzug der Beträge verbleibt, die entsprechend der gewählten AfA-Methode auf den Zeitraum vor dem Übergang entfallen (Beispiel 4).
²Besteht ein Gebäude aus mehreren selbständigen Gebäudeteilen und wird der Nutzungsumfang eines Gebäudeteils infolge einer Nutzungsänderung des Gebäudes ausgedehnt, so bemisst sich die weitere AfA von der neuen Bemessungsgrundlage insoweit nach § 7 Abs. 4 EStG. ³Das Wahlrecht nach Satz 1 Nr. 2 Sätze 3 und 4 bleibt unberührt (Beispiel 5).

Absetzungen für außergewöhnliche technische oder wirtschaftliche Abnutzung bei Gebäuden

(13) ¹Absetzungen für außergewöhnliche technische oder wirtschaftliche Abnutzung (AfaA) sind nach dem Wortlaut des Gesetzes nur bei Gebäuden zulässig, bei denen die AfA nach § 7 Abs. 4 EStG bemessen wird. ²AfaA sind jedoch auch bei Gebäuden nicht zu beanstanden, bei denen AfA nach § 7 Abs. 5 EStG vorgenommen wird.

A.5. Auszug aus dem Umsatzsteuergesetz

§ 1 Steuerbare Umsätze
(1) Der Umsatzsteuer unterliegen die folgenden Umsätze:
1. die Lieferungen und sonstigen Leistungen, die ein Unternehmer im Inland gegen Entgelt im Rahmen seines Unternehmens ausführt. Die Steuerbarkeit entfällt nicht, wenn der Umsatz auf Grund gesetzlicher oder behördlicher Anordnung ausgeführt wird oder nach gesetzlicher ^Vorschrift als ausgeführt gilt;
2. (aufgehoben)
3. (aufgehoben)
4. die Einfuhr von Gegenständen aus dem Drittlandsgebiet in das Inland oder die österreichischen Gebiete Jungholz und Mittelberg (Einfuhrumsatzsteuer);
5. der innergemeinschaftliche Erwerb im Inland gegen Entgelt.

(1a) Die Umsätze im Rahmen einer Geschäftsveräußerung an einen anderen Unternehmer für dessen Unternehmen unterliegen nicht der Umsatzsteuer. Eine Geschäftsveräußerung liegt vor, wenn ein Unternehmen oder ein in der Gliederung eines Unternehmens gesondert geführter Betrieb im ganzen entgeltlich oder unentgeltlich übereignet oder in eine Gesellschaft eingebracht wird. Der erwerbende Unternehmer tritt an die Stelle des Veräußerers.

(2) Inland im Sinne dieses Gesetzes ist das Gebiet der Bundesrepublik Deutschland mit Ausnahme des Gebiets von Büsingen, der Insel Helgoland, der Freihäfen, der Gewässer und Watten zwischen der Hoheitsgrenze und der jeweiligen Strandlinie sowie der deutschen Schiffe und der deutschen Luftfahrzeuge in Gebieten, die zu keinem Zollgebiet gehören. Ausland im Sinne dieses Gesetzes ist das Gebiet, das danach nicht Inland ist. Wird ein Umsatz im Inland ausgeführt, so kommt es für die Besteuerung nicht darauf an, ob der

Unternehmer deutscher Staatsangehöriger ist, seinen Wohnsitz oder Sitz im Inland hat, im Inland eine Betriebsstätte unterhält, die Rechnung erteilt oder die Zahlung empfängt.

(2a) Das Gemeinschaftsgebiet im Sinne dieses Gesetzes umfasst das Inland im Sinne des Absatzes 2 Satz 1 und die Gebiete der übrigen Mitgliedstaaten der Europäischen Gemeinschaft, die nach dem Gemeinschaftsrecht als Inland dieser Mitgliedstaaten gelten (übriges Gemeinschaftsgebiet). Das Fürstentum Monaco gilt als Gebiet der Französischen Republik; die Insel Man gilt als Gebiet des Vereinigten Königreichs Großbritannien und Nordirland. Drittlandsgebiet im Sinne dieses Gesetzes ist das Gebiet, das nicht Gemeinschaftsgebiet ist.

(3) Folgende Umsätze, die in den Freihäfen und in den Gewässern und Watten zwischen der Hoheitsgrenze und der jeweiligen Strandlinie bewirkt werden, sind wie Umsätze im Inland zu behandeln:

1. die Lieferungen von Gegenständen, die zum Gebrauch oder Verbrauch in den bezeichneten Gebieten oder zur Ausrüstung oder Versorgung eines Beförderungsmittels bestimmt sind, wenn die Lieferungen nicht für das Unternehmen des Abnehmers ausgeführt werden;
2. die sonstigen Leistungen, die nicht für das Unternehmen des Auftraggebers ausgeführt werden;
3. die Lieferungen im Sinne des § 3 Abs. 1b und die sonstigen Leistungen im Sinne des § 3 Abs. 9a;
4. die Lieferungen von Gegenständen, welche sich im Zeitpunkt der Lieferung
    a) in einem zollamtlich bewilligten Freihafen-Veredelungsverkehr oder in einer zollamtlich besonders zugelassenen Freihafenlagerung oder
    b) einfuhrumsatzsteuerrechtlich im freien Verkehr befinden;
5. die sonstigen Leistungen, die im Rahmen eines Veredelungsverkehrs oder einer Lagerung im Sinne der Nummer 4 Buchstabe a ausgeführt werden;
6. der innergemeinschaftliche Erwerb durch eine juristische Person, die nicht Unternehmer ist oder den Gegenstand nicht für ihr Unternehmen erwirbt, soweit die erworbenen Gegenstände zum Gebrauch oder Verbrauch in den bezeichneten Gebieten oder zur Ausrüstung oder Versorgung eines Beförderungsmittels bestimmt sind;
7. der innergemeinschaftliche Erwerb eines neuen Fahrzeugs durch die in § 1a Abs. 3 und § 1b Abs. 1 genannten Erwerber.

Lieferungen und sonstige Leistungen an juristische Personen des öffentlichen Rechts sowie deren innergemeinschaftlicher Erwerb in den bezeichneten Gebieten sind als Umsätze im Sinne der Nummern 1, 2 und 6 anzusehen, soweit der Unternehmer nicht anhand von Aufzeichnungen und Belegen das Gegenteil glaubhaft macht.

§ 2 Unternehmer, Unternehmen

(1) Unternehmer ist, wer eine gewerbliche oder berufliche Tätigkeit selbständig ausübt. Das Unternehmen umfasst die gesamte gewerbliche oder berufliche Tätigkeit des Unternehmers. Gewerblich oder beruflich ist jede nachhaltige Tätigkeit zur Erzielung von Einnahmen, auch wenn die Absicht, Gewinn zu

erzielen, fehlt oder eine Personenvereinigung nur gegenüber ihren Mitgliedern tätig wird.
(2) Die gewerbliche oder berufliche Tätigkeit wird nicht selbständig ausgeübt,
1. soweit natürliche Personen, einzeln oder zusammengeschlossen, einem Unternehmen so eingegliedert sind, dass sie den Weisungen des Unternehmers zu folgen verpflichtet sind;
2. wenn eine juristische Person ....
(3) Die juristischen Personen des öffentlichen Rechts .....

§ 3 Lieferung, sonstige Leistung
(1) Lieferungen eines Unternehmers sind Leistungen, durch die er oder in seinem Auftrag ein Dritter den Abnehmer oder in dessen Auftrag einen Dritten befähigt, im eigenen Namen über einen Gegenstand zu verfügen (Verschaffung der Verfügungsmacht).
(1a) Als Lieferung gegen Entgelt gilt
1. das Verbringen eines Gegenstandes des Unternehmens aus dem Inland in das übrige Gemeinschaftsgebiet durch einen Unternehmer zu seiner Verfügung, ausgenommen zu einer nur vorübergehenden Verwendung, auch wenn der Unternehmer den Gegenstand in das Inland eingeführt hat. Der Unternehmer gilt als Lieferer.
2. gestrichen
(1b) Einer Lieferung gegen Entgelt werden gleichgestellt
1. die Entnahme eines Gegenstandes durch einen Unternehmer aus seinem Unternehmen für Zwecke, die außerhalb des Unternehmens liegen;
2. die unentgeltliche Zuwendung eines Gegenstandes durch einen Unternehmer an sein Personal für dessen privaten Bedarf, sofern keine Aufmerksamkeiten vorliegen;
3. jede andere unentgeltliche Zuwendung eines Gegenstandes, ausgenommen Geschenke von geringem Wert und Warenmuster für Zwecke des Unternehmens.
Voraussetzung ist, dass der Gegenstand oder seine Bestandteile zum vollen oder teilweisen Vorsteuerabzug berechtigt haben.
(2) gestrichen
(3) Beim Kommissionsgeschäft (§ 383 des Handelsgesetzbuchs) liegt zwischen dem Kommittenten und dem Kommissionär eine Lieferung vor. Bei der Verkaufskommission gilt der Kommissionär, bei der Einkaufskommission der Kommittent als Abnehmer.
(4) Hat der Unternehmer die Bearbeitung oder Verarbeitung eines Gegenstandes übernommen und verwendet er hierbei Stoffe, die er selbst beschafft, so ist die Leistung als Lieferung anzusehen (Werklieferung), wenn es sich bei den Stoffen nicht nur um Zutaten oder sonstige Nebensachen handelt. Das gilt auch dann, wenn die Gegenstände mit dem Grund und Boden fest verbunden werden.
(5) Hat ein Abnehmer dem Lieferer die Nebenerzeugnisse oder Abfälle, die bei der Bearbeitung oder Verarbeitung des ihm übergebenen Gegenstandes entstehen, zurückzugeben, so beschränkt sich die Lieferung auf den Gehalt des Gegenstandes an den Bestandteilen, die dem Abnehmer verbleiben. Das gilt

auch dann, wenn der Abnehmer an Stelle der bei der Bearbeitung oder Verarbeitung entstehenden Nebenerzeugnisse oder Abfälle Gegenstände gleicher Art zurückgibt, wie sie in seinem Unternehmen regelmäßig anfallen.
(5a) Der Ort der Lieferung richtet sich vorbehaltlich der §§ 3c, 3e und 3f nach den Absätzen 6 bis 8.
(6) Wird der Gegenstand der Lieferung durch den Lieferer, den Abnehmer oder einen vom Lieferer oder vom Abnehmer beauftragten Dritten befördert oder versendet, gilt die Lieferung dort als ausgeführt, wo die Beförderung oder Versendung an den Abnehmer oder in dessen Auftrag an einen Dritten beginnt. Befördern ist jede Fortbewegung eines Gegenstandes. Versenden liegt vor, wenn jemand die Beförderung durch einen selbständigen Beauftragten ausführen oder besorgen läßt. Die Versendung beginnt mit der Übergabe des Gegenstandes an den Beauftragten. Schließen mehrere Unternehmer über denselben Gegenstand Umsatzgeschäfte ab und gelangt dieser Gegenstand bei der Beförderung oder Versendung unmittelbar vom ersten Unternehmer an den letzten Abnehmer, ist die Beförderung oder Versendung des Gegenstandes nur einer der Lieferungen zuzuordnen. Wird der Gegenstand der Lieferung dabei durch einen Abnehmer befördert oder versendet, der zugleich Lieferer ist, ist die Beförderung oder Versendung der Lieferung an ihn zuzuordnen, es sei denn, er weist nach, dass er den Gegenstand als Lieferer befördert oder versendet hat.
(7) Wird der Gegenstand der Lieferung nicht befördert oder versendet, wird die Lieferung dort ausgeführt, wo sich der Gegenstand zur Zeit der Verschaffung der Verfügungsmacht befindet. In den Fällen des Absatzes 6 Satz 5 gilt folgendes:
1. Lieferungen, die der Beförderungs- oder Versendungslieferung vorangehen, gelten dort als ausgeführt, wo die Beförderung oder Versendung des Gegenstandes beginnt.
2. Lieferungen, die der Beförderungs- oder Versendungslieferung folgen, gelten dort als ausgeführt, wo die Beförderung oder Versendung des Gegenstandes endet.
(8) Gelangt der Gegenstand der Lieferung bei der Beförderung oder Versendung aus dem Drittlandsgebiet in das Inland, gilt der Ort der Lieferung dieses Gegenstandes als im Inland gelegen, wenn der Lieferer oder sein Beauftragter Schuldner der Einfuhrumsatzsteuer ist.
(8a) gestrichen
(9) Sonstige Leistungen sind Leistungen, die keine Lieferungen sind. Sie können auch in einem Unterlassen oder im Dulden einer Handlung oder eines Zustandes bestehen. In den Fällen der §§ 27 und 54 des Urheberrechtsgesetzes führen die Verwertungsgesellschaften und die Urheber sonstige Leistungen aus. Die Abgabe von Speisen und Getränken zum Verzehr an Ort und Stelle ist eine sonstige Leistung. Speisen und Getränke werden zum Verzehr an Ort und Stelle abgegeben, wenn sie nach den Umständen der Abgabe dazu bestimmt sind, an einem Ort verzehrt zu werden, der mit dem Abgabeort in einem räumlichen Zusammenhang steht, und besondere Vorrichtungen für den Verzehr an Ort und Stelle bereitgehalten werden.

(9a) Einer sonstigen Leistung gegen Entgelt werden gleichgestellt
1. die Verwendung eines dem Unternehmen zugeordneten Gegenstandes, der zum vollen oder teilweisen Vorsteuerabzug berechtigt hat, durch einen Unternehmer für Zwecke, die außerhalb des Unternehmens liegen, oder für den privaten Bedarf seines Personals, sofern keine Aufmerksamkeiten vorliegen;
2. die unentgeltliche Erbringung einer anderen sonstigen Leistung durch den Unternehmer für Zwecke, die außerhalb des Unternehmens liegen, oder für den privaten Bedarf seines Personals, sofern keine Aufmerksamkeiten vorliegen.
Nummer 1 gilt nicht bei der Verwendung eines Fahrzeugs, bei dessen Anschaffung oder Herstellung, Einfuhr oder innergemeinschaftlichem Erwerb Vorsteuerbeträge nach § 15 Abs. 1b nur zu 50 vom Hundert abziehbar waren, oder wenn § 15a Abs. 3 Nr. 2 Buchstabe a anzuwenden ist.
(10) Überlässt ein Unternehmer einem Auftraggeber, der ihm einen Stoff zur Herstellung eines Gegenstandes übergeben hat, an Stelle des herzustellenden Gegenstandes einen gleichartigen Gegenstand, wie er ihn in seinem Unternehmen aus solchem Stoff herzustellen pflegt, so gilt die Leistung des Unternehmers als Werkleistung, wenn das Entgelt für die Leistung nach Art eines Werklohns unabhängig vom Unterschied zwischen dem Marktpreis des empfangenen Stoffes und dem des überlassenen Gegenstandes berechnet wird.
(11) Besorgt ein Unternehmer für Rechnung eines anderen im eigenen Namen eine sonstige Leistung, so sind die für die besorgte Leistung geltenden Vorschriften auf die Besorgungsleistung entsprechend anzuwenden.
(12) Ein Tausch liegt vor, wenn das Entgelt für eine Lieferung in einer Lieferung besteht. Ein tauschähnlicher Umsatz liegt vor, wenn das Entgelt für eine sonstige Leistung in einer Lieferung oder sonstigen Leistung besteht.

§ 10 Bemessungsgrundlage für Lieferungen, sonstige Leistungen und innergemeinschaftliche Erwerbe

(1) Der Umsatz wird bei Lieferungen und sonstigen Leistungen (§ 1 Abs. 1 Nr. 1 Satz 1) und bei dem innergemeinschaftlichen Erwerb (§ 1 Abs. 1 Nr. 5) nach dem Entgelt bemessen. Entgelt ist alles, was der Leistungsempfänger aufwendet, um die Leistung zu erhalten, jedoch abzüglich der Umsatzsteuer. Zum Entgelt gehört auch, was ein anderer als der Leistungsempfänger dem Unternehmer für die Leistung gewährt. Bei dem innergemeinschaftlichen Erwerb sind Verbrauchsteuern, die vom Erwerber geschuldet oder entrichtet werden, in die Bemessungsgrundlage einzubeziehen. Die Beträge, die der Unternehmer im Namen und für Rechnung eines anderen vereinnahmt und verausgabt (durchlaufende Posten), gehören nicht zum Entgelt.
(2) Werden Rechte übertragen, die mit dem Besitz eines Pfandscheines verbunden sind, so gilt als vereinbartes Entgelt der Preis des Pfandscheines zuzüglich der Pfandsumme. Beim Tausch (§ 3 Abs. 12 Satz 1), bei tauschähnlichen Umsätzen (§ 3 Abs. 12 Satz 2) und bei Hingabe an Zahlungs Statt gilt der Wert jedes Umsatzes als Entgelt für den anderen Umsatz. Die Umsatzsteuer gehört nicht zum Entgelt.
(3) aufgehoben

(4) Der Umsatz wird bemessen
1. bei dem Verbringen eines Gegenstandes im Sinne des § 1a Abs. 2 und des § 3 Abs. 1a sowie bei Lieferungen im Sinne des § 3 Abs. 1b nach dem Einkaufpreis zuzüglich der Nebenkosten für den Gegenstand oder für einen gleichartigen Gegenstand oder mangels eines Einkaufspreises nach den Selbstkosten, jeweils zum Zeitpunkt des Umsatzes;
2. bei sonstigen Leistungen im Sinne des § 3 Abs. 9a Satz 1 Nr. 1 nach den bei der Ausführung dieser Umsätze entstandenen Kosten, soweit sie zum vollen oder teilweisen Vorsteuerabzug berechtigt haben;
3. bei sonstigen Leistungen im Sinne des § 3 Abs. 9a Satz 1 Nr. 2 nach den bei der Ausführung dieser Umsätze entstandenen Kosten.
Die Umsatzsteuer gehört nicht zur Bemessungsgrundlage.
(5) Absatz 4 gilt entsprechend für
1. Lieferungen und sonstige Leistungen, die Körperschaften und Personenvereinigungen im Sinne des § 1 Abs. 1 Nr. 1 bis 5 des Körperschaftsteuergesetzes , nichtrechtsfähige Personenvereinigungen sowie Gemeinschaften im Rahmen ihres Unternehmens an ihre Anteilseigner, Gesellschafter, Mitglieder, Teilhaber oder diesen nahestehende Personen sowie Einzelunternehmer an ihnen nahestehende Personen ausführen,
2. Lieferungen und sonstige Leistungen, die ein Unternehmer an sein Personal oder dessen Angehörige auf Grund des Dienstverhältnisses ausführt,
wenn die Bemessungsgrundlage nach Absatz 4 das Entgelt nach Absatz 1 übersteigt.
(6) Bei Beförderungen von Personen im Gelegenheitsverkehr mit Kraftomnibussen, die nicht im Inland zugelassen sind, tritt in den Fällen der Beförderungseinzelbesteuerung (§ 16 Abs. 5) an die Stelle des vereinbarten Entgelts ein Durchschnittsbeförderungsentgelt. Das Durchschnittsbeförderungsentgelt ist nach der Zahl der beförderten Personen und der Zahl der Kilometer der Beförderungsstrecke im Inland (Personenkilometer) zu berechnen. Das Bundesministerium der Finanzen kann mit Zustimmung des Bundesrates durch Rechtsverordnung das Durchschnittsbeförderungsentgelt je Personenkilometer festsetzen. Das Durchschnittsbeförderungsentgelt muss zu einer Steuer führen, die nicht wesentlich von dem Betrag abweicht, der sich nach diesem Gesetz ohne Anwendung des Durchschnittsbeförderungsentgelts ergeben würde.

§ 12 Steuersätze
(1) Die Steuer beträgt für jeden steuerpflichtigen Umsatz sechzehn vom Hundert der Bemessungsgrundlage (§§ 10 , 11, 25 Abs. 3 und § 25a Abs. 3 und 4).
(2) Die Steuer ermäßigt sich auf sieben vom Hundert für die folgenden Umsätze:
1. die Lieferungen, die Einfuhr und den innergemeinschaftlichen Erwerb der in der Anlage bezeichneten Gegenstände;
2. die Vermietung der in der Anlage bezeichneten Gegenstände;
3. die Aufzucht und das Halten von Vieh, die Anzucht von Pflanzen und die Teilnahme an Leistungsprüfungen für Tiere;

4. die Leistungen, die unmittelbar der Vatertierhaltung, der Förderung der Tierzucht, der künstlichen Tierbesamung oder der Leistungs- und Qualitätsprüfung in der Tierzucht und in der Milchwirtschaft dienen;
5. (weggefallen)
6. die Leistungen *und den Eigenverbrauch* [4] aus der Tätigkeit als Zahntechniker sowie die in § 4 Nr. 14 Satz 4 Buchstabe b bezeichneten Leistungen der Zahnärzte;
7. a) die Leistungen der Theater, Orchester, Kammermusikensembles, Chöre und Museen sowie die Veranstaltung von Theatervorführungen und Konzerten durch andere Unternehmer,
b) die Überlassung von Filmen zur Auswertung und Vorführung sowie die Filmvorführungen, soweit die Filme nach § 6 Abs. 3 Nr. 1 bis 5 des Gesetzes zum Schutze der Jugend in der Öffentlichkeit gekennzeichnet sind oder vor dem 1. Januar 1970 erstaufgeführt wurden,
c) die Einräumung, Übertragung und Wahrnehmung von Rechten, die sich aus dem Urheberrechtsgesetz ergeben,
d) die Zirkusvorführungen, die Leistungen aus der Tätigkeit als Schausteller sowie die unmittelbar mit dem Betrieb der zoologischen Gärten verbundenen Umsätze;
8. a) die Leistungen der Körperschaften, die ausschließlich und unmittelbar gemeinnützige, mildtätige oder kirchliche Zwecke verfolgen (§§ 51 bis 68 der Abgabenordnung). Das gilt nicht für Leistungen, die im Rahmen eines wirtschaftlichen Geschäftsbetriebes ausgeführt werden,
b) die Leistungen der nichtrechtsfähigen Personenvereinigungen und Gemeinschaften der in Buchstabe a Satz 1 bezeichneten Körperschaften, wenn diese Leistungen, falls die Körperschaften sie anteilig selbst ausführten, insgesamt nach Buchstabe a ermäßigt besteuert würden;
9. die unmittelbar mit dem Betrieb der Schwimmbäder verbundenen Umsätze sowie die Verabreichung von Heilbädern. Das gleiche gilt für die Bereitstellung von Kureinrichtungen, soweit als Entgelt eine Kurtaxe zu entrichten ist;
10. a) die Beförderungen von Personen mit Schiffen,
b) die Beförderungen von Personen im Schienenbahnverkehr mit Ausnahme der Bergbahnen, im Verkehr mit Oberleitungsomnibussen, im genehmigten Linienverkehr mit Kraftfahrzeugen, im Kraftdroschkenverkehr und die Beförderungen im Fährverkehr
aa) innerhalb einer Gemeinde oder
bb) wenn die Beförderungsstrecke nicht mehr als fünfzig Kilometer beträgt.

§ 13 Entstehung der Steuer und Steuerschuldner
(1) Die Steuer entsteht
1. für Lieferungen und sonstige Leistungen
a) bei Berechnung der Steuer nach vereinbarten Entgelten (§ 16 Abs. 1 Satz 1) mit Ablauf des Voranmeldungszeitraums, in dem die Leistungen ausgeführt worden sind. Das gilt auch für Teilleistungen. Sie liegen vor, wenn für bestimmte Teile einer wirtschaftlich teilbaren

Leistung das Entgelt gesondert vereinbart wird. Wird das Entgelt oder ein Teil des Entgelts vereinnahmt, bevor die Leistung oder die Teilleistung ausgeführt worden ist, so entsteht insoweit die Steuer mit Ablauf des Voranmeldungszeitraums, in dem das Entgelt oder das Teilentgelt vereinnahmt worden ist,
   b) bei der Berechnung der Steuer nach vereinnahmten Entgelten (§ 20) mit Ablauf des Voranmeldungszeitraums, in dem die Entgelte vereinnahmt worden sind,
   c) in den Fällen der Beförderungseinzelbesteuerung nach § 16 Abs. 5 in dem Zeitpunkt, in dem der Kraftomnibus in das Inland gelangt;
2. für Leistungen im Sinne des § 3 Abs. 1b und 9a mit Ablauf des Voranmeldungszeitraums, in dem diese Leistungen ausgeführt worden sind;
3. im Fall des § 14 Abs. 2 in dem Zeitpunkt, in dem die Steuer für die Lieferung oder sonstige Leistung nach Nummer 1 Buchstabe a oder Buchstabe b Satz 1 entsteht;
4. im Fall des § 14 Abs. 3 im Zeitpunkt der Ausgabe der Rechnung;
5. im Fall des § 17 Abs. 1 Satz 2 mit Ablauf des Voranmeldungszeitraums, in dem die Änderung der Bemessungsgrundlage eingetreten ist;
6. für den innergemeinschaftlichen Erwerb im Sinne des § 1a mit Ausstellung der Rechnung, spätestens jedoch mit Ablauf des dem Erwerb folgenden Kalendermonats;
7. für den innergemeinschaftlichen Erwerb von neuen Fahrzeugen im Sinne des § 1b am Tag des Erwerbs;
8. im Fall des § 6a Abs. 4 Satz 2 in dem Zeitpunkt, in dem die Lieferung ausgeführt wird.

(2) Für die Einfuhrumsatzsteuer gilt § 21 Abs. 2
(3) aufgehoben .

§ 15 Vorsteuerabzug
(1) Der Unternehmer kann die folgenden Vorsteuerbeträge abziehen:
1. die in Rechnungen im Sinne des § 14 gesondert ausgewiesene Steuer für Lieferungen oder sonstige Leistungen, die von anderen Unternehmern für sein Unternehmen ausgeführt worden sind. Soweit der gesondert ausgewiesene Steuerbetrag auf eine Zahlung vor Ausführung dieser Umsätze entfällt, ist er bereits abziehbar, wenn die Rechnung vorliegt und die Zahlung geleistet worden ist;
2. die entrichtete Einfuhrumsatzsteuer für Gegenstände, die für sein Unternehmen in das Inland eingeführt worden sind oder die er zur Ausführung der in § 1 Abs. 3 bezeichneten Umsätze verwendet;
3. die Steuer für den innergemeinschaftlichen Erwerb von Gegenständen für sein Unternehmen,
4. die Steuer für Leistungen im Sinne des § 13b Abs. 1, die für sein Unternehmen ausgeführt worden sind. Soweit die Steuer auf eine Zahlung vor Ausführung dieser Leistungen entfällt, ist sie abziehbar, wenn die Zahlung geleistet worden ist.

Nicht als für das Unternehmen ausgeführt gilt die Lieferung, die Einfuhr oder der innergemeinschaftliche Erwerb eines Gegenstandes, den der Unternehmer zu weniger als 10 vom Hundert für sein Unternehmen nutzt.
(1a) Nicht abziehbar sind Vorsteuerbeträge, die auf
1. Aufwendungen, für die das Abzugsverbot des § 4 Abs. 5 Satz 1 Nr. 1 bis 4, 7, Abs. 7 oder des § 12 Nr. 1 des Einkommensteuergesetzes gilt,
2. Reisekosten des Unternehmers und seines Personals, soweit es sich um Verpflegungskosten, Übernachtungskosten oder um Fahrtkosten für Fahrzeuge des Personals handelt, oder
3. Umzugskosten für einen Wohnungswechsel
entfallen.
(1b) Nur zu 50 vom Hundert abziehbar sind Vorsteuerbeträge, die auf die Anschaffung oder Herstellung, die Einfuhr, den innergemeinschaftlichen Erwerb, die Miete oder den Betrieb von Fahrzeugen im Sinne des § 1b Abs. 2 entfallen, die auch für den privaten Bedarf des Unternehmers oder für andere unternehmensfremde Zwecke verwendet werden.
(2) Vom Vorsteuerabzug ausgeschlossen ist die Steuer für die Lieferungen, die Einfuhr und den innergemeinschaftlichen Erwerb von Gegenständen sowie für die sonstigen Leistungen, die der Unternehmer zur Ausführung folgender Umsätze verwendet:
1. steuerfreie Umsätze,
2. Umsätze im Ausland, die steuerfrei wären, wenn sie im Inland ausgeführt würden,
3. unentgeltliche Lieferungen und sonstige Leistungen, die steuerfrei wären, wenn sie gegen Entgelt ausgeführt würden.
Gegenstände oder sonstige Leistungen, die der Unternehmer zur Ausführung einer Einfuhr oder eines innergemeinschaftlichen Erwerbs verwendet, sind den Umsätzen zuzurechnen, für die der eingeführte oder innergemeinschaftlich erworbene Gegenstand verwendet wird.
(3) Der Ausschluss vom Vorsteuerabzug nach Absatz 2 tritt nicht ein, wenn die Umsätze
1. in den Fällen des Absatzes 2 Nr. 1
   a) nach § 4 Nr. 1 bis 7 , § 25 Abs. 2 oder nach den in § 26 Abs. 5 bezeichneten Vorschriften steuerfrei sind oder
   b) nach § 4 Nr. 8 Buchstabe a bis g oder Nr. 10 Buchstabe a steuerfrei sind und sich unmittelbar auf Gegenstände beziehen, die in das Drittlandsgebiet ausgeführt werden;
2. in den Fällen des Absatzes 2 Nr. 2 und 3
   a) nach § 4 Nr. 1 bis 7, § 25 Abs. 2 oder nach den in § 26 Abs. 5 bezeichneten Vorschriften steuerfrei wären oder
   b) nach § 4 Nr. 8 Buchstabe a bis g oder Nr. 10 Buchstabe a steuerfrei wären und der Leistungsempfänger im Drittlandsgebiet ansässig ist.
(4) Verwendet der Unternehmer einen für sein Unternehmen gelieferten, eingeführten oder innergemeinschaftlich erworbenen Gegenstand oder eine von ihm in Anspruch genommene sonstige Leistung nur zum Teil zur Ausführung von Umsätzen, die den Vorsteuerabzug ausschließen, so ist der Teil der jeweiligen

Vorsteuerbeträge nicht abziehbar, der den zum Ausschluss vom Vorsteuerabzug führenden Umsätzen wirtschaftlich zuzurechnen ist. Der Unternehmer kann die nicht abziehbaren Teilbeträge im Wege einer sachgerechten Schätzung ermitteln.

(4a) Für Fahrzeuglieferer (§ 2a) gelten folgende Einschränkungen des Vorsteuerabzugs:
1. Abziehbar ist nur die auf die Lieferung, die Einfuhr oder den innergemeinschaftlichen Erwerb des neuen Fahrzeugs entfallende Steuer.
2. Die Steuer kann nur bis zu dem Betrag abgezogen werden, der für die Lieferung des neuen Fahrzeugs geschuldet würde, wenn die Lieferung nicht steuerfrei wäre.
3. Die Steuer kann erst in dem Zeitpunkt abgezogen werden, in dem der Fahrzeuglieferer die innergemeinschaftliche Lieferung des neuen Fahrzeugs ausführt.

(4b) Für Unternehmer, die nicht im Gemeinschaftsgebiet ansässig sind und die nur Steuer nach § 13b Abs. 2 schulden, gelten die Einschränkungen des § 18 Abs. 9 Satz 6 und 7 entsprechend.

(5) Das Bundesministerium der Finanzen kann mit Zustimmung des Bundesrates durch Rechtsverordnung nähere Bestimmungen darüber treffen,
1. in welchen Fällen und unter welchen Voraussetzungen zur Vereinfachung des Besteuerungsverfahrens für den Vorsteuerabzug auf eine Rechnung im Sinne des § 14 oder auf einzelne Angaben in der Rechnung verzichtet werden kann,
2. unter welchen Voraussetzungen, für welchen Besteuerungszeitraum und in welchem Umfang zur Vereinfachung oder zur Vermeidung von Härten in den Fällen, in denen
   a) ein anderer als der Leistungsempfänger ein Entgelt gewährt (§ 10 Abs. 1 Satz 3) oder
   b) ein anderer als der Unternehmer, für dessen Unternehmen der Gegenstand eingeführt worden ist (Absatz 1 Nr. 2), die Einfuhrumsatzsteuer entrichtet oder durch seinen Beauftragten entrichten lässt,
der andere den Vorsteuerabzug in Anspruch nehmen kann, und
3. wann in Fällen von geringer steuerlicher Bedeutung zur Vereinfachung oder zur Vermeidung von Härten bei der Aufteilung der Vorsteuerbeträge (Absatz 4) Umsätze, die den Vorsteuerabzug ausschließen, unberücksichtigt bleiben können oder von der Zurechnung von Vorsteuerbeträgen zu diesen Umsätzen abgesehen werden kann.
4. aufgehoben

§ 17 Änderung der Bemessungsgrundlage

(1) Hat sich die Bemessungsgrundlage für einen steuerpflichtigen Umsatz im Sinne des § 1 Abs. 1 Nr. 1 geändert, haben
1. der Unternehmer, der diesen Umsatz ausgeführt hat, den dafür geschuldeten Steuerbetrag und
2. der Unternehmer, an den dieser Umsatz ausgeführt worden ist, den dafür in Anspruch genommenen Vorsteuerabzug

entsprechend zu berichtigen; dies gilt in den Fällen des § 1 Abs. 1 Nr. 5 und des § 13b sinngemäß. Die Berichtigung des Vorsteuerabzugs kann unterbleiben, soweit ein dritter Unternehmer den auf die Minderung des Entgelts entfallenden Steuerbetrag an das Finanzamt entrichtet; in diesem Fall ist der dritte Unternehmer Schuldner der Steuer. Die Berichtigungen nach Satz 1 sind für den Besteuerungszeitraum vorzunehmen, in dem die Änderung der Bemessungsgrundlage eingetreten ist.
(2) Absatz 1 gilt sinngemäß, wenn
1. das vereinbarte Entgelt für eine steuerpflichtige Lieferung, sonstige Leistung oder einen steuerpflichtigen innergemeinschaftlichen Erwerb uneinbringlich geworden ist. Wird das Entgelt nachträglich vereinnahmt, sind Steuerbetrag und Vorsteuerabzug erneut zu berichtigen;
2. für eine vereinbarte Lieferung oder sonstige Leistung ein Entgelt entrichtet, die Lieferung oder sonstige Leistung jedoch nicht ausgeführt worden ist;
3. eine steuerpflichtige Lieferung, sonstige Leistung oder ein steuerpflichtiger innergemeinschaftlicher Erwerb rückgängig gemacht worden ist;
4. der Erwerber den Nachweis im Sinne des § 3d Satz 2 führt;
5. Aufwendungen im Sinne des § 15 Abs. 1a Nr. 1 getätigt werden.
(3) Ist Einfuhrumsatzsteuer, die als Vorsteuer abgezogen worden ist, herabgesetzt, erlassen oder erstattet worden, so hat der Unternehmer den Vorsteuerabzug entsprechend zu berichtigen. Absatz 1 Satz 3 gilt sinngemäß.
(4) Werden die Entgelte für unterschiedlich besteuerte Lieferungen oder sonstige Leistungen eines bestimmten Zeitabschnitts gemeinsam geändert (z. B. Jahresboni, Jahresrückvergütungen), so hat der Unternehmer dem Leistungsempfänger einen Beleg zu erteilen, aus dem zu ersehen ist, wie sich die Änderung der Entgelte auf die unterschiedlich besteuerten Umsätze verteilt.

§ 18 Besteuerungsverfahren

(1) Der Unternehmer hat bis zum 10. Tag nach Ablauf jedes Voranmeldungszeitraums eine Voranmeldung nach amtlich vorgeschriebenem Vordruck abzugeben, in der er die Steuer für den Voranmeldungszeitraum (Vorauszahlung) selbst zu berechnen hat. § 16 Abs. 1 und 2 und § 17 sind entsprechend anzuwenden. Die Vorauszahlung ist am 10. Tag nach Ablauf des Voranmeldungszeitraums fällig.
(2) Voranmeldungszeitaum ist das Kalendervierteljahr. Beträgt die Steuer für das vorangegangene Kalenderjahr mehr als 6 136 Euro ist der Kalendermonat Voranmeldungszeitraum. Beträgt die Steuer für das vorangegangene Kalenderjahr nicht mehr als 512 Euro, kann das Finanzamt den Unternehmer von der Verpflichtung zur Abgabe der Voranmeldungen und Entrichtung der Vorauszahlungen befreien. Nimmt der Unternehmer seine berufliche oder gewerbliche Tätigkeit auf, ist im laufenden und folgenden Kalenderjahr Voranmeldungszeitraum der Kalendermonat.
(2a) Der Unternehmer kann anstelle des Kalendervierteljahres den Kalendermonat als Voranmeldungszeitraum wählen, wenn sich für das vorangegangene Kalenderjahr ein Überschuss zu seinen Gunsten von mehr als 6 136 Euro ergibt. In diesem Fall hat der Unternehmer bis zum 10. Februar des laufenden Kalen-

derjahres eine Voranmeldung für den ersten Kalendermonat abzugeben. Die Ausübung des Wahlrechts bindet den Unternehmer für dieses Kalenderjahr. Absatz 2 Satz 4 und 5 gilt entsprechend.

(3) Der Unternehmer hat für das Kalenderjahr oder für den kürzeren Besteuerungszeitraum eine Steuererklärung nach amtlich vorgeschriebenem Vordruck abzugeben, in der er die zu entrichtende Steuer oder den Überschuss, der sich zu seinen Gunsten ergibt, nach § 16 Abs. 1 bis 4 und § 17 selbst zu berechnen hat (Steueranmeldung). In den Fällen des § 16 Abs. 3 und 4 ist die Steueranmeldung binnen einem Monat nach Ablauf des kürzeren Besteuerungszeitraums abzugeben. Die Steueranmeldung muss vom Unternehmer eigenhändig unterschrieben sein.

(4) Berechnet der Unternehmer die zu entrichtende Steuer oder den Überschuss in der Steueranmeldung für das Kalenderjahr abweichend von der Summe der Vorauszahlungen, so ist der Unterschiedsbetrag zugunsten des Finanzamts einen Monat nach dem Eingang der Steueranmeldung fällig. Setzt das Finanzamt die zu entrichtende Steuer oder den Überschuss abweichend von der Steueranmeldung für das Kalenderjahr fest, so ist der Unterschiedsbetrag zugunsten des Finanzamts einen Monat nach der Bekanntgabe des Steuerbescheids fällig. Die Fälligkeit rückständiger Vorauszahlungen (Absatz 1) bleibt von den Sätzen 1 und 2 unberührt.

(4a) Voranmeldungen (Absätze 1 und 2) und eine Steuererklärung (Absätze 3 und 4) haben auch die Unternehmer und juristischen Personen abzugeben, die ausschließlich Steuer für Umsätze nach § 1 Abs. 1 Nr. 5 , § 13b Abs. 2 oder § 25b Abs. 2 zu entrichten haben, sowie Fahrzeuglieferer (§ 2a). Voranmeldungen sind nur für die Voranmeldungszeiträume abzugeben, in denen die Steuer für diese Umsätze zu erklären ist. Die Anwendung des Absatzes 2a ist ausgeschlossen.

(4b) Für Personen, die keine Unternehmer sind und Steuerbeträge nach § 6a Abs. 4 Satz 2 oder nach § 14 Abs. 3 schulden, gilt Absatz 4a entsprechend.

(5) In den Fällen der Beförderungseinzelbesteuerung (§ 16 Abs. 5) ist abweichend von den Absätzen 1 bis 4 wie folgt zu verfahren:

1. Der Beförderer hat für jede einzelne Fahrt eine Steuererklärung nach amtlich vorgeschriebenem Vordruck in zwei Stücken bei der zuständigen Zolldienststelle abzugeben.
2. Die zuständige Zolldienststelle setzt für das zuständige Finanzamt die Steuer auf beiden Stücken der Steuererklärung fest und gibt ein Stück dem Beförderer zurück, der die Steuer gleichzeitig zu entrichten hat. Der Beförderer hat dieses Stück mit der Steuerquittung während der Fahrt mit sich zu führen.
3. Der Beförderer hat bei der zuständigen Zolldienststelle, bei der er die Grenze zum Drittlandsgebiet überschreitet, eine weitere Steuererklärung in zwei Stücken abzugeben, wenn sich die Zahl der Personenkilometer (§ 10 Abs. 6 Satz 2), von der bei der Steuerfestsetzung nach Nummer 2 ausgegangen worden ist, geändert hat. Die Zolldienststelle setzt die Steuer neu fest. Gleichzeitig ist ein Unterschiedsbetrag zugunsten des Finanzamts zu entrichten oder ein Unterschiedsbetrag zugunsten des Beförderers zu erstatten. Die Sätze 2 und 3 sind nicht anzuwenden, wenn der Unterschiedsbetrag weniger als 2,50 Euro

beträgt. Die Zolldienststelle kann in diesen Fällen auf eine schriftliche Steuererklärung verzichten.

(5a) In den Fällen der Fahrzeugeinzelbesteuerung (§ 16 Abs. 5a) hat der Erwerber, abweichend von den Absätzen 1 bis 4, spätestens bis zum 10. Tag nach Ablauf des Tages, an dem die Steuer entstanden ist, eine Steuererklärung nach amtlich vorgeschriebenem Vordruck abzugeben, in der er die zu entrichtende Steuer selbst zu berechnen hat (Steueranmeldung). Die Steueranmeldung muß vom Erwerber eigenhändig unterschrieben sein. Gibt der Erwerber die Steueranmeldung nicht ab oder hat er die Steuer nicht richtig berechnet, so kann das Finanzamt die Steuer festsetzen. Die Steuer ist am 10. Tag nach Ablauf des Tages fällig, an dem sie entstanden ist.

(5b) In den Fällen des § 16 Abs. 5b ist das Besteuerungsverfahren nach den Absätzen 3 und 4 durchzuführen. Die bei der Beförderungseinzelbesteuerung (§ 16 Abs. 5) entrichtete Steuer ist auf die nach Absatz 3 Satz 1 zu entrichtende Steuer anzurechnen.

(6) Zur Vermeidung von Härten kann das Bundesministerium der Finanzen mit Zustimmung des Bundesrates durch Rechtsverordnung die Fristen für die Voranmeldungen und Vorauszahlungen um einen Monat verlängern und das Verfahren näher bestimmen. Dabei kann angeordnet werden, dass der Unternehmer eine Sondervorauszahlung auf die Steuer für das Kalenderjahr zu entrichten hat.

(7) Zur Vereinfachung des Besteuerungsverfahrens kann das Bundesministerium der Finanzen mit Zustimmung des Bundesrates durch Rechtsverordnung bestimmen, dass und unter welchen Voraussetzungen auf die Erhebung der Steuer für folgende Umsätze verzichtet werden kann:
1. Lieferungen von Gold, Silber und Platin sowie sonstige Leistungen im Geschäft mit diesen Edelmetallen zwischen Unternehmern, die an einer Wertpapierbörse im Inland mit dem Recht zur Teilnahme am Handel zugelassen sind. Das gilt nicht für Münzen und Medaillen aus diesen Edelmetallen;
2. Lieferungen, die der Einfuhr folgen, wenn ein anderer als der Unternehmer, für dessen Unternehmen der Gegenstand eingeführt ist, die entrichtete Einfuhrumsatzsteuer als Vorsteuer abziehen kann (§ 15 Abs. 5 Nr. 2 Buchstabe b).

(8) aufgehoben

(9) Zur Vereinfachung des Besteuerungsverfahrens kann das Bundesministerium der Finanzen mit Zustimmung des Bundesrates durch Rechtsverordnung die Vergütung der Vorsteuerbeträge (§ 15) an im Ausland ansässige Unternehmer, abweichend von § 16 und von den Absätzen 1 bis 4, in einem besonderen Verfahren regeln. Dabei kann angeordnet werden, dass die Vergütung nur erfolgt, wenn sie eine bestimmte Mindesthöhe erreicht. Der Vergütungsantrag ist binnen sechs Monaten nach Ablauf des Kalenderjahres zu stellen, in dem der Vergütungsanspruch entstanden ist. Der Unternehmer hat die Vergütung selbst zu berechnen und die Vorsteuerbeträge durch Vorlage von Rechnungen und Einfuhrbelegen im Original nachzuweisen. Der Vergütungsantrag ist vom Unternehmer eigenhändig zu unterschreiben. Einem Unternehmer, der nicht im

Gemeinschaftsgebiet ansässig ist, wird die Vorsteuer nur vergütet, wenn in dem Land, in dem der Unternehmer seinen Sitz hat, keine Umsatzsteuer oder ähnliche Steuer erhoben oder im Fall der Erhebung im Inland ansässigen Unternehmen vergütet wird. Von der Vergütung ausgeschlossen sind bei Unternehmern, die nicht im Gemeinschaftsgebiet ansässig sind, die Vorsteuerbeträge, die auf den Bezug von Kraftstoffen entfallen .

(10) Zur Sicherung des Steueranspruchs in den Fällen des innergemeinschaftlichen Erwerbs neuer motorbetriebener Landfahrzeuge und neuer Luftfahrzeuge (§ 1b Abs. 2 und 3) gilt folgendes:

1. Die für die Zulassung oder die Registrierung von Fahrzeugen zuständigen Behörden sind verpflichtet, den für die Besteuerung des innergemeinschaftlichen Erwerbs neuer Fahrzeuge zuständigen Finanzbehörden ohne Ersuchen folgendes mitzuteilen:
   a) bei neuen motorbetriebenen Landfahrzeugen die erstmalige Ausgabe von Fahrzeugbriefen oder die erstmalige Zuteilung eines amtlichen Kennzeichens bei zulassungsfreien Fahrzeugen. Gleichzeitig sind die in Nummer 2 Buchstabe a bezeichneten Daten und das zugeteilte amtliche Kennzeichen oder, wenn dieses noch nicht zugeteilt worden ist, die Nummer des Fahrzeugbriefs zu übermitteln,
   b) bei neuen Luftfahrzeugen die erstmalige Registrierung dieser Luftfahrzeuge. Gleichzeitig sind die in Nummer 3 Buchstabe a bezeichneten Daten und das zugeteilte amtliche Kennzeichen zu übermitteln. Als Registrierung im Sinne dieser Vorschrift gilt nicht die Eintragung eines Luftfahrzeugs in das Register für Pfandrechte an Luftfahrzeugen.
2. In den Fällen des innergemeinschaftlichen Erwerbs neuer motorbetriebener Landfahrzeuge (§ 1b Abs. 2 Nr. 1 und Abs. 3 Nr. 1) gilt folgendes:
   a) Bei der erstmaligen Ausgabe eines Fahrzeugbriefs im Inland oder bei der erstmaligen Zuteilung eines amtlichen Kennzeichens für zulassungsfreie Fahrzeuge im Inland hat der Antragsteller die folgenden Angaben zur Übermittlung an die Finanzbehörden zu machen:
      aa) den Namen und die Anschrift des Antragstellers sowie das für ihn zuständige Finanzamt (§ 21 der Abgabenordnung),
      bb) den Namen und die Anschrift des Lieferers,
      cc) den Tag der Lieferung,
      dd) den Tag der ersten Inbetriebnahme,
      ee) den Kilometerstand am Tag der Lieferung,
      ff) die Fahrzeugart, den Fahrzeughersteller, den Fahrzeugtyp und die Fahrzeug-Identifizierungsnummer,
      gg) den Verwendungszweck.
   Der Antragsteller ist zu den Angaben nach den Doppelbuchstaben aa und bb auch dann verpflichtet, wenn er nicht zu den in § 1a Abs. 1 Nr. 2 und § 1b Abs. 1 genannten Personen gehört oder wenn Zweifel daran bestehen, ob die Eigenschaften als neues Fahrzeug im Sinne des § 1b Abs. 3 Nr. 1 vorliegen. Die Zulassungsbehörde darf den Fahrzeugbrief oder bei zulassungsfreien Fahrzeugen den Nachweis über die Zuteilung des amtlichen Kennzeichens (§ 18 Abs. 5 der Straßenverkehrs-Zulassungs-

ordnung) erst aushändigen, wenn der Antragsteller die vorstehenden Angaben gemacht hat.

b) Ist die Steuer für den innergemeinschaftlichen Erwerb nicht entrichtet worden, hat die Zulassungsbehörde auf Antrag des Finanzamts den Fahrzeugschein oder bei zulassungsfreien Fahrzeugen den Nachweis über die Zuteilung des amtlichen Kennzeichens (§ 18 Abs. 5 der Straßenverkehrs-Zulassungsordnung) einzuziehen und das amtliche Kennzeichen zu entstempeln. Anstelle der Einziehung des Nachweises über die Zuteilung des amtlichen Kennzeichens bei zulassungsfreien Fahrzeugen kann auch der Vermerk über die Zuteilung des amtlichen Kennzeichens für ungültig erklärt werden. Die Zulassungsbehörde trifft die hierzu erforderlichen Anordnungen durch schriftlichen Verwaltungsakt (Abmeldungsbescheid). Das Finanzamt kann die Abmeldung von Amts wegen auch selbst vornehmen, wenn die Zulassungsbehörde das Verfahren noch nicht eingeleitet hat. Satz 3 gilt entsprechend. Das Finanzamt teilt die durchgeführte Abmeldung unverzüglich der Zulassungsbehörde mit und händigt dem Fahrzeughalter die vorgeschriebene Bescheinigung über die Abmeldung aus. Die Durchführung der Abmeldung von Amts wegen richtet sich nach dem Verwaltungsverfahrensgesetz. Für Streitigkeiten über Abmeldungen von Amts wegen ist der Verwaltungsrechtsweg gegeben.

3. In den Fällen des innergemeinschaftlichen Erwerbs neuer Luftfahrzeuge (§ 1b Abs. 2 Nr. 3 und Abs. 3 Nr. 3) gilt folgendes:
   a) Bei der erstmaligen Registrierung in der Luftfahrzeugrolle hat der Antragsteller die folgenden Angaben zur Übermittlung an die Finanzbehörden zu machen:
      aa) den Namen und die Anschrift des Antragstellers sowie das für ihn zuständige Finanzamt (§ 21 der Abgabenordnung),
      bb) den Namen und die Anschrift des Lieferers,
      cc) den Tag der Lieferung,
      dd) das Entgelt (Kaufpreis),
      ee) den Tag der ersten Inbetriebnahme,
      ff) die Starthöchstmasse,
      gg) die Zahl der bisherigen Betriebsstunden am Tag der Lieferung,
      hh) den Flugzeughersteller und den Flugzeugtyp,
      ii) den Verwendungszweck.

   Der Antragsteller ist zu den Angaben nach den Doppelbuchstaben aa und bb auch dann verpflichtet, wenn er nicht zu den in § 1a Abs. 1 Nr. 2 und § 1b Abs. 1 genannten Personen gehört oder wenn Zweifel daran bestehen, ob die Eigenschaften als neues Fahrzeug im Sinne des § 1b Abs. 3 Nr. 3 vorliegen. Das Luftfahrt-Bundesamt darf die Eintragung in die Luftfahrzeugrolle erst vornehmen, wenn der Antragsteller die vorstehenden Angaben gemacht hat.

   b) Ist die Steuer für den innergemeinschaftlichen Erwerb nicht entrichtet worden, so hat das Luftfahrt-Bundesamt auf Antrag des Finanzamts die Betriebserlaubnis zu widerrufen. Es trifft die hierzu erforderlichen Anordnungen durch schriftlichen Verwaltungsakt (Abmeldungsbescheid).

Die Durchführung der Abmeldung von Amts wegen richtet sich nach dem Verwaltungsverfahrensgesetz. Für Streitigkeiten über Abmeldungen von Amts wegen ist der Verwaltungsrechtsweg gegeben.
(11) Die für die Steueraufsicht zuständigen Zolldienststellen wirken an der umsatzsteuerlichen Erfassung von Personenbeförderungen mit nicht im Inland zugelassenen Kraftomnibussen mit. Sie sind berechtigt, im Rahmen von zeitlich und örtlich begrenzten Kontrollen die nach ihrer äußeren Erscheinung nicht im Inland zugelassenen Kraftomnibusse anzuhalten und die tatsächlichen und rechtlichen Verhältnisse festzustellen, die für die Umsatzsteuer maßgebend sind, und die festgestellten Daten den zuständigen Finanzbehörden zu übermitteln.

A.6. Auszug aus dem Gewerbesteuergesetz

§ 1 Steuerberechtigte
Die Gemeinden sind berechtigt, eine Gewerbesteuer als Gemeindesteuer zu erheben.

§ 6 Besteuerungsgrundlage
Besteuerungsgrundlage für die Gewerbesteuer ist der Gewerbeertrag.

§ 7 Gewerbeertrag
Gewerbeertrag ist der nach den Vorschriften des Einkommensteuergesetzes oder des Körperschaftsteuergesetzes zu ermittelnde Gewinn aus dem Gewerbebetrieb, der bei der Ermittlung des Einkommens für den dem Erhebungszeitraum entsprechenden Veranlagungszeitraum zu berücksichtigen ist, vermehrt und vermindert um die in den §§ 8 und 9 bezeichneten Beträge. Zum Gewerbeertrag gehört auch der Gewinn aus der Veräußerung oder Aufgabe
1. des Betriebs oder eines Teilbetriebs einer Mitunternehmerschaft,
2. des Anteils eines Gesellschafters, der als Unternehmer (Mitunternehmer) des Betriebs einer Mitunternehmerschaft anzusehen ist,
3. des Anteils eines persönlich haftenden Gesellschafters einer Kommanditgesellschaft auf Aktien,

soweit er nicht auf eine natürliche Person als unmittelbar beteiligter Mitunternehmer entfällt. Der nach § 5a des Einkommensteuergesetzes ermittelte Gewinn und das nach § 8 Abs. 1 Satz 2 des Körperschaftsteuergesetzes ermittelte Einkommen gelten als Gewerbeertrag nach Satz 1.

§ 8 Hinzurechnungen
Dem Gewinn aus Gewerbebetrieb (§ 7) werden folgende Beträge wieder hinzugerechnet, soweit sie bei der Ermittlung des Gewinns abgesetzt worden sind:
1. die Hälfte der Entgelte für Schulden, die wirtschaftlich mit der Gründung oder dem Erwerb des Betriebs (Teilbetriebs) oder eines Anteils am Betrieb

oder mit einer Erweiterung oder Verbesserung des Betriebs zusammenhängen oder der nicht nur vorübergehenden Verstärkung des Betriebskapitals dienen;
2. Renten und dauernde Lasten, die wirtschaftlich mit der Gründung oder dem Erwerb des Betriebs (Teilbetriebs) oder eines Anteils am Betrieb zusammenhängen. Das gilt nicht, wenn diese Beträge beim Empfänger zur Steuer nach dem Gewerbeertrag heranzuziehen sind;
3. die Gewinnanteile des stillen Gesellschafters, wenn sie beim Empfänger nicht zur Steuer nach dem Gewerbeertrag heranzuziehen sind;
4. die Gewinnanteile, die an persönlich haftende Gesellschafter einer Kommanditgesellschaft auf Aktien auf ihre nicht auf das Grundkapital gemachten Einlagen oder als Vergütung (Tantieme) für die Geschäftsführung verteilt worden sind;
5. die nach § 3 Nr. 40 des Einkommensteuergesetzes oder § 8b Abs. 1 des Körperschaftsteuergesetzes außer Ansatz bleibenden Gewinnanteile (Dividenden) und die diesen gleichgestellten Bezüge und erhaltenen Leistungen aus Anteilen an einer Körperschaft, Personenvereinigung oder Vermögensmasse im Sinne des Körperschaftsteuergesetzes, soweit sie nicht die Voraussetzungen des § 9 Nr. 2a oder 7 erfüllen, nach Abzug der mit diesen Einnahmen, Bezügen und erhaltenen Leistungen in wirtschaftlichem Zusammenhang stehenden Betriebsausgaben, soweit sie nach § 3c des Einkommensteuergesetzes und § 8b Abs. 5 des Körperschaftsteuergesetzes unberücksichtigt bleiben. Dies gilt nicht für Gewinnausschüttungen, die unter § 3 Nr. 41 Buchstabe a des Einkommensteuergesetzes fallen;
6. (weggefallen)
7. die Hälfte der Miet- und Pachtzinsen für die Benutzung der nicht in Grundbesitz bestehenden Wirtschaftsgüter des Anlagevermögens, die im Eigentum eines anderen stehen. Das gilt nicht, soweit die Miet- oder Pachtzinsen beim Vermieter oder Verpächter zur Gewerbesteuer heranzuziehen sind, es sei denn, dass ein Betrieb oder ein Teilbetrieb vermietet oder verpachtet wird und der Betrag der Miet- oder Pachtzinsen 125 000 Euro übersteigt. Maßgebend ist jeweils der Betrag, den der Mieter oder Pächter für die Benutzung der zu den Betriebsstätten eines Gemeindebezirks gehörigen fremden Wirtschaftsgüter an einen Vermieter oder Verpächter zu zahlen hat;
8. die Anteile am Verlust einer in- oder ausländischen offenen Handelsgesellschaft, einer Kommanditgesellschaft oder einer anderen Gesellschaft, bei der die Gesellschafter als Unternehmer (Mitunternehmer) des Gewerbebetriebs anzusehen sind;
9. die Ausgaben im Sinne des § 9 Abs. 1 Nr. 2 des Körperschaftsteuergesetzes;
10. Gewinnminderungen, die
    a) durch Ansatz des niedrigeren Teilwerts des Anteils an einer Körperschaft oder
    b) durch Veräußerung oder Entnahme des Anteils an einer Körperschaft oder bei Auflösung oder Herabsetzung des Kapitals der Körperschaft entstanden sind, soweit der Ansatz des niedrigeren Teilwerts oder die sonstige Gewinnminderung auf Gewinnausschüttungen der Körper-

schaft, um die der Gewerbeertrag nach § 9 Nr. 2a, 7 oder 8 zu kürzen ist, oder organschaftliche Gewinnabführungen der Körperschaft zurückzuführen ist;
11. (weggefallen)
12. ausländische Steuern, die nach § 34c des Einkommensteuergesetzes oder nach einer Bestimmung, die § 34c des Einkommensteuergesetzes für entsprechend anwendbar erklärt, bei der Ermittlung der Einkünfte abgezogen werden, soweit sie auf Gewinne oder Gewinnanteile entfallen, die bei der Ermittlung des Gewerbeertrags außer Ansatz gelassen oder nach § 9 gekürzt werden.

§ 9 Kürzungen
Die Summe des Gewinns und der Hinzurechnungen wird gekürzt um
1. 1,2 vom Hundert des Einheitswerts des zum Betriebsvermögen des Unternehmers gehörenden Grundbesitzes; maßgebend ist der Einheitswert, der auf den letzten Feststellungszeitpunkt (Hauptfeststellungs-, Fortschreibungs- oder Nachfeststellungszeitpunkt) vor dem Ende des Erhebungszeitraums lautet. An Stelle der Kürzung nach Satz 1 tritt auf Antrag bei Unternehmen, die ausschließlich eigenen Grundbesitz oder neben eigenem Grundbesitz eigenes Kapitalvermögen verwalten und nutzen oder daneben Wohnungsbauten betreuen oder Einfamilienhäuser, Zweifamilienhäuser oder Eigentumswohnungen im Sinne des Ersten Teils des Wohnungseigentumsgesetzes in der im Bundesgesetzblatt Teil III, Gliederungsnummer 403-1, veröffentlichten bereinigten Fassung, zuletzt geändert durch Artikel 28 des Gesetzes vom 14. Dezember 1984 (BGBl. I S. 1493), errichten und veräußern, die Kürzung um den Teil des Gewerbeertrags, der auf die Verwaltung und Nutzung des eigenen Grundbesitzes entfällt. Satz 2 gilt entsprechend, wenn in Verbindung mit der Errichtung und Veräußerung von Eigentumswohnungen Teileigentum im Sinne des Wohnungseigentumsgesetzes errichtet und veräußert wird und das Gebäude zu mehr als 66 $^2/_3$ vom Hundert Wohnzwecken dient. Betreut ein Unternehmen auch Wohnungsbauten oder veräußert es auch Einfamilienhäuser, Zweifamilienhäuser oder Eigentumswohnungen, so ist Voraussetzung für die Anwendung des Satzes 2, dass der Gewinn aus der Verwaltung und Nutzung des eigenen Grundbesitzes gesondert ermittelt wird. Die Sätze 2 und 3 gelten nicht, wenn der Grundbesitz ganz oder zum Teil dem Gewerbebetrieb eines Gesellschafters oder Genossen dient;
2. die Anteile am Gewinn einer in- oder ausländischen offenen Handelsgesellschaft, einer Kommanditgesellschaft oder einer anderen Gesellschaft, bei der die Gesellschafter als Unternehmer (Mitunternehmer) des Gewerbebetriebs anzusehen sind, wenn die Gewinnanteile bei der Ermittlung des Gewinns (§ 7) angesetzt worden sind;
2a. die Gewinne aus Anteilen an einer nicht steuerbefreiten inländischen Kapitalgesellschaft im Sinne des § 2 Abs. 2 , einer Kreditanstalt des öffentlichen Rechts, einer Erwerbs- und Wirtschaftsgenossenschaft oder einer Unternehmensbeteiligungsgesellschaft im Sinne des § 3 Nr. 23 , wenn die

Beteiligung zu Beginn des Erhebungszeitraums mindestens ein Zehntel des Grund- oder Stammkapitals beträgt und die Gewinnanteile bei Ermittlung des Gewinns (§ 7) angesetzt worden sind. Ist ein Grund- oder Stammkapital nicht vorhanden, so ist die Beteiligung an dem Vermögen, bei Erwerbs- und Wirtschaftsgenossenschaften die Beteiligung an der Summe der Geschäftsguthaben, maßgebend;

2b. die nach § 8 Nr. 4 dem Gewerbeertrag einer Kommanditgesellschaft auf Aktien hinzugerechneten Gewinnanteile, wenn sie bei der Ermittlung des Gewinns (§ 7) angesetzt worden sind;

3. den Teil des Gewerbeertrags eines inländischen Unternehmens, der auf eine nicht im Inland belegene Betriebsstätte entfällt. Bei Unternehmen, die ausschließlich den Betrieb von eigenen oder gecharterten Handelsschiffen im internationalen Verkehr zum Gegenstand haben, gelten 80 vom Hundert des Gewerbeertrags als auf eine nicht im Inland belegene Betriebsstätte entfallend. Ist Gegenstand eines Betriebs nicht ausschließlich der Betrieb von Handelsschiffen im internationalen Verkehr, so gelten 80 vom Hundert des Teils des Gewerbeertrags, der auf den Betrieb von Handelsschiffen im internationalen Verkehr entfällt, als auf eine nicht im Inland belegene Betriebsstätte entfallend; in diesem Fall ist Voraussetzung, dass dieser Teil gesondert ermittelt wird. Handelsschiffe werden im internationalen Verkehr betrieben, wenn eigene oder gecharterte Handelsschiffe im Wirtschaftsjahr überwiegend zur Beförderung von Personen und Gütern im Verkehr mit oder zwischen ausländischen Häfen, innerhalb eines ausländischen Hafens oder zwischen einem ausländischen Hafen und der freien See eingesetzt werden. Für die Anwendung der Sätze 2 bis 4 gilt § 5a Abs. 2 Satz 2 des Einkommensteuergesetzes entsprechend;

4. die bei der Ermittlung des Gewinns aus Gewerbebetrieb des Vermieters oder Verpächters berücksichtigten Miet- oder Pachtzinsen für die Überlassung von nicht in Grundbesitz bestehenden Wirtschaftsgütern des Anlagevermögens, soweit sie nach § 8 Nr. 7 dem Gewinn aus Gewerbebetrieb des Mieters oder Pächters hinzugerechnet worden sind;

5. die aus den Mitteln des Gewerbebetriebs geleisteten Ausgaben zur Förderung mildtätiger, kirchlicher, religiöser, wissenschaftlicher und der als besonders förderungswürdig anerkannten gemeinnützigen Zwecke im Sinne des § 10b Abs. 1 des Einkommensteuergesetzes oder des § 9 Abs. 1 Nr. 2 des Körperschaftsteuergesetzes bis zur Höhe von insgesamt 5 vom Hundert des um die Hinzurechnungen nach § 8 Nr. 9 erhöhten Gewinns aus Gewerbebetrieb (§ 7) oder 2 vom Tausend der Summe der gesamten Umsätze und der im Wirtschaftsjahr aufgewendeten Löhne und Gehälter. Für wissenschaftliche, mildtätige und als besonders förderungswürdig anerkannte kulturelle Zwecke erhöht sich der Vomhundertsatz von 5 vom Hundert um weitere 5 vom Hundert. Zuwendungen an Stiftungen des öffentlichen Rechts und an nach § 5 Abs. 1 Nr. 9 des Körperschaftsteuergesetzes steuerbefreite Stiftungen des privaten Rechts zur Förderung steuerbegünstigter Zwecke im Sinne der §§ 52 bis 54 der Abgabenordnung mit Ausnahme der Zwecke, die nach § 52 Abs. 2 Nr. 4 der Abgabenordnung

gemeinnützig sind, sind darüber hinaus bis zur Höhe von 20 450 Euro abziehbar. Überschreitet eine Einzelzuwendung von mindestens 25 565 Euro zur Förderung wissenschaftlicher, mildtätiger oder als besonders förderungswürdig anerkannt kultureller Zwecke diese Höchstsätze, ist die Kürzung im Rahmen der Höchstsätze im Erhebungszeitraum der Zuwendung und in den folgenden sechs Erhebungszeiträumen vorzunehmen. Einzelunternehmen und Personengesellschaften können Zuwendungen im Sinne des Satzes 1, die anlässlich der Neugründung in den Vermögensstock einer Stiftung des öffentlichen Rechts oder einer nach § 5 Abs. 1 Nr. 9 des Körperschaftsteuergesetzes steuerbefreiten Stiftung des privaten Rechts geleistet werden, im Jahr der Zuwendung und in den folgenden neun Erhebungszeiträumen nach Antrag des Steuerpflichtigen bis zu einem Betrag von 307 000 Euro neben den als Kürzung nach den Sätzen 1 bis 4 zulässigen Umfang hinaus abziehen. Als anlässlich der Neugründung einer Stiftung nach Satz 5 geleistet gelten Zuwendungen bis zum Ablauf eines Jahres nach Gründung der Stiftung. Der besondere Abzugsbetrag nach Satz 5 kann der Höhe nach innerhalb des Zehnjahreszeitraums nur einmal in Anspruch genommen werden § 10b Abs. 3 und 4 Satz 1 sowie § 10d Abs. 4 des Einkommensteuergesetzes und § 9 Abs. 2 Satz 2 bis 5 und Abs. 3 Satz 1 des Körperschaftsteuergesetzes gelten entsprechend. Wer vorsätzlich oder grob fahrlässig eine unrichtige Bestätigung über Spenden und Mitgliedsbeiträge ausstellt oder veranlasst, dass Zuwendungen nicht zu den in der Bestätigung angegebenen steuerbegünstigten Zwecken verwendet werden, haftet für die entgangene Steuer. Diese ist mit 10 vom Hundert des Betrags der Spenden und Mitgliedsbeiträge anzusetzen und fließt der für den Spendenempfänger zuständigen Gemeinde zu, die durch sinngemäße Anwendung der Vorschriften des § 20 der Abgabenordnung bestimmt wird. Sie wird durch Haftungsbescheid des Finanzamts festgesetzt; die Befugnis der Gemeinde zur Erhebung dieser Steuer bleibt unberührt. § 184 Abs. 3 der Abgabenordnung gilt sinngemäß;

6. (weggefallen)
7. die Gewinne aus Anteilen an einer Kapitalgesellschaft mit Geschäftsleitung und Sitz außerhalb des Geltungsbereichs dieses Gesetzes, an deren Nennkapital das Unternehmen seit Beginn des Erhebungszeitraums ununterbrochen mindestens zu einem Zehntel beteiligt ist (Tochtergesellschaft) und die ihre Bruttoerträge ausschließlich oder fast ausschließlich aus unter § 8 Abs. 1 Nr. 1 bis 6 des Außensteuergesetzes fallenden Tätigkeiten und aus Beteiligungen an Gesellschaften bezieht, an deren Nennkapital sie mindestens zu einem Viertel unmittelbar beteiligt ist, wenn die Beteiligungen ununterbrochen seit mindestens zwölf Monaten vor dem für die Ermittlung des Gewinns maßgebenden Abschlussstichtag bestehen und das Unternehmen nachweist, dass
    1. diese Gesellschaften Geschäftsleitung und Sitz in demselben Staat wie die Tochtergesellschaft haben und ihre Bruttoerträge ausschließlich oder fast ausschließlich aus den unter § 8 Abs. 1 Nr. 1 bis 6 des Außensteuergesetzes fallenden Tätigkeiten beziehen oder

2. die Tochtergesellschaft die Beteiligungen in wirtschaftlichem Zusammenhang mit eigenen unter Absatz 1 Nr. 1 bis 6 fallenden Tätigkeiten hält und die Gesellschaft, an der die Beteiligung besteht, ihre Bruttoerträge ausschließlich oder fast ausschließlich aus solchen Tätigkeiten bezieht,

wenn die Gewinnanteile bei der Ermittlung des Gewinns (§ 7) angesetzt worden sind; das gilt auch für Gewinne aus Anteilen an einer Gesellschaft, die die in der Anlage 2 zum Einkommensteuergesetz genannten Voraussetzungen des Artikels 2 der Richtlinie Nr. 90/435/EWG des Rates vom 23. Juli 1990 über das gemeinsame Steuersystem der Mutter- und Tochtergesellschaften verschiedener Mitgliedstaaten (ABl. EG Nr. L 225 S. 6, Nr. L 266 S. 20, Nr. L 270 S. 27, 1991 Nr. L 23 S. 35, 1997 Nr. L 16 S. 98) in der jeweils geltenden Fassung erfüllt, weder Geschäftsleitung noch Sitz im Inland hat und an deren Kapital das Unternehmen seit Beginn der Erhebungszeitraums ununterbrochen mindestens zu einem Zehntel beteiligt ist, soweit diese Gewinnanteile nicht auf Grund einer Herabsetzung des Kapitals oder nach Auflösung der Gesellschaft anfallen. Bezieht ein Unternehmen, das über eine Tochtergesellschaft mindestens zu einem Zehntel an einer Kapitalgesellschaft mit Geschäftsleitung und Sitz außerhalb des Geltungsbereichs dieses Gesetzes (Enkelgesellschaft) mittelbar beteiligt ist, in einem Wirtschaftsjahr Gewinne aus Anteilen an der Tochtergesellschaft und schüttet die Enkelgesellschaft zu einem Zeitpunkt, der in dieses Wirtschaftsjahr fällt, Gewinne an die Tochtergesellschaft aus, so gilt auf Antrag des Unternehmens das Gleiche für den Teil der von ihm bezogenen Gewinne, der der nach seiner mittelbaren Beteiligung auf das Unternehmen entfallenden Gewinnausschüttung der Enkelgesellschaft entspricht. Hat die Tochtergesellschaft in dem betreffenden Wirtschaftsjahr neben den Gewinnanteilen einer Enkelgesellschaft noch andere Erträge bezogen, so findet Satz 2 nur Anwendung für den Teil der Ausschüttung der Tochtergesellschaft, der dem Verhältnis dieser Gewinnanteile zu der Summe dieser Gewinnanteile und der übrigen Erträge entspricht, höchstens aber in Höhe des Betrags dieser Gewinnanteile. Die Anwendung des Satzes 2 setzt voraus, dass

1. die Enkelgesellschaft in dem Wirtschaftsjahr, für das sie die Ausschüttung vorgenommen hat, ihre Bruttoerträge ausschließlich oder fast ausschließlich aus unter § 8 Abs. 1 Nr. 1 bis 6 des Außensteuergesetzes fallenden Tätigkeiten oder aus unter Satz 1 Nr. 1 fallenden Beteiligungen bezieht und
2. die Tochtergesellschaft unter den Voraussetzungen des Satzes 1 am Nennkapital der Enkelgesellschaft beteiligt ist.

Die Anwendung der vorstehenden Vorschriften setzt voraus, dass das Unternehmen alle Nachweise erbringt, insbesondere

1. durch Vorlage sachdienlicher Unterlagen nachweist, dass die Tochtergesellschaft ihre Bruttoerträge ausschließlich oder fast ausschließlich aus unter § 8 Abs. 1 Nr. 1 bis 6 des Außensteuergesetzes fallenden

Tätigkeiten oder aus unter Satz 1 Nr. 1 und 2 fallenden Beteiligungen bezieht,
2. durch Vorlage sachdienlicher Unterlagen nachweist, dass die Enkelgesellschaft ihre Bruttoerträge ausschließlich oder fast ausschließlich aus unter § 8 Abs. 1 Nr. 1 bis 6 des Außensteuergesetzes fallenden Tätigkeiten oder aus unter Satz 1 Nr. 1 fallenden Beteiligungen bezieht,
3. den ausschüttbaren Gewinn der Tochtergesellschaft oder Enkelgesellschaft durch Vorlage von Bilanzen und Erfolgsrechnungen nachweist; auf Verlangen sind diese Unterlagen mit dem im Staat der Geschäftsleitung oder des Sitzes vorgeschriebenen oder üblichen Prüfungsvermerk einer behördlich anerkannten Wirtschaftsprüfungsstelle oder einer vergleichbaren Stelle vorzulegen;
8. die Gewinne aus Anteilen an einer ausländischen Gesellschaft, die nach einem Abkommen zur Vermeidung der Doppelbesteuerung unter der Voraussetzung einer Mindestbeteiligung von der Gewerbesteuer befreit sind, ungeachtet der im Abkommen vereinbarten Mindestbeteiligung, wenn die Beteiligung mindestens ein Zehntel beträgt und die Gewinnanteile bei der Ermittlung des Gewinns (§ 7) angesetzt worden sind;
9. *(weggefallen)*
10. die nach § 8a des Körperschaftsteuergesetzes bei der Ermittlung des Gewinns (§ 7) angesetzten Vergütungen für Fremdkapital. § 8 Nr. 1 und 3 ist auf diese Vergütungen anzuwenden.

§ 10 Maßgebender Gewerbeertrag
(1) Maßgebend ist der Gewerbeertrag, der in dem Erhebungszeitraum bezogen worden ist, für den der Steuermessbetrag (§ 14) festgesetzt wird.
(2) Weicht bei Unternehmen, die Bücher nach den Vorschriften des Handelsgesetzbuchs zu führen verpflichtet sind, das Wirtschaftsjahr, für das sie regelmäßig Abschlüsse machen, vom Kalenderjahr ab, so gilt der Gewerbeertrag als in dem Erhebungszeitraum bezogen, in dem das Wirtschaftsjahr endet

§ 11 Steuermesszahl und Steuermessbetrag
(1) Bei der Berechnung der Gewerbesteuer ist von einem Steuermessbetrag auszugehen. Dieser ist vorbehaltlich des Absatzes 4 durch Anwendung eines Hundertsatzes (Steuermesszahl) auf den Gewerbeertrag zu ermitteln. Der Gewerbeertrag ist auf volle 100 Euro nach unten abzurunden und
1. bei natürlichen Personen sowie bei Personengesellschaften um einen Freibetrag in Höhe von 24 500 Euro,
2. bei Unternehmen im Sinne des § 2 Abs. 3 und des § 3 Nr. 5, 6, 8, 9, 15, 17, 21, 26, 27, 28 und 29 sowie bei Unternehmen von juristischen Personen des öffentlichen Rechts um einen Freibetrag in Höhe von 3 900 Euro,
höchstens jedoch in Höhe des abgerundeten Gewerbeertrags, zu kürzen.

(2) Die Steuermesszahl für den Gewerbeertrag beträgt
1. bei Gewerbebetrieben, die von natürlichen Personen oder von Personengesellschaften betrieben werden,

für die ersten 12 000 Euro	1 vom Hundert,
für die weiteren 12 000 Euro	2 vom Hundert,
für die weiteren 12 000 Euro	3 vom Hundert,
für die weiteren 12 000 Euro	4 vom Hundert,
für alle weiteren Beträge	5 vom Hundert,

2. bei anderen Gewerbebetrieben   5 vom Hundert.

(3) Die Steuermesszahlen ermäßigen sich auf die Hälfte bei Hausgewerbetreibenden und ihnen nach § 1 Abs. 2 Buchstabe b und d des Heimarbeitsgesetzes in der im Bundesgesetzblatt Teil III, Gliederungsnummer 804-1, veröffentlichten bereinigten Fassung, zuletzt geändert durch Artikel 4 des Gesetzes vom 13. Juli 1988 (BGBl. I S. 1034), gleichgestellten Personen. Das Gleiche gilt für die nach § 1 Abs. 2 Buchstabe c des Heimarbeitsgesetzes gleichgestellten Personen, deren Entgelte (§ 10 Abs. 1 des Umsatzsteuergesetzes) aus der Tätigkeit unmittelbar für den Absatzmarkt im Erhebungszeitraum 25 000 Euro nicht übersteigen.

§ 16 Hebesatz
(1) Die Steuer wird auf Grund des Steuermessbetrags (§ 14) mit einem Hundertsatz (Hebesatz) festgesetzt und erhoben, der von der hebeberechtigten Gemeinde (§§ 4 , 35a) zu bestimmen ist.
(2) Der Hebesatz kann für ein Kalenderjahr oder mehrere Kalenderjahre festgesetzt werden.
(3) Der Beschluss über die Festsetzung oder Änderung des Hebesatzes ist bis zum 30. Juni eines Kalenderjahrs mit Wirkung vom Beginn dieses Kalenderjahres zu fassen. Nach diesem Zeitpunkt kann der Beschluss über die Festsetzung des Hebesatzes gefasst werden, wenn der Hebesatz die Höhe der letzten Festsetzung nicht überschreitet.
(4) Der Hebesatz muss für alle in der Gemeinde vorhandenen Unternehmen der gleiche sein. Wird das Gebiet von Gemeinden geändert, so kann die Landesregierung oder die von ihr bestimmte Stelle für die von der Änderung betroffenen Gebietsteile auf eine bestimmte Zeit verschiedene Hebesätze zulassen.
(5) In welchem Verhältnis die Hebesätze für die Grundsteuer der Betriebe der Land- und Forstwirtschaft, für die Grundsteuer der Grundstücke und für die Gewerbesteuer zueinander stehen müssen, welche Höchstsätze nicht überschritten werden dürfen und inwieweit mit Genehmigung der Gemeindeaufsichtsbehörde Ausnahmen zugelassen werden können, bleibt einer landesrechtlichen Regelung vorbehalten.

§ 18 Entstehung der Steuer
Die Gewerbesteuer entsteht, soweit es sich nicht um Vorauszahlungen (§ 21) handelt, mit Ablauf des Erhebungszeitraums, für den die Festsetzung vorgenommen wird.

§ 19 Vorauszahlungen
(1) Der Steuerschuldner hat am 15. Februar, 15. Mai, 15. August und 15. November Vorauszahlungen zu entrichten. Gewerbetreibende, deren Wirtschaftsjahr vom Kalenderjahr abweicht, haben die Vorauszahlungen während des Wirtschaftsjahrs zu entrichten, das im Erhebungszeitraum endet. Satz 2 gilt nur, wenn der Gewerbebetrieb nach dem 31. Dezember 1985 gegründet worden oder infolge Wegfalls eines Befreiungsgrundes in die Steuerpflicht eingetreten ist oder das Wirtschaftsjahr nach diesem Zeitpunkt auf einen vom Kalenderjahr abweichenden Zeitraum umgestellt worden ist.
(2) Jede Vorauszahlung beträgt grundsätzlich ein Viertel der Steuer, die sich bei der letzten Veranlagung ergeben hat.
(3) Die Gemeinde kann die Vorauszahlungen der Steuer anpassen, die sich für den Erhebungszeitraum voraussichtlich ergeben wird. Die Anpassung kann bis zum Ende des 15. auf den Erhebungszeitraum folgenden Kalendermonats vorgenommen werden; bei einer nachträglichen Erhöhung der Vorauszahlungen ist der Erhöhungsbetrag innerhalb eines Monats nach Bekanntgabe des Vorauszahlungsbescheids zu entrichten. Das Finanzamt kann bis zum Ende des 15. auf den Erhebungszeitraum folgenden Kalendermonats für Zwecke der Gewerbesteuer-Vorauszahlungen den Steuermessbetrag festsetzen, der sich voraussichtlich ergeben wird. An diese Festsetzung ist die Gemeinde bei der Anpassung der Vorauszahlungen nach den Sätzen 1 und 2 gebunden.
(4) Wird im Laufe des Erhebungszeitraums ein Gewerbebetrieb neu gegründet oder tritt ein bereits bestehender Gewerbebetrieb infolge Wegfalls des Befreiungsgrundes in die Steuerpflicht ein, so gilt für die erstmalige Festsetzung der Vorauszahlungen Absatz 3 entsprechend.
(5) Die einzelne Vorauszahlung ist auf den nächsten vollen Betrag in Euro nach unten abzurunden. Sie wird nur festgesetzt, wenn sie mindestens 50 Euro beträgt.

A.7. Der Industriekontenrahmen

Der in der nachfolgenden Abbildung gezeigte Industriekontenrahmen ist ein Musterkontenrahmen, der den individuellen Bedürfnissen des Unternehmens angepasst werden kann. (Siehe hierzu auch Kapitel V.)

Aktiva
Anlagevermögen

0 Immaterielle Vermögensgegenstände und Sachanlagen

00 ausstehende Einlagen
0000 ausstehende Einlagen

01 frei

Immaterielle Vermögensgegenstände
02 Konzessionen, gewerbliche Schutzrechte und ähnliche Rechte und Werte sowie Lizenzen an solchen Rechten und Werten
0200 Konzessionen

03 Geschäfts- und Firmenwert
0300 Geschäfts- und Firmenwert

04 frei

Sachanlagen
05 Grundstücke, grundstücksgleiche Rechte und Bauten einschließich der Bauten auf fremden Grundstücken
0500 Unbebaute Grundstücke
0510 Bebaute Grundstücke
0530 Betriebsgebäude
0540 Verwaltungsgebäude
0550 Andere Bauten
0560 Grundstückseinrichtungen
0570 Gebäudeeinrichtungen
0590 Wohngebäude

06 frei

07 Technische Anlagen und Maschinen
0700 Anlagen u. Maschinen d. Energieversorgung
0710 Anlagen d. Materiallagerung u. -bereitstellung
0720 Anlagen u. Maschinen d. mechanischen Materialbearbeitung, -verarbeitung u. -umwandlung
0730 Anlagen für Wärme-, Kälte- u. chemische Prozesse sowei ähnliche Anlagen
0740 Anlagen für Arbeitssicherheit u. Umweltschutz
0750 Transportanl. u. ähnliche Betriebsvorrichtungen
0760 Verpackungsanlagen und -maschinen
0770 sonstige Anlagen und Maschinen
0780 Reservemaschinen und -anlageteile
0790 Geringwertige Anlagen und Maschinen

08 Andere Anlagen, Betriebs- und Geschäftsausstattung
0800 Andere Anlagen
0810 Werkstätteneinrichtung

(Fortsetzung von anderen Anlagen, Betriebs- und Geschäftsausstattung)
0820 Werkzeuge, Werkgeräte und Modelle, Prüf- und Meßmittel
0830 Lager- und Transportvorrichtung
0840 Fuhrpark
0850 sonstige Betriebsausstattung
0860 Büromaschinen, Organisationsmittel und Kommunikationsanlagen
0870 Büromöbel und sonstige Geschäftsausstattung
0880 Reserveteile f. Betriebs- u. Geschäftsausstatt.
0890 Geringwertige Vermögensgegenstände der Betriebs- und Geschäftsausstattung

09 Geleistete Anzahlungen und Anlagen im Bau
0900 Geleistete Anzahlungen
0950 Anlagen im Bau

1 Finanzanlagen

10 bis 12 frei

13 Beteiligungen
1300 Beteiligungen

14 frei

15 Wertpapiere des Anlagevermögens
1500 Wertpapiere des Anlagevermögens

16 sonstige Finanzanlagen
1600 sonstige Finanzanlagen

17 bis 19 frei

Aktiva
Umlaufvermögen

2 Umlaufvermögen und aktive Rechnungsabgrenzung

Vorräte
20 Roh-, Hilfs- und Betriebsstoffe
2000 Rohstoffe, Fertigungsmaterial
2001 Bezugskosten
2002 Nachlässe
2010 Vorprodukte, Fremdbauteile
2011 Bezugskosten
2012 Nachlässe
2020 Hilfsstoffe
2021 Bezugskosten
2022 Nachlässe
2030 Betriebsstoffe
2031 Bezugskosten
2032 Nachlässe
2070 sonstiges Material
2071 Bezugskosten
2072 Nachlässe

21 Unfertige Erzeugnisse, unfertige Leistungen
2100 Unfertige Erzeugnisse
2190 Unfertige Leistungen

22 Fertige Erzeugnisse und Waren
2200 Fertige Erzeugnisse und Waren
2280 Waren (Handelswaren)
2281 Bezugskosten
2282 Nachlässe

23 Geleistete Anzahlungen auf Vorräte
2300 Geleistete Anzahlungen auf Vorräte

Forderungen und sonstige Vermögensgegenstände
24 Forderungen aus Lieferungen und Leistungen (L+L)
2400 Forderungen aus Lieferungen u. Leistungen
2450 Wechselforderungen aus L+L (Besitzwechsel)
2470 Zweifelhafte Forderungen
2480 Protestwechsel

25 frei

26 Sonstige Vermögensgegenstände
2600 Vorsteuer
2630 Sonstige Forderungen an Finanzbehörden
2650 Forderungen an Mitarbeiter
2690 Übrige sonstige Forderungen

27 Wertpapiere des Umlaufvermögens
2700 Wertpapiere des Umlaufvermögens

28 Flüssige Mittel
2800 Guthaben bei Geldinstituten (Bank A)
2810 Guthaben bei Geldinstituten (Bank B)
2820 Guthaben bei Geldinstituten (Bank C)
2830 Guthaben bei Geldinstituten (Bank D)
2840 Guthaben bei Geldinstituten (Bank E)
2850 Postbank
2860 Schecks
2870 Bundesbank
2880 Kasse
2890 Nebenkasse

29 Aktive Rechnungsabgrenzung (und Bilanzfehlbetrag)
2900 Aktive Rechnungsabgrenzung
2920 Umsatzsteuer auf erhaltene Anzahlungen
2990 (nicht durch Eigenkapital gedeckter Fehlbetrag)

Passiva

3 Eigenkapital und Rückstellungen

Eigenkapital
30 Eigenapital / gezeichnetes Kapital
Bei Einzelkaufleuten
3000 Eigenkapital
3001 Privatkonto

Bei Personengesellschaften
3000 Eigenkapital Gesellschafter A
3001 Privatkonto Gesellschafter A
3010 Eigenkapital Gesellschafter B
3011 Privatkonto Gesellschafter B
3070 Kommanditkapital A
3080 Kommanditkapital B

Bei Kapitalgesellschaften
3000 Gezeichnetes Kapital
   (Gundkapital / Stammkapital)

31 Kapitalrücklage
3100 Kapitalrücklage

32 Gewinnrücklage
3210 Gesetzliche Rücklagen
3230 Satzungsmäßige Rücklagen
3240 Andere Rücklagen

33 Ergebnisverwendung
3310 Jahresergebnis des Vorjahres
3320 Ergebnisvortrag aus früheren Jahren
3340 Veränderung der Gewinnrücklagen vor Bilanzergebnis
3350 Bilanzgewinn / Bilanzverlust
3360 Ergebnisausschüttung
3390 Ergebnisvortrag auf neue Rechnung

34 Jahresüberschuss / Jahresfehlbetrag
3400 Jahresüberschuss / Jahresfehlbetrag

35 Sonderposten mit Rücklagenanteil
3500 Sonderposten mit Rücklagenanteil

36 Wertberichtigungen
(Als Passivposten in der Bilanz nicht mehr zulässig)
3610 - zu Sachanlagen
3650 - zu Finanzanlagen
3670 Einzelwertberichtigung zu Forderungen
3680 Pauschalwertberichtigung zu Forderungen

Rückstellungen
37 Rückstellungen für Pensionen und ähnliche Verpflichtungen
3700 Rückstellungen für Pensionen und ähnliche Verpflichtungen

38 Steuerrückstellungen
3800 Steuerrückstellungen

39 Sonstige Rückstellungen
3910 - für Gewährleistungen
3930 - für andere ungewisse Verbindlichkeiten
3970 - f. drohende Verluste aus schwebenden Gesch.
3990 - für Aufwendungen

4 Verbindlichkeiten und passive Rechnungsabgrenzung

40 frei

41 Anleihen
4100 Anleihen

42 Verbindlichkeiten gegenüber Kreditinstitute
4200 Kurzfristige Bankverbindlichkeiten
4250 Langfristige Bankverbindlichkeiten

43 Erhaltene Anzahlungen auf Bestellungen
4300 Erhaltene Anzahlungen

44 Verbindlichkeiten aus Lieferungen und Leistungen (L+L)
4400 Verbindlichkeiten aus L+L

45 Wechselverbindlichkeiten
4500 Schuldwechsel

46 und 47 frei

48 Sonstige Verbindlichkeiten
4800 Umsatzsteuer
4830 sonst. Verbindlichk. gegenüber Finanzbehörden
4840 Verbindlichk. gegenüber Sozialvers.-trägern
4850 Verbindlichkeiten gegenüber Mitarbeitern
4860 Verbindlichk. aus vermögenswirksamen Leist.
4870 Verbindlichk. g. Gesellschaftern (Dividenden)
4890 Übrige sonstige Verbindlichkeiten

49 Passive Rechnungsabgrenzung
4900 Passive Rechnungsabgrenzung

Erträge

5 Erträge

50 Umsatzerlöse für eigene Erzeugnisse und andere eigene Leistungen
5000 Umsatzerlöse für eigene Erzeugnisse
5001 Erlösberichtigung
5050 Umsatzerlöse für eigene andere Leistungen
5051 Erlösberichtigung

51 Umsatzerlöse für Waren und sonstige Umsatzerlöse
5100 Umsatzerlöse für Waren
5101 Erlösberichtigung
5190 sonstige Umsatzerlöse
5191 Erlösberichtigung

52 Erhöhung oder Verminderung des Bestandes an unfertigen und fertigen Erzeugnissen
5200 Bestandsveränderungen
5201 Bestandsveränderungen an unfertigen Erzeugnissen und nicht abgerechneten Leistungen
5202 Bestandsveränderungen an fertigen Erzeugnissen

53 Andere aktivierte Eigenleistungen
5300 aktivierte Eigenleistungen

54 Sonstige betriebliche Erträge
5400 Mieterträge
5410 sonstige Erlöse (z.B. aus Provisionen oder Anlagenabgängen)
5420 Eigenverbrauch
5430 Andere sonstige Leistungen
5440 Erträge aus Werterhöhungen von Gegenständen des Anlagevermögens (Zuschreibungen)
5450 Erträge aus der Herabsetzung von Wertberichtigungen auf Forderungen
5460 Erträge aus dem Abgang von Vermögensgegenständen
5480 Erträge aus der Herabsetzung von Rückstellungen
5490 periodenfremde Erträge

55 Erträge aus Beteiligungen
5500 Erträge aus Beteiligungen

56 Erträge aus anderen Wertpapieren und Ausleihungen des Finanzanlagevermögens
5600 Erträge aus anderen Finanzanlagen

57 Sonstige Zinsen und ähnliche Erträge
5710 Zinserträge
5730 Diskonterträge
5780 Erträge aus Wertpapieren d. Umlaufvermögens
5790 sonstige zinsähnliche Erträge

58 Außerordentliche Erträge
5800 Außerordentliche Erträge

59 frei

Aufwendungen

6 Betriebliche Aufwendungen

Materialaufwand
60 Aufwendungen für Roh-, Hilfs- und Betriebsstoffe und für übrige bezogene Waren
6000 Aufw. für Rohstoffe / Fertigungsmaterial
6001 Bezugskosten
6002 Nachlässe
6010 Aufwendungen f. Vorprodukte / Fremdbauteile
6020 Aufwendungen für Betriebsstoffe
6030 Aufwendungen für Betriebsstoffe / Verbrauchswerkzeuge
6040 Verpackungsmaterial
6050 Energie
6060 Reparaturmaterial
6070 Aufwendungen für sonstiges Material
6080 Aufwendungen für Waren

61 Aufwendungen für bezogene Leistungen
6100 Fremdleistungen für Erzeugnisse und andere Umsatzleistungen
6140 Frachten und Nebenkosten
6150 Vertriebsprovisionen
6160 Fremdinstandhaltungen
6170 sonst. Aufwendungen f. bezogene Leistungen

Personalaufwand
62 Löhne
6200 Löhne einschließlich tariflicher, vertraglicher oder arbeitsbedingter Zulagen
6210 Urlaubs- und Weihnachtsgeld
6220 sonstige tarifliche oder vertragliche Aufwendungen für Lohnempfänger
6230 freiwillige Zuwendungen
6250 Sachbezüge
6260 Vergütungen an gewerbliche Auszubildende

63 Gehälter
6300 Gehälter und Zulagen
6310 Urlaubs- und Weihnachtsgeld
6320 sonst. tarifliche o. vertragliche Aufwendungen
6330 freiwillige Zuwendungen
6350 Sachbezüge
6360 Vergütungen an Auszubildende

64 Soziale Abgaben und Aufwendungen für Altersversogung und Unterstützung
6400 Arbeitgeberanteile zur Sozialvers. (Lohnbereich)
6410 Arbeitgeberanteile zur Sozialvers. (Gehaltsber.)
6420 Beiträge zur Berufsgenossenschaft
6440 Aufwendungen für Altersversorgung
6490 Aufwendungen für Unterstützung

65 Abschreibungen
6510 Abschreibungen auf immaterielle Vermögensgegenstände des Anlagevermögens
6520 Abschreibungen auf Sachanlagen
6540 Abschreibungen auf geringwertige Wirtschaftsgüter
6550 Außerplanmäßige Abschreibungen auf Sachanlagen
6570 Unüblich hohe Abschreibungen auf Umlaufvermögen

sonstige betriebliche Aufwendungen
66 Sonstige Personalaufwendungen
6600 Aufwendungen für Personaleinstellungen
6610 Aufwendungen für übernommene Fahrtkosten
6620 Aufwendungen für Werksarzt und Arbeitssicherheit
6630 Personenbezogene Versicherungen
6640 Aufwendungen für Fort- und Weiterbildung
6650 Aufwendungen für Dienstjubiläen
6660 Aufwendungen f. Belegschaftsveranstaltungen
6670 Aufwendungen für Werksküche und Sozialeinrichtungen
6680 Ausgleichsabgabe nach dem Schwerbehindertengesetz
6690 Übrige sonstige Personalaufwendungen

67 Aufwendungen für die Inanspruchnahme von Rechten und Diensten
6700 Mieten, Pachten
6710 Leasing
6720 Lizenzen und Konzessionen
6730 Gebühren
6750 Kosten des Geldverkehrs
6760 Provisionsaufwendungen (außer Vertriebsprov.)
6770 Rechts- und Beratungskosten

68 Aufwendungen für Kommunikation (Dokumentation, Information, Reisen, Werbung)
6800 Büromaterial
6810 Zeitungen und Fachliteratur
6820 Postgebühren
6850 Reisekosten
6860 Bewirtungen und Präsentation
6870 Werbung
6880 Spenden

Aufwendungen

6	Betriebliche Aufwendungen (Fortsetzung)	7	Weitere Aufwendungen

69 Aufwendungen für Beiträge und Sonstiges sowie Wertkorrekturen und periodenfremde Aufwendungen
6900 Versicherungsbeiträge
6920 Beiträge zu Wirtschaftsverbänden und Berufsvertretungen
6930 Verluste aus Schadensfällen
6940 Sonstige Aufwendungen
6950 Abschreibung auf Forderungen
6951 Abschreibung auf Forderungen wegen Uneinbringlichkeit
6952 Einstellung in Einzelwertberichtigung
6953 Einstellung in Pauschalwertberichtigung
6960 Verluste aus dem Abgang von Vermögensgegenständen
6980 Zuführung zu Rückstellungen für Gewährleistungen
6990 Periodenfremde Aufwendungen

70 Betriebliche Steuern
7000 Gewerbekapitalsteuer *(abgeschafft)*
7010 Vermögensteuer *(abgeschafft)*
7020 Grundsteuer
7030 Kraftfahrzeugsteuer
7050 Wechselsteuer *(abgeschafft)*
7070 Ausfuhrzölle
7080 Verbrauchssteuer
7090 sonstige betriebliche Steuern

71 bis 73 frei

74 Abschreibungen auf Finanzanlagen und auf Wertpapiere des Umlaufvermögens und Verluste aus entsprechenden Anlagen
7400 Abschreibungen auf Finanzanlagen
7420 Abschreibungen auf Wertpapiere des Umlaufvermögens
7450 Verluste aus dem Abgang von Finanzanlagen
7460 Verluste aus dem Abgang von Wertpapieren des Umlaufvermögens

75 Zinsen und ähnliche Aufwendungen
7510 Zinsaufwendungen
7530 Diskontaufwendungen
7590 sonstige zinsähnliche Aufwendungen

76 außerordentliche Aufwendungen
7600 außerordentliche Aufwendungen

77 Steuern vom Einkommen und Ertrag
7700 Gewerbeertragsteuer
7710 Körperschaftsteuer
7720 Kapitalertragsteuer

78 und 79 frei

Ergebnisrechnung	Kosten- und Leistungsrechnung
8 Ergebnisrechnung	**9 Kosten- und Leistungsrechnung (LKR)**
80 Eröffnung / Abschluss 8000 Eröffnungsbilanzkonto 8010 Schlussbilanzkonto 8020 G + V Konto Gesamtkostenverfahren 8030 G + V Konto Umsatzkostenverfahren *Konten der Kostenbereiche für die G + V im Umsatzkostenverfahren* 81 Herstellungskosten 82 Vertriebskosten 83 Allgemeine Verwaltungskosten 84 Sonstige betriebliche Aufwendungen *Konten der kurzfristigen Erfolgsrechnung (KER) für innerjährige Rechnungsperioden (Monat, Quartal oder Halbjahr)* 85 Korrekturkonten der Kontenklasse 5 86 Korrekturen zu den Aufwendungen der Kontenklasse 6 87 Korrekturen zu den Aufwendungen der Kontenklasse 7 88 Kurzfristige Erfolgsrechnung (KER) 8800 Gesamtkostenverfahren 8810 Umsatzkostenverfahren 89 Innerjährige Rechnungsabgrenzung 8900 Aktive Rechnungsabgrenzung 8950 Passive Rechnungsabgrenzung	90 Unternehmensbezogene Abgrenzungen (neutrale Aufwendungen und Erträge) 91 Kostenrechnerische Korrekturen 92 Kostenarten und Leistungsarten 93 Kostenstellen 94 Kostenträger 95 Fertige Erzeugnisse 96 Interne Lieferungen und Leistungen sowie deren Kosten 97 Umsatzkosten 98 Umsatzleistungen 99 Ergebnisausweise In der Praxis wird die Kosten- und Leistungsrechnung häufig tabellarisch durchgeführt.

Abbildungsverzeichnis

Abbildung 1: Aufgaben der Buchführung 1
Abbildung 2: Aufbau des HGB 3
Abbildung 3: Gewinnermittlungsmethoden.. 9
Abbildung 4: Dauer der Buchführung 13
Abbildung 5: Bilanzaufbau... 17
Abbildung 6: Inventur 18
Abbildung 7: Inventurverfahren 19
Abbildung 8: Inventarstruktur 22
Abbildung 9: Inventar / Bilanz 23
Abbildung 10: Inventarbeispiel 24
Abbildung 11: Abgrenzung Geschäftsvorfall 25
Abbildung 12: Das "T - Konto".. 28
Abbildung 13: Kontenarten 29
Abbildung 14: Kontenrahmen 32
Abbildung 15: Kontenbewegungen 33
Abbildung 16: Konteneröffnung... 34
Abbildung 17: Buchungssätze.. 35
Abbildung 18: Buchungswaage.. 39
Abbildung 19: Buchungswirkung... 40
Abbildung 20: Buchungshinweise.. 42
Abbildung 21: Kontenabschluss aktives Bestandskonto (Einzelkonto) 44
Abbildung 22: Kontenabschluss Bestandskonten gesamt.............................. 45
Abbildung 23: Ordnungsmäßige Konteneröffnung 47
Abbildung 24: Kontenbewegungen auf Erfolgskonten.................................. 49
Abbildung 25: Kontenabschluss der Erfolgskonten 50
Abbildung 26: Prinzip des gemischten Kontos.. 53
Abbildung 27: Bewegungen auf dem einheitlichen Warenkonto 54
Abbildung 28: Nettoabschluss Warenkonto 56
Abbildung 29: Bruttoabschluss Warenkonto 57
Abbildung 30: Unfertige / fertige Erzeugnisse 60
Abbildung 31: Abschluss der Privatkonten.. 65
Abbildung 32: Steuerdifferenzierung 66
Abbildung 33: Kontendarstellung Steueraktivierung 68
Abbildung 34: Schema der Gewerbesteuerberechnung................................. 69
Abbildung 35: Schemadarstellung System von Umsatzsteuer und Vorsteuer..... 75
Abbildung 36: Kontenabschluss Umsatzsteuer 79
Abbildung 37: Buchungs- und Zahlungsvorgänge 83
Abbildung 38: Buchungskonto Geldtransit.. 85
Abbildung 39: Der Besitzwechsel 86
Abbildung 40: Wechselzahlungen 87
Abbildung 41: Anzahlungen... 89
Abbildung 42: Lohnsteuerkarte 93
Abbildung 43: Gehaltsabrechnung 94
Abbildung 44: Lohnsteueranmeldung 95

Abbildung 45: Betragsnachweis Sozialversicherung 96
Abbildung 46: Lohnjournal 97
Abbildung 47: Rückstellungen 100
Abbildung 48: Rechnungsabgrenzung 110
Abbildung 49: Abschreibungsarten 115
Abbildung 50: Anlagekartei 116
Abbildung 51: Buchungskonto AfA 118
Abbildung 52: Vergleich der AfA - Methoden 121
Abbildung 53: Geringwertiges Wirtschaftsgut 126
Abbildung 54: Forderungsbewertung 129
Abbildung 55: Bewertungsverfahren nach Verbrauchsfolge 151
Abbildung 56: Hauptabschlussübersicht 159

Sachverzeichnis

A

Abgabenordnung 3
   Buchführungspflicht 5
Absatzmarkt 143
Abschreibung 114
   Abschreibungsbetrag 117
   Abschreibungssatz 117
   Anlagevermögen 114
   außerplanmäßig 114, 122
   degressiv 115, 119
   Erinnerungswert 117
   leistungsorientiert 115, 122
   linear 115, 117
   Nutzungsdauer 116
   planmäßig 114, 117
   Restbuchwert 119
Abschreibungsmethoden ... 115, 121
   graphische Darstellung 121
   Vergleich 121
Abschreibungssatz 117
Aktiv – Passiv - Mehrung 40
Aktiv – Passiv - Minderung 40
Aktiva 16
aktivierungspflichtige Steuern 66, 67
Aktivtausch 40
Akzept 87

Ä

Änderung der
   Bemessungsgrundlage 131

A

Anlagegüter 127
   Verkauf 127
Anlagekartei 116
Anlagenbuchhaltung 116
Anlagevermögen 17
   abnutzbar 114
   nicht abnutzbar 114
Anlageverzeichnis 19
Anlageverzeichniss 124
Anschaffungskosten 114
   fortgeführte 119
antizipative Posten 110
Anzahlung 88
   erhaltene 89
   geleistete 89
Aufbewahrungsfrist 12
Aufwand 48
Aufwandssteuern 66, 68
Ausfallrisiken 130
außerplanmäßige Abschreibung 122
Auszahlungsverlust 112

B

Barzahlung 80
Beschaffungsmarkt 143
Bestandsaufnahme 18
Bestandskonto 43
   Kontenabschluss 44
   Kontenbewegung 33
Bestandsveränderung 52, 58
Bestandsverzeichnis 22
betrieblicher Vorgang ....
   Siehe Geschäftsvorfall
Betriebsvermögen 16
Betriebs-Vermögens-Vergleich 6, 15, 27
Bewertung 129
   Absatzmarkt 143
   Anlagevermögen, abnutzbares
     114
   Beschaffungsmarkt 143
   Bewertungsvereinfachung 146
   Festwert 146
   First in first out 151
   Forderung 129
   Gruppenbewertung 148
   Highest in first out 151

jährliche Durchschnitts-
  bewertung 148
Last in first out 151
Lowest in first out 151
Niederstwertprinzip 142
permanente
  Durchschnittsbewertung 149
Teilwert 142
Verbrauchsfolgebewertung.... 150
verlustfreie Veräußerung 145
Zeitwert 143
Bewertungsvereinfachung 146
Bewertungswahlrecht 124
Bilanz 15, 16, 23
Aufbau 17
Eröffnungsbilanz 16
Gliederung 17
Schlussbilanz 16
Zweischneidigkeit 34
Bilanzenzusammenhang 34
Bilanzierungsnormen 30
Bonität 130
Börsenpreis 142
Bruttoabschluss 57
Buchführung 1
Aufgaben 1
doppelte 6
Ergebnis 13
Grundsätze ordnungsmäßiger .. 10
Inhalt 1
Organisation 11, 31
Buchführungspflicht 3
gesetzliche Grundlagen 3
Buchungskonto 28
Buchungsregeln 35
Buchungssatz 35
einfacher 35
zusammengefasster 35
Buchungswaage 39
Buchungswirkung 40
erfolgsneutral 40
erfolgswirksam 40

D

Damnum 109
degressive Abschreibung 119
Delcredere 135
Disagio 109
Divisor 106
Divisormethode 104
durchlaufende Steuern 66, 70
Lohnsteuer 70
Durchschnittsbewertung
jährliche 148
permanente 149

E

eigene Schecks 82
Eigenkapital 16
Einkommensteuer 70
Einnahme-Überschuss-Rechnung . 6
Einzelbewertung 130
Entgelt 73
Entscheidungshilfe 155
Erfolgskonten
Ertrag 48
Erfolgskonto 48
Aufwand 48
Kontenabschluss 50
Kontenbewegung 49
Erinnerungswert 117
Eröffnungsbilanz 34, 46
Eröffnungsbilanzkonto 46
Ertrag 48

F

fehlende Wertberichtigung 141
fertige Erzeugnisse 58
Festwert 146
Fifo 153
Firma 5
First in first out 151
Forderung 129
Ausfallrisiko 130

Bewertung 129
Einzelbewertung 130
fehlende Wertberichtigung 141
Kombinationsbewertung 140
Nennbetrag 129
Pauschalwertberichtigung 135
uneinbringliche 130
vollwertige 130
Wertminderung 129
zweifelhafte 130
Forderungsausfall 141
fortgeführten Anschaffungs-
 kosten 119
Fremdkapital 23

G

G & V - Konto 49
G + V - Spalte 157
Gegenbuchung 28, 41
Gehaltsabrechnung 94
Gehaltsvorschuss 98
Geldtransit 82
Geldumschichtung 84
Geldverkehr 80
gemischtes Konto 30, 51
 Kontenabschluss 53
Geringwertiges Wirtschaftsgut .. 124
Gesamtnutzungsdauer 119
Geschäftsfreundebuch 41
Geschäftsvorfall 2
 Abgrenzung 25
 ordnungsmäßige Erfassung 11
Gewerbesteuer 68
 Schema 69
 Staffeltarif 106
Gewerbesteuerrückstellung 104
Gewinn 13
Gewinn- und Verlust-Rechnung ... 6, 15
Gewinnermittlungsmethoden 6
 Einnahme-Überschuss-
  Rechnung 6
Grundbuch 41
Grunderwerbsteuer 67

Grundsätze ordnungsmäßiger
 Buchführung 10
 Legaldefinition 10
Grundsätze ordnungsmäßiger
 Speicherbuchführung 11
Gruppenbewertung 148
 jährliche Durchschnitts-
  bewertung 148
 permanente
  Durchschnittsbewertung 149

H

Haben 28
Halbjahresregelung 117, 120
Handelsgesetzbuch 3
 Aufbau 3
 Buchführungspflicht 4
 Handelsbücher 3
 Handelsstand 3
Handelsgewerbe 4
Handelsware 55
 Bruttoabschluss 57
 Nettoabschluss 55
 Wareneinkaufskonto 55
 Warenverkaufskonto 55
Hauptabschlussübersicht 155
 Abbildung 159
 G+V - Spalte 157
 Saldenbilanz 156, 157
 Schlussbilanzspalte 157
 Summenbilanz 156
 Umbuchungsspalte 156
 Wirkung 158
Hauptbuch 41
Herstellungskosten 114
Highest in first out 151

I

IAS 30
Imparitätsprinzip 48, 142
Indossierung 86
Inkasso 86
Inventar 22, 23

Struktur 22
Inventur 18, 23
  buchmäßige 18
  körperliche 18
  permanente 22
  Stichtagsinventur 20
  Verfahren 19
  verlegte 20
  Zeitpunkte 20

J

Jahresabschlussarbeiten 99
  Abschreibungen
    Anlagevermögen 114
  Forderungsbewertung 129
  Rechnungsabgrenzungen 109
  Rückstellungen 99
  Vorratsbewertung 142
  jährliche Durchschnitts-
    bewertung 148

K

Kapital 16
  Negativkapital 17
Kapitalkonto 62
Kassenbuch 11, 41, 80
Kaufmann 4
  Formkaufmann 5
  Istkaufmann 4
  Kannkaufmann 4
Kombinationsbewertung 140
Kontenabschluss 44
Konteneröffnung 34, 46
Kontengruppe 31
Kontenrahmen 28, 31
  Abbildung 32
Konto 28
  Bestandskonto 29
  Erfolgskonto 29
  gemischtes 30, 51
  Kontenarten 29
Körperschaftsteuer 70
Kreditfinanzierungen 112

Kundenschecks 81

L

Last in first out 151
leistungsorientierte
  Abschreibung 122
Lieferung 73
Lifo 152
Lohnaufwendungen 90
  Gehaltsvorschuss 98
  Verbuchung 92
Lohnbuchhaltung 91
Löhne und Gehälter 90, 91
Lohnjournal 97
Lohnsteuer 70
Lohnsteueranmeldung 95
Lohnsteuerkarte 93
Lowest in first out 151

M

Marktpreis 142
Mittelherkunft 16
Mittelverwendung 16

N

Negativkapital 17
Nennbetrag 129
Nettoabschluss 55
Neueinlagen 27, 62, 64
Niederstwertprinzip 142, 149
  strenges 143
Nutzungsdauer 116
Nutzungsentnahmen 63

P

Passiva 16
Passivierungspflicht 99
Passivierungswahlrecht 99
Passivtausch 40

Pauschalwertberichtigung 135
periodengerechte Gewinn-
　ermittlung 99, 109
permanente Durchschnitts-
　bewertung 149
Permanente Inventur 22
Personensteuern 66, 70
　Einkommensteuer 70
　Körperschaftsteuer 70
Pflichtrückstellungen 99
planmäßige Abschreibung 117
Privatentnahmen 26, 62, 63
　Nutzungsentnahmen 63
　Sachentnahmen 63
Privatvorgänge 25, 62
　Kontendarstellung 64
Probeabschluss 155, 158
Prolongation 87

R

Rechnungsabgrenzungen 109
　aktive 109
　antizipative Posten 110
　passive 109
　transitorische Posten 109
Reihenrückgriff 87
Restbuchwert 119
Restnutzungsdauer 119
Roh-, Hilfs- und Betriebsstoff 61
Rohgewinn 52, 58
Rückstellungen 99
　Abbildung 100
　Gewerbesteuer 104
　Passivierungspflicht 99
　Passivierungswahlrecht 99
　schwebende Geschäfte,
　　Verluste 103
　ungewisse Verbindlichkeiten. 101
Rumpfwirtschaftsjahr 13

S

Sachentnahmen 63
Saldenbilanz 156, 157

Scheck 80
　eigene Schecks 82
　Kundenscheck 81
Scheckforderung 81
Schlussbilanz 34
Schlussbilanzkonto 43
Schlussbilanzspalte 157
schwebende Geschäfte 103
Soll 28
sonstige Leistung 73
Sozialversicherung 90
　Beitragsnachweis 96
Sprungrückgriff 87
Staffeltarif 106
Steuern 66
　aktivierungspflichtige 66
　Aufwandssteuern 66
　durchlaufende 66
　Personensteuern 66
Stichtag 18
Stichtagsinventur 20
Summenbilanz 156

T

T – Konten 28
Teilwert 142
Tilgungsdarlehen 112
Totalgewinn 6, 13
transitorische Posten 109

Ü

Überweisung 82

U

Umbuchungsspalte 156
Umlaufvermögen 17
Umsatzsteuer 71
　Änderung der
　　Bemessungsgrundlage 131
　Bemessungsgrundlage 74
　Besonderheiten Pkw 75

Entgelt 73
Inland 73
Kontenabschluss 79
Kontendarstellung 76
Lieferung 73
Rahmen des Unternehmens 72
sonstige Leistung 73
Steuerobjekt 71
Steuersubjekt 71
Umsatzsteuerpflicht 74
Umsatzsteuersatz 74
Umsatzsteuervoranmeldungen. 76
Unternehmer 72
Vorsteuer 74
Umsatzsteuerpflicht 74
Umsatzsteuersatz 74
Umsatzsteuervoranmeldungen 76
unfertigen Erzeugnissen 58
ungewisse Verbindlichkeiten 101
Unternehmer 72
US - GAAP 30

V

Verbrauchsfolgebewertung 150
   First in first out 151
   Highest in first out 151
   Last in first out 151
   Lowest in first out 151
Verkauf von Anlagegütern 127
Verlegte Inventur 20
Verlust 13
verlustfreie Veräußerung 145
Vermögensaufstellung 15
Vermögensveränderung 29
Vermögensverschiebung 29
Vorräte 142
   Bewertung 142

Vorsteuer 74

W

Wareneinkauf 58
Wareneinkaufskonto 55
Wareneinsatz 58
Warenkonto 51
Warenumsatz 58
Warenverkaufskonto 55
Warenverkehr 58
   Kennzahlen 58
   Rohgewinn 58
   Wareneinkauf 58
   Wareneinsatz 58
   Warenumsatz 58
Wechsel 86
   Akzept 87
   Indossierung 86
   Inkasso 86
   Prolongation 87
   Protest 87
   Reihenrückgriff 87
   Sprungrückgriff 87
Wechselkopierbuch 87
Wechselprotest 87
Wertminderung 129
Wirtschaftsjahr 13
   abweichendes 14
   Rumpfwirtschaftsjahr 13

Z

Zahlungsvorgang 83
Zeitwert 142, 143
Zweischneidigkeit der Bilanz 34

GPSR Compliance
The European Union's (EU) General Product Safety Regulation (GPSR) is a set of rules that requires consumer products to be safe and our obligations to ensure this.

If you have any concerns about our products, you can contact us on

ProductSafety@springernature.com

In case Publisher is established outside the EU, the EU authorized representative is:

Springer Nature Customer Service Center GmbH
Europaplatz 3
69115 Heidelberg, Germany

www.ingramcontent.com/pod-product-compliance
Lightning Source LLC
Chambersburg PA
CBHW071500230426
43749CB00027B/653